Franz Kössler · Umweltbiophysik

Eine Einführung

Franz Kössler

Umweltbiophysik

Eine Einführung

Mit 86 Abbildungen und 36 Tabellen

Akademie-Verlag Berlin
1984

Dr. rer. nat. habil. FRANZ KÖSSLER
Zentralinstitut für Arbeitsmedizin der DDR
1134 Berlin, Nöldnerstraße 40/42

Erschienen im Akademie-Verlag,
DDR-1086 Berlin, Leipziger Straße 3–4

Lizenznummer: 202 · 100/461/84
Printed in the German Democratic Republic
Gesamtherstellung: VEB Druckhaus „Maxim Gorki“, 7400 Altenburg
Lektor: Christiane Grunow
LSV 1315
Bestellnummer: 763 3091 (6803)
02800

Vorwort

Wirkungen von Umweltfaktoren stehen im Mittelpunkt vieler Diskussionen. Dabei nehmen die physikalischen Faktoren, wie Lärm oder elektromagnetische Felder, häufig einen besonderen Platz ein. Bei den chemischen Noxen gewinnen Fragen nach den globalen Auswirkungen zunehmendes Interesse, und der Begriff Ökologie hat eine sehr aktuelle Bedeutung erlangt. Die Grundlagen- und angewandte Forschung interessiert sich für den Wirkungsmechanismus der verschiedenen Umweltfaktoren auf der zellulären und molekularen Ebene. Zur Lösung dieser Aufgabe kann eine biophysikalische Betrachtungsweise erheblich beitragen. Das macht verständlich, daß bisherige Tagungen und Berichte zur Umweltbiophysik große Resonanz fanden.

An der Sektion Biologie der Humboldt-Universität Berlin werden seit 1975 Vorlesungen über Umweltbiophysik gehalten; es bestand von seiten der Studenten und der Leitung des Bereichs Biophysik (Prof. Dr. R. Glaser) der Wunsch nach einer synoptischen Darstellung dieses neuen Fachgebiets. Diesem Anliegen wurde mit der Abfassung des vorliegenden Bandes entsprochen. Ich ging dabei davon aus, daß einerseits dem Studenten ein Einblick in die praktischen Probleme des Umweltschutzes geboten wird, und andererseits heranwachsende Forschungskader mit dem gegenwärtigen Erkenntnisstand zum Wirkungsmechanismus einzelner Umweltfaktoren vertraut gemacht werden. Das erforderte ein stärkeres Eingehen auf Schwerpunkte der Grundlagenforschung, z. B. der Membranbiologie. Diese verschiedenen Ziele führen teilweise dazu, daß neben mehr allgemeinen Beschreibungen sehr detaillierte Erörterungen über z. T. noch hypothetische Wirkungen auf molekularer Ebene stehen.

Die Vielfalt der Thematik zwingt bei dem vorgesteckten Rahmen einer Einführung zu einer Begrenzung auf drei Hauptkomplexe — Ökosysteme, mechanische Schwingungen und elektromagnetisches Spektrum — mit der bewußten Auslassung einiger Gebiete, wie der ionisierenden Strahlung oder der Kosmosbiologie. Die Auswahl der Gebiete und die Wichtung in den einzelnen Kapiteln trägt natürlich subjektive Züge. Viele der behandelten Umweltfaktoren dürften nicht nur den Biophysiker interessieren, sondern auch Kollegen aus biologischen, medizinischen, chemischen oder technischen Fachrichtungen, die sich mit Fragen des Umwelt- und Arbeitsschutzes beschäftigen oder sich nebenberuflich um ein Verständnis dieser Fragen bemühen. Zur Lösung der aktuellen Umweltprobleme ist jeder aufgerufen, und solide Kenntnisse der verschiedenen Auswirkungen der Umweltbelastung könnten die allgemeinen Diskussionen fördern. Im Sinne einer breiten Aufklärung über die Wirkung der einzelnen Faktoren finden sich auch für Lehrer Hinweise und Informationen.

Zur Entstehung dieses Bandes haben viele Freunde und Kollegen beigetragen, sei es durch anregende Diskussionen, Bereitstellung von Literatur, Anfertigung von Zeichnungen oder Fotos. Ihnen allen sei herzlich gedankt! Ganz besonderen Dank möchte ich Frau Dr. med. Ingeburg Issel aussprechen, die mit viel Sorgfalt das gesamte Manuskript las und wertvolle Hinweise zur Verbesserung gab. Für einzelne Abschnitte waren mir Dr. rer. nat. Reinhard Rothe und mein Sohn, Dipl.-Math. Wolfgang Kössler, wertvolle Ratgeber. Frau Christiane Grunow gilt mein Dank für die Unterstützung von seiten des Akademie-Verlages und die freundschaftliche Beratung in allen Einzelfragen der Manuskriptgestaltung. Dank gebührt auch den Autoren und Verlagen, deren Werken ich Abbildungen entnehmen durfte.

Franz Kössler

Inhalt

1. Einführung

Umweltforschung kann nur erfolgreich sein, wenn sie sich als interdisziplinäres Fach versteht, das sowohl Natur- als auch Gesellschaftswissenschaften einschließt. Die Natur hat von jeher dem Menschen Risiken aufgezwungen, mit denen er sich auseinandersetzen mußte. Mit der Industrialisierung kommen weitere Risiken dazu, die häufig sehr große Bevölkerungsgruppen betreffen oder sogar weltweite und in zukünftige Generationen reichende Auswirkungen haben können. Zu den gesellschaftlich bedingten Risiken gehört auch das **Fehlverhalten** von Gruppen oder Individuen, das zunehmend als Krankheitsursache erscheint: es sei an Alkohol- und Drogenmißbrauch, an Überernährung und Bewegungsmangel oder an das Verhalten im Straßenverkehr erinnert. Diese Stichworte mögen genügen, um anzudeuten, daß die Umweltfrage einerseits ein globales Anliegen ist, andererseits aber auch in den **Verantwortungsbereich** jedes Einzelnen fällt.

In der Umweltbiophysik bezieht sich das Wort Umwelt nicht nur auf die Natur, sondern schließt die Arbeitsumwelt und den Wohnbereich mit ein. **Umweltbiophysik** wurde analog zu Umweltmedizin, Umwelttoxikologie, Umweltphysiologie geprägt und ist als ein Teilgebiet der Biophysik aufzufassen, in dem mit verschiedenen Methoden Wirkungen von vorwiegend physikalischen Faktoren aus der Umwelt aufgeklärt werden. So vielfältig wie diese Faktoren sind, die sich grob in mechanische und elektrische gliedern lassen, so vielfältig ist auch das Aufgabengebiet der Umweltbiophysik. Die Situation wird noch komplexer, wenn nicht nur die Wirkung eines Faktors, sondern der kombinierte Einfluß von zwei oder mehreren Faktoren zu untersuchen ist. Diese Forschungen befinden sich noch ganz im Anfangsstadium. Die Umwelteinflüsse können auf verschiedenen Ebenen der biologischen Organisation wirken, auf der molekularen Ebene, auf der organismischen Ebene und auf der Ebene von Ökosystemen. Historisch gesehen beginnt das Bestehen der Biophysik als Umweltbiophysik, und die Strahlenbiophysik ist noch heute eines ihrer Hauptgebiete, das sich mit der Wirkung von sichtbaren, ultravioletten und ionisierenden Strahlen beschäftigt. Über das Gebiet der ionisierenden Strahlung liegen zahlreiche Einzeldarstellungen und Lehrbücher vor, so daß hier auf eine ausführliche Behandlung verzichtet wird.

Ein wichtiges Anliegen der Umweltbiophysik ist die Entwicklung und Anwendung von Methoden zur Untersuchung von Lebensfunktionen unter dem Einfluß definierter Umweltfaktoren. Solche Messungen sind Voraussetzung für die Festlegung von Grenzwerten für die Umweltnoxen, bei deren Einhaltung gesundheitliche Schäden vermieden werden. Hierbei trifft sich die Umweltbiophysik mit dem Lehrgebiet der Hygiene, speziell der Arbeitshygiene, die sich u. a. mit der Festlegung solcher Grenzwerte oder Standards für den Arbeitsplatz befaßt. Die Aufklärung der Wirkungsmechanismen der einzelnen Faktoren ist Aufgabe der Biophysik und bedarf der interdisziplinären Bearbeitung: seit etwa 100 Jahren kennt man die ionisierenden Strahlen, seit 50 Jahren weiß man, daß sie Mutationen auslösen, aber bis heute ist z. B. ihre biopositive Wirkung in kleinen Dosen noch umstritten. Die vielfältigen Wirkungen des sichtbaren Lichtes, des UV und die der elektromagnetischen Felder sind längst nicht alle aufgeklärt und bieten ein weites Feld biophysikalischer Forschung.

Besondere Aufmerksamkeit verdient dabei das Regulations- und Anpassungsvermögen der Organismen an verschiedene Bedingungen sowie die Reparaturkapazität eines biologischen Systems nach einer Schädigung. Welche Mechanismen liegen diesen Vorgängen zugrunde? Über Einzelvorgänge wurde teilweise umfangreiches Faktenwissen angehäuft. Viel weniger ist über das Ineinandergreifen der Einzelprozesse und über ihre Wechselwirkungen auf den verschiedenen biologischen Ebenen bekannt. Hier können biophysikalische Denkansätze wie Modellbetrachtungen oder moderne Meßmethoden weiterhelfen.

2. Die Beziehung Mensch—Umwelt in historischer Sicht

Die Belastungen durch die Umwelt stiegen in dem Maße, wie sich der Mensch die Umwelt zunutze machte. So entstanden Rauchentwicklungen beim Abbrennen von Wäldern, penetrante Gerüche in Gerbereien und Abdeckereien, Luft- und Wasserverunreinigungen durch Metallhütten oder Lärmbelästigungen in Schmieden. Diese Belastungen betrafen früher nur eine relativ geringe Anzahl von Personen. Erst mit dem Übergang zur maschinellen Großproduktion im 19. Jahrhundert in Europa begann eine neue Situation. Die Konzentration von Menschen in Millionenstädten mit immer schlechter werdenden Wohn- und Arbeitsverhältnissen wurde begleitet von einer Devastierung der näheren und weiteren Umwelt, die auch die Regeneration der menschlichen Arbeitskraft immer mehr erschwerte. Diese damals noch lokale oder regionale Verschlechterung hat sich in unserem Jahrhundert zu einem **globalen Problem** entwickelt.

In Belgien kam es 1930 durch starke SO_2- und wahrscheinlich auch Fluor-Emission zur Maastal-Katastrophe, der ähnliche in London, Los Angeles und New York folgten, bis man begann, den Fragen der Luftreinhaltung weltweit mehr Aufmerksamkeit zu schenken. Mit einiger Verzögerung vollzog sich die gleiche Entwicklung in den Gewässern. Erst das Fischsterben in den großen Flüssen und Seen alarmierte die Wasserwirtschaft und leitete Gegenmaßnahmen ein. Die in den letzten Jahren gehäuft ausgelösten Smog-Alarme in industriellen Ballungsgebieten demonstrieren, daß heute nicht mehr nur einige berufsmäßig belastete Personen betroffen sind, sondern die gesamte Population eines Territoriums, einschließlich der Kinder, der Kranken und der alten Menschen, die wegen ihrer geringeren Widerstandsfähigkeit besonders gefährdet sind.

Solange die Bevölkerung eines Landes im Vergleich zu dessen Fläche gering war, konnte jeder Mensch seinem Lebensraum entnehmen, was er brauchte und die Abfälle zurückgeben. Das Ökosystem wurde dadurch nicht irreversibel geschädigt. Die Zunahme der Bevölkerungsdichte, die Entwicklung der Industrie, eine auf Konsum ausgerichtete Lebensweise u. a. haben dazu beigetragen, daß heute ein großer Teil unseres Ökosysteme überbelastet ist. Flüsse und Seen führen mehr Schadstoffe als sie abbauen können, und die Luft ist mit Stäuben und Abgasen verunreinigt. Die Umwelt wird nicht nur mit einer größeren Menge an natürlichen Abprodukten belastet; es kamen durch die Chemisierung ganz neue Substanzen hinzu, für die es keine effektiven biologischen Abbaumechanismen gibt. Die Beseitigung dieser Abfälle und Rückstände aus der Produktion wird zu einem erstrangigen Problem, das sich u. a. im Anwachsen von Müllhalden und in der Verunreinigung von Grundwasser durch unsachgemäß gelagerte Chemikalien äußert.

Um diese Gefahren zu umgehen und das Land zu schonen, wurde eine teilweise Abfallbeseitigung durch Einbringen in die Meere vorgenommen. Man glaubte, das Wasser der riesigen Flächen und großen Tiefen könnte die Abprodukte aufnehmen, verteilen und abbauen. Der Rückgang der Fischereierträge und das Verschwinden von oft einzigartigen Lebensformen sind deutliche Anzeichen für eine Beeinträchtigung dieses Ökosystems. Die Wiederverwendung als Sekundärrohstoff bleibt daher der einzige sinnvolle Ausweg, da die Industrie weiterhin Abprodukte erzeugt.

3. Gesetzliche Grundlagen und ökonomische Aspekte

Zum Schutz der Gesundheit des Menschen und zur Erhaltung bzw. Wiederherstellung sich selbst regenerierender Ökosysteme sind in den einzelnen Ländern Bestimmungen erlassen worden, die Gesetzescharakter tragen und gewährleisten sollen, daß

- die natürlichen Ressourcen geschont werden,
- die Abprodukte möglichst einer Wiederverwendung zugeführt werden,
- die nicht verwertbaren Abprodukte in geordnete Deponien gelangen,
- die Reinhaltung von Boden, Wasser und Luft gesichert und
- die Gesundheit und Lebensfreude der Menschen gefördert wird.

Die Rechtsvorschriften lassen sich formal in solche für den **Landschaftsschutz** und solche für den **Personenschutz** unterteilen. Für die Ausarbeitung sind die zuständigen Ministerien verantwortlich.

Die normativen Regelungen werden in den einzelnen Ländern noch etwas unterschiedlich ausfallen und Anwendung finden, doch zeichnet sich bei der zunehmenden Verflechtung des Umweltschutzes mit der Ökonomie des Landes die Tendenz einer weitgehend einheitlichen Verfahrensweise ab. Dieses Bestreben findet in den sozialistischen Ländern seinen Ausdruck in der fortschreitenden Vereinheitlichung (Unifizierung) der Standards zur Begrenzung der verschiedenen Umweltfaktoren an Arbeitsplätzen. International zeichnet sich der Trend ab, daß die westlichen Länder ihre vielfach höheren Grenzwerte mehr und mehr den niedrigeren und sichereren Werten der sozialistischen Staaten angleichen. Das vorliegende Gesetzeswerk ist so umfangreich, daß sich bereits ein eigenes Gebiet der Jurisprudenz entwickelt hat (1, 2).
Die akute Umweltbelastung ergibt sich überwiegend aus dem Produktions- und dem Konsumptions-Niveau eines Landes, aber auch aus seiner Geschichte, d. h. aus dem Grad der Vernachlässigung des Umweltschutzes in der Vergangenheit. Ein typisches Beispiel dafür sind die Abraumhalden der Braunkohlengebiete auf dem Territorium der DDR.

Vor 1945 und im ersten Jahrzehnt danach entstanden riesige Kraterlandschaften ohne Möglichkeiten einer Nutzung. Eine Analyse aus dem Jahre 1950 machte deutlich, daß der Bergbau nur als Zwischennutzer des Bodens angesehen werden darf. Darauf basierend wurden in den beiden letzten Jahrzehnten Programme zur Rekultivierung und Gestaltung der Bergbaufolgelandschaft realisiert. Das Ergebnis sind neue land- und forstwirtschaftliche Nutzflächen mit großen Seengebieten, die der Erholung dienen. Diese Landschaftsgestaltung kann als Beispiel für die Nutzung ähnlich devastierter Flächen gelten. An diesem Projekt wird der ökonomische Aspekt des Umweltschutzes besonders deutlich: es werden riesige Summen zur Beseitigung bereits früher verursachter Mißstände benötigt. Daraus folgt, daß eine weitere Verschlechterung nicht mehr zugelassen werden darf und die vorhandenen Schäden mit ihren Quellen nach und nach zu beseitigen sind.

Unser „Zivilisationsmüll“ rührt aber z. T. daher, daß die gesamte bisherige Produktion überwiegend konsumorientiert war. Erst unter dem Zwang der Rohstoffverknappung und dem Druck der Umweltbelastung durch Abprodukte beginnt ein Umdenken mit dem Ziel, Verfahren einzusetzen, die eine Wiederverwendung der Abprodukte als **Sekundärrohstoffe** ermöglichen. Dafür fehlen oft noch die theoretischen Grundlagen und vor allem die technologischen Voraussetzungen. In diesem Zusammenhang sei auch an die Züchtung von Mikroorganismen erinnert, die in der Lage sind, bestimmte Rückstände der Petrolchemie,

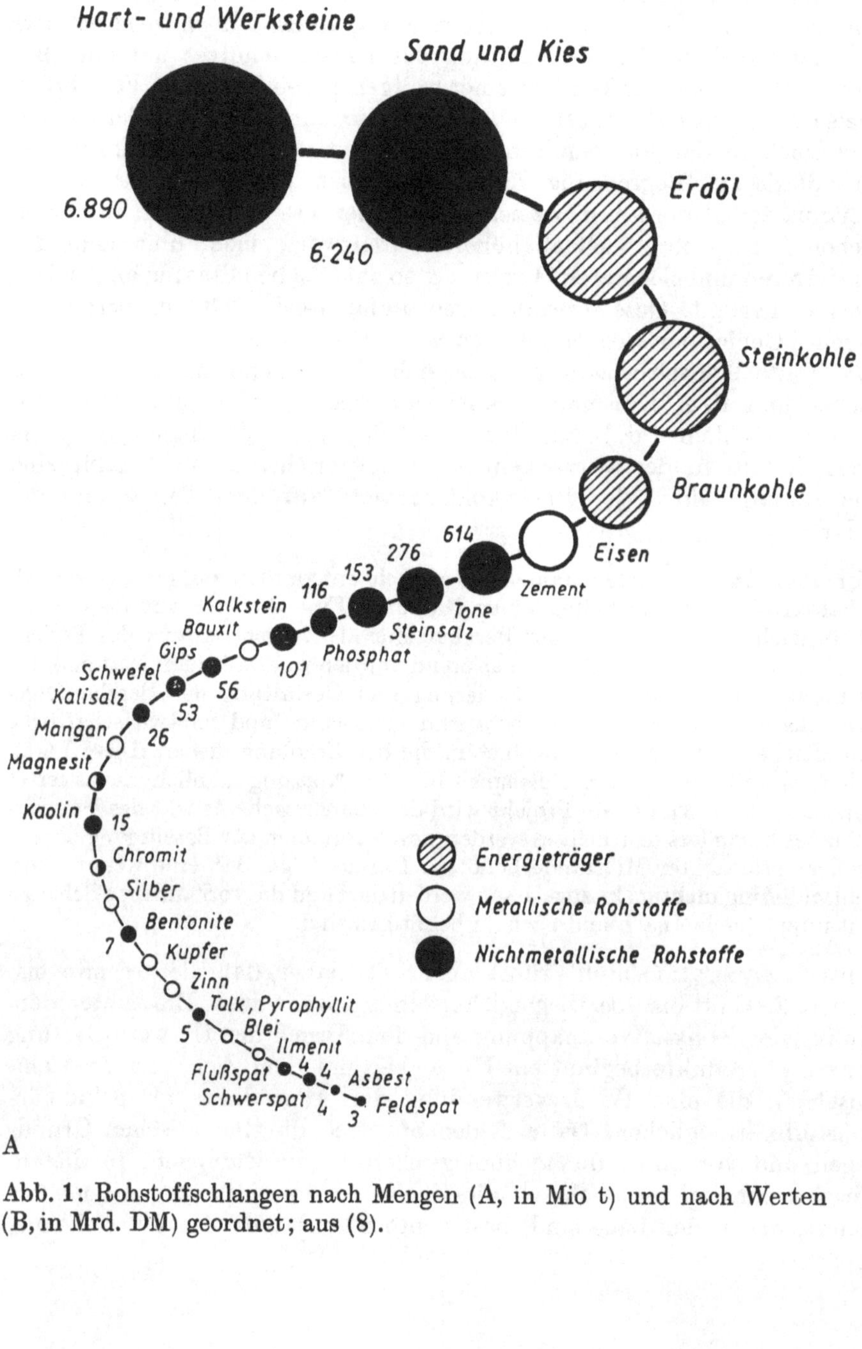

A

Abb. 1: Rohstoffschlangen nach Mengen (A, in Mio t) und nach Werten (B, in Mrd. DM) geordnet; aus (8).

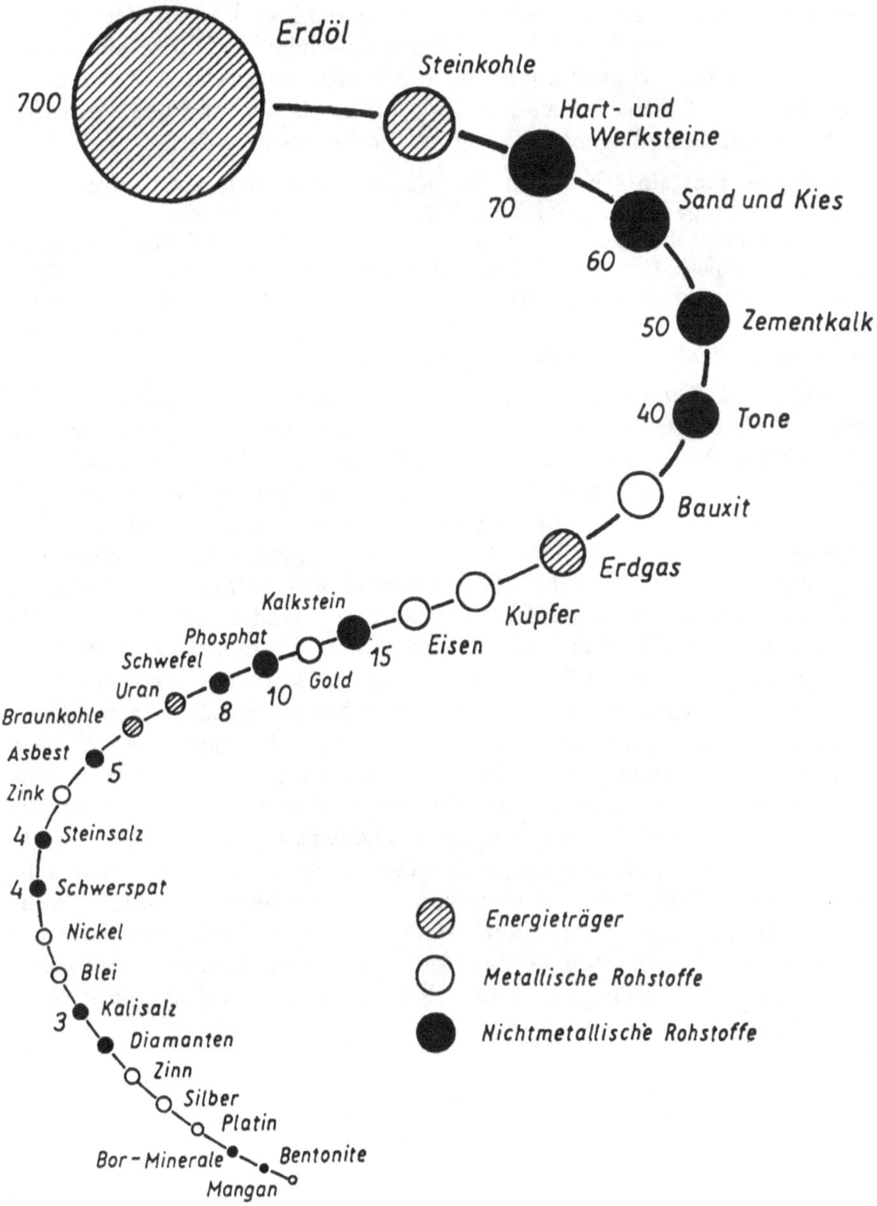
Erdöl
700
Steinkohle
Hart- und Werksteine
70
Sand und Kies
60
50
Zementkalk
40
Tone
Bauxit
Erdgas
Kupfer
Eisen
15
Kalkstein
Gold
10
Phosphat
8
Schwefel
Uran
Braunkohle
Asbest
5
Zink
4
Steinsalz
4
Schwerspat
Nickel
Blei
3
Kalisalz
Diamanten
Zinn
Silber
Platin
Bor-Minerale
Bentonite
Mangan
Energieträger
Metallische Rohstoffe
Nichtmetallische Rohstoffe

B

der Plastchemie oder anderer Anlagen zu remineralisieren. Die Erzeugung von Biomasse mit solchen technologischen Verfahren aus bisher nicht genutzten Abprodukten für die Gewinnung von Futtermitteln oder anderen Rohstoffen wird in Zukunft an Bedeutung gewinnen und muß von der Grundlagenforschung mit vorbereitet werden.

Zur Zeit besteht ein erheblicher Mangel an Information über betriebswirtschaftliche Vorgänge, die mit der Materialökonomie zusammenhängen. So herrscht noch vielfach die Meinung, die Rohstoffe seien gar nicht so knapp, und die Wissenschaft sei so weit fortgeschritten, daß jeder Rohstoff aus anderen hergestellt oder anderweitig ersetzt werden könne. Natürlich ist dies möglich, aber das kostet viel Energie, und die ist auch knapp, solange nicht Kern- und Sonnenenergie intensiver genutzt werden können.

In Abb. 1 sind die wichtigsten Rohstoffe nach Mengen geordnet. Von den 10 Hauptrohstoffen werden 6 oberflächennah gewonnen, von den 30 bedeutendsten sind 20 Tagebau-Rohstoffe. Ihre Gewinnung ist häufig mit starken Eingriffen in das Landschaftsgefüge verbunden. Die natürlichen **Ressourcen** sind nicht oder nur in geologischen Zeiten regenerierbar. Die natürliche Bildung von Lagerstätten verläuft viel zu langsam und kann nicht als zukünftige Rohstoffquelle in Betracht gezogen werden. Im Gegensatz zu Wasser und Luft ist der Boden stark heterogen, und die Rohstoffe befinden sich an den Lagerstätten in relativ hoher, an den anderen Orten aber nur in relativ niedriger Konzentration. Thermodynamisch ausgedrückt haben die Lagerstätten einen kleinen **Vermischungsgrad** oder eine geringe **Entropie**. Der Mensch bewirkt durch Abbau, Produktion und Konsumption über eine Reihe von Umwandlungsprozessen im Endeffekt eine Homogenisierung des Bodens; er verteilt die ursprünglich stellenweise konzentrierten Stoffe mit dem Haus- und Industriemüll über große Areale und verursacht damit einen hohen Vermischungsgrad, also eine hohe Entropie. Damit ist der Boden jetzt energetisch weniger wertvoll, und eine Konzentrierung von bestimmten Rohstoffen aus diesem Reservoir erfordert einen viel höheren Energieaufwand, den die Industrie aufbringen muß.

Literatur

1. Autorenkollektiv: Sozialistische Landeskultur, Umweltschutz. Staatsverlag der DDR, Berlin 1978.
2. Autorenkollektiv: Landeskulturrecht. Staatsverlag der DDR, Berlin 1982.
3. Berge, H.: Umweltschutz, ein internationales Problem. Naturwiss. Rdsch. 26 (1973) 507–515.
4. Dehmel, H.-H. und M. Fiedler: Landschaftsschutz in der DDR. Volk u. Gesundheit, Berlin, 1976.
5. Harmsen, H.: Umweltschutz erfordert persönliches Handeln. Umwelthygiene 25 (1974) 70–74.
6. Horn, K.: Umwelthygiene in der sozialistischen Gesellschaft. Z. ges. Hyg. 20 (1974) 280–290.
7. Lohs, Kh. und S. Döring (Hsg.): Im Mittelpunkt der Mensch. Umweltgestaltung — Umweltschutz. Akad.-Verl., Berlin 1975.
8. Lüttig, G.: Oberflächennahe Rohstoffe und Öffentlichkeit. Naturwiss. 66 (1979) 535–538.
9. Mottek, H.: Umweltschutz — ökonomisch betrachtet. Wiss. u. Fortschr. 24 (1974) 194.
10. Münnich, B.: Biomasse — Energie- und Rohstoffquelle der Zunkunft? Wiss. u. Fortschr. 30 (1980) 235–239.

4. Ökosysteme

Der Ausgangspunkt ökologischer Forschung ist die Autökologie, die auf der Ermittlung von Daten beruht, die sich aus der Wechselwirkung von Einzelorganismus mit der Umwelt ergeben und die Mechanismen der Anpassung an ein Biotop betreffen. Die Autökologie untersucht die trophischen und räumlichen Beziehungen einer Struktureinheit, der Nische, auf die zusätzlich die Umweltfaktoren wirken. Sie arbeitet vorwiegend experimentell und deckt sich in weiten Bereichen mit der Ökophysiologie. Von der Betrachtung der einzelnen Arten geht die Forschung über zur Ökologie der Populationen (Demökologie) eines Biotops. Diese Stufe ist für die Ökosystemforschung besonders wichtig, weil sich die meisten Ökosysteme aus heterotypischen Populationen zusammensetzen. Ihre Erforschung im Kontext mit den Umweltfaktoren bildet die eigentliche Ökosystemforschung oder Synökologie (13).

4.1. Biophysikalische Aspekte von Ökosystemen

4.1.1. Reversible und irreversible Prozesse

Unter reversiblen Prozessen verstehen wir solche Vorgänge, bei denen die im Prozeßablauf auftretenden Veränderungen im System durch simultan oder sukzessiv ablaufende gegenläufige Veränderungen aufgehoben werden, so daß das System als Ganzes wieder den Ausgangszustand aufweist. Physikalische Vorgänge lassen sich häufig durch bloße Umkehr des Weges rückgängig machen, die beteiligten Körper erfahren keine dauernde Zustandsänderung, und die Wiederherstellung des Ausgangszustandes erfordert keine Energiezufuhr von außen; es handelt sich hier um adiabatische Systeme.

Das Prinzip der mikroskopischen Reversibilität besagt, daß die Zustandsschwankungen der Teilchen eines im Gleichgewicht befindlichen Systems mit gleicher Häufigkeit in Richtung vom Gleichgewicht weg wie zu ihm hin erfolgen.

Ökosysteme sind nicht als **adiabatische Systeme** zu betrachten, denn in ihnen erfolgt ein ständiger Wärme- und Stoffaustausch mit der Umgebung. In der Biosphäre — im Einzelorganismus wie im Ökosystem — erfolgen alle Reaktionen unter Aufnahme und Abgabe von Stoff und Energie. Deshalb können hier keine reversiblen Prozesse ablaufen, und scheinbar reversible Vorgänge, wie der jährliche Vogelzug, das Erblühen einer Wiese oder rhythmisch auftretende Zellteilungen sind in Wirklichkeit periodisch wiederkehrende Erscheinungen. In Ökosystemen haben wir es mit **Kreisläufen** zu tun, die thermodynamisch nicht als reversible Prozesse zu betrachten sind. Der Kreislauf im Ökosystem bezieht sich auf eine bestimmte Menge von Atomen oder Molekülen, die aus abiotischen Grundstoffen zu Biomasse synthetisiert und über verschiedene Trophieniveaus (Ernährungsstufen) wieder mineralisiert werden, wobei die Ausgangs- und Endquantitäten gleich sind. Die Prozesse selbst verlaufen irreversibel, da für den Einzelvorgang ein Gewinn oder Verlust an Stoff und Energie eintritt.

Das Ökosystem ist im energetischen Sinne nicht autark, d. h. es ist auf die Energiezufuhr von der Sonne angewiesen. Die durch das Chlorophyll als molekulares Wandlersystem gespeicherte Energie (ΔE) erfährt danach in Pflanzen und Tieren nur eine Umwandlung in Wärme (Q) und Arbeit (A):

$$\Delta E = Q + A$$

Die innere Energie U eines Systems ist gleich der Differenz zwischen der Gesamtenergie E und der Summe der kinetischen Energie E_k seiner makroskopischen Bewegung und der potentiellen Energie E_p^{ext} durch die Wirkung externer Kräfte auf das System:

$$U = E - (E_k + E_p^{\text{ext}})$$

Die innere Energie schließt die thermische Bewegung aller Mikropartikel des Systems, die Energie der Wechselwirkung dieser Teilchen und die Energie der Elektronenhüllen von Atomen, Ionen u. a. ein. U kann in dem System gespeichert werden und dadurch seine Temperatur erhöhen oder Arbeit verrichten und dadurch seinen Zustand verändern und U kann auch nach außen abgeführt werden. Diese Zustandsänderungen hängen mit den Variablen Druck (p) und Volumen (V) zusammen. Das Produkt dieser beiden Größen ergibt zusammen mit der inneren Energie die **Enthalpie** (H):

$$H = U + p \cdot V$$

Die **Enthalpie** ist eine viel benutzte energetische Zustandsgröße und kennzeichnet die Wärmeproduktion eines Systems. Sie kann zur Beschreibung der Wärmebilanzen in den Nahrungsketten eines Ökosystems verwendet werden. Sie ist unabhängig von der Natur der Arten und deren Ernährungsweise. Die Energieübertragung durch Nahrungsaufnahme von einer zur anderen Art in der Zeit $t_0 \rightarrow t_1$ wird von einer Wärmeproduktion begleitet. Die Enthalpieänderung der gesamten Masse der beteiligten Arten (ΔH_M) gleicht den Enthalpieänderungen der Endprodukte (ΔH_p) zur Zeit t_1 plus der Enthalpieänderung der biochemischen Reaktionen der Nahrungsaufnahme (ΔH_ϱ):

$$\Delta H_M = \Delta H_p + \Delta H_\varrho$$

Nach dem 1. **Hauptsatz der Thermodynamik** nimmt der Energiegehalt in den nacheinander folgenden Gliedern einer Nahrungskette ab. Nahrungsketten werden von linear angeordneten, taxonomisch verschiedenen Organismen gebildet, die sich unterschiedlich ernähren und die organischen Stoffe nur in eine Richtung bewegen, nämlich remineralisieren. Im reversiblen Kreislauf der Stoffe sind Nahrungsketten irreversible Teilkomponenten des Ökosystems. Sie bestehen aus Produzenten (Pflanzen), Konsumenten (Herbivore, Carnivore) und Destruenten (vorwiegend Mikroorganismen).

In manchen Nahrungsketten sind jedoch Arten mit vielseitigen Nahrungsbeziehungen eingefügt; solche Arten können einen höheren Energiegehalt aufweisen als die vorangehenden Kettenglieder, z. B. saprophage Arten, wie Ameisen, mit sehr hohen Individuenzahlen.

Nach dem 2. **Hauptsatz der Thermodynamik** kann in einem System nur ein Teil der erzeugten Wärme in Arbeit umgesetzt werden, ein Teil geht durch Abgabe an die Umgebung verloren. Damit ist eine Zustandsänderung des betrachteten Systems verbunden, die stets in Richtung eines weniger geordneten Zustandes verläuft. Diese Tendenz zur Unordnung ist auch in Ökosystemen zu beobachten und wird besonders deutlich in dem Wirken von Naturkräften, etwa beim Windbruch in einem Waldgebiet oder bei der Austrocknung eines Gewässers im Sommer, wobei die vorhandene Organisation, der geordnete Zustand, zerstört wird. Aber auch das natürliche Absterben einer Vegetation (Alterung) zeigt den Übergang von unwahrscheinlichen zu wahrscheinlicheren Zuständen. Wir müssen uns fragen, wodurch entstehen dann die unwahrscheinlicheren, geordneten Zustände? Diese Strukturbildung, die formal dem 2. Hauptsatz widerspricht, ist eine Besonderheit der Biosphäre und soll zusammen mit dem Begriff Entropie erläutert werden (15).

Die **Entropie**[1]) (S) gibt den Grad der Unordnung eines Systems an und bildet das Pendant zu dem Begriff Information, der den Grad der Ordnung eines Systems beschreibt und teilweise auch als Negentropie (negative Entropie) bezeichnet wurde. Allgemein ist hohe Entropie mit niedriger Information und niedrige Entropie mit hoher Information des Systems gekoppelt. In jedem Ökosystem ist ein bestimmter Grad von Entropie vorhanden und die Entropieänderung (ΔS) wird stets positive Werte annehmen, denn die Stoffwechseltätigkeit der Organismen in dem System erzeugt Wärme und trägt damit zur Entstehung

[1]) Entropie, griech. εντροπια = Verwirrung, Durcheinander.

von Entropie bei. Betrachtet man zwei Zustände des Systems, denen die Entropiewerte S_I und S_{II} zugeordnet werden, so ist die Entropieänderung ΔS von der Änderung der Wärme ΔQ und der absoluten Temperatur T abhängig (17):

$$\Delta S = S_{II} - S_I \geqq \int_{t_0}^{t_1} \frac{dQ}{T}.$$

In thermisch isolierten Systemen strebt die Entropie ein Maximum an; ist dies erreicht, gibt es in dem abgeschlossenen System keine Entropiezunahme mehr:

$$\Delta S = S_{II} - S_I = 0$$

Für irreversible Prozesse gilt jedoch:

$$\Delta S = S_{II} - S_I > 0$$

Diese Beziehung gilt auch für Ökosysteme, in denen die Entropieerzeugung durch Kopplung verschiedenartiger Prozesse nicht zum Stillstand kommt. Solche Wechselwirkungen werden im **Onsagerschen Reziprozitätsgesetz** verallgemeinert. Danach besteht eine lineare Abhängigkeit der Energieströme $J_1, J_2, \ldots, J_n$ von den äußeren und inneren Kräften $X_1, X_2, \ldots, X_n$. Im Ökosystem setzt sich der Energiestrom aus der Summe dieser Ströme zusammen (17):

$$J = \sum_{i=1}^{n} J_i$$

Jeder Strom J_i hängt von m Kräften X_i ab:

$$J_i = \sum_{j=1}^{m} \alpha_{ij} x_j \qquad (i = 1, \ldots, n)$$

Wie aus der Wechselwirkung ökologischer Faktoren bekannt ist, sind in einem Ökosystem alle Prozesse aneinander gekoppelt. Wenn ein Faktor (eine Kraft) eine Änderung hervorruft, so wirkt sich diese auch auf die gekoppelten Prozesse aus. Im Sinne der Kybernetik kann ein Ökosystem als aus zahlreichen Rückkopplungskreisen bestehendes System aufgefaßt werden, das fortwährenden Schwingungen unterworfen ist, d. h., es wird rhythmisch Entropie erzeugt. Der Aufbau eines Biotops durch Organismen verlangsamt die Entropieproduktion, eine

Zerstörung vermehrt die Entropieerzeugung. Die Ökosysteme arbeiten als „Entropiepumpen", sie verbrauchen dabei eine große Menge Energie, um die Entropie an die Umgebung abzugeben und ihre innere Ordnung aufrechtzuerhalten. Dabei kommt es zu einer Informationsübertragung von der Umwelt zum Organismus bzw. zur Aufnahme negativer Entropie.

Zyklische biologische Prozesse erinnern an den CARNOT-Zyklus einer idealen Wärmekraftmaschine, in der durch die Arbeitsflüssigkeit Wärmeenergie absorbiert wird. Ein Teil dieser Energie wird in Arbeit umgewandelt (adiabatischer Schritt im Zyklus), ein anderer wird als Wärme abgegeben. Im Entropie-Temperatur-Diagramm ($S-T$) ergibt sich das im Abb. 2 A dargestellte Bild. Es wird bei der niedrigen Temperatur derselbe Betrag an Entropie ($dS = dQ/T$) abgegeben wie bei der hohen Temperatur absorbiert wurde.
Ersetzt man im biologischen System die Arbeitsflüssigkeit der Wärmekraftmaschine durch das „arbeitende molekulare System", z. B. das Chlorophyll der Pflanzen, so entspricht die Absorption der Photonenenergie und die Anregung des Moleküls der Energieaufnahme, die mit einer Entropiezunahme gekoppelt ist. Die Entropie eines solaren Photons beträgt im Durchschnitt 27012 k, wobei k die BOLTZMANN-Konstante ist ($k = 1{,}38 \cdot 10^{-23}$ J/K) (2). Das angeregte Chlorophyllmolekül relaxiert durch Abgabe von Schwingungsenergie an die umgebende Zellflüssigkeit, und die verbleibende Anregung (Exciton) wird auf ein benachbartes Chlorophyllmolekül übertragen. Im Energie-Entropie-Diagramm (Abb. 2 B) zeigt sich die Ähnlichkeit mit dem CARNOT-Zyklus.

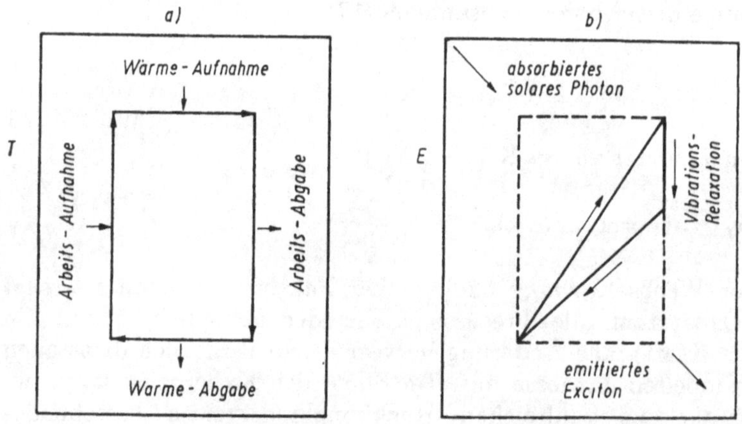

Abb. 2: Carnot-Zyklus (a) und Entropie-Energie-Diagramm der Photonenabsorption im Chlorophyll (b), nach (2).

Aufbau und Erhaltung von Ordnung erfordern ständig Arbeit, und erhaltene Ordnung bedeutet gespeicherte Energie. Die Quellen der Energie liegen außerhalb der Biosphäre (Sonne, Gravitation, Erdwärme). Die biologische Evolution hat keine nennenswerte Speicherung von Energie hervorgebracht. Die Reserven der meisten Arten reichen nur für Tage und in einigen Spezialfällen für Monate. Die Biosphäre ist gekennzeichnet durch einen Fluß von Energie mit der entsprechenden Produktion von Entropie. Das scheinbare Gleichgewicht, das sowohl für einzelne Individuen wie für Ökosysteme zu beobachten ist, stellt das Produkt von zeitlich konstanten und zeitlich nicht konstanten Kräften dar und wird am besten mit dem Begriff „Fließgleichgewicht" (L. von BERTALANFFY, 1953) charakterisiert (1). Die Ökologen verstehen unter Gleichgewicht die in der Natur vorhandene Balance zwischen auf- und abbauenden Prozessen, durch die ein Biotop oder Ökosystem aufrechterhalten wird.
Der Begriff **Fließgleichgewicht** kennzeichnet die Dynamik der Prozesse, die sich auf Materie, Energie und Information bezieht. Wenn auch der Gesamtprozeß unter Zunahme an Entropie und Verlust an Ordnung verläuft, kommt es lokal — in den Organismen — zu einem Aufbau von Ordnung und Gewinn an Information, die sich wohl am deutlichsten im genetischen Code widerspiegelt. Die mathematische Beschreibung der Vorgänge in den Ökosystemen befindet sich noch in den Anfängen; sie ist deshalb so schwierig, weil sich ständig verändernde biologische und abiotische Größen und deren wechselseitige Abhängigkeit zu berücksichtigen sind. Das ergibt thermodynamisch verschiedene Phasen, für die keine einheitlichen Parameter einsetzbar sind. Ausführliche Konzepte zum Energiefluß und zu biogeochemischen Kreisläufen entwickelt ODUM (14).

4.1.2. Strahlungsbilanzen und Energiefluß

Ökosysteme sind durch ihren **Energiegehalt** und ihre Energieströme gekennzeichnet. Die Gesamtenergie setzt sich aus drei Größen zusammen: der kinetischen Energie E_{kin}, die sich aus der Bewegung des Systems ergibt, der potentiellen Energie E_{pot}, die durch Wechselwirkung des Systems mit der Umgebung auftritt, und der inneren Energie E_{in}, die durch Bewegungen und Wechselwirkungen der Komponenten innerhalb des Systems resultiert und sich aus der freien Energie und der gebundenen Energie zusammensetzt. Die gebundene Energie als Teil der inneren Energie kann nicht für Arbeitsleistungen des Systems verbraucht werden, sondern drückt seine Wärmequantität aus. Die freie Energie ist eine Zustandsfunktion, deren Veränderungen unter isothermischen Bedingungen die vom System geleistete Arbeit charakterisieren.

Die Energieaufnahme in das System erfolgt durch die Umwandlung der Strahlungsenergie in den Pflanzen und ist mit der Aufnahme von anorganischen Stoffen gekoppelt. Als Strahlungsquelle kommt in der freien Natur nur die Sonne in Betracht, da die Energien anderer Quellen — Mond, Sterne, das Innere der Erde — zu vernachlässigen sind. Die Eigenstrahlung des Mondes beträgt etwa ein Hunderttausendstel der Energie der Sonne. Die gesamte Energieabstrahlung der Sonne beträgt bei einer Strahlungstemperatur von 5712 K

$$3{,}72 \cdot 10^{26}\ \mathrm{W}.$$

Das Spektrum dieser Strahlung umfaßt einen großen Wellenlängenbereich (vgl. 8.1.). Von diesem Bereich nimmt das sichtbare Spektrum nur einen kleinen Ausschnitt (400 bis 800 nm) ein, und davon ist wiederum nur ein geringer Teil photosynthetisch wirksam. Die einzelnen Spektralbereiche der Sonnenstrahlung weisen ganz unterschiedliche Intensitäten auf, weil die Wellenlänge der maximalen Energieabstrahlung temperaturabhängig ist. Nach dem WIENschen Verschiebungsgesetz ist bei einem strahlenden Körper das Produkt aus Wellenlänge der maximal abgestrahlten Energie λ_{max} und absoluter Temperatur T konstant

$$\lambda_{max} \cdot T = \mathrm{const} = 2{,}898\ \mathrm{mm} \cdot K$$

Daraus ergeben sich für verschiedene Temperaturen strahlender Körper die in Tab. 1 enthaltenen Wellenlängen maximaler Emission. Aus der Strahlungstemperatur der Sonne folgt, daß das Maximum ihrer Energiestrahlung im blaugrünen Gebiet des sichtbaren Spektrums liegt und damit weitgehend mit dem Absorptionsmaximum des Chlorophylls übereinstimmt.

Tab. 1: Absolute Temperatur (K) und Wellenlängen (λ_{max}), bei denen das Maximum der Energiestrahlung auftritt, nach (8).

K	λ_{max} (nm)
1000	2898
2000	1442
4000	721
6000	481
8000	360
10000	288

Der Zusammenhang zwischen abgestrahlter Energie eines schwarzen Körpers und der Temperatur ergibt sich aus dem STEFAN-BOLTZMANNschen Gesetz:

$$E = \sigma \cdot T^4$$

E ist die pro Flächen- und Zeiteinheit abgestrahlte Energie, σ die STEFAN-BOLTZMANNsche Konstante ($5{,}67 \cdot 10^{-8}\,\mathrm{W} \cdot \mathrm{m}^{-2} \cdot \mathrm{K}^{-4}$) und T die absolute Temperatur (3). Die gesamte emittierte Strahlung E ist proportional der vierten Potenz der absoluten Temperatur. In Abb. 3 wird die Abhängigkeit der Energie von der Wellenlänge bzw. der Frequenz (ν) für 4 verschiedene Temperaturen (T_1—T_4) dargestellt. Bei niedrigen Frequenzen ist die Energie proportional dem Produkt $\nu^2 T$, und bei hohen Frequenzen ist $E = c\nu^3 \cdot e^{-a\nu/T}$ (a, c sind Konstanten).
Wegen der Absorption und Rückstrahlung in der oberen Atmosphäre gelangt nur ein relativ geringer Anteil der Sonnenstrahlung zur Erde. Der Energiebetrag, der an der äußeren Grenze der Erdatmosphäre auftritt, wird als **Solarkonstante** (S) bezeichnet. Ihre genaue Bestimmung wurde erst mit Hilfe von Satelliten möglich. Auf die Fläche von 1 cm^2 trifft pro Sekunde eine Energiemenge von 0,135 J auf ($S = 0{,}135\,\mathrm{J} \times \mathrm{cm}^{-2} \cdot \mathrm{s}^{-1}$). S hängt von der jeweiligen Entfernung Sonne—Erde ab und natürlich auch von der Sonnenaktivität.

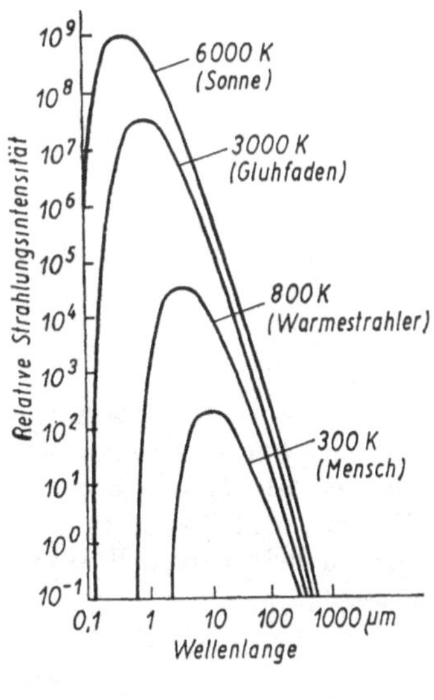

Abb. 3: Relative Energieverteilung im Strahlungsspektrum bei vier verschiedenen Temperaturen, nach (7).

Auf dem Weg durch die Erdatmosphäre wird die Sonnenstrahlung vor allem durch die Luft und ihre Verunreinigungen stark gestreut. Dabei entsteht eine diffuse Strahlung, die in der Meteorologie auch als Himmelsstrahlung bezeichnet wird. Diese Strahlung ist dafür verantwortlich, daß auch bei bedecktem Himmel oder im Schatten von Gebäuden eine gewisse Helligkeit vorhanden ist. Bei der Streuung des direkten Lichtes wird der kurzwellige Anteil, also der blaue Bereich des sichtbaren Spektrums, stärker zerstreut als der langwellige Bereich; dadurch erscheint der Himmel blau. Beim Weg durch die Atmosphäre erfährt die Strahlung eine Schwächung, die im roten Bereich geringer ist. Deshalb erreichen bei tiefstehender Sonne, wenn der Weg durch die Atmosphäre stark verlängert ist, fast nur noch langwellige rote Strahlen (Sonnenuntergangsstrahlung) die Erde (8).

Der Energieumsatz im Ökosystem wird von den Einstrahlungsbedingungen, wie sie in Abb. 4 schematisch dargestellt sind, mitbestimmt. Die direkte Sonnenstrahlung und die diffuse Himmelsstrahlung bilden die **Globalstrahlung**. Das ist diejenige Strahlung, die an der Erdoberfläche horizontal auftrifft. Die Messung dieser Größe ist für die folgenden energetischen Betrachtungen wichtig. Im sichtbaren und infraroten Bereich (λ ca. 1 μm) liegen die Intensitäten in der Größenordnung von 0,1 W · cm^{-2}. Dagegen beträgt die Intensität bei $\lambda = 1$ m (UKW und Kurzwellen) nur etwa 10^{-12} W · cm^{-2}.

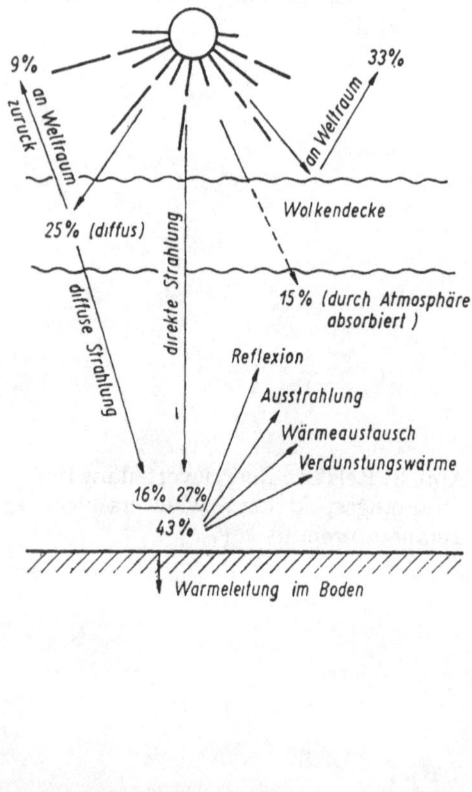

Abb. 4: Prozentuale Verteilung der von der Sonne abgegebenen Energie in der Atmosphäre und am Boden zur Mittagszeit; Einstrahlungstyp nach Walter 1951, aus (17).

Wie aus Abb. 5 hervorgeht, macht die langwellige Wärmestrahlung einen geringeren Betrag der Sonnenstrahlung aus. Daraus folgt, daß die Erwärmung der Luft nur z. T. direkt von der Sonne her und überwiegend durch Strahlungsprozesse erfolgt. Die kurzwellige Strahlung muß erst in die langwellige Wärmestrahlung umgesetzt werden. Das erfolgt zu einem großen Teil in der Erdoberfläche. Die kurzwellige sichtbare Strahlung wird vom Boden und seiner Vegetation, ebenso vom Wasser, absorbiert und als Wärmestrahlung wieder emittiert. Diese langwelligen Strahlen werden ihrerseits von Wasserdampf und CO_2 der Luft absorbiert und tragen dadurch zur Erwärmung der Luft bei.

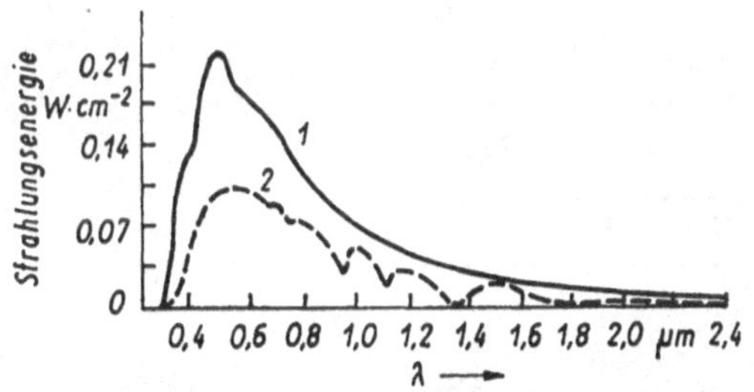

Abb. 5: Relative Verteilung der Sonnenstrahlung in verschiedenen Spektralbereichen; an der Grenze der Atmosphäre (1) und am Erdboden (2) bei einem Sonnenstand von 35°, nach (8).

Die Energiebilanz an der Erdoberfläche hängt von zahlreichen Faktoren ab, wie Sonnenscheindauer, Sonnenstand, Jahreszeit, Himmelsbedeckung, Meereshöhe, Oberflächenbeschaffenheit u. a. Die Erdoberfläche ist entscheidend für Absorption und Reflexion der Strahlung. Eine Maßzahl für die Reflexion ist die **Albedo**, die angibt, wieviel Prozent der eingestrahlten Energie reflektiert werden. Für Neuschnee beträgt die Albedo 70—90%, für Sandboden 15—40% und für einen Laubwald nur 10—20%.

Im Ökosystem selbst richtet sich der Energiefluß nach der Art des Systems. Für ein terrestrisches Ökosystem läßt sich folgende Energieumsatzgleichung aufstellen:

$$I = E + R + S + P + A + O \qquad (\mathrm{W \cdot m^{-2}})$$

I = Input (Einstrahlung), E = Evapotranspiration, R = Reflexion S = Storage (Speicherung), P = Photosynthese, A = Advektion, O = Output (Ausstrahlung).

In Analogie zum elektrischen Stromkreis kann man die Größen *A*, *E*, *P*, *R* und *O* als Leiter verschieden starken Widerstandes und *S* als Kapazität betrachten. *S* setzt sich aus verschiedenen Medien, wie Wasser, Boden, Luft, Biomasse zusammen. Die als Widerstände betrachteten Größen der Gleichung sind unterschiedlich und lassen sich nach dem KIRCHHOFFschen Verteilungsgesetz abschätzen, so daß sich die Energieflußstärken in den Teilwiderständen ergeben. In Tab. 2 sind solche Schätzwerte für einige Ökosysteme in Prozenten der eingestrahlten Energie angegeben. Sie zeigen, daß z. B. in einem hydrischen Ökosystem (Ozean) der Energiefluß bevorzugt über die Evapotranspiration erfolgt und demzufolge der Widerstand in den anderen Wegen höher sein muß. In der vegetationslosen Wüste erfolgt kein Energiefluß über *E* und *P*, aber die Größe *P* liegt selbst im tropischen Regenwald nur bei 2%.

Tab. 2: Mögliche Energie-Abflußstärken in % für die in Gleichung S. 29 angegebenen Größen in verschiedenen Ökosystem-Komplexen, nach (12).

Ökosystem	*A*	*E*	*R*	*O*	*P*
Wüste	30	–	60	10	–
Tropischer Wald	10	75	8	5	2
Grasland	25	60	10	5	0,5
Ozean	15	70	10	5	0,01

A Advektion, *E* Evapotranspiration, *R* Reflexion, *O* Ausstrahlung, *P* Photosynthese

Die Energieflüsse in einem europäischen Eichenwald sind aus Abb. 6 zu entnehmen. Aber selbst ein so komplexes Schema kann die tatsächlichen Bedingungen nur stark vereinfacht widerspiegeln.

4.1.3. Modellbildungen

Modelle beschreiben bestimmte Seiten eines Systems bzw. bestimmte Wechselbeziehungen innerhalb eines Systems. Sie machen nicht nur bestimmte Phänomene sichtbar, die auf bekannten realen Daten beruhen, sondern können auch Voraussagen erlauben, die ihrerseits durch neue Experimente überprüft werden können (6). Die Modellbildung ist ein Weg – und dies gilt insbesondere für Ökosysteme –, um eine Vielzahl von Daten und ihre Zusammenhänge überschaubar zu machen. Ein Modell wird kaum ein System in allen Einzelheiten

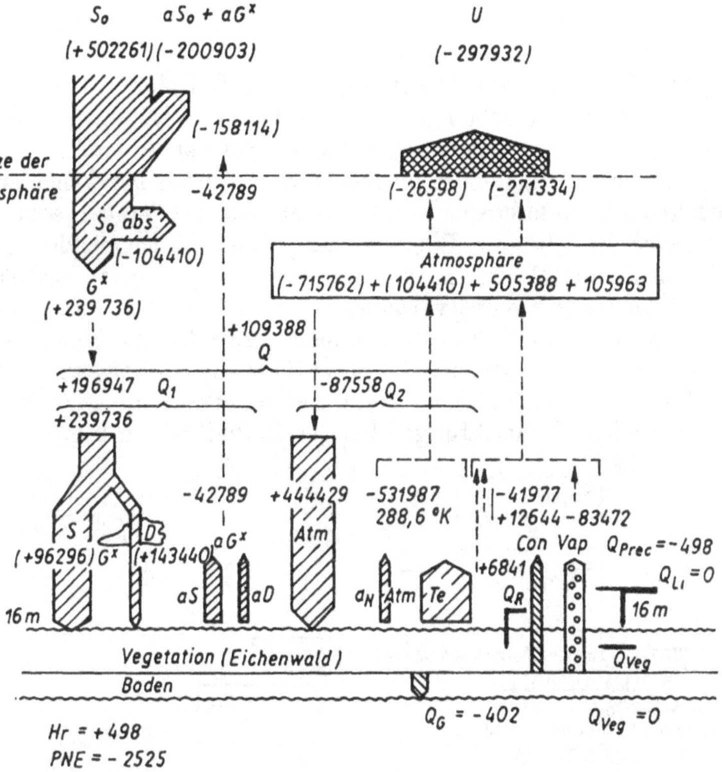

Abb. 6: Energieflüsse (in kJ/cm², von Mai bis Oktober) in einem Eichenforst, nach (5). Es bedeuten: S_0 = extraatmosphärische Solarstrahlung an einer horizontalen Fläche; aS_0 = extraatmosphärische Solarstrahlung, die durch die Erdatmosphäre reflektiert wird; S_0 abs = Solarstrahlung, die durch die Atmosphäre absorbiert wird; S = direkte Solarstrahlung auf eine horizontale Fläche; U = extraatmosphärische Aufwärtsstrahlung (langwellig); D = diffus gestreute Strahlung (kurzwellig); G^+ = Globalstrahung ($S + D$, kurzwellig); T_e = terrestrische Strahlung (langwellig); Atm = atmosphärische Strahlung (langwellig); aS = reflektierte Solarstrahlung; aD = reflektierte diffuse Strahlung; aG^+ = reflektierte Globalstrahlung; a_NAtm = reflektierte atmosphärische Strahlung; Q_1 = kurzwellige Strahlungsbilanz ($G^+ - aG^+$); Q_2 = langwellige Strahlungsbilanz (Atm — Te), Q = kurz- und langwellige Strahlungsbilanz ($G^+ - aG^+ +$ Atm $- a/$ Atm — Te); Q_G = sensibler Wärmefluß in den Boden; Q_{veg} = sensibler Wärmefluß in die Vegetation; Con = sensible Wärme der Diffusion-Konvektion; Vap = latente Wärme der Evapotranspiration; Q_R = latente Wärme der Wasserkondensation; Q_{Li} = sensibler Wärmestrom in den inneren Luftmassen; Q_{prec} = sensibler Wärmestrom im Präzitationswasser; H_r = heterotrophe Atmung; PNE = Ökosystem-Nettoproduktion.

widerspiegeln, dies kann nur das Original. Aber das Modell kann durch Abstraktion der wesentlichen Komponenten des Systems Aussagen über seine Struktur bzw. Funktion machen. Bei der Aufstellung eines Modells ist zu beachten, daß es einerseits das System möglichst genau widerspiegeln soll, andererseits muß das Modell verwertbar sein. Ein mathematisches Modell — z. B. eines Ökosystems — ist wertlos, wenn die zur Lösung von Modellgleichungen notwendigen mathematischen Verfahren entweder gar nicht vorhanden oder mit unvertretbar hohem Aufwand verbunden sind. Ein allgemeines Schema für die Modellierung ökologischer Prozesse zeigt Abb. 7: sie enthält die wichtigsten Aktivitäten des Biologen und Mathematikers und weist auf die enge Kooperation dieser beiden Fachrichtungen bei der Modellbildung hin.

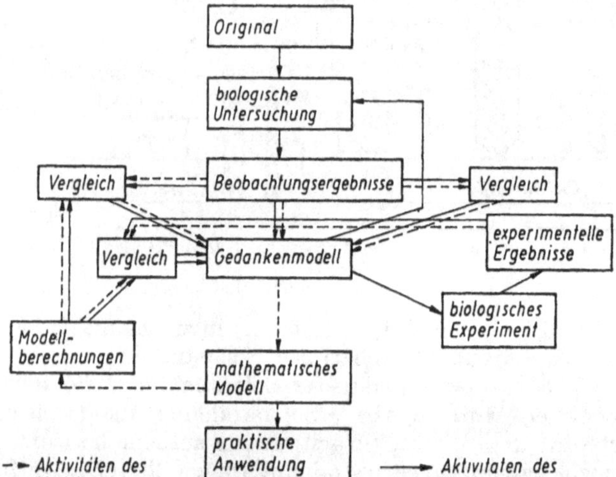

Abb. 7: Schematische Übersicht über die Aktivitäten bei der Modellierung eines Ökosystems, aus (22).

In der Ökosystemforschung lassen sich zwei Arten von Modellen unterscheiden: Populations- oder strategische Modelle, die mathematisch relativ einfach und auf mehr allgemeine Prinzipien orientiert sind, und die System- oder taktischen Modelle, die detailliert und präzise genug sind, um praktische Schlußfolgerungen zu ermöglichen. In einem elementaren Modell einer isolierten Population ist der Hauptparameter die Wachstumsrate r, die davon abhängt, ob die Nahrungsmenge begrenzt ist oder ein konstanter Zufluß von Nährstoffen aus der Umgebung erfolgt. Im ersten Falle erhalten wir die typische exponentielle Wachstumskurve und, wenn die Nahrungsstoffe verbraucht sind, ein Aussterben der Population. Im anderen Falle wird durch die Nährstoffzufuhr aus der Umgebung immer eine maximale Anzahl von Individuen k aufrechterhalten. Diese Zahl wird Milieukapazität genannt, und dieses Modell kann wie folgt beschrieben werden (11):

$$\frac{\mathrm{d}N(t)}{\mathrm{d}t} = rN(t)\left(1 - \frac{N(t)}{k}\right), \quad N(0) = N_0,$$

wobei $N(t)$ die Anzahl der Organismen zum Zeitpunkt t ist. Eine Lösung dieser Anfangswertaufgabe ergibt die bekannte S-förmige Wachstumskurve. Wenn $N \ll k$, dann tritt eine Verknappung von Nährstoffen nicht auf und das Wachstum verläuft exponentiell. Mit der Zunahme von N fällt die Wachstumsrate der Population bis Null ab; die Kurve im t—N-Diagramm geht in eine abszissenparallele Linie über.
Schon in Systemen mit nur zwei Populationen treten Wechselbeziehungen auf, die positiv oder negativ oder ohne Einfluß (0) sein können. Solche Wechselbeziehungen sind z. B. Symbiose (+, +), Kommensalismus (+, 0), Räuber-Beute (+, —) oder Konkurrenz (—, —). Zur Modellierung solcher und anderer Beziehungen sei auf die Literatur, z. B. (9, 11, 20) verwiesen. In engem Zusammenhang damit steht auch die Berücksichtigung von Nahrungsketten in den Modellen, die sich durch Ketten kennzeichnen lassen:

$$S \to N_1 \to N_2 \to \cdots \to N_{n-1} \to N_n$$

Vom Substrat S ernähren sich die Populationen N_1 bis N_n; innerhalb dieser Ketten kommt es zu einer Abnahme des Energiegehaltes, der im Modell durch die Breite der Pfeile ausgedrückt wird. Dieser Energiefluß wird durch chemische Reaktionen gesteuert und muß deshalb zusammen mit dem Stoffkreislauf betrachtet werden. Das Modell soll die wichtigsten Komponenten und Wechselwirkungen erfassen. Für ein Boddengewässer war es z. B. wichtig, die folgenden Komponenten in das Modell aufzunehmen: Konzentration des gelösten P, Detritus im Wasser und am Boden, Primärproduzenten (Phytoplankton und Phytobenthos), Konsumenten (Zooplankten, Zoobenthos, Herbivore, Carnivore), Friedfische als Sekundärkonsumenten und heterotrophe Bakterien (16).

Der Zustand der biologischen Systemelemente einschließlich Detritus wird durch ihre Biomasse bzw. deren Energieäquivalente in Joule pro m² Wassersäule angegeben. Das Modell wird in Form von Differentialgleichungen dargestellt, die zeitabhängige Gewinn- und Verlustgrößen enthalten:

$$\frac{dB}{dt} = R - E - Q - F - M$$

Hierbei bedeuten: B die Biomasse der betrachteten Population, der Differentialquotient ihre zeitliche Änderung (das Wachstum), R die Freßrate, E die nichtassimilierte Nahrung, Q die Dissimilation, M die Mortalität und F die Fraßrate, die gleichzeitig die Freßrate (R) der Konsumenten darstellt. Dieser Sachverhalt wird in der Abb. 8 veranschaulicht. Die Größen E und M aller Populationen bilden wiederum die Gewinngröße (input) R in der Bilanz

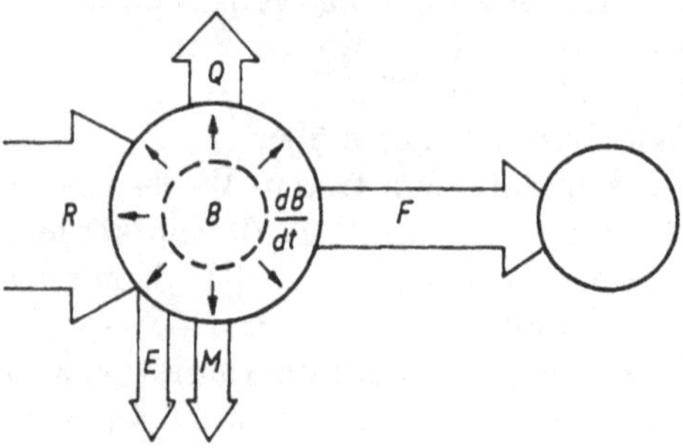

Abb. 8: Schematische Darstellung der Energiebilanz einer biologischen Komponente (B) in einem Ökosystem. R = Freßrate, Q = Atmung, E = nichtassimilierte Energie, M = Mortalität, F = Fraßrate, dB/dt = Differentialquotient, aus (16).

des Detritus. R und F kennzeichnen die trophischen Beziehungen, die auch verzweigt sein können und aus dem Modell in Abb. 9 ersichtlich sind. Die Breite der Pfeile ist dem Wert des Energietransports linear proportional und die Fläche der Kreise den Biomassen der einzelnen Komponenten. Beim Phytoplankton (1) ist die Gewinngröße R die Bruttoprimärproduktion A_1; Verluste ergeben sich durch die Atmung Q, die Fraßrate durch pelagische (F_{12}) und benthische Filtrierer (F_{16}) und die Mortalität M_1. Die Schreibweise F_{12} bedeutet: die Komponente 1 wird von Komponente 2 gefressen und ist gleich der Freßrate R_{21}, d. h., die Komponente 2 ernährt sich von der Komponente 1. Das Zooplankton (2) ernährt sich vom Phytoplankton (R_{21}), von Detritus (R_{24}) und Bakterien (R_{25}); es wird selbst von Fischen (F_{23}) gefressen. Weitere Verlustgrößen an Biomasse und Energie sind die Dissimilation Q_2, die Mortalität M_2 und die nichtassimilierte Nahrung E_2 (in der Abb. zu einem Pfeil zusammengefaßt). Gewinngrößen für den Detritus sind die Leichen und Faeces von Phytoplankton (M_1), Zooplankton ($M_2 + E_2$), Bakterien (M_5), Fischen (E_3) sowie die hier positive Bilanz des Austausches mit den Nachbargewässern X_4. Verluste sind der Fraß durch Zooplankton (F_{42}), Bakterien (F_{45}) und Zoobenthos (F_{46}). Auch der Bodendetritus Z_4 ist ein negativer Bilanzposten. Die Bakterien ernähren sich vom organischen Detritus (R_{54}), sie werden vom Zooplankton (F_{52}) und dem Zoobenthos (F_{56}) gefressen. Der größte Verlustposten ist hier die Atmung (Q_5).

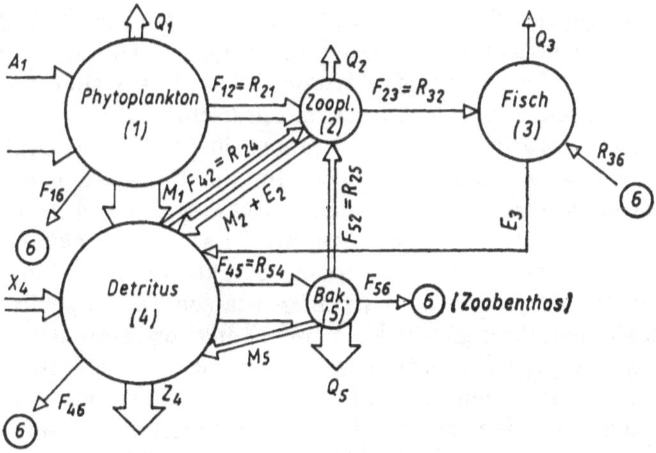

Abb. 9: Energieströme und Wechselbeziehungen im Pelagial eines Boddengewässers im Monat Mai nach Simulation auf einer EDV-Anlage, aus (16), Zeichenerklärung im Text.

Der Abbildung 9 ist zu entnehmen, daß die erste wichtigste Größe für den Energiestrom im gesamten System der Input A_1 ist. Wieviel von der je nach Jahreszeit und Witterung angebotenen Strahlungsmenge zur Bruttoprimärproduktion verwendet wird, richtet sich nach Nährstoffkonzentration, Wassertemperatur, Wassertrübung u. a. Eine zweite entscheidende Größe ist der Zustand der Primärproduzenten. Hier erfolgt die Teilung in den direkten Weg zum Detritus oder über das Zooplankton. Kenntnisse dieser Zusammenhänge sind für das dritte Glied der Nahrungskette und damit für den Fischertrag eines Gewässers von Bedeutung, aber auch die Belastung eines Gewässers mit Schadstoffen hängt davon ab. Der Detritus bildet ein Energiedepot, das relativ langsam genutzt wird und als Puffer im Energiefluß dient.

4.1.4. Optimierungsprinzipien

Unter **Optimierung** versteht man in der Ökologie das Ziel, das die Evolution der Biosphäre im Ergebnis der dialektischen Wechselwirkung von Energie und Information für jedes Ökosystem in Struktur und Funktion erreicht. Die sich daraus ergebende endgültige Lebensgemeinschaft, **Klimax** genannt, ist durch hohe Stabilität gekennzeichnet und findet sich z. B. in einem Laubwald mit üppigem Baum- und Strauchwuchs und einer stark ausgeprägten Schichtung. Aber nicht alle Bestandteile weisen die gleiche Stabilität auf, so daß immer „reife" und „junge" Strukturanteile vorhanden sind. Offenbar weisen Organismen und Ökosysteme unterschiedliche Optimierungsziele auf, sie sind vor allem in ihrer Evolutionsgeschwindigkeit enorm unterschiedlich.
Das Verständnis der natürlichen Optimierungsprinzipien der Ökosysteme kann uns eine wissenschaftliche Basis für die Beurteilung der gegenwärtigen Umweltsituation geben und helfen, die Folgen von anthropogenen Eingriffen in die großräumigen Systeme besser abzuschätzen. Wir müssen lernen, was bei den bestehenden Strukturen maximiert oder optimiert wird. Die bisherigen Beobachtungen lassen darauf schließen, daß Artenzusammensetzung, Struktur und Funktion eines Ökosystems unabhängig voneinander optimiert werden, wenngleich übergeordnete Prinzipien anzunehmen sind. Mathematisch-biophysikalische Ansätze sollten gefunden werden, um den Erkenntnisstand zu erweitern, wie überhaupt das Auffinden von Extremalprinzipien ein wesentliches Ziel der Umweltbiophysik ist (12). Gegenwärtig ist das Optimierungsziel der Ökosysteme noch weitgehend unbekannt, und man weiß zu wenig über die beeinflussenden Umweltfaktoren für die Artenverbreitung. Sicherlich spielt der Energiefluß hierbei eine wesentliche Rolle. Ökosysteme maximieren den Gesamtenergiefluß an der Erdoberfläche. So versucht die Pflanzendecke bei Wassermangel die anderen Leitungswiderstände zu verringern, indem z. B. in Trockenklimaten die Reflexion durch helleres Laub erhöht wird. Die Maximierung des Energieflusses bewirkt eine Temperaturstabilisierung, die einen positiven Selektionswert für die Ökosystementwicklung und vielleicht für die gesamte biologische Evolution hat (12).

Mit Ackerbau und Viehzucht greift der Mensch in den Prozeß der natürlichen Ökosystembildung ein. Er versucht dabei eine möglichst hohe Produktion von Biomasse zu erreichen. Dazu ist neben geeigneten klimatischen und edaphischen Faktoren die kontinuierliche Erhaltung der Jugendphase der Ökosysteme notwendig, da diese eine hohe Nettoproduktion aufweisen. Die extremste Form stellen unsere Getreide- und Hackfruchtanbauformen dar. Die Entnahme der gesamten Biomasse dieser eingliedrigen Ökosysteme verschiebt den Energiefluß und bewirkt eine hohe Störanfälligkeit der jungen Ökosysteme (13). Der Mensch optimiert die Umwelt nach anderen Gesichtspunkten als die Natur. Er hat zunächst für die bestehenden Sorten durch Schaffung optimaler Bedingungen, wie reichliche Nährstoffzufuhr durch künstliche Düngung, den Prozeß der Biomassebildung maximiert. Ein gesteigertes Wachstum ist notwendig mit einem höheren Wasserverbrauch verbunden, der nicht überall gedeckt werden kann. Aber in den meisten Fällen ist der begrenzende Faktor die photosynthetische Energiewandlung. Deshalb richtet die Züchtungsforschung ihr Augenmerk besonders auf die Selektion solcher Arten, die eine möglichst hohe Energieausbeute aufweisen, wie dies für Weizen- und Reis-Sorten bereits gelungen ist. Aus diesem Grunde wird auch seit langem die Verwendung von Algenkulturen für die menschliche Ernährung diskutiert, weil diese Organismen einen höheren photosynthetischen Nutzungsgrad als unsere konventionellen Kulturpflanzen besitzen.

Die Optimierung aller Wachstumsfaktoren ist für Agrar-Ökosysteme nur begrenzt realisierbar, z. B. für die Nährstoffzufuhr besser als für die Versorgung mit Wasser. Am aufwendigsten ist die künstliche Zufuhr von Strahlungsenergie. Eine Optimierung der Stoffproduktion wird erst gelingen, wenn alle klimatischen, edaphischen und biologischen Bedingungen mit ihren kybernetischen Verknüpfungen erfaßt sind (13).

4.1.5. Regenerierung von Ökosystemen

Ein sich selbst überlassenes Ökosystem kann sich nach einer Störung nahezu identisch regenerieren. Es ist wie ein Einzelorganismus in der Lage, seine „Wunden“ zu heilen, wobei Phasen der natürlichen Evolution durchlaufen werden. Diese Fähigkeit von Ökosystemen zur ständigen Selbsterneuerung muß als Naturreichtum betrachtet und erhalten werden. Denn die Regeneration kann nur erfolgreich sein, wenn nach einer anthropogenen Störung das System noch soviel endogene Kapazität besitzt, daß sich die vorhandenen Arten und Individuen vermehren können. Anderenfalls kommt es zu einer Art autokatalytischen Zerstörung, wie wir es auf dem Lande bei der Wüstenbildung oder beim Wasser in der Umwandlung eines karen Vorfluters in eine stinkende Kloake verfolgen können. Dieses „Umkippen“ eines Biotops zeigt an, daß das Regenerationsvermögen überschätzt wurde. Die Rückkopplungen in den vermaschten Regelkreisen sind gestört, es kommt zu einer

Art Kettenreaktion, die der folgenden Beziehung gehorcht:

$$y(t) = a - \exp(k \cdot t)$$

y ist die zum Zeitpunkt t gemessene Intensität eines Prozesses, a ist der Ausgangswert, k der Geschwindigkeitswert der Funktion. In Gebieten mit ungenügenden Niederschlägen und langen Trockenperioden kann eine Pflanzendecke überdauern, wenn sie nicht belastet wird. Kommt es aber zu einer intensiven Beweidung, werden Bewuchs und obere Bodenschicht geschädigt. Die Folgen sind eine geringere Wasserspeicherung und beschleunigte Bodenerosion. Der Zeitbedarf einer solchen Devastierung ist erheblich kürzer als der für die Regeneration. Die Generationsdauer einer Bakterienpopulation liegt im Bereich von Stunden, die der Insekten von Tagen und die der Bäume von Jahrzehnten bis Jahrhunderten. Dieser Zeitbedarf ist für die Neubesiedlung devastierter Flächen in Rechnung zu stellen. Die Zunahme des Artenbestandes entspricht einer Sättigungskurve, deren Verlauf u. a. von der Art der Organismen und des Biotops abhängt. Der vorhandene Bestand S an Arten zum Zeitpunkt t hängt auch vom Artenbestand auf dem als Reservoir dienenden Areal Sm, sowie von der Invasionsrate r (Geschwindigkeitsbeiwert für die Einwanderung neuer Arten) und der Extinktionsrate p (Geschwindigkeitsbeiwert für die Auslöschung bereits eingewanderter Arten) ab. Daraus ergibt sich die Beziehung

$$S = \frac{r \cdot Sm}{r + p}\left(1 - \exp(p - r)\, t\right)$$

r und p kennzeichnen die Wahrscheinlichkeiten, mit der sich neue Arten ansiedeln oder wieder verschwinden (18).

Der Zeitbedarf für die völlige Regenerierung des ursprünglichen Artenbestandes von Wäldern wird auf 200 bis 500 Jahre, der für die Neubesiedlung von Sanddünen oder frischen Lavaströmen auf 1000 Jahre geschätzt. Die Bodenneubildung benötigt nahezu geologische Zeiten. In den industrialisierten Ländern sind die Ökosysteme durch die Abprodukte der Industrie und der Kommunen belastet und vielfach überlastet. Der Zeitbedarf der biologisch-chemischen Stoffwandlung und der Stoffmigration ist so groß, daß die Abbau- und Verteilungsmechanismen nicht Schritt halten können, die Substanzen deshalb angereichert und die Ökosysteme beeinträchtigt werden. Das betrifft besonders schwer abbaubare Produkte wie die der Petrolchemie. Für die Änderung der Konzentration eines Schadstoffes in der Zeit t und in einer

Achse x des Raumes gilt die folgende Beziehung, die sich aus der Massenbilanzgleichung ableiten läßt:

	Stofftransport		Stoffumwandlung	
$\frac{\partial c}{\partial t} =$	$D_L \frac{\partial^2 c}{\partial x^2}$	$- v \frac{\partial c}{\partial x}$	$-\ A$	$+ B$
	Dispersion in x-Achse	Abtransport	Quellen	Senken

c = Konzentration, x = Ortskoordinate, D_L = Geschwindigkeitsbeiwert der Längsdispersion, v = Fließgeschwindigkeit (18). Die Beziehung läßt erkennen, daß Maßnahmen zur Regenerierung von Ökosystemen an verschiedene Prozesse gekoppelt sind. Die wichtigste Maßnahme besteht wohl in der Unterbindung von Quellen der Verunreinigung, um weitere Zerstörungen zu verhindern. Eine andere Aktion besteht in der Förderung von Prozessen, die der Eliminierung von Schadstoffen dienen. Diese lassen sich in Stofftransport- und Stoffwandlungsprozesse unterteilen. Zu ihnen gehören Auswaschung, Verdunstung, Verdünnung, Sorption, chemische Umwandlung (Neutralisation von Säuren) und mikrobieller Abbau. Dies erfordert chemisch-physikalische Kenntnisse sowie Erfahrungen auf biologischen Gebieten bis hin zur Züchtung von Mikroben, die in der Lage sind, z. B. Kunststoff zu zersetzen. Die Errungenschaften der Gen-Technik dürften in Zukunft dafür von Nutzen sein.

Wie die Katastrophe von SEVESO im Sommer 1976 zeigt, müssen bei chemischen Vergiftungen von Böden die am stärksten verseuchten oberen Schichten abgetragen und weniger vergiftete mit anderem Material verdünnt werden. Dieses Material soll möglichst entgiftend wirken oder entsprechende chemische Zusätze enthalten. In einem fließenden Gewässer wird das Wasser laufend erneuert und eine einmalige Zufuhr von Schadstoff erfährt schnell eine Verdünnung. Anders ist die Situation in vielen Seen, in denen der Wasserkörper nur sehr langsam ausgetauscht wird. Hier kann die Verweilzeit Jahrzehnte bis Jahrhunderte betragen und für die Verdünnung einer nichtabbaubaren Substanz auf 1% der Ausgangskonzentration ist etwa das 5fache der mittleren theoretischen Verweilzeit des Wassers erforderlich. Diese beträgt für zahlreiche mitteleuropäische Seen einen Zeitraum von etwa 100 Jahren, für den Baikalsee von fast 2000 Jahren. Daraus geht hervor, daß an die Reinhaltung der stehenden Gewässer besonders hohe Anforderungen gestellt werden müssen.

4.2. Beispiele aus terrestrischen Ökosystemen

Die gerichtete Entwicklung eines Ökosystems, die **Sukzession**, läßt sich auf dem Lande augenfällig beobachten, z. B. an Sanddünen, an Kahlschlägen oder an den Trümmerbergen der Großstädte nach dem 2. Weltkrieg. Ausgehend von wenigen Pionierpflanzen entwickelt sich über Zwischenstufen schließlich eine komplexe Lebensgemeinschaft, die auch die Tierwelt einschließt. Die hohe Stabilität wird durch Arten mit langer individueller Lebensdauer erreicht. Die zunehmende Siedlungsdichte, die Intensivierung der Nutzung von land- und forstwirtschaftlichen Ökosystemen verringern ständig den Anteil reifer, stabiler Ökosysteme oder beeinträchtigen ihre Regenerationskapazität. Auf die Maximierung der Biomasseproduktion wurde bereits unter 4.1.4 hingewiesen.

Die Abb. 10 gibt ein Energiefluß-Diagramm eines Ökosystems mit drei

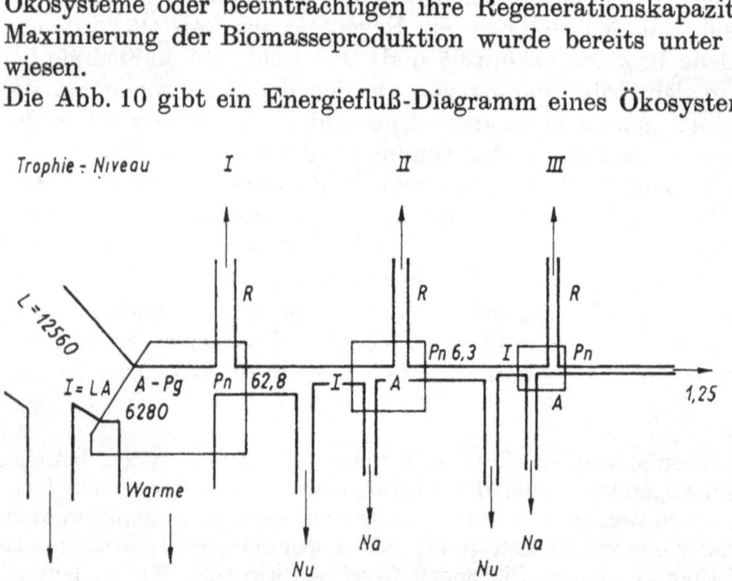

Abb. 10: Energiefluß-Diagramm eines terrestrischen Ökosystems mit drei Trophiestufen, nach (14). L = Gesamtstrahlung (in kJ/m^2 · d), I = Energie-Input, La = absorbiertes Licht, A = assimilierte Energie, P_g = Bruttoprimärproduktion, P_n = Nettoproduktion, R = Atmung, N_a = nicht assimilierte Energie, N_u = nicht genutzte Energie. Die Zahlen in den Röhren geben den Energiefluß in kJ/m^2 · d, in den Kästen den Biomassegehalt in kJ/m^2 an.

Trophiestufen wieder, in dem die Quadrate den Biomassegehalt und die Kanäle den Energiefluß charakterisieren. Das Schema macht deutlich, daß die Länge einer solchen Nahrungskette infolge des Verbrauchs der Biomasse begrenzt ist und daß von Stufe zu Stufe weniger Biomasse bzw. Energie zur Verfügung steht, obwohl durch Proteinanreicherung gleichzeitig eine Konzentration an Energie erfolgt (1 g Pflanzentrockenmasse entspricht 16,74 J, 1 g Konsumenten-Trockenmasse ca. 21 J). Innerhalb der Trophiekette nimmt mit der Biomasse auch die Anzahl der Organismen ab.

Für die Nettoproduktion an Biomasse ist das Verhältnis Bruttoproduktion (P_{gesamt}) zur Atmung (R) wichtig: wenn $\frac{P_g}{R} = 1$, so ist das System im Gleichgewicht; ist dieses Verhältnis größer als 1, bleibt ein Biomassegewinn, ist es kleiner als 1, muß Biomasse zugeführt werden (13a). Unter natürlichen Bedingungen beträgt der Quotient etwa 1, und es herrscht „dynamische Stabilität", bei der In- und Output konstant bleiben.

Die Stabilität eines solchen Systems ist um so größer, je mehr Elemente in ihm enthalten sind, je mehr Rückkopplungsbeziehungen zwischen diesen bestehen und je größer die Vermaschung der Funktionen ist. Die vom Menschen manipulierten Agrar-Systeme, aber auch die der Forstwirtschaft, sind vorwiegend auf Monokulturen orientiert und damit zu weitgehend eingliedrigen, störanfälligen Ökosystemen degradiert, die nur aus dem Primärproduzenten bestehen. Die Entnahme der Biomasse wird durch Zufuhr von Mineraldüngern (statt durch biologische Remineralisierungsprozesse) kompensiert, so daß wieder die Bedingungen für eine neue Sukzession gegeben sind. Schädlinge, die in einem Vielkomponenten-System weniger optimale Nahrungsbedingungen und natürliche Feinde finden, können sich hier frei entfalten. Es muß wieder ein beträchtliches Maß an Energie aufgebracht werden, um diese Folgen zu beherrschen.

Zur Zeit erfordert die Steigerung der industrialisierten landwirtschaftlichen Produktion auf das Doppelte etwa den zehnfachen Energieaufwand (13a). Die intensive Hochzucht reiner Linien mit extremer Anpassung an diese Produktionsbedingungen bewirkt einerseits eine Verengung des genetischen Pools, dem durch Genkonservierung entgegengewirkt werden muß; andererseits kann die hohe Leistung dieser Systeme nur erreicht werden, wenn die gesamte Umweltkapazität entsprechend hoch getrieben wird. Das setzt nicht nur hohe Düngergaben mit ihren Begleiterscheinungen (Eutrophierung der Seen, Methämoglobinämie durch zu hohe Nitratgehalte von Wasser oder Gemüse) vor-

aus, sondern auch eine ständige Stabilisierung der Bodenstruktur sowie der ausreichenden Wasser- und Strahlungszufuhr.
Diese Forderungen sind heute biophysikalisch noch nicht zu übersehen und praktisch noch längst nicht zu beherrschen. Als Beispiel sei auf die Optimierung der anorganischen Substanzen hingewiesen: man weiß, daß etwa 30 verschiedene Elemente die Primärproduktion eines Ökosystems beeinflussen, obwohl nur die Hälfte davon als Bestandteil der photosynthetischen Organismen essentiell sind. Die Zugabe geringer Mengen von Spurenelementen wie Molybdän und Kupfer können bei ausreichenden Mengen der anderen Elemente die Primärproduktion erheblich steigern. 1 g Molybdän mobilisiert mehr als 30 Millionen Grammatome Kohlenstoff und Sauerstoff (21).
Die Wirkungen der menschlichen Aktivitäten auf den Nährstoffgehalt führen nicht immer zu einer Steigerung der Primärproduktion. Wo durch Verunreinigungen dem Ökosystem unerwünschte Fremdstoffe zugeführt werden, ein Überschuß an einem Element auftritt oder die Konzentration eines Elements ansteigt, das die Aufnahme eines anderen hemmt, kann eine Abnahme der Biomassebildung eintreten. Auch hier sind mathematische Ansätze einer Optimierung erforderlich.
Einen speziellen Aspekt der Ökosystembetrachtung bildet die **Urbanisation**. Darunter versteht man die zunehmende Konzentrierung der Bevölkerung in Städten mit ihren Auswirkungen auf die Umwelt. Eine Industriegesellschaft bezieht im Gegensatz zum natürlichen Ökosystem die freie Energie für die Aufrechterhaltung ihrer Struktur und Funktion nicht aus den laufenden Einnahmen durch die aktuellen Photosyntheseprozesse, sondern aus dem Verbrauch der Energiereserven der Erde, wie Kohle, Erdöl usw. (19).

Wie in den Nahrungsketten der natürlichen Ökosysteme, so sind auch in der Industriegesellschaft zahlreiche Schritte der Energieumwandlung und -übertragung notwendig, bei denen Verluste auftreten, die als Wärme freiwerden. Großstädte haben daher im Durchschnitt um 2 bis 3 °C höhere Temperaturen, und die täglichen Schwankungen sind geringer als in der weiteren Umgebung; in den klimatisierten Wohnungen fehlen sie häufig, so daß die kreislauf- und stoffwechselanregende Wirkung von Temperaturschwankungen auf den Menschen entfällt. Die Dunstschicht über den Städten verzögert den Wärmeaustausch und mindert die Sonneneinstrahlung. Die Bewohner halten sich überwiegend in Räumen auf, so daß dadurch ein weiteres Defizit an sichtbarer und UV-Strahlung (vgl. 7.3.5) entsteht. Die in Tierversuchen nachgewiesene negative Beeinträchtigung durch eine hohe Individuendichte („Gedrängefaktor") wird zwar auch für die Großstadt diskutiert, doch fehlen hierüber noch fundierte Daten. Für die beim Menschen zu beobachtenden Verhaltensstörungen dürften klimatische Faktoren sowie Lebensgewohnheiten (Überernährung, Bewegungsmangel) u. a. psychosoziale Komponenten entscheidend sein.

Das **Stadtklima** als deutliches Beispiel für ein Mesoklima beeinflußt nicht nur den Menschen, sondern auch die Tier- und Pflanzengesellschaften. Es ist daher berechtigt, ja sogar notwendig, eine eigenständige „**Großstadtökologie**" (10) zu betreiben. Im Vergleich zu anderen Ökosystemen ist die Großstadt dadurch gekennzeichnet, daß die Produzenten auf einen die Stadt zierenden Restbestand (Grünanlagen) reduziert sind, während die Konsumenten den Hauptanteil ausmachen. Auch die Destruenten sind nur schwach vertreten. Das hat zur Folge, daß dieses Ökosystem kaum noch ein eigenes Regulationsvermögen besitzt.
Wegen der Dunstglocke und der Kondensationskerne ist die Niederschlagsmenge größer, aber wegen der geringen Speichermöglichkeiten wird das Wasser schnell abgeleitet und die relative Luftfeuchtigkeit ist geringer als auf dem Lande. Die Wärmespeicherung der Gebäude führt im Sommer zu dem „Backofeneffekt". Grünanlagen mindern diese Auswirkungen, wobei Bäume und Sträucher wesentlich effektiver sind als Rasenflächen. Grünanlagen sollten deshalb nicht nur nach ästhetischen Gesichtspunkten angelegt werden; auch die Filterwirkung von Gehölzen für Stäube und Abgase ist zu beachten, und sie spielen auch für den sekundären Lärmschutz (vgl. 6.2.6.) eine beachtliche Rolle.

Eine Reihe von Tierarten findet gerade in Großstädten optimale Bedingungen. Dazu gehören Hausinsekten und eine spezifische Vogelwelt. Die Kenntnisse der Arten in Fauna und Flora der Großstadt bildet eine Voraussetzung für die ökologische Forschung, die einerseits zur Bioindikation von Wasser- und Luftverunreinigungen eingesetzt werden kann, andererseits Grundlagen für die Umweltschutzmaßnahmen liefert.

Im Zusammenhang mit der Großstadt-Ökologie sei noch das Problem **Müll** erwähnt, nicht weil Müllhalden spezifische Biotope bilden, sondern weil aus der Zusammensetzung und Deponie des Mülls etwas über den Stand des Umwelt-Bewußtseins abgeleitet werden kann. Bisherige Analysen lassen folgende Schlüsse zu:

— es wird gedankenlos zu viel Müll „produziert", d. h., es finden sich zu viele Sekundär-Rohstoffe in ihm,
— Müll wird nicht immer richtig beseitigt,
— es werden neue Technologien für die teilweise Nutzung von Müll oder Müllbestandteilen benötigt.

In der DDR fallen zur Zeit jährlich etwa 15 Millionen m^3 Haushalts- und 0,5 Millionen m^3 Sperrmüll an, dazu kommen etwa 12 Millionen Tonnen Asche aus der Energiewirtschaft (4). Die wichtigsten Methoden der Müllbeseitigung sind die geordnete Deponie, die große Landschaftsgebiete beansprucht, zur Geruchsbelästigung und Grundwasserverunreinigung führen kann, ferner die Müllverbrennung mit zusätzlicher Gewinnung von Energie und schließlich die Müllkompostierung, z. T. in Kombination mit der Beseitigung von Klärschlamm. Der gewonnene Kompost wird dringend für die an Humus verarmten Böden benötigt.

Literatur

1. Bertalanffy von, L., W. Beier und R. Laue: Biophysik des Fließgleichgewichts. Akademie-Verlag, Berlin 1977.
2. Clapp, R. E.: Entropie flow in cyclic biological processes. J. theor. Biol. **92** (1981) 15–21.
3. Flemming, G.: Klima – Umwelt – Mensch. VEB G. Fischer, Jena 1979.
4. Freye, H.-A.: Humanökologische Bemerkungen zur Urbanisation. Biol. Rdsch. **14** (1976) 132–141 und **16** (1978) 282–286.
5. Galoux, A. B. J.: Ecosystem, open thermodynamic system. The oak forest of Virelles-Blaimont. Rad. Environm. Biophys. **15** (1978) 113–130.
6. Goldman, D. E.: Biophysics and Physiology of Excitable Membranes. ed. by W. J. Adelman, jr., van Nostrad R. Company, New York 1971, p. 337–358.
7. Hoffmeister, C.: Strahlung aus Sonne und Weltraum. Nova Acta Leopoldina, N. F. **31** (1966) 59–73.
8. Heyer, E.: Witterung und Klima. Teubner, Leipzig 1977.
9. Hirata, H.: A model of hierarchical ecosystems with migration. Bull. Math. Biol. **42** (1980) 119–130.
10. Klausnitzer, B.: Begriffsbestimmung und Inhalt der Großstadtökologie. Wiss. Z. Karl-Marx-Univ., Math.-Naturw. R. **29** (1980) 543–549.
11. Legovic, T.: From population to ecosystem models. Period. biol. **80** (1978) 149–161.
12. Lieth, H.: Biophysikalische Fragestellungen in der Ökologie und Umweltforschung. T. 2: Extremalprinzipien in Ökosystemen. Rad. Environm. Biophys. **13** (1976) 337–351.
13. Müller, H. J.: Stellung und Aufgaben der Ökologie in der modernen Biologie. Biol. Rdsch. **8** (1970) 65–76;

13a Ders.: Wesen und Probleme der Agrarökosysteme, Biol. Rdsch. **14** (1976) 285–278.

14. Odum, E. P.: Grundlagen der Ökologie, 2 Bde, G. Thieme, Stuttgart 1980, Bd I, S. 97.

15. RIEDL, R.: Energie, Information und Negentropie in der Biosphäre. Naturw. Rdsch. 26 (1973) 413—420.
16. SCHELLENBERGER, G.: Über den Energiefluß in aquatischen Ökosystemen, in: Umweltbiophysik, Hsg. R. GLASER, K. UNGER, M. KOCH, Akad.-Verl. Berlin 1976, 27—31.
17. STUGREN, B.: Grundlagen der allgemeinen Ökologie. VEB G. Fischer, Jena 1978.
18. UHLMANN, D.: Möglichkeiten und Grenzen einer Regenerierung geschädigter Ökosysteme. Sitzber. Sächs. Akad. Wiss. Leipzig, Math.-naturwiss. Kl. **112**, H. 5, Akad.-Verl., Berlin 1977.
19. UNGER, K.: Energieumsatz in der Biosphäre, in: Umweltbiophysik, Hsg. R. GLASER, K. UNGER, M. KOCH, Akad.-Verl., Berlin 1976, 3—15.
20. UNGER, K.: Methoden und Ergebnisse biophysikalisch-ökologischer Untersuchungen pflanzlicher Systeme. In: Biophysikalische Ökologie und Ökosystemforschung, Hsg. K. UNGER u. G. STÖCKER, Akad,-Verl., Berlin 1981, 3—23.
21. ZINKE, P. J.: Man's activity and their effect upon the limiting nutrients for primary productivity in marine and terrestrial ecosystems. in: Global Chemical Cycles and their Alterations by Man, ed. by W. STUMM, Berlin, Dahlem Konferenzen 1977, 89—98.
22. KOZERSKI, H.-P.: Methodische Aspekte und erste Ergebnisse bei der Modellierung der planktischen Primärproduktion. In: Umweltbiophysik, Hsg. R. GLASER, K. UNGER, M. KOCH, Akad.-Verlag, Berlin 1976, 77—85.

4.3. Hydrische Ökosysteme

4.3.1. Wasser-Ressourcen und ihre Nutzung

Im Unterschied zu anderen Rohstoffen wird Wasser durch natürliche Prozesse relativ schnell regeneriert. Daran sind biotische und abiotische Faktoren beteiligt. Da diese Regeneration aber nicht vollständig ist und räumliche Differenzen auftreten, entstehen für die Wasserversorgung zahlreicher Länder erhebliche Schwierigkeiten. Das Wasser dient als Nahrungs-, Produktions- und Transportmittel und hat eine zusätzliche Funktion als umweltgestaltendes Element.

Von den Wasservorräten der Erde kann der Mensch nur einen relativ kleinen Anteil nutzen. Das Süßwasser beträgt weniger als 1% der gesamten Wasservorräte, deren Verteilung aus Tab. 3 hervorgeht. Am globalen Wasserkreislauf sind pro Jahr rund 35 bis 45000 km^3 beteiligt. Der Gesamtbedarf der Bevölkerung einschließlich der Industrie und Landwirtschaft beträgt zur Zeit 3000 km^3 pro Jahr. Für die Zeit um 2000 wird der Bedarf auf 18000 km^3 geschätzt (7).

In den dicht besiedelten Ländern sind die verfügbaren Wasserreserven bereits heute bis an die zulässige Grenze ihrer Nutzung ausgeschöpft (19). Daraus ergibt sich die Notwendigkeit nach weiteren Möglichkeiten der Wasserbereitstellung zu suchen; dazu gehören Inanspruchnahme tieferer Grundwasservorräte oder Entsalzung von Meerwasser. Die diskutierte Möglichkeit des Auftauens von Polareis hat ökonomische Grenzen und sollte auch nicht in Angriff genommen werden, solange die globalen Auswirkungen nicht sicher abgeschätzt werden können. Das wichtigste Nahziel liegt in der Entwicklung wassersparender Technologien durch Abwasseraufbereitung und Schaffung geschlossener Kreisläufe in der Industrie. Aber auch in den Haushalten, in denen der Wasserverbrauch z. Z. zwischen 100 und 200 l pro Tag und Person

Tab. 3: Verteilung der Wassermengen der Erde auf die verschiedenen Speichersysteme, nach (7).

Gesamtmenge	1357500000 km^3
Meere, Salzwasserseen	1320000000 km^3
Gletscher- u. Polareis	29000000 km^3
Grundwasser	
tiefer als 800 m	4150000 km^3
flacher als 800 m	4150000 km^3
oberflächennah	67000 km^3
Süßwasserseen	125000 km^3
Flüsse und Ströme	1250 km^3
Wasser in der Atmosphäre	13000 km^3
Wasser in Organismen	1100 km^3

liegt, sollten Sparsamkeitsbestrebungen einsetzen. Die Abb. 11 zeigt die zahlreichen Wechselwirkungen zwischen Boden und Wasser sowie zwischen den hydrologischen, physikalischen, chemischen und biologischen Prozessen unserer gesamten Umwelt. Evapotranspiration und Abfluß beeinflussen das Mikroklima, die Fließgeschwindigkeit eines Gewässers die Erosionsrate, die ihrerseits auch vom Energieeintrag abhängt und wiederum auf die Sedimentationsrate und die Humusbildung wirkt. Chemische und biologische Vorgänge hängen von der Energie

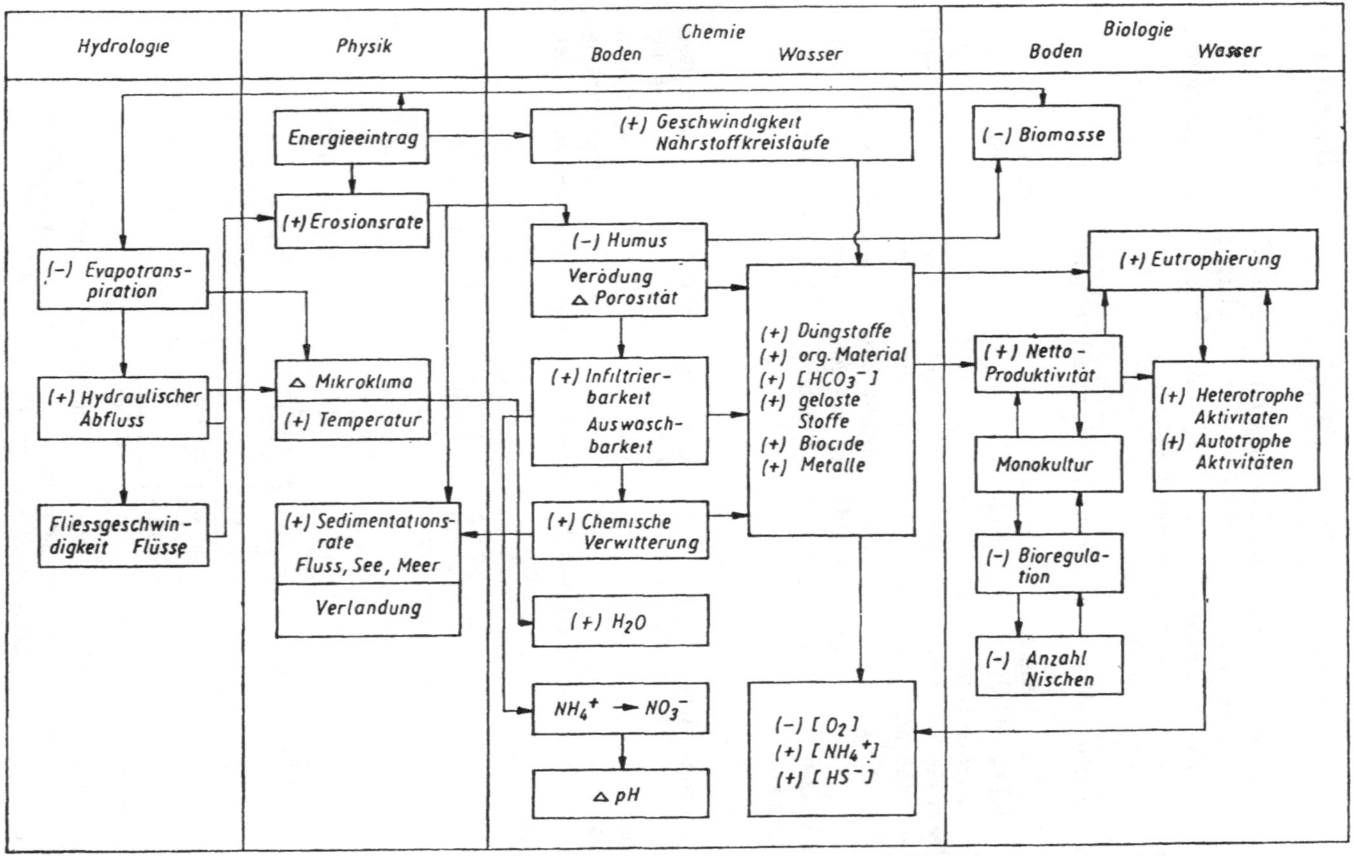

Abb. 11: Wechselwirkungen zwischen Land und Wasser; + bedeutet Zunahme oder positive, — bedeutet Abnahme oder negative Rückkopplung, aus (14).

ab und werden durch den Eintrag von Fremdstoffen (Düngemittel, metallhaltige Abwässer, Pestizide) stark modifiziert. Dadurch wird der Stoffkreislauf in Teilabschnitten des großen Regelsystems verändert, was Rückwirkungen auf das Gesamtsystem hat.

4.3.2. Globaler Wasserhaushalt und anthropogene Eingriffe

Im globalen Wasserhaushalt sind Niederschlag (N), Verdunstung (V) und Abfluß (A) die bestimmenden Größen; sie werden für die gesamte Erde (E), für Kontinente (Land, L) und für Meere (M) mit dem jeweiligen Index gekennzeichnet. Die folgende Wasserbilanzgleichung bezieht sich auf Zeiträume von über 1 Jahr und geht davon aus, daß auf dem Festland im Mittel der Niederschlag größer ist als die Verdunstung ($N > V$) und die Differenz als Abfluß zum Meer geht. Auf dem Weltmeer mit 71% der Erdoberfläche ist $V > N$ und für die Gesamterde ist $N_E = V_E$. Es gilt:

$$N_L - V_L = A_L = V_M - N_M$$

Die Ozeane liefern 87% der gesamten Wasserverdunstung. Sie enthalten rund 10^5 mal mehr Wasser als die Atmosphäre, und die Verweilzeit der Wassermoleküle beträgt im Ozean rund 3000 Jahre, in der wärmeren Oberschicht allerdings nur ca. 200 Jahre (3). Das Blockdiagramm in Abb. 12 zeigt die Wasserinhalte, Transporte und Verweilzeiten in den wichtigsten Wasserspeichern.

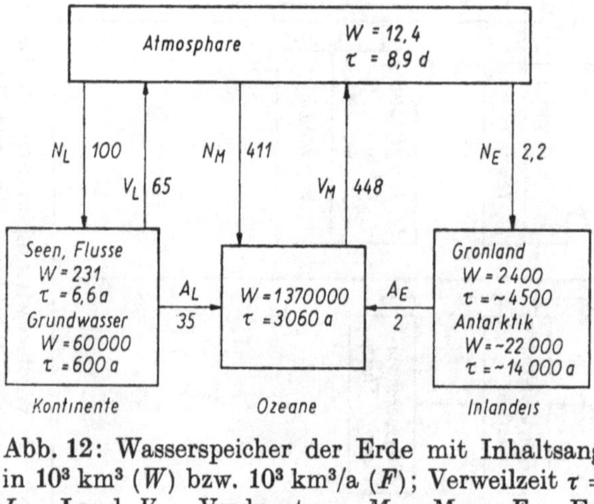

Abb. 12: Wasserspeicher der Erde mit Inhaltsangaben und Austauschraten in 10^3 km³ (W) bzw. 10^3 km³/a (F); Verweilzeit $\tau = W/F$. N = Niederschlag, L = Land, V = Verdunstung, M = Meer, E = Erde, A = Abfluß; nach (3).

Da für die Verdunstung Energie notwendig ist, die als „latente Energie" mit dem Wasserdampf transportiert und bei der Kondensation wieder frei wird, besteht eine enge Kopplung zwischen Wasser- und Wärmehaushalt der Erde. Dies drückt sich in der folgenden **Wärmebilanzgleichung** aus:

$$Q = B + L + V + U_{biol}$$

Q ist die Strahlungsbilanz oder Nettostrahlung, die sich aus der Differenz von Ein- und Ausstrahlung im Sichtbaren und Infrarot ergibt; B ist der Wärmestrom in den Erdboden (Wasser) hinein, L der Strom fühlbarer Wärme in die Atmosphäre, d. h. die Aufwärmung der Atmosphäre von der Unterlage her, V der Verdunstungsstrom, d. h. der Wärmetransport mittels Wasserdampf von der Erdoberfläche in die Atmosphäre und U_{biol} ist der Wärmeumsatz biologischer Prozesse.

Dem Glied U_{biol} entstammen unsere Energiequellen Kohle, Erdöl, Erdgas, die vor 300 bis 500 Millionen Jahren durch photosynthetische Prozesse entstanden und heute sehr schnell aufgebraucht werden. Man schätzt, daß die Welt z. Z. in einem Jahr soviel Energie verbraucht, wie durch U_{biol} in 500000 Jahren gespeichert wurde. U_{biol} beträgt nur 0,2% von Q und kann daher für globale Betrachtungen vernachlässigt werden. Für das Klima der Erde sind die Größen L und V entscheidend, und ihr Verhältnis (L/V) gilt als eine Grundgröße der physikalischen Klimatologie.

Durch das Wechselspiel von Verdunstung und Niederschlag wird der Wasserdampf der Atmosphäre, dessen gesamte Menge in kondensierter Form auf der Gesamtoberfläche der Erde eine Schicht von nur 2,44 cm ergäbe, im Jahr etwa 40mal erneuert. Das bedeutet, daß statistisch betrachtet jedes Wassermolekül im Durchschnitt nur 9 Tage in der Atmosphäre verweilt, bevor es wieder irgendwo ausregnet. Die Transportgeschwindigkeit des Wasserdampfes in der Atmosphäre liegt je nach Witterung zwischen 100 und 1000 km pro Tag. Demnach können die Wassermoleküle in der Atmosphäre einige Tausend km zurücklegen, bevor sie wieder abgeregnet werden (3). Diese Betrachtung hat für wasserwirtschaftliche Maßnahmen Bedeutung, denn sie zeigt, daß lokale Eingriffe in den Wasserhaushalt nicht am gleichen Ort wirksam werden. Ein künstlich angelegter Stausee kann zwar die lokale Wasserführung regulieren und mit seiner Oberfläche die Verdunstung fördern, aber das verdunstete Wasser muß nicht die Niederschlagsmenge der näheren Umgebung beeinflussen.

Die Kontinente sind bei 29% der Erdoberfläche nur mit 13% an der globalen Verdunstung beteiligt und erhalten 21% der globalen Niederschlagsmenge (520000 km^3/a) mit einer sehr unterschiedlichen Verteilung. Die Gesamtmenge an Niederschlag läßt sich nicht vermehren, aber ihre Verteilung in gewissen Grenzen beeinflussen. Doch sind diese Vorhaben problematisch und können völkerrechtliche Konsequenzen haben. Durch **Wolkenimpfung** kann eine Umverteilung der Niederschläge erreicht werden. Dies mag in Meeresnähe günstig sein, wenn durch zusätzliche Kondensationskerne erreicht wird, daß Niederschläge noch auf das Land fallen, die sonst erst über dem Meer abgeregnet wären. Aber ein solches Verfahren wird problematisch, wenn dadurch vorzeitig über einem Land Wolken abgeregnet werden, die ohne künstliche Wolkenimpfung erst später einem anderen Land den ersehnten Niederschlag bringen würden. In den ariden und semiariden Klimaten, in denen der Niederschlag am dringendsten gebraucht wird, stehen meteorologische Gegebenheiten (Absinken von Luftmassen statt Aufwind) ohnehin einer künstlichen Niederschlagsvermehrung entgegen. Hier helfen nur weiträumige Zuleitungen von Wasser aus humiden Klimaten, die Erschließung fossiler Grundwasser, die jedoch nicht erneuert werden können, oder die Entsalzung von Meerwasser.

Wolkenimpfung kann aber für kleinere Gebiete und bestimmte Probleme eine dem Umweltschutz dienende Methode sein. Dazu gehören:

— die Auflösung von Nebel über Flughäfen,
— die Bekämpfung von Waldbränden durch künstlichen Regen,
— die Vermeidung von Hagelschäden durch vorzeitiges Ausregnen,
— die Abschwächung tropischer Wirbelströme wie Hurricane oder Zyklone.

Zu nationalen oder internationalen Schwierigkeiten können auch Flußregulierungen führen, welche die Wasserversorgung von Nachbargebieten stark beeinflussen. Daraus sind auch erhebliche ökologische Folgen zu erwarten, die großräumige Ökosysteme betreffen. Zunehmende Industrialisierung, Intensivierung der Landwirtschaft im Steppenraum und das Anlegen von Stauseen im Süden der UdSSR haben dazu geführt, daß den zum Assowschen Meer fließenden Strömen Don, Kuban u. a. viel Süßwasser entzogen wurde. Das hat sich aber nicht auf den Wasserspiegel dieses Meeres ausgewirkt, weil die Differenz durch Zuflüsse von salzhaltigem Wasser aus dem Schwarzen Meer über die Meerenge von Kertsch ausgeglichen wurde. Erst als sich die einzigartige Fauna des Assowschen Meeres zu verändern begann und verstärkt Salzwasserformen auftraten, setzte ein riesiges Forschungsprogramm zur Rettung dieses Ökosystems ein. Der Salzwasserzufluß wird durch den Bau eines großen Erddammes bei Kertsch eingeschränkt und der Zufluß von Süßwasser reguliert.

4.3.3. Wärmehaushalt und Wärmebelastung der Gewässer

Der **Wärmehaushalt** eines Gewässers wird vor allem von meteorologischen Bedingungen und von der Strömungsdynamik abhängen. Die einzelnen Komponenten des Wärmestroms wirken zwischen Gewässeroberfläche und Atmosphäre. Sie bestehen aus kurz- und langwelligen Strahlungsanteilen. Die kurzwelligen Anteile ergeben sich aus der direkten Sonneneinstrahlung, von der nur ein Teil in den Wasserkörper eindringt, während der andere reflektiert wird und zur Aufheizung der Atmosphäre beiträgt. Die langwelligen Anteile der Strahlungsbilanz setzen sich zusammen aus der Gegenstrahlung, die z. T. auch von der Gewässeroberfläche reflektiert wird und aus der Wärmestrahlung des Gewässers. Schließlich führt das Wasser noch Wärme durch Verdunstung und Konvektion ab. Die Abb. 13A gibt diese Verhältnisse stark schematisiert wieder, und Abb. 13B zeigt ein Beispiel für die Gesamtstrahlungsbilanz an einem sonnigen und an einem bewölkten Sommertag. Daraus geht hervor, daß die Gesamtbilanz für das Gewässer nur am Tage positiv ist, in den Nachtstunden wird Wärme abgegeben. Das führt zu aus-

a)

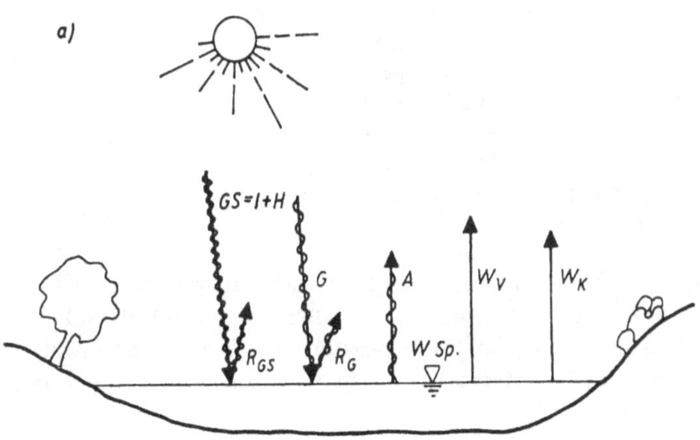

Abb. 13a: Wärmestrom an der Gewässeroberfläche. GS = Gesamtstrahlungsbilanz, I = direkte kurzwellige Sonnenstrahlung, H = kurzwelliger Anteil des gesamten Energieflusses, G = Gegenstrahlung, A = Wärmestrahlung der Gewässeroberfläche, W_V = Verdunstungswärme, W_K = Konvektionsstrom, R_{GS} und R_G = reflektierte Anteile von GS und G, WSp = Wärmespeicher.

b)

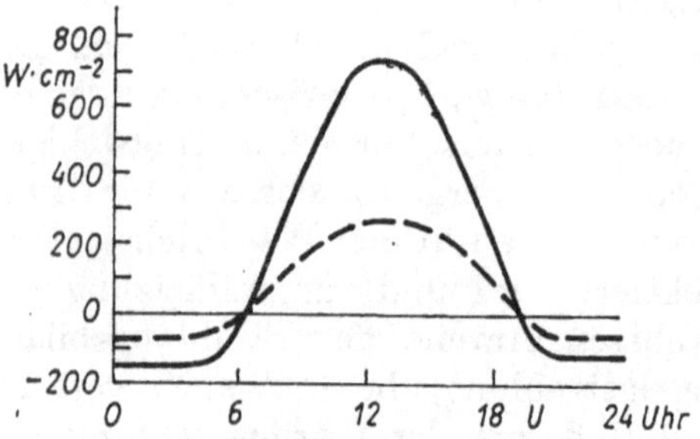

Abb. 13 b: Gesamtstrahlungsbilanz eines Fließgewässers an einem sonnigen (ausgezogene Linie) und an einem bewölkten (unterbrochene Linie) Sommertag, in W/cm² Wassersäule, nach (13).

geprägten Tagestemperaturschwankungen, die im mitteleuropäischen Klima bis zu 4°C und bei ausgesprochenem Festlandklima noch höhere Werte erreichen. Der Wärmefluß zwischen Atmosphäre und Gewässer ist dann am geringsten, wenn sich die Temperaturen von Wasser und Luft nur wenig unterscheiden.

Tab. 4: Durchschnittliche Strahlungsbilanz für mitteleuropäische Gewässer, nach (13).

Globalstrahlung	$104\ W \cdot m^{-2}$
Reflexstrahlung	$-\ 20\ W \cdot m^{-2}$
Kurzwellige Strahlungsbilanz	$84\ W \cdot m^{-2}$
Gegenstrahlung	$320\ W \cdot m^{-2}$
Ausstrahlung	$-\ 357\ W \cdot m^{-2}$
Langwellige Strahlungsbilanz	$-\ 37\ W \cdot m^{-2}$
Gesamtstrahlungsbilanz	$47\ W \cdot m^{-2}$

Im langjährigen Durchschnitt ergeben sich für Mitteleuropa die in Tab. 4 enthaltenen Werte. Die einzelnen Bilanzglieder sind erheblichen Schwankungen unterworfen. In den Mittagsstunden wolkenarmer Sommertage kann die Globalstrahlung bis zu 850 $J \cdot m^{-2} \cdot s^{-1}$ erreichen, bei Tagessummen von 30 $MJ \cdot m^{-2}$ (13).

Für den Wärmefluß zwischen Gewässer und Atmosphäre ist auch die Gerinnehydraulik von Bedeutung. Hier hat der Mensch durch seine Umgestaltung nach ökonomischen Bedürfnissen einen starken Einfluß ausgeübt. Als Folge der Begradigung von Flußläufen und seitlicher Einengung (Kanalisation) vergrößert sich die Wassertiefe und die Fließgeschwindigkeit. Dadurch verringern sich die täglichen Wassertemperaturschwankungen in den Sommermonaten.

Stärkere Veränderungen der hydrischen Ökosysteme sind von den Wärmeeinleitungen aus Kommunen und der Industrie zu erwarten. Die kommunalen Abwässer wurden bisher für den Wärmehaushalt als belanglos angesehen, da die Wasserverunreinigung im Vordergrund stand.

Im Zusammenhang mit der Abwärme aus der Industrie muß auch die Wärmezufuhr aus den Kläranlagen beachtet werden. In den Wintermonaten hat dieses Wasser etwa 10—15 °C und liegt damit etwa 10 K über der Temperatur des Vorfluters. Das bedeutet eine Wärmezufuhr von 25—46 MJ je m^3 Abwasser. Berechnungen ergeben, daß Kläranlagen von Großstädten der BRD zu einer Erwärmung des Vorfluters um etwa 3 K führen (12). In den Sommermonaten kann andererseits das kühlere Abwasser der Kläranlagen zu einer thermischen Entlastung des warmen Vorfluters führen. Handelt es sich aber um einen sommerkühlen Vorfluter, so bewirkt das Wasser der Kläranlagen eine weitere Erwärmung. Der Wärmemüll aus industriellen Anlagen war in den letzten Jahren bedrohlich angestiegen, zeigt jetzt aber eine leicht rückläufige Tendenz, weil sich in der Industrie die Installation von internen Kreisläufen für Wasser und Wärme immer mehr durchsetzt. Eine akute Belastung bieten weiterhin die Kühlwässer aus Wärmekraftwerken, in denen nur 30—40% der Primärenergie in elektrische Energie umgesetzt werden können; der größere Anteil geht nach Passagen von Wärmeaustauschern mit einer Temperatur von 25—35 °C in die Gewässer.

Bei einem heute gebräuchlichen 1300-MW-Kernkraftwerksblock fällt eine Abwärme von 2500 MJ/s an. Diese Energie genügt, um einen Vorfluter mit einem Abfluß von 200 m^3/s um 3°C aufzuwärmen. Eine solche Abflußmenge entspricht der Wasserführung des Rheins bei Niedrigwasser. Da an den großen Flüssen häufig mehrere Kraftwerke hintereinander liegen, darf nicht die gesamte Abwärme in die Flüsse geleitet werden. Über Rückkühlanlagen und Kühltürme wird etwa die Hälfte der Abwärme an die Atmosphäre abgegeben. Moderne Anlagen erzeugen eine Abwärme von 5500 kJ pro kWh. Durch Einsatz neuer Technologien muß erreicht werden, den größten Teil für Heizzwecke zu verwenden. Das spart einerseits Energie und hilft andererseits die Forderung zu erfüllen, daß die Gewässer um nicht mehr als 2,5 K aufgeheizt werden dürfen. Diese Forderung basiert auf den folgenden Sachverhalten:

- Warmes Wasser hat eine höhere Verdunstung, das bedeutet Wasserverlust und verstärkte Nebelbildung.
- Warmes Wasser hat einen geringeren Sauerstoffgehalt — bei 0 °C lösen sich in reiner O_2-Atmosphäre 70 mg O_2/l, bei 20 °C nur noch 43,3 mg O_2/l —; beim Partialdruck der Luft betragen die Werte rund

ein Fünftel davon. Diese O_2-Verarmung mindert die Selbstreinigungskraft des Gewässers und verschlechtert die Bedingungen für die Fischzucht.

- Mit steigender Wassertemperatur steigt der Stoffwechsel der Organismen und damit der O_2-Bedarf, der aber durch die geringere Löslichkeit nicht mehr gedeckt werden kann. Diese Vorgänge sind **Hauptursache des Fischsterbens an heißen Sommertagen**
- Die zusätzliche Aufwärmung eines Gewässers kann seine Biozönosen verändern, weil die erhöhten Temperaturen nicht mehr den Temperaturoptima der verschiedenen Organismen entsprechen und dadurch mehr wärmeliebende Arten hervortreten werden.

4.3.4. Wasserqualität und Wasserverunreinigungen

4.3.4.1. Trinkwasser

Die höchste **Qualität** wird vom **Trinkwasser** gefordert, das als wichtiges Lebensmittel anzusehen ist. Es wird überwiegend aus Grundwasser, z. T. aus Quell- und Oberflächenwasser gewonnen. Der steigende Bedarf und die zunehmende Verschmutzung des Rohwassers stellen an die Wasserwerke immer höhere Anforderungen und erfordern mehr Grundlagenforschung, z. B. über geeignete Entkeimungsmethoden, physikochemische Reinigungsverfahren oder über die biologischen Wirkungen der wichtigsten Wasserinhaltsstoffe, damit sich danach die Anforderungen des Reinheitsgrades richten können. In den Wasserwerken wird das Wasser filtriert, z. T. nach Zusatz von Fällungsmitteln von Fe und Mn befreit, enthärtet und entgast. Die Entkeimung erfolgt mit Chlor, Chlordioxid und Ozon. In einem cm^3 Wasser soll die Gesamtkeimzahl kleiner als 20 sein und in 100 cm^3 Wasser dürfen keine Colibakterien auftreten.
Trinkwasser soll klar, farblos, geruchlos, aber nicht geschmacklos sein. Der Geschmack darf nicht von gesundheitsschädlichen Stoffen wie Phenol herrühren, sondern von natürlich im Grundwasser vorkommenden Elementen.

Noch umstritten ist das Verfahren der Fluoridierung von Trinkwasser zur Karies-Prophylaxe, das auch von der WHO befürwortet wurde. Danach wird 1 mg Fluor pro Liter Wasser empfohlen (6). Von verschiedenen Seiten werden Einsprüche gegen die Verwendung von Trinkwasser als Träger von Medikamenten erhoben, andere stellen den tatsächlichen Wert des Fluors in Frage.

Es wurde nämlich gefunden, daß Fluor als Enzymgift lediglich die Zahnbildung hemmt und das Auftreten der Karies nur verzögert. Eine gesündere Ernährungsweise wäre sicherlich oft wirksamer. Andererseits gibt es Hinweise, daß Fluorid durch Hemmung der Kalzifizierung die ischämischen Herzkrankheiten reduzieren könne (15). Eine aktuelle Übersicht findet sich in (20).

4.3.4.2. Begriffe zur Wasseranalyse

Die Gewässer lassen sich in nährstoffarme, **oligotrophe** und nährstoffreiche, **eutrophe**, unterscheiden. Die Grenze für diese Einteilung liegt bei 10—20 mg Phosphat pro m^3 Wasser. Neben dem Anstieg von Phosphat und Stickstoff sind an der Eutrophierung der Seen auch verstärkt Bodenablagerungen beteiligt, die sich aus dem vermehrten Wachstum von Phytoplankton u. a. Wasserpflanzen ergeben. Der oligotrophe See ist strukturell weniger komplex und wasserwirtschaftlich wertvoller. Die überreichliche Zufuhr von Nährstoffen, vorwiegend durch Überdüngung in der Landwirtschaft, führt zu verstärktem Wachstum der heterotrophen Mikroorganismen im Wasser und zu steigendem O_2-Verbrauch. Die starke Sauerstoffzehrung bewirkt den Übergang von vorwiegend aeroben zu anaeroben Abbaumechanismen, den man als „Umkippen" eines Gewässers bezeichnet.
Der O_2-Bedarf ist eine wichtige Größe zur Kennzeichnung eines Gewässers. Unter der Maßzahl **„Biochemischer Sauerstoffbedarf" (BSB_5)** versteht man die Menge O_2, die bei der biologischen Selbstreinigung eines Gewässers bei 20°C in 5 Tagen verbraucht wird. Die Bestimmung erfolgt, indem eine abgemessene Menge Wasser in einem verschlossenen Gefäß mit Belebtschlamm versetzt und mit einer überschüssigen Menge Luft aufbewahrt wird. An einem Manometer läßt sich die Änderung des Luftdruckes im Gefäßinnern ablesen und der O_2-Verbrauch errechnen. Der BSB_5-Wert von Trinkwasser ist unmeßbar klein, der von reinem Flußwasser beträgt 1—3 mg O_2/l, der von stark verschmutztem Flußwasser 5—8 mg O_2/l, der von biologisch gereinigtem Abwasser etwa 30 mg O_2/l und der von häuslichem Abwässern 200—300 mg O_2/l.

Die **Bestimmung des BSB_5-Wertes** erfaßt vor allem die leicht abbaubaren löslichen Naturprodukte wie Küchenabfälle oder Fäkalien. Chemische Produkte, wie Mineralöle, werden von Bakterien nur langsam oder gar nicht abgebaut. Der Gehalt an solchen organischen Stoffen wird chemisch durch Titration mit Kaliumpermanganat oder vollständiger durch Oxydation mit Kaliumbichromat bestimmt. Dieses Maß wird als „chemischer Sauerstoffbedarf" (CSB, engl. COD: chemical oxygen demand) bezeichnet und ebenfalls in mg O_2/l angegeben. Die Ermittlung des organisch gebundenen Kohlenstoffs (TOC: total organic carbon) wird in speziellen Analysenautomaten vorgenommen. Im Rhein betrugen die CSB-Werte in der Nähe des Bodensees 4,3 und bei Düsseldorf 17,7 mg O_2/l; die entsprechenden TOC-Werte waren 2,7 und 6,5 mg C/l (8).

Die Verschmutzung eines Gewässers wird auch auf diejenige Abfallmenge bezogen, die ein Mensch im Durchschnitt pro Tag erzeugt, sie wird als **Einwohnergleichwert (EGW)** bezeichnnet. Da die Menge selbst schwer zu definieren ist, stellt man fest, wieviel O_2 zu ihrem Abbau durch Mikroorganismen benötigt wird. Zum Abbau eines EGW in 5 Tagen sind 54 g O_2 notwendig; damit entspricht ein BSB_5-Wert von 54 g O_2/m^3 einem EGW. Dieselben Berechnungen werden auch für Abfälle aus der Viehwirtschaft angestellt, wobei einer Großvieheinheit (GVE) ein BSB_5-Wert von 800 g O_2/m^3 Wasser entspricht. Diese Maßzahlen werden u. a. für die Projektierung von Klärwerken herangezogen.
Neben den quantitativen Analysen der Wassergüte gibt es auch biologische Methoden, die eine semiquantitative Abschätzung der Wassergüte erlauben. Das bekannteste Verfahren ist die Gewässerbeurteilung nach den **Saprobienstufen** von Kolkwitz und Marsson (1). Die Organismen, die einen bestimmten Reinheitsgrad anzeigen, nannte man „Saprobien".

Das Saprobiensystem reicht von der oligosaproben Güteklasse I mit vollständiger Oxydation über mesosaprobe Stufen bis zur polysaproben Güteklasse IV mit nur noch Spuren von Sauerstoff. Der Klasse I entspricht ein O_2-Gehalt von 8,5–8,8, Klasse II von 6,2–7,5 und Klasse III von 2,2–4,4 mg O_2/l. Die meisten mitteleuropäischen Flüsse fallen in die Güteklasse III. Auf der Grundlage einer Analyse der Biozönose ist für jedes Gewässer die Bestimmung des Saprobitätsgrades möglich (1), wobei für jede Art die Produkte aus relativer Häufigkeit (h), Punktzahl der Saprobienklasse ($n \cdot s$) und Indikationsgewicht (i) gebildet werde. Anschließend werden die Werte durch die Produktsummen aus relativer Häufigkeit mal Indikationsgewicht dividiert, so daß sich der Gesamt-Saprobienindex S wie folgt ergibt:

$$S = \frac{s \cdot h \cdot i}{h \cdot i}$$

Im Vergleich zum Chemiker, bei dem die Substanz zum Nachweis vorliegen muß, kann bei der biologischen Analyse das Abwasser beurteilt werden, wenn ein Wirkstoff selbst nicht mehr anwesend ist. In den letzten Jahren haben biologische Verfahren mit mehr oder weniger spezifischen Organismen zum Nachweis von Wasserverunreinigungen an Bedeutung gewonnen. Diese **Bioindikatoren** erlauben eine Einschätzung aller im Wasser vorhandenen abiotischen Faktoren.

Für solche Biotests dienen auch Ciliaten und Hydrozoen, an denen morphologische Bewertungen, Verhaltensstudien oder Stoffwechselmessungen vorgenommen werden (9, 18). Zur Beschreibung der verschiedenen Kriterien dienen einfache mathematische Methoden. Zum Beispiel lassen sich leicht Wachstumsraten in verschieden verschmutztem Wasser bestimmen, wobei nur zwei Zählungen, zu Beginn und bei Versuchsende, notwendig sind. Die Anzahl der Generationen NG ergibt sich dann aus

$$NG = \log_2 N^t - \log_2 N^0$$

N^0 ist die Anzahl Ciliaten bei Beginn, N^t am Ende des Experiments. Die prozentuale Hemmung durch ein Abwasser beträgt dann

$$\% = 100 - (NG_{\text{tox}}/NG_{\text{kontr}}) \cdot 100$$

Die Auswahl der Organismen und der Meßmethode richtet sich nach den Forderungen, wie schnell eine Analyse, wie genau und wie spezifisch sie sein muß. Hydropolypen lassen sich z. B. gut zur Testung auf Schwermetallwirkungen verwenden. Kolonierückbildungen und Tentakeldegenerationen setzen schon bei 0,001 mg Quecksilber pro l Wasser oder bei 0,03 mg Blei/l ein. Miesmuscheln sterben in 105 Tagen zu 50% ab, wenn das Wasser 0,5 mg Blei/l enthält. Fischeier und Fischbrut reagieren empfindlich auf Wasser, das Rückstände der Waschmittelindustrie wie Proteasen und fettlösende Detergentien enthält.

Das Schwimmverhalten von Fischen wird in Trinkwasserkontrollstellen überwacht. Gelangen durch unvorhersehbare Ereignisse Fremdstoffe in das Trinkwasser, verlieren die Testfische, die sich in einer horizontalen Strömung befinden, die Fähigkeit, sich am Ort zu halten und lassen sich abtreiben.

4.3.4.3. Wasserverunreinigungen

Die **Verunreinigung der Gewässer** hat drei wesentliche Ursachen:

- vermehrte und ungenügend vorgereinigte Abwassereinleitung in Flüsse, Seen und Meere,
- Eintragung von Nährstoffen aus überdüngten Böden und
- Versauerung von kalkarmen Seen und Fließgewässern durch hohen Gehalt des Niederschlagswassers an Schwefelsäure.

Flüsse sind weniger gefährdet als stehende Gewässer, da sie aus Quellen und Bächen ständig frisches Wasser erhalten und durch ihre Dynamik besser mit Luft gesättigt werden. Dadurch können Mikroorganismen organische Verunreinigungen relativ schnell abbauen. In einem Labormodell (Abb. 14) einer abwasserbelasteten Fließstrecke läßt sich anhand des kontinuierlich gemessenen O_2-Gehalts im Wasser die mikrobielle Aktivität messen. Einer aus 3 nacheinander geschalteten Kammern wird zur Zeit t_0 ein Modellabwasser zugesetzt. Die in wenigen Stunden einsetzende starke Vermehrung der Mikroorganismen führt zum Absinken

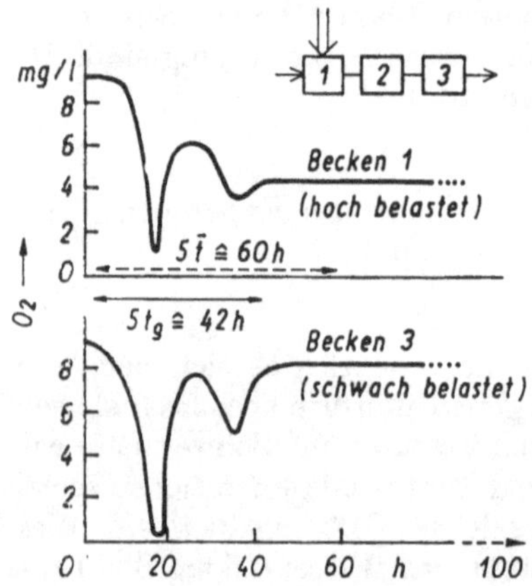

Abb. 14: Einschwingverhalten der mikrobiellen Aktivität eines Modellsystems nach einer kontinuierlichen Zufuhr von Abwasser zur Zeit $t = 0$ in Becken 1, gemessen am O_2-Gehalt in Becken 1 und 3; $\bar{t}$ = mittlere theoretische Verweilzeit des Wassers in den Becken, t_g = Verdopplungszeit der suspendierten Bakterien, nach (16).

des O_2-Gehalts und damit zum Sistieren der Vermehrung, bis durch Zustrom frischen Wassers wieder genügend O_2 vorhanden ist. Da inzwischen auch die Abwasserkonzentration verringert ist, nimmt auch die O_2-Zehrung ab. Im dritten, schwach belasteten Becken pendelt sich der O_2-Gehalt schnell wieder auf den Ausgangswert ein. Mikroorganismen und auch einige Wirbellose können sich bei intervallmäßiger Belastung des Wassers relativ schnell erholen. In den meisten Flüssen herrscht eine kontinuierliche Belastung mit Schadstoffen, so daß das natürliche Regenerationsvermögen nicht mehr funktioniert. Das wirkt sich besonders bei niedriger Wasserführung aus, die oftmals mit erhöhten Temperaturen verbunden ist.

Als Beispiel für die Verunreinigung der Binnenseen wird häufig der Bodensee herangezogen, dessen O_2-Sättigung vor 6 Jahrzehnten etwa 80% betrug und 1973 bei 30–40% lag. An den Einleitungsstellen der Abwässer und in großen Tiefen ist fast kein O_2 vorhanden. Der langsame anaerobe Abbau erzeugt CH_4, H_2S, NH_3 u. a. Gase und führt zur Ablagerung von Schlammschichten, die einen See absterben lassen. Eine Rückkehr zum alten Zustand ist nicht oder nur mit einem enormen Aufwand zu erreichen. Bei kleineren Seen kann durch Ausbaggern der Schlammschichten oder durch Einleiten von Luft eine Wiederbelebung eingeleitet werden (5). Würde man diese Mittel rechtzeitig zur Abwasserreinigung einsetzen, könnten viele Schäden vermieden werden.

Solange im Wasser noch Sauerstoff vorhanden ist, bilden die Sedimente eine Senke (Puffer) für Phosphate. Sobald sich aber anaerobe Verhältnisse einstellen, wechselt die Kopplung mit dem Phosphat-Kreislauf ihr Vorzeichen, und es wird durch die anaeroben Prozesse Phosphat aus den Sedimenten mobilisiert und damit die Belastung des Sees weiter erhöht. Die Phosphate stammen etwa zu gleichen Teilen aus Fäkalien, aus Düngemitteln der Landwitschaft und aus Waschmitteln.

Auch in den großen Seen und Weltmeeren macht sich die Verschmutzung bemerkbar, besonders deutlich am Rückgang der Fischereierträge, z. T. sogar durch vergiftete Fische. Die Ostsee gilt als eines der am stärksten verunreinigten Großgewässer. Sie enthält auf einer Fläche von 386000 km^2 rund 20000 km^3 brackiges Wasser. Der Austausch erfolgt über den Großen und Kleinen Belt und den Öresund mit relativ geringen Tiefen von 30, 10 und 8 m. Das vorwiegend über den Großen Belt in der Tiefe einströmende Nordseewasser bewirkt in der Ostsee einen vertikalen **Salzgradienten**, der vom Westen nach Osten abnimmt. Neben der Salzgehaltsprungschicht von 4—8‰ existiert in 20—40 m Wassertiefe noch eine **Temperatursprungschicht** von 10—15°C (Abb. 15). Diese behindern die Vertikalkonvektion und verursachen einen O_2-Mangel in den unteren Wasserschichten, unter dem die Benthosorganismen leiden.

Nach langjährigen schwedischen Untersuchungen betrug der O_2-Gehalt im Gotlandbecken in einer Tiefe von 100 m im Jahre 1900 noch 3,0 ml/l, 1930 2,0 ml/l, 1960 ca. 1 ml/l und 1970 nur noch 0,2 ml/l (11). Parallel mit dem Rückgang des O_2-Gehalts stieg die Salzkonzentration von 9,5 (1900) auf über 10,5‰ (1970). Der Phosphatgehalt nahm besonders seit 1960 zu. Diese Millieuveränderungen wirken sich auf die Entwicklung der Fische aus, von denen einige an spezifische Bedingungen angepaßt sind. Der Dorsch setzt seinen Laich nur in Wasser ab, das einen Mindestsalzgehalt von 10—15‰ und eine O_2-Konzentration von über 1—1,5 ml/l aufweist. Die bestimmte Salzkonzentration ist deshalb erforderlich, weil sich die Eier pelagisch entwickeln und dazu das Wasser eine bestimmte Dichte haben muß.

Die tieferen Wasserschichten der Ostsee werden nur bei sehr extremen Wetterlagen erneuert, wenn Nordseewasser einströmt, das mit seiner größeren Dichte die stagnierende thermohaline Sprungschicht unter-

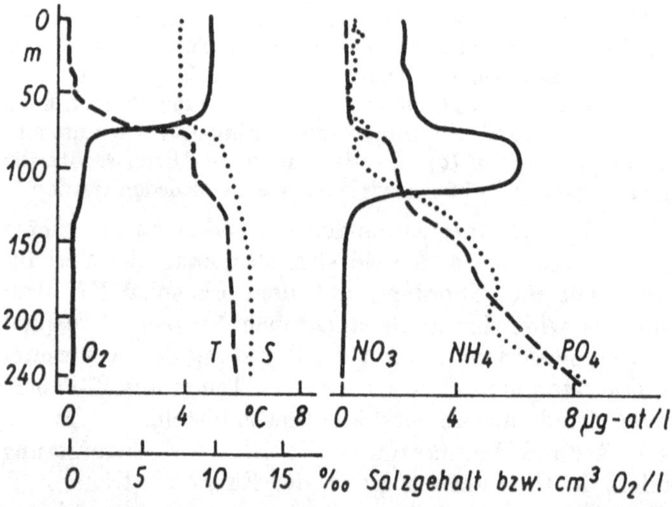

Abb. 15: links: Sauerstoffgehalt (O_2), Temperatur (T) und Salzkonzentration (S) in verschiedenen Tiefen (Ordinate) der Ostsee östlich von Gotland im März 1969; obere Abszisse = Temperatur, untere Abszisse = Promille Salzgehalt bzw. cm^3 O_2/l; rechts: Gehalt an NO_3, NH_4 und PO_4 im gleichen Wasser, Angaben in µg-at/l, nach (11); 1 µg-at = 18 (NH_4), 62 (NO_3) und 95 (PO_4) µg/l.

wandert. Da aber auch die Nordsee zunehmend verschmutzt, nährstoffreicher und O_2-ärmer wird, kann diese Zufuhr keine wesentliche Besserung bringen.

Die Nordsee wird vor allem durch drei Quellen belastet (4,8):

- durch die mit den Flüssen herantransportierten Verunreinigungen; der Rhein führt täglich 70 t Phosphat, über 1 000 t Stickstoff und viele Tonnen Schwermetalle heran,
- durch Einleiten häuslicher und industrieller Abwässer der angrenzenden Länder, z. T. über lange Rohrleitungen, um die Küsten zu schonen; die Abwässer der Stadt Hamburg lassen sich bis Helgoland verfolgen,
- durch das Einbringen von oft hochtoxischen Industrieabfällen mit Schiffen, von denen aus die Rückstände der Titandioxid-Produktion, der Synthesefaser-Herstellung oder der Kohleverwertung verklappt werden; mit dem Faulschlamm aus Kläranlagen gelangen jährlich 800 t Zn, 200 t Cu, Cr, Ni u. a. Metalle in die Nordsee; da

dieses „Dumping"-Verfahren mit 10 bis 20% an der Verschmutzung der Nordsee beteiligt ist, wurden in den letzten Jahren Bestimmungen zur Einschränkung erlassen.

Eine weitere Verschmutzung resultiert aus den Niederschlägen und durch Rohöle, die bei der Ölgewinnung, Tankerhavarien oder Reinigung von Tanks auf hoher See frei werden. Die Auswirkungen der Ölbestandteile auf die Organismen sind noch weitgehend unbekannt. Die niedermolekularen Anteile des Rohöls, die ungesättigten Verbindungen und die Oxydationsprodukte sind hoch toxisch. Noch Verdünnungen von $1:10^9$ beeinträchtigen das Orientierungsverhalten von Fischen. Die feinen Ölfilme und Öltröpfchen im Wasser (Emulsion) verändern die physiko-chemischen Eigenschaften des Wassers und damit auch die biologischen Prozesse, z. B. die Kiemenatmung der Fische oder die Zellmembranen der Mikroorganismen.
Die Schadstoffe werden im Meerwasser häufig so verdünnt, daß sie analytisch nur schwer nachweisbar sind, aber in den Organismen kann es zu einer Speicherung kommen, die das 10^3—10^4fache der Wasserkonzentration ergibt. Dabei können einzelne Organe oder Gewebe besonders betroffen sein. Ein Teil der Substanzen wird wieder ausgeschieden. Betrachtet man den Organismus als ein Zweikomponentensystem mit den Inkorporations- und Exkretionsorganen einerseits und den Akkumulationsorganen andererseits, so ergibt sich das in Abb. 16 dargestellte Schema.

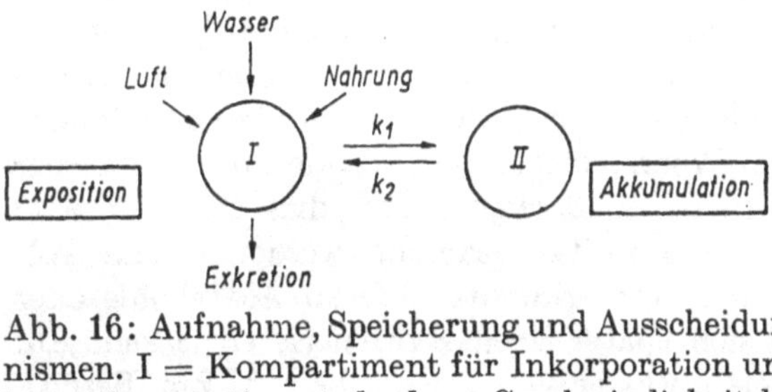

Abb. 16: Aufnahme, Speicherung und Ausscheidung von Schadstoffen in Organismen. I = Kompartiment für Inkorporation und Exkretion, II = Akkumulationskompartiment, k_1, k_2 = Geschwindigkeitskonstanten.

Von den über Haut, Atmungs- und Verdauungstrakt aufgenommenen Schadstoffen wird ein Teil wieder ausgeschieden, der andere gelangt über das Blut in die Speicherorgane und kann unter bestimmten Umständen wieder mobilisiert werden. Akkumulation und Mobilisation laufen mit verschiedenen Geschwindigkeitskonstanten (k_1, k_2) ab. Ihre Bestimmung für verschiedene Organismen und verschiedene Schadstoffe ist noch Gegenstand der Forschung.

4.3.5. Wasserreinigungsverfahren

Der Einsatz von **Wasserreinigungs- und Aufbereitungsverfahren** ergibt sich aus der Notwendigkeit, Wasser zu sparen und die Ökosysteme zu schützen. Die **klassischen Verfahren der Abwasserbehandlung** lassen sich in eine mechanische, eine biologische und eine chemische Stufe unterteilen. In der mechanischen Reinigung werden durch Rechen, Sandfang und Vorklärung pro 150 l Abwasser etwa 60 g feste Stoffe herausgeholt, verbrannt oder weiter verarbeitet (17). In der biologischen Stufe kommt man aus hygienischen Gründen von den früheren Verrieselungen oder den Oxydationsgräben ab und fördert im Tropfkörper- oder Belebtschlamm-Verfahren den aeroben Abbau durch Mikroorganismen.

Im ersten Fall rieselt das Abwasser über Tropfkörper mit großer Oberfläche und Mikrobenbewuchs; die entstehende Biomasse fließt mit dem gereinigten Wasser ab und wird durch Nachklärung abgetrennt. Beim Belebtschlamm-System werden die Abwässer in großen Behältern mit Belebtschlamm (Bakterien, Algen, Protozone) und Luft verwirbelt. Im langsamen Durchfluß kommt es zur Zersetzung der leicht abbaubaren Substanzen. In der chemischen Reinigungsstufe erfolgt das Ausfällen von Phosphaten, Schwermetallen usw., das Alkalisieren und schließlich das Ausblasen der Geruchsstoffe.

Für Abwässer aus der Papier- oder Mineralölindustrie sind spezielle physiko-chemische Methoden erforderlich: Im **Flotationsverfahren** werden feine Feststoffe oder Öltröpfchen durch Belüftung zum Aufschwimmen gebracht und von der Oberfläche „abgerahmt“. Mit dem **Flockungsverfahren** lassen sich feine kolloidale Verteilungen ausflocken und danach filtrieren oder sedimentieren. Wenn feinstverteilte Stoffe infolge gleicher (meist negativer) Ladung nicht ausflocken, kann dies durch Zusatz der Gegenionen, z. B. Aluminiumsulfat, erreicht werden. Beim **Adsorptionsverfahren** (10) werden Wasserinhaltsstoffe an Aktivkohle oder Kunstharze gebunden, die sich später wieder regenerieren lassen. Auf diese Weise werden Kokerei-Abwässer von Phenol befreit. Zur Beseitigung von sauren oder basischen Gruppen dienen Anionen- oder Kationen-Austauscher, diese nehmen z. B. SO_4^{--} auf und geben OH^- ab, jene nehmen z. B. Ca^{2+} auf und geben H^+ ab; bei Kombination beider entsteht H_2O. Bei der **Elektrodialyse** transportiert elektrischer Strom die Ionen durch ionenselektive Membranen. Die Elektrolysekammern können aus vielen Kompartimenten bestehen, die abwechselnd von einer Anionen- und einer Kationen-Austauschermembran gebildet

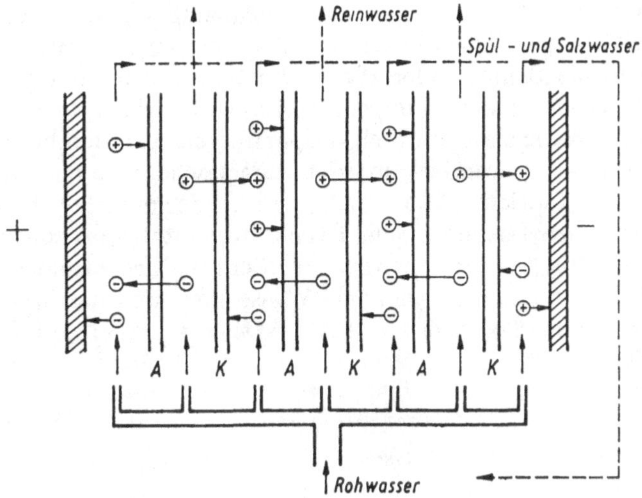

Abb. 17: Schema einer Elektrodialyse-Anordnung mit Anionen- (A) und Kationenaustauschmembranen (K), + Anode, — Katode.

werden und die sich zwischen einer Anode und einer Katode befinden (Abb. 17).

Dieses Verfahren eignet sich besonders zur Meerwasserentsalzung. Das salzhaltige Wasser wird durch den Membranstapel gepumpt, an dem eine Gleichspannung anliegt. Die Kationen passieren die Kationenaustauscher, aber werden von den Anionenaustauschern zurückgehalten, umgekehrt werden die Anionen von den Kationenaustauschern gebunden. Durch das angelegte Gleichfeld steigen die Ionenkonzentrationen in dem einen Kompartiment während im anderen eine Verarmung (Entsalzung) erfolgt, so daß zwei Flüssigkeitsströme die Kammern verlassen, einer mit hoher Salzkonzentration, der wieder in den Kreislauf zurückgeht und einer mit niedriger Salzkonzentration, der als Brauchwasser abgeführt wird. Der Betrag an Salzen, der aus dem Rohwasser entfernt wird, hängt von der Anzahl Membranen und von der Transportzahl der Ionen in den Membranen und Lösungen ab (2). Die Nettoreinigung eines Wassers ergibt sich aus der folgenden Beziehung:

$$D(N_W - N_D) = \Delta(N \cdot V) = \frac{I \cdot \xi_F}{F}$$

D = Dialysat (kg/h), N_W = Normalität des Rohwassers, N_D = Normalität des Dialysates, $\Delta(N \cdot V)$ = Veränderung in der Reinwasser-Normalität, V = Durchflußmenge, I = Membranstrom, ξ_F = Faradayscher Nutzungsfaktor, F = Faraday-Konstante (96494 Coulomb pro Grammäquivalent).

Ein Verfahren, das sowohl für die Meerwasserentsalzung als auch für die Aufbereitung städtischer und industrieller Abwässer an Bedeutung gewinnt, ist die **reversible Osmose** oder Hyperfiltration. Sie beruht auf der Theorie der Osmose und der Semipermeabilität. Während in der normalen Osmose das Lösungsmittel durch die semipermeable Membran in die konzentrierte Lösung wandert, bis der osmotische Druck dem hydrostatischen Druck entspricht (Abb. 18 A), wird bei der umgekehrten Osmose die konzentriertere Lösung einem Druck ausgesetzt, der höher ist als der osmotische Druck. Dadurch wird die Richtung des Lösungsmittelflusses umgekehrt, das Lösungsmittel (Wasser) verläßt die konzentriertere Lösung (Abb. 18B). Die reversible Osmose ist eine Fil-

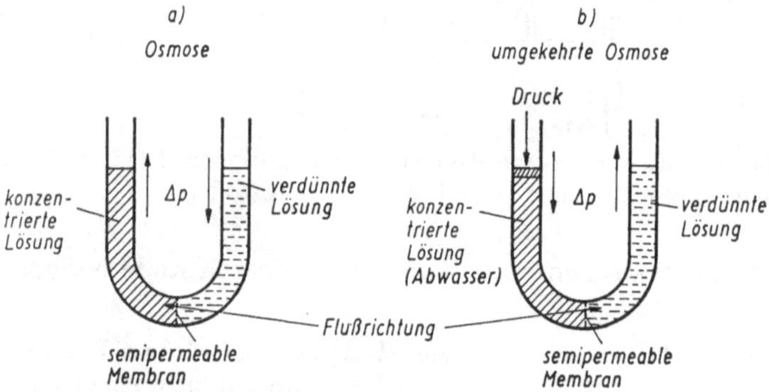

Abb. 18: Schematische Darstellung der Osmose (a) und der reversen Osmose (b).

trationsmethode, die eine Trennung von Makromolekülen und Ionen von ihren Lösungsmitteln erlaubt. Für die Durchlässigkeit der Teilchen ist die Porengröße der semipermeablen Membran entscheidend. Die homogene Ultrafiltermembran ist nur 0,1 μm dick; sie wird von beiden Seiten durch poröse Substrate gestützt. Die Ultrafiltration arbeitet mit Drücken zwischen 0,1 und 1,0 MPa (1—10 bar), die reversible Osmose verwendet Drücke von 1—10 MPa (10 bis 100 bar). Bei der Meerwasserentsalzung erreicht man mit 8,0 MPa (80 bar) pro Tag und m^2 Membran etwa 0,4 m^3 Reinwasser mit mehr als 99% Retention. Bei geringeren Anforderungen an die Reinheit werden größere Mengen (bis 3 m^3) erreicht. Die Kosten liegen bei 15 kWh/m^3 Wasser.

Das Meerwasser enthält ca. 35000 ppm NaCl, diese müssen für die Trinkwasseraufbereitung auf weniger als 500 ppm und für landwirtschaftliche

Zwecke auf unter 1500 ppm reduziert werden. Die reversible Osmose ist auch wegen der Einfachheit und der relativ geringen Energiekosten attraktiv. Bei sehr geringen Mengen an gelösten Salzen im Rohwasser mögen Ionenaustauscher- oder Elektrodialyse-Verfahren kostengünstiger sein. Während hier die Kosten mit dem Salzgehalt steigen, bleiben sie bei der reversiblen Osmose gleich (Abb. 19).

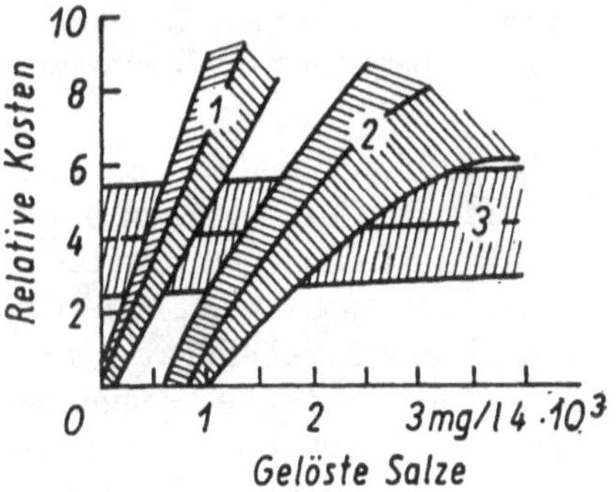

Abb. 19: Relative Kosten für Wasserreinigungsverfahren mit Ionenaustauschern (1), Elektrodialyse (2) und umgekehrter Osmose (3) in Abhängigkeit von der Salzkonzentration im Rohwasser, aus (2).

Noch billiger und umweltfreundlicher wäre die natürliche Selbstreinigung der Gewässer. In modellierten Anlagen stellte sich heraus, daß die Wurzelausscheidungen höherer Pflanzen den Abbau schwer zersetzbarer Kolloide wesentlich fördern (12), und es gibt bereits einige Beispiele, wo in langsam fließenden natürlichen Gewässern das Vermögen der Wasserpflanzen zur Reinigung von Abwässern genutzt wird.

4.3.6. Hydrologische Forschungsaufgaben

Die vorangegangenen Abschnitte haben die enge Verbindung zwischen Wasservorrat, Wasserverbrauch und Wasserqualität deutlich gemacht. Die sich daraus ergebenden notwendigen **Aufgaben für die Wasserwirtschaft** sind: Bereitstellung von mehr Wasser, Verbesserung der Qualität des Wassers und Schutz der aquatischen Ökosysteme. Die Lösung dieser Aufgaben erfordert die enge Zusammenarbeit von Hydrophysikern, Hydrochemikern und Hydrobiologen. An Möglichkeiten zur Erweiterung der Süßwasserreserven wird neben Entsalzung von Meerwasser das Auftauen polarer Eisberge diskutiert. Realistische Chancen hat zur Zeit nur die Methode der Umverteilung des vorhandenen Wasserangebots und sparsamerer Verbrauch, vor allem durch geschlossene Kreisläufe in der Industrie.

Es müssen die örtlichen und zeitlichen Differenzen zwischen Wasserangebot und -verbrauch besser ausgeglichen werden. Das Anlegen von Speichern und Talsperren bietet mehrere Vorteile: es dient dem Hochwasserschutz, der Niedrigwasseraufhöhung in Trockenzeiten, der Energieerzeugung und als Wasserreservoir für Haushalte und Industrie. Zur Optimierung des Anlegens von Speichern und ihrer jeweiligen Füllungszustände sind Daten über die Wasserführung der Zu- und Abflüsse sowie über den Verbrauch unterhalb der Speicher zu ermitteln. Mit Teilmodellen über diese Zusammenhänge konnte in der DDR in den letzten Jahren bereits eine Verbesserung im Hochwasserschutz, z. B. an der Werra, erreicht werden.

In den aquatischen Ökosystemen sind die Prozesse des Energie- und Stofftransports, besonders unter dem Einfluß von Störungen, zu untersuchen. Dabei muß die räumliche und zeitliche Inhomogenität stärker berücksichtigt werden. Bisherige Modelle betrachten viele Prozesse in Ökosystemen als lineare Größen, tatsächlich handelt es sich aber überwiegend um nichtlineare Vorgänge, für die mathematische Gleichungssysteme zu entwickeln sind. Das Anpassungs- und Regenerationsverhalten der Ökosysteme verdient besondere Beachtung. Hierzu sind Vielkomponentensysteme zu untersuchen, um die Verschiebungen in den Artenspektren, in den Stoff- und Energieflüssen über Parallelbahnen kennenzulernen. Wird z. B. durch einen Schadstoff eine Art stärker geschädigt, fällt der Konkurrenzdruck auf andere Arten weg, die sich dann stärker entfalten. Man kann deshalb ein artenreiches Biotop im mathematischen Modell nicht nur mit je einer Komponente je Trophiestufe approximieren. Diese Kenntnisse können zur Klärung der wichtigsten Prozesse in der Wasserbelastung, — der Eutrophierung, der Saprobienentwicklung und der Kontamination mit Schadstoffen — beitragen.

Literatur

1. Bock, K. J. und J. B. Scheubel: Die biologische Messung der Wassergüte. Naturwiss. **66** (1979) 505—512.
2. Deliyannis, E. and A. Deliyannis: Water Desalination. Naturwiss. **65** (1978) 462—472.
3. Flohn, H.: Der Wasserhaushalt der Erde. Schwankungen und Eingriffe. Naturwiss. **60** (1973) 340—348.
4. Gerlach, S. A.: Verschmutzung der Helgoländer Bucht. Naturwiss. Rdsch. **34** (1981) 276—283.

5. Kasprzak, P.: Eutrophierung der Gewässer. Wiss. u. Fortschr. **32** (1982) 256—259.
6. Krämer, R. und M. Drauschke: Trinkwasserfluoridierung. Wiss. Z. Karl-Marx-Univ. **30** (1981) 46—52.
7. Mauersberger, P.: Wasserressourcen und ihre anthropogenen Veränderungen. Sitz. ber. Sächs. Akad. d. Wiss., Math.-Naturwiss.-Technik, Akad.-Verl., Berlin 1977.
8. Moll, W. L. H.: Taschenbuch für Umweltschutz. D. Steinkopff, Darmstadt, Bd. I 1978, II 1979, III 1980.
9. Persoone, G. and D. Dive: Toxicity tests on ciliates — a short review. Ecotoxicol. Environm. Safety **2** (1978) 105—114.
10. Reschke, G. und D. Gelbin: Einsatz der Adsorption für die Wasserreinigung — ein Literaturüberblick. Chem. Technik **34** (1982) 114—120.
11. Schulz, S.: Der Lebensraum Ostsee. Ökologische Probleme in einem geschichteten Brackwassermeer. Biol. Rdsch. **8** (1970) 209—218.
12. Seidel, K.: Über die Selbstreinigung natürlicher Gewässer. Naturwiss. **63** (1976) 286—291.
13. Steinlein, H.: Die Auswirkungen menschlicher Einflüsse auf die thermischen Verhältnisse in Flußgewässern. Naturwiss. **65** (1978) 473—479.
14. Stumm, W.: Die Beeinträchtigung aquatischer Ökosysteme durch die Zivilisation. Naturwiss. **64** (1977) 157—165.
15. Taves, D. R.: Fluoridation and mortality due to heart disease. Nature **272** (1978) 361—362.
16. Uhlmann, D.: s. Lit. 4.2.
17. Weber, H. H. und T. Mann: Abwasserreinigung: ökologische, technische und ökonomische Aspekte. Naturwiss. **64** (1977) 82—86.
18. Deutsche Forschungsgemeinschaft: Forschungsbericht Litoralforschung — Abwässer in Küstennähe. DFG Bonn—Bad Godesberg 1973, 93 S.
19. Lahl, U. und B. Zeschmar: Wie krank ist unser Wasser? Dreisam.-Verl., Freiburg/Br. 1981.
20. Seffner, W. und H.-J. Dobberkau: Aktuelle Fragen der Fluor-Problematik — eine Übersicht. Z. ges. Hyg. **30** (1984) 264—267.

4.4. Atmosphäre

4.4.1. Entwicklung und Zusammensetzung der Atmosphäre

Die Atmosphäre als Teil der Biosphäre steht im Mittelpunkt der Diskussionen zur Umweltverschmutzung. Hier sollen deshalb einige Aspekte der Entstehung, Zusammensetzung und der Verunreinigung mit den möglichen Folgen besprochen werden. Da sich die Auswirkungen der Luftverunreinigungen bis zur Stratosphäre erstrecken können, sei der Aufbau der Atmosphäre mit den wichtigsten Schichten in Abb. 20 demonstriert. Gleichzeitig ist der ungefähre Temperaturverlauf eingezeichnet, wobei jedoch zu berücksichtigen ist, daß die sehr hohen Temperaturen in der Thermosphäre wegen der geringen Gasdichte nicht mit den Werten in den unteren Schichten verglichen werden können. Der vorrübergehende Temperaturanstieg in der oberen Stratosphäre beruht auf der UV-Absorption durch Ozon (vgl. 4.4.4.3.).

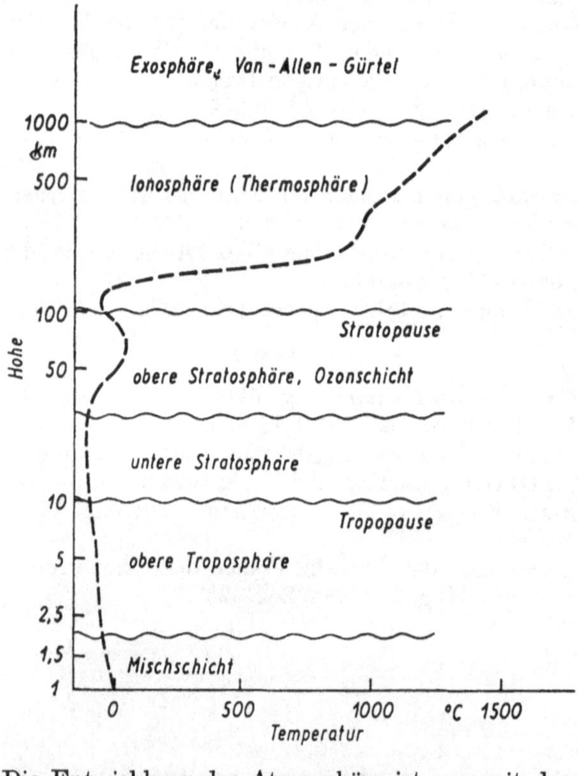

Abb. 20: Aufbau der Atmosphäre mit Temperatur (---), nach (30).

Die Entwicklung der Atmosphäre ist eng mit dem System Ozean und Sedimenthülle gekoppelt. Die Geochemie geht davon aus, daß die Ur-Atmosphäre durch Entgasung des Erdinnern entstand und die flüchtigen Komponenten wie H_2O, CO_2, Cl, N_2, S u. a. Stoffe an der Erdoberfläche angereichert wurden. Der Wasserdampf kondensierte dabei zu Ozeanen und nahm S, Halogene u. a. Komponenten auf. Das CO_2 liegt fast vollständig in den Sedimenten begraben, und nur der N_2 und die Edelgase konnten sich in der Atmosphäre anreichern

(16). Freier Sauerstoff war noch nicht vorhanden und trat erst mit dem Erscheinen von photosynthetischen Prozessen auf. Sein Gehalt in der Ur-Atmosphäre wird auf $< 10^{-8}$ Volumenanteile geschätzt, höhere Konzentrationen hätten eine Entstehung des Lebens wegen der oxydativen Prozesse unmöglich gemacht. Durch den Nachweis biologisch bedingter Änderung des Isotopenverhältnisses $^{13}C/^{12}C$ (bei allen photosynthetischen Prozessen wird das leichtere Isotop ^{12}C bevorzugt in die organische Substanz eingebaut, die deshalb etwa 25% weniger ^{13}C enthält als das Umwelt-CO_2) läßt sich die Entstehung der ersten photosynthetischen Prozesse bis $3{,}7 \cdot 10^9$ Jahre zurück verfolgen.

Die ersten eukaryontischen Einzeller traten erst vor $1{,}5 \cdot 10^9$ Jahren auf; sie lassen auf einen O_2-Gehalt der Atmosphäre von etwa 1% schließen. Ein weiterer Anstieg setzte wahrscheinlich im frühen bis mittleren Phanerozoikum (Postkambrium) ein, und der heutige Wert von 21% wurde erst in geologisch jüngerer Zeit erreicht, vornehmlich durch Entwicklung der Photosynthese-Organismen, aber auch durch Vorgänge, die Stickstoffoxide reduzieren (z. B. Nitratreduktion im Boden). Eine andere Möglichkeit zur Entstehung von freiem O_2 ist die Photodissoziation von Wasserdampf in oberen Schichten der Atmosphäre, wobei der entstehende Wasserstoff aus dem Schwerefeld der Erde entweicht und der O_2 angereichert wird. Nach Schätzungen stammen etwa 3% des Gesamt-O_2 aus diesen Prozessen (16).

Tab. 5: Chemische Zusammensetzung der Luft in den unteren Schichten (bis 25 km Höhe) der Atmosphäre, nach (13).

Bestandteil	Volumen-%
N_2	78,08
O_2	20,95
Ar	0,93
CO_2	0,03
Ne	$18{,}2 \cdot 10^{-4}$
He	$5{,}2 \cdot 10^{-4}$
Kr	$1{,}1 \cdot 10^{-4}$
Xe	$0{,}1 \cdot 10^{-4}$
O_3	$0\text{—}0{,}07 \cdot 10^{-4}$
H_2O	bis 4%

Die natürliche Atmosphäre setzt sich aus einer Reihe von Elementen zusammen, deren Mengen räumlich und zeitlich weitgehend konstant bleiben, und aus einigen Stoffen, die stärkeren Schwankungen unterworfen sind. Eine Übersicht gibt die Tab. 5, aus der die wechselnden Konzentrationen von Ozon und H_2O zu entnehmen sind. Die wichtigsten

Tab. 6: Abgabe gasförmiger chemischer Substanzen aus natürlichen Quellen an die Atmosphäre, nach (13).

Hauptquelle	Substanz	Menge (t/a)
Weltmeere u. andere Gewässer	Amine	10^5
	CO	10^7
	N_2O	?
	NH_3	10^6
	Sulfate, Nitrate	?
	Halogenide	?
Vulkane	SO_2	10^7
	H_2, CO	?
	H_2S	10^8
Wälder	Isopren, Terpene	10^8
Sümpfe	CH_4	10^9

Tab. 7: Luftverunreinigungen aus anthropogenen Quellen, nach (13).

Hauptquelle	Substanz	Menge (t/å)
Energieerzeugung, Metallurgie, chem. Industrie, Hausbrand, Kraftfahrzeuge	SO_2	$70-80 \cdot 10^6$
Al-Hüttenindustrie, Düngemittelherstellung, Energieerzeugung (Braunkohle), Ziegeleien	F als HF, NaF, KF, CaF_2	?
Chemische Industrie	Kohlenwasserstoffe, davon Äthylen	$25 \cdot 10^6$ $0,5 \cdot 10^6$
Kraftfahrzeuge, Hausbrand, industrielle Verbrennungsanlagen	CO	$200 \cdot 10^6$
Stationäre Verbrennungsanlagen, Kraftfahrzeuge, Flugzeuge, Kernwaffentests in der Atmosphäre, N-Dünger	NO_x	$20-40 \cdot 10^6$
Kohle-Technologie, Tierzucht	NH_3	?
Chem. Industrie, Metallurgie, Tierzucht	H_2S	?

Bestandteile sind N_2, O_2 und Wasserdampf, alle übrigen Komponenten kommen nur in Spuren vor. Die Luft enthält aber außer den angeführten noch weitere Substanzen, die auch aus natürlichen Quellen stammen, deren Konzentration aber nur geschätzt werden kann (Tab. 6). Bei einigen dieser Stoffe übersteigen die natürlichen Emissionen diejenigen aus anthropogenen Quellen, die in Tab. 7 enthalten sind. Sie tragen damit zu der summarisch gemessenen Konzentration bei und müssen bei der biologischen Bewertung berücksichtigt werden. Dazu sind auch die Vorgänge bei der Entstehung und Ausbreitung mit ihren Rückwirkungen zu betrachten. Diese Zusammenhänge gehen aus der schematischen Darstellung in Abb. 21 hervor und werden in den folgenden Abschnitten näher behandelt.

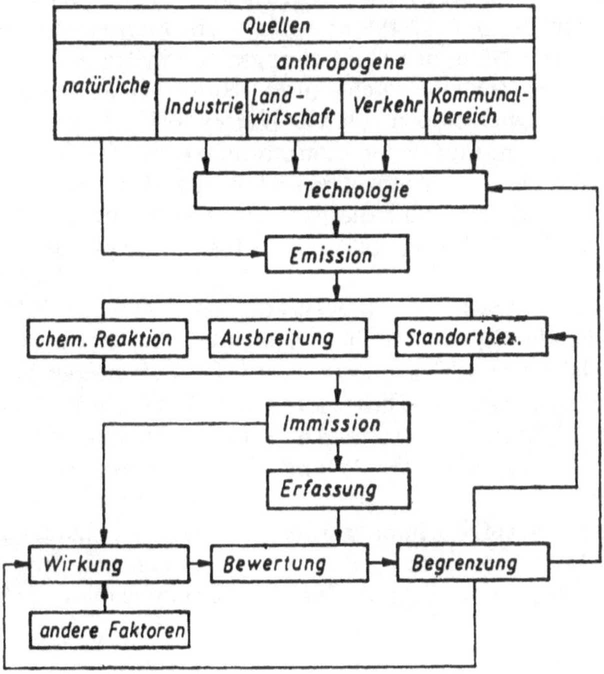

Abb. 21: Schema zur Entstehung, Ausbreitung, Wirkung und Bewertung von Schadstoffen in der Atmosphäre, aus (13).

4.4.2. Emission und Immission von Luftverunreinigungen

4.4.2.1. Definitionen und Grenzwerte

Nach den Festlegungen der WHO liegt eine Luftverunreinigung vor, wenn sich ein oder mehrere Stoffe oder deren Gemische in solchen Mengen in der Außenluft befinden, daß sie für Menschen, Tiere, Pflanzen oder Eigentum schädlich sind, zur Schädigung beitragen oder das Wohlbefinden stören. Diese Stoffe können fest, flüssig oder gasförmig sein, d. h. Stäube, Dämpfe oder Gase darstellen. Die Abgabe von luftverunreinigenden Stoffen wird als **Emission** bezeichnet und die Anlage, aus der die Substanzen in die Atmosphäre gelangen, als **Emittent**. Die Angabe der Konzentration im Rauchgas, Abgas oder Abdampf erfolgt in mg/m^3; die zeitliche Bewertung einer abgegebenen Menge wird in kg/h oder g/h ausgedrückt. Unter **Immissionen** versteht man luftverunreinigende Stoffe (in mg/m^3), die in der Nähe der Einwirkungsstelle in 1,5 m Höhe über dem Erdboden oder an der Oberfläche eines Bauwerkes auftreten.
Maximale Arbeitsplatzkonzentrationen (**MAK-Werte**) sind diejenigen Konzentrationen eines gas-, dampf- oder staubförmigen Stoffes in der Luft am Arbeitsplatz, die nach dem jeweiligen Stand der Wissenschaft auch bei langfristiger Einwirkung (über die gesamte Arbeitszeit und das ganze Berufsleben) die Gesundheit der Beschäftigten nicht beeinträchtigt.
Maximale Immissionskonzentrationen (**MIK-Werte**) sind Mengen luftverunreinigender Stoffe, die in bodennahen Schichten der freien Atmosphäre (bei Staub als Niederschlagsmenge) nach den derzeitigen Erfahrungen auch bei lebenslänglicher Einwirkung für Mensch und Tier unbedenklich sind, d. h. keinerlei Wirkungen hervorrufen (no effect level). Die genaue und endgültige Festlegung dieser Grenzwerte ist problematisch (vgl. 5.2.).
Die Grundbelastungen eines Territoriums werden im Immissionskataster erfaßt und mit den Immissionskenngrößen I_D (für Dauerbelastung) und I_K (für Kurzzeitbelastung) bezeichnet. Die Berechnung erfolgt nach der Beziehung

$$I_D = \bar{c} + \frac{t \cdot S_0}{\sqrt{2z}} \quad \text{und} \quad I_K = \bar{c} + t \cdot S_0$$

Es bedeuten: $\bar{c}$ das arithmetische Mittel der gemessenen Einzelwerte der Immission, z die Zahl der Einzelmeßwerte c_i, die über dem arithmetischen Mittel liegen, und S_0 die Verteilungsparameter der Einzelmeßwerte, die über

dem arithmetischen Mittel liegen; t als Faktor der Verteilung nach Student wird z. B. für 36 Meßwerte und dem Vertrauensintervall von 0,1 mit 1,3 angesetzt. Um zu ermitteln, ob die Grenzwerte eingehalten werden, setzt man die Immissionskenngrößen in Beziehung zu den Immissionsgrenzwerten. Damit können Vergleiche zu anderen Flächen bzw. anderen Territorien angestellt und Entscheidungen über die weitere Belastung des betreffenden Gebietes getroffen werden.
Ein Rechenbeispiel nach reellen SO_2-Messungen in einem Ballungsgebiet der DDR zeigt die Ermittlung der Immissionskenngrößen (1). Vorgegeben sind $c = 0{,}2$, $t = 1{,}3$, $\sum(c_i - \bar{c})^2 = 4$, $z = 36$.

$$I_K = \bar{c} + t \cdot S_0 = \bar{c} + t \cdot \sqrt{\frac{\sum(c_i - \bar{c})^2}{z - 0{,}5}}$$

$$I_K = 0{,}2 + 1{,}3 \cdot \sqrt{\frac{4}{35{,}5}} \approx 0{,}2 + 1{,}3 \cdot \frac{2}{6} \approx 0{,}63$$

$$I_D = \bar{c} + \frac{t \cdot S_0}{\sqrt{2z'}} = 0{,}2 + \frac{1{,}3 \cdot 0{,}3}{\sqrt{2 \cdot 36}} \approx 0{,}2 + 0{,}05 \approx 0{,}25$$

Der MIK-Wert SO_2 bei Kurzzeitbelastung beträgt 0,5 mg/m^3, der für Dauerbelastung nur 0,15 mg/m^3. Die ermittelten Immissionskenngrößen liegen damit für I_K und für I_D oberhalb der zulässigen Konzentration. Wirken mehrere Schadstoffe gleichzeitig ein, müssen die Grenzwerte für die Einzelkomponenten vermindert werden (vgl. 5.1.). Tabellen mit Grenzwerten für MIK und MAK sind in (1) bzw. (6) enthalten, eine Auswahl zeigt Tab. 8.

4.4.2.2. Beziehungen zwischen Emission und Immission

Sofern die Wirkung von Luftverunreinigungen betrachtet wird, ist die Immission die entscheidende Größe, weil sie für die biologische Wirkung maßgebend ist. Ihre meßtechnische Erfassung ist daher notwendig. Die Bewertung muß dann allerdings im Zusammenhang mit der Emission vorgenommen werden. Dabei spielen Lokalisation der Emissionsquellen, Standortbeziehungen, Fragen der Ausbreitung und des Transports sowie in der Atmosphäre ablaufende photochemische Reaktionen (vgl. 4.4.5.) eine Rolle. Die nach meteorologischen Bedingungen und nach Siedlungs-Kriterien bewußte Auswahl von Standorten für potentielle Emittenten kann dazu beitragen, die Immissionen für größere Bevölkerungsgruppen zu vermeiden. Die Ausbreitung in der Atmosphäre hängt von den Witterungsbedingungen ab und kann durch Ausbreitungsmodelle für verschiedene Schadstoffquellen charakterisiert werden. Solche Angaben sind

Tab. 8: MAK- und MIK-Werte ausgewählter toxischer Substanzen, nach (1, 6, 19, 32) zusammengestellt, DDR und BRD.

Substanz	MAK_D (mg/m³)	MIK_D (mg/m³)	MIK_D (BRD) (mg/m³)
Azeton	1000	0,35	120
Äthanol	1000	5	100
Arsenverbindungen	0,3	0,003	–
Benzin (aus Erdöl, berechnet als C)	1000	1,5	–
Benzol	–	0,1	3
Blei	0,005	0,0007	
Cadmium	0,03	–	
Chlor		0,03	0,3
Chlorwasserstoff	5	0,015	0,7
Diäthyläther	500		65
Essigsäure	20	0,06	< 5
Fluorwasserstoff	1	0,005	
Kohlenmonoxid	55	1,0	
Ozon	0,2		
Phenol	20	0,01	0,2
Quecksilber	0,005	0,0003	
Schwefeldioxid	–	0,15	0,5
Schwefelwasserstoff	15	0,008	0,15
Stickstoffdioxid	10	0,04	
Vinylchlorid	30	0,2	
Vinylazetat		0,15	< 20
Xylol	200	0,2	20
Zinnverbindungen, org.	0,1		

besonders für die prognostische Einschätzung von zu errichtenden Industriezweigen mit größerer Schadstoffemission von Bedeutung.
Der Emissionsgrenzwert kann auf folgenden Kennziffern beruhen:

- Schadstoffkonzentration im Abgas (g/m³),
- Schadstoffmenge je Produktionseinheit (g oder kg Schadstoff je kg oder Tonne Produkt),
- Schadstoffmenge je Zeiteinheit (kg/h).

Häufig treten in einem Abgas mehrere Schadstoffarten auf, deren Konzentrationen zu bestimmen sind. Bleiben die Relationen der einzelnen Komponenten konstant, dann genügt es, sich bei der Überwachung auf eine einfach zu messende oder eine besonders gesundheitsgefährdende Komponente zu beschränken und die Konzentrationen der anderen danach abzuschätzen.

Die Emissionsgrenzwerte einer Schadstoffquelle richten sich auch nach der bereits vorliegenden Immissionsbelastung eines Territoriums. Bei der Berechnung des zulässigen Auswurfs (e_z) werden vorhandene Immissionsbelastung ($I_{D,K}$), Schornsteinhöhe (h), Abgasmenge (Q) und Abgastemperatur (t_a) berücksichtigt. Bei Kenntnis der anderen Größen kann damit die effektive Schornsteinhöhe ermittelt werden (1). Der Zusammenhang zwischen Emission und Immission wird auch durch die vereinfachte Beziehung

$$e_z = s \cdot MIK_K \text{ (kg/h)}$$

ausgedrückt, in der s ein Faktor für sonstige Schadstoffe ist.

4.4.2.3. Meßverfahren und Bioindikation

Einige Luftverunreinigungen können wir mit unseren Sinnesorganen für Geruch und Geschmack wahrnehmen. In einigen Fällen ist der Geruch der empfindlichste Nachweis. Die Geruchsschwelle für Essigsäure liegt z. B. bei 0,25 mg/m^3 (1,0 ppm), die für H_2S bei 0,14 mg/m^3 (0,1 ppm), die für Buttersäure bei 0,005 mg/m^3 (0,001 ppm) und die für Trimethylamin bei nur 0,0005 mg/m^3 (0,0002 ppm). Die Konzentrationsangabe in ppm (parts per million) war ein übliches Maß zur Einschätzung von Luftverunreinigungen. Da in der Literatur noch diese und andere Angaben existieren, ist eine Umrechnung zu den SI-Einheiten nötig. Zur Erleichterung sind die Umrechnungsfaktoren in Tab. 9 zusammengestellt. F bedeutet darin einen Faktor, der sich aus der Gleichung

$$F = \frac{24}{M}$$

ergibt. M kennzeichnet die relative Molmasse des zu betrachtenden Gases in g, 24 ist das Molvolumen in l bei 20°C. Beispiel:

Für eine CO-Messung beim Abgastest eines Pkw werden 15750 mg CO/m^3 angegeben. Wir berechnen den ppm-Wert und prüfen, ob der zuläsige Leerlauf-CO-Gehalt von 4,5 Vol.-% überschritten wird. Molmasse für CO = 28.

$$F = \frac{24}{28} = 0{,}85; \quad 15750 \text{ mg/m}^3 \cdot 0{,}85 = 13387{,}5 \text{ ppm},$$

13387,5 ppm entsprechen 1,34 Vol.-% CO.

Für die Mehrzahl der luftverunreinigenden Stoffe ist die Frage der quantitativen Bestimmung gelöst, doch sollten dabei stets Aufwand und Nutzen gegeneinander abgewogen werden. In vielen Fällen reichen stichprobenartige oder semiquantitative Messungen in mehr oder weniger großen Intervallen aus, in anderen Fällen ist eine kontinuierlich messende und automatisch registrierende Anlage notwendig. Zum schnellen Nachweis von Schadstoffen am Arbeitsplatz werden von verschiedenen Firmen **Prüfröhrchen** geliefert, durch die mittels einer Balgpumpe eine definierte Menge Luft gesaugt wird. Die Röhrchen sind mit spezifischen „chemischen Analysatoren" gefüllt, die mit dem betreffenden Schadstoff der Luft reagieren und sich dabei verfärben. Durch Vergleich mit einer Eichskala kann die Konzentration auf 10–20% genau abgeschätzt werden. Der Trend geht dahin, dieses Verfahren zu ständig tragbaren Personendosimetern (analog den Filmdosimetern im Strahlenschutz) zu entwickeln.
Eines der ältesten automatisch registrierenden Nachweisverfahren zur fortlaufenden Überwachung der Luft in Betrieben oder deren unmittelbarer Umgebung ist der **Ultrarotabsorptionsschreiber (URAS)**, mit dem Spuren von CO_2, CO oder Kohlenwasserstoffen gemessen werden können.

Tab. 9.: Faktoren zur Umrechnung gebräuchlicher Maßeinheiten. $F = 24/M$, M = relative Molmasse, ppm = parts per million.

gesucht / gegeben	mg/m³ µg/l	µg/m³	mg/l	ppm cm³/m³ ml/m³	Vol.-%
mg/m³ µg/l	1	10^3	10^{-3}	F	$F \cdot 10^{-4}$
µg/m³	10^{-3}	1	10^{-6}	$F \cdot 10^{-3}$	$F \cdot 10^{-7}$
mg/l	10^3	10^6	1	$F \cdot 10^3$	$F \cdot 10^{-1}$
ppm cm³/m³ ml/m³	F^{-1}	$F^{-1} \cdot 10^3$	$F^{-1} \cdot 10^{-3}$	1	10^{-4}
Vol.-%	$F^{-1} \cdot 10^4$	$F^{-1} \cdot 10^7$	$F^{-1} \cdot 10$	10^4	1

Das Prinzip dieses Gerätes, das heute in einer Reihe von Gasanalysatoren verwendet wird, beruht auf den Absorptionsbanden verschiedener Schadstoffe im Infrarotbereich. Durch eine geschickte gerätetechnische Manipulation gelang es den Konstrukteuren, dieses Verfahren zu einer selektiven Meßmethode zu entwickeln. Als Detektor wird dabei die Gaskomponente ausgewählt, die in dem Gemisch quantitativ bestimmt werden soll. Das Prinzip geht aus Abb. 22 hervor.

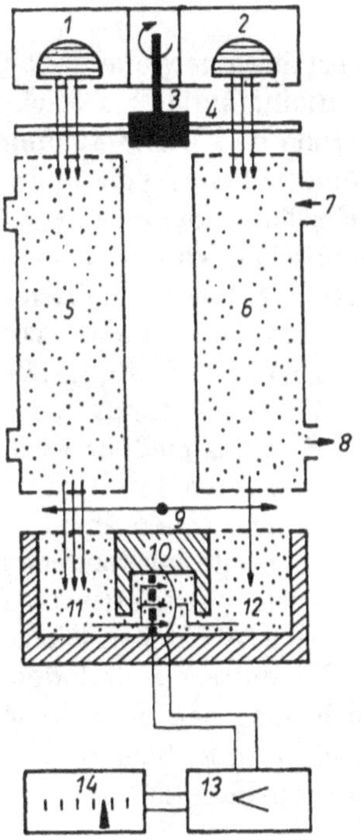

Abb. 22: Meßprinzip des Ultrarot-Gasanalysators (URAS). 1,2 = Glühspiralen mit Reflektoren, 3 = Synchronmotor, 4 = Blendenrad, 5 = abgeschlossene Vergleichsküvette, 6 = offene Analysenküvette mit Meßgasdurchfluß (7, 8), 9 = Blende zum Abgleich der Strahlengänge (Nullpunkteinstellung), 10 = Membrankondensator, 11, 12 = Empfängerkammern, 13 = Verstärker, 14 = Anzeige- und Registriergerät, nach (10, 17).

Die Infrarotstrahlung einer Wolframdrahtspirale passiert die Probezelle des Gerätes, durch die das zu analysierende Gas, z. B. Luft mit CO, fortlaufend strömt; es gelangt danach in den Detektor, der ständig das zu messende Gas (hier CO) enthält. Da die übrigen Komponenten der Luft, N_2 und O_2, keine Infrarotabsorption besitzen und der Wasserdampf durch Trocknung entfernt wurde, wird in der Probezelle die Strahlung nur durch die Anteile an CO und CO_2 geschwächt. Das zweite Strahlenbündel geht durch die mit N_2-Gas gefüllte Vergleichszelle ungeschwächt hindurch. In der Detektorkammer wird durch die CO-Füllung fast die gesamte CO-Bande absorbiert, wobei sich das Gas in den beiden Kammerabschnitten unterschiedlich erwärmt und ausdehnt. Mit Hilfe eines Blendenrades vor den Strahlern und einer pneumatischen Technik (Kondensatormikrophon) erfolgt die Erwärmung und Ausdehnung rhythmisch und kann als Kapazitäts- bzw. Spannungsschwankung registriert werden. Die Konzentration von 100 ppm CO in der Luft einer 200 mm langen Probezelle schwächt die einfallende Strahlungsenergie von ca. 10 mW nur um etwa 0,1 mW und bewirkt im Detektor eine Temperatursteigerung um 0,0003 K und gegenüber der Vergleichskammer eine Druckänderung von 0,05 Pa (17). Andere Meßverfahren nutzen z. B. die Wärmeleitfähigkeit aus und besitzen Meßbereiche von 0–1000 mg/m³ für SO_2 oder von 0–350 mg/m³ für NO_x (15).

Neben den chemischen und physikalischen Meßverfahren gewinnen auch biologische Methoden an Bedeutung. Dieses als **„Bioindikation"** bezeichnete Forschungsgebiet dient vor allem der Kontrolle und Überwachung der Biosphäre. Dabei wird die Methode des Rückschlusses von biologischen Erscheinungen auf vorangegangene Einflüsse herangezogen. Die Bioindikation wird auf verschiedenen biologischen Organisationsstufen betrieben; sie bedient sich zellulärer Objekte, niederer und höherer Organismen und ganzer Ökosysteme. Unter Bioindikation versteht man die Abbildung einer anthropogenen Ursache, die formal als Einflußgröße betrachtet wird, auf eine biologische Wirkung, die an Zustands- oder Ausgangsgrößen eines biologischen Elements oder Systems meßbar wird. Die anthropogenen Einflüsse sind als neue Komponenten im Vektordiagramm der Umweltfaktoren aufzufassen; die anthropogen modifizierten Einflüsse wirken dagegen nur zusätzlich zu bereits vorhandenen und verändern damit deren Zahlenwerte (Abb. 23). Zur quantitativen Abschätzung dieser neuen oder zusätzlichen Einflüsse muß ein Vergleichs- oder Standardwert als Bezugssystem mit dem Zahlenwert z und dem Merkmal y vorhanden sein. Die unter den anthropogenen Einflüssen veränderten Zahlenwerte und Merkmale z' und y' des biologischen Systems müssen sich dann signifikant davon unterscheiden (26).

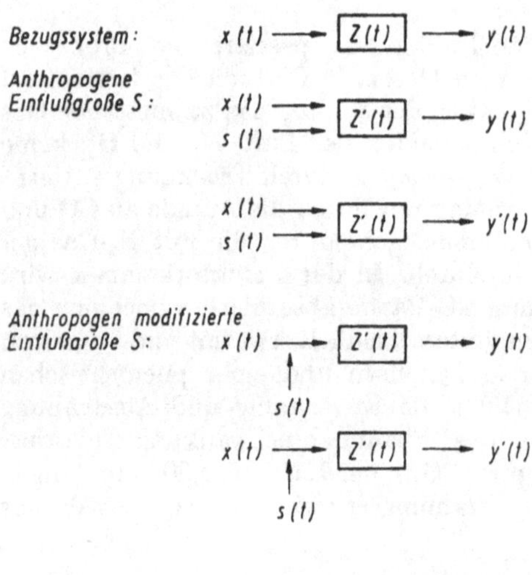

Abb. 23: Bioindikation, formale Darstellung von Bezugssystem und Einflußgrößen (s). Bioindikation liegt vor, wenn Zustands- (z) oder Ausgangsgrößen (y) signifikant von den entsprechenden Vergleichswerten abweichen, nach (26):

$$\{(z'(t) - z(t) \neq 0 \text{ sign.}) \vee (y'(t) - y(t) \neq 0 \text{ sign.})\}$$

Die Bioindikation läßt sich in spezifische und unspezifische, in empfindliche und unempfindliche oder in direkte und indirekte unterscheiden. Wenn gleiche Reaktionen biologischer Objekte durch verschiedene Umwelteinflüsse hervorgerufen werden, spricht man von **unspezifischer Bioindikation**, wenn die Reaktionen jeweils einer bestimmten Umweltkomponente zugeordnet werden können, liegt eine **spezifische Reaktion** vor. Indirekte Indikatioren sind nachgeschaltete Größen, die auf einen primären Störimpuls in einem anderen System reagieren. Wenn eine Luftverunreinigung z. B. die Flora eines Biotops quantitativ oder qualitativ verändert, so zieht dies auch eine Veränderung in der Fauna nach sich.

Es gibt viele Organismen und zahlreiche Kriterien, die sich zur Bioindikation eignen (vgl. 26). Eine Gruppe von niederen Pflanzen hat dabei eine besondere Bedeutung gewonnen: die **Flechten**. Sie scheinen auf die anthropogenen Faktoren besonders empfindlich zu reagieren, denn sie weisen den stärksten Rückgang der Arten auf. Im letzten Jahrhundert gingen in den Niederlanden die Blütenpflanzen um 3,8%, die Erdmoosarten um 15%, die epiphytischen Moose um 13% und die epiphytischen Flechten um 27% zurück. Besonders auffallend ist der Rückgang des Flechtenbewuchses in den Zentren der Großstädte; er wurde bereits 1859 in Manchester, später in Paris, München und vielen anderen Städten beobachtet. Um 1900 liegt der Beginn der ersten flechtensoziologischen Untersuchungen, die in den letzten Jahren stark ausgebaut und zur Bewertung von Luftverunreinigungen herangezogen wurden. Flechten reagieren in erster Linie auf den SO_2-Gehalt der Luft, aber auch auf NO_2, auf Schwermetalle und auf Insektizide (7, 20, 22—24).

Flechten haben aufgrund ihrer Struktur einen ausgeprägten Absorptionsmechanismus. Die von Pilzgewebe und Algenschicht gebildeten Thalli besitzen keine Kutikula wie Blütenpflanzen und können weder Gas- noch Wasseraustausch regulieren. Sie reagieren in ihrem Wassergehalt auf die Luftfeuchtigkeit, sie verhalten sich poikilohydrisch. Die Flechten nehmen die im Regenwasser gelösten Schadstoffe aus der Luft auf, geben aber bei Austrocknung nur reines Wasser ab. An der Akkumulation von Fremdstoffen sind aktive Anionenaufnahme, passive Adsorption von Kationen durch Ionenaustauschprozesse und Einfang von Teilchen beteiligt. Dadurch besitzen Flechten in der Umgebung von Industriegebieten erhöhte Konzentrationen von *S* und verschiedenen Metallen. Die Aufnahmeorte für Metalle sind hauptsächlich extrazellulär, sie funktionieren nach der Art der synthetischen Kationenaustauscher:

$$Me^{2+} + 2\overline{H}A \leftrightharpoons \overline{MeA}^{+} + \overline{A}^{-} + 2H^{+}$$

Me^{2+} = Metallion, $\overline{HA}$ = fixierte protonierte Bindungsgruppe, $\overline{MeA}^+$ = fixierter Metallkomplex, $\bar{A}^-$ = anionische Bindungsgruppe, der freigesetzte Wasserstoff (H^+) bewirkt eine pH-Verschiebung. Flechten auf basischem Substrat können daher höhere Schadstoffkonzentrationen vertragen als solche auf saurem.

Die Resistenz der Flechten wird in Laborversuchen unter definierten Bedingungen getestet. Eine 24 h lange Begasung mit nur 5 ppm SO_2 verursacht schon den Abbau von Chlorophyll und führt zur Plasmolyse der Zellen. Die nach der o. g. Reaktion freiwerdenden Protonen verdrängen im Chlorophyll das Mg^{2+} als Zentralatom des Porphyrinringes und führen zur Bildung von Phäophytin. Ähnliche Reaktionen werden auch mit HF oder HCL erhalten. Dadurch wird auch die CO_2-Assimilation und die N_2-Fixierung bei stickstoffbindenden Flechtenarten irreversibel gehemmt. Bei *Lobaria pulmonaria* reichten zur Photosynthesehemmung schon 0,42 mg/m³ (0,17 ppm) SO_2. Diese Konzentrationen liegen z. T. unter denen, die in Großstädten gemessen wurden. Meßwerte in New York City betrugen z. B. 2,3 mg/m³ (0,9 ppm) in London und in Sudbury (Ontario) sogar 3,5 mg/m³ (1,35 ppm).
In der DDR beträgt der MIK_K-Wert für SO_2 0,5 mg/m³ (0,18 ppm) und der MIK_D-Wert 0,15 mg/m³ (0,05 ppm). Mit Hilfe der Immissionskenngrößen erfolgt eine Einteilung in die Belastungsstufen 1—5. Etwa 8% des Territoriums der DDR werden in Stufe 3 (überbelastet) eingeordnet. In diesem Raum leben aber ca. 30% der Bevölkerung der DDR (7). Die SO_2-Belastung in den großen Städten stammt vorwiegend aus dem Hausbrand und von kleineren Betrieben.

Zur Beurteilung der lufthygienischen Situation an Hand des Flechtenbewuchses wurden verschiedene Einteilungskriterien vorgeschlagen. Die Mehrzahl der Lichenologen unterscheidet 4—5 Zonen, die in der Tab. 10 wiedergegeben sind.
Als Ursachen dieser **Flechtenzonierung** werden genannt: der SO_2-Gehalt der Luft, der Gehalt an NO_2, FH, Schwermetallen und Insektiziden, die unterschiedliche Resistenz der verschiedenen Flechtenarten, die Hydraturansprüche der Flechten, die Abnahme der Luftfeuchtigkeit von der Peripherie zum Stadtzentrum sowie der Rauch- und Staubgehalt der Luft. Neben der Bonitierung des natürlichen Flechtenbewuchses zur Kennzeichnung der Immissionsbelastung werden auch Flechten-Transplantate in die verschiedenen Zonen gebracht und beobachtet. Während sie in der Zone 1 gut gedeihen, wachsen sie in der Zone 4 (Flechtenwüste) meist gar nicht an.

In London, wo in den letzten 15 Jahren infolge umweltschützender Maßnahmen die SO_2-Konzentration von 0,2—0,25 mg/m³ auf weniger als 0,13 mg/m³

Tab. 10: Flechtenzonen zur Charakterisierung von Luftverunreinigungen, verändert nach (7).

Normalzone (1)	Äußere Kampfzone (2)	Mittlere Kampfzone (2 a)	Innere Kampfzone (3)	Wüstenzone (4)
Kaum Luftverunreinigungen	geringe bis mäßige Luftverunreinigungen	stärkere Luftverunreinig., Stadtklimaeinfluß	starke Luftverunreinigungen	sehr starke Luftverunreinigungen
Laub-, Strauch- u. Krustenflechten ungestört	Laub- u. Krustenflechten, selten Strauchflechten	Laub- u. Krustenflechten	Krustenflechten, Laubflechten vereinzelt	flechtenfrei oder nur Krustenflechten
normale Entwicklung		neutrophile Zone	Verarmung an Arten	kaum noch Formen vorhanden
Deckungsgrad 70–100%	Deckungsgrad 50–70%		Deckungsgrad < 50%	Deckungsgrad 0–20%
Artenzahl pro Aufnahme > 10	Artenzahl pro Aufnahme 5–10		Artenzahl pro Aufnahme < 5	Artenzahl pro Aufnahme 0–3
Cetraria glauca, Parmelia furfuracea, P. physodes, Alectoria jubata	*Lecidea scalaris, Cetraria pinastri, Parmelia caperata*	*Parmelia sulcata, Physica orbicularis, Xanthoria parietina*	*Physica orbicularis, Parmelia sulcata*	*Lecanora hagenii, Lepraria aeruginosa*

gesunken ist, steigt die Besiedlung der Bäume mit Flechten wieder an (23). Verschiedene Arten, die um 1970 selten oder ganz verschwunden waren, breiteten sich in den letzten Jahren wieder aus. Somit dient die Flechtenkartierung als verbreitetes natürliches Netz von Meßstellen nicht nur zur Anzeige der Verschlechterung der lufthygienischen Bedingungen, sondern auch dem Nachweis der Entlastung eines Gebietes.

Eine Kombination von Bioindikation und moderner Meßtechnik stellt die Methode der **objektiven Olfaktometrie** dar. Sie beruht auf der Auslösung evozierter Hirnpotentiale durch eine Geruchswahrnehmung beim Menschen. Das Elektroenzephalogramm (EEG) wird mit Oberflächenelektroden von der Kopfhaut abgeleitet. Damit keine Adaptationserscheinungen auftreten und ein deutlicher Geruchskontrast entsteht, wird die zu prüfende Umweltluft in einen Frischluftstrom eingebettet (Abb. 24).

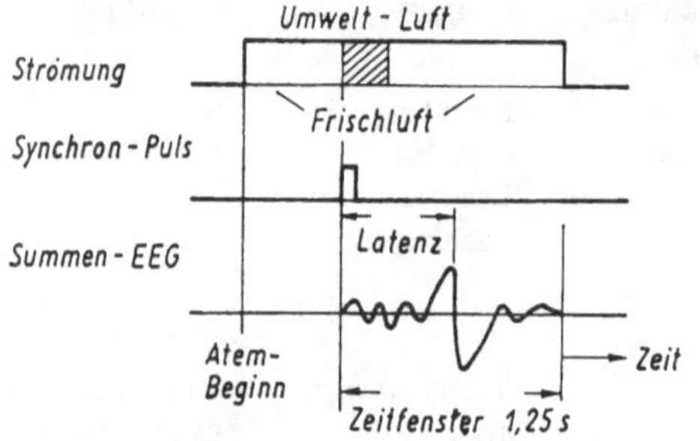

Abb. 24: Prinzip der objektiven Olfaktometrie, mit freundlicher Genehmigung nach (11).

Ein mit dem Testgas synchron gegebener Impuls triggert die EEG-Registrierung, aus der sich mittels average-Technik die evozierten Potentiale auswerten lassen. Die relativ lange Latenzzeit von ca. 0,5 s hebt die durch Geruch induzierten Potentiale deutlich von den akustisch evozierten Potentialen mit Latenzen von nur 0,1 s (N_1,P_2-Komponenten) ab. Schon schwellennahe Konzentrationen von Duftstoffen lassen sich nachweisen. Ein solches relativ aufwendiges Verfahren kann natürlich nur für Spezialzwecke eingesetzt werden (11).

4.4.3. Biologische Wirkungen von Immissionen

Von wirtschaftlicher Bedeutung sind die Immissionswirkungen auf land- und forstwirtschaftliche Kulturen (5). Der Abbau von Chlorophyll, die Hemmung von Atmung und Photosynthese und andere Störungen bewirken nicht nur eine Minderung des Zuwachses an Biomasse, sondern auch eine erhöhte Anfälligkeit gegen Schädlinge. Die schädigenden Konzentrationen werden in Begasungsversuchen geprüft. Die Kulturpflanzen werden — meist in transportablen Gefäßen — in speziellen Begasungskammern definierten Konzentrationen einzelner Schadstoffe ausgesetzt. Die Schädigung äußert sich z. B. in Blatt- oder Nadelnekrosen, Fruchtnekrosen und in erhöhtem Schädlingsbefall. Leichte Veränderungen wurden schon mit 0,26 mg/m^3 (0,1 ppm) SO_2 beobachtet.

An Gladiolen und Aprikosen traten bei Expositionen gegenüber Fluorgasen schon durch $1 \cdot 10^{-4}$ ppm erkennbare Schäden auf; diese Konzentration entspricht 0,3 µg Fluor/m³. An Tieren werden Fluorschäden hauptsächlich durch F-haltiges Futter verursacht. Bei Rindern und Schafen geht die Milchleistung zurück. Als Grenzbereich wird die tägliche Aufnahme von 1,0—1,5 mg F pro kg Körpergewicht angenommen. Darüberliegende Aufnahmen führen zu Zahn- und Knochenveränderungen und zur Gewichtsabnahme. Als MIK-Wert für Fluor wurden 0,4—0,5 µg/m³ als monatliches Mittelmaß vorgeschlagen. In industriellen Ballungsgebieten sind Fluoridkonzentrationen von 5 µg/m³ gemessen worden (19).
Noch relativ wenig ist über die biologische Wirkung von nitrosen Gasen bekannt. Der MIK_D-Wert für NO_2 beträgt in der BRD 1 mg/m³ (0,5 ppm), in den USA nur 0,1 mg/m³ (0,05 ppm), in der DDR 0,04 mg/m³ (0,02 ppm) und in der UdSSR 0,08 mg/m³ (0,04 ppm). NO_2 ist ein starkes Oxydationsmittel (s. 4.4.5.). In den letzten Jahrzehnten stieg in manchen Gegenden der NO_2-Gehalt der Luft von 0,3 mg/m³ (0,15 ppm) (1958) auf über 0,6 mg/m³ (0,3 ppm) (1970). In Obstplantagen bewirken schon 0,5 mg/m³ (0,25 ppm) eine Ertragsminderung und 1—2 mg/m³ (0,5—1,0 ppm) führen zu schweren Chlorosen und zum Blattabfall. Als Ursache des Waldsterbens kommen neben N-Oxiden und SO_2 auch andere Luftverunreinigungen und durch sie bedingte Bodenveränderungen in Frage. Dauerkonzentrationen von 0,12—0,16 mg/m³ (0,06—0,08 ppm) NO_2 verursachen bei Schulkindern in Städten der USA häufiger Bronchitis.

Die Kraftfahrzeugtechnik hat zwar die CO-Emission senken können, aber gleichzeitig die NO_2-Emission erhöht. Dies geschah, als man dem NO_2 noch keine Bedeutung beimaß. CO ist dagegen seit langem als biologischer Schadstoff bekannt, da es aufgrund seiner 300 mal stärkeren Affinität zum Hämoglobin im Blut den Sauerstoff verdrängt und damit die Atmung gefährdet. Eine 6stündige Inhalation von Luft mit 24 mg/m³ (20 ppm) CO führt zu einem COHb-Wert von 2%. Schon bei 1—2% COHb wurden bei Autofahrern leichte Verminderungen der Reaktionsgeschwindigkeit beobachtet, die bei höheren COHb-Werten stärker werden, zusätzlich treten dann Kopfschmerzen, Schwindelgefühl und bei über 10% COHb akute Vergiftungserscheinungen auf. Dauereinatmung von Luft mit 0,01% CO (100 ppm) verursacht einen Blutspiegel von fast 20% COHb, Luft mit 0,1% CO (1000 ppm) wirkt in wenigen Stunden tödlich.
Im Laufradtest zeigten Mäuse während der Exposition in 100 und 64 mg/m³ CO einen Rückgang der Laufaktivität um die Hälfte bzw. um ein Drittel. An Ratten wurde in Luft mit 165—190 mg/m³ CO eine deutliche Verhaltensstörung beobachtet, die auf irreversible zentralnervöse Veränderungen schließen ließ (18).

Der MIK_D-Wert für CO beträgt in der DDR nur 1,0 mg/m³, in anderen Ländern sind z. T. noch erheblich höhere Werte zugelassen (vgl. 19). Die Einhaltung dieser MIK-Werte stellt erhebliche Anforderungen an die Industrie, besonders an die Kraftfahrzeugtechnik, denn der Straßenverkehr stellt eine Hauptquelle für CO dar. CO-Messungen an Straßenkreuzungen einer kanadischen Großstadt (Abb. 25) lassen deutlich den

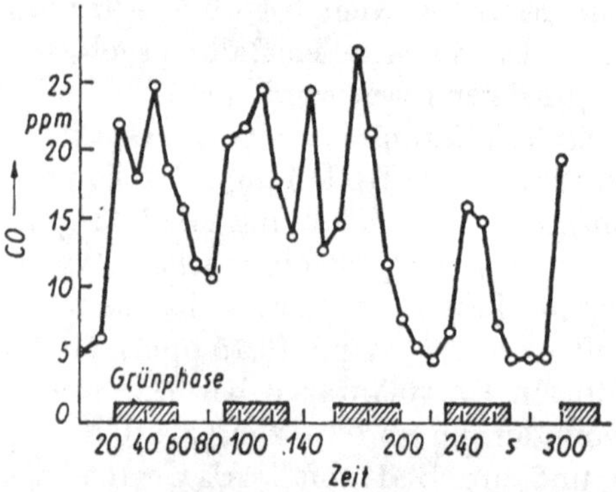

Abb. 25: CO-Konzentrationen an einer Straßenkreuzung, gemessen in 10 s-Abständen während 40 s Grün- und 30 s Rotphasen, aus (28), 10 ppm CO entsprechen 12 mg/m³.

hohen Anstieg der CO-Emission beim Anfahren während der Grünphasen erkennen. Dabei werden Werte von 24 bis 30 mg/m³ CO gemessen. Ähnlich hohe Konzentrationen wurden auch in verkehrsreichen Straßen von Leipzig und Berlin gemessen, in einigen Städten der BRD sogar bis 60 mg/m³. Epidemiologische Untersuchungen ergaben, daß Kraftfahrer, die Unfälle verursachten, höhere COHb-Spiegel aufwiesen als Kontrollpersonen. Raucher weisen höhere COHb-Werte auf als Nichtraucher.

Akute Erkrankungen durch Luftverunreinigungen sind bisher noch selten und nur im Zusammenhang mit besonderen Witterungsbedingungen aufgetreten. Wieweit die zunehmende Luftverschmutzung am Zustandekommen chronischer Erkrankungen beteiligt ist, wird noch untersucht. Neben der Belästigung, die einen Streßfaktor bedeutet, treten Reizungen und andere Störungen, besonders im Bereich des Atemtraktes auf. Zur Beziehung der Luftverunreinigung mit dem Anwachsen der Krebs-Morbidität gibt es bisher nur für die Inhalation von Tabakrauch gesicherte Angaben. Indizien für eine erhöhte Krebsgefährdung bestehen aber auch für die allgemeinen Luftverunreinigungen.

In mehreren westeuropäischen Ländern zeigte sich ein deutliches Stadt-Land-Gefälle im Auftreten von Lungenkrebs, außerdem eine höhere Rate an Erkrankungen in den industrialisierten Ländern. Nach Schätzungen auf der Basis eines mathematischen Modells ergibt sich im Mittel von 20 untersuchten Ländern, daß zu 70% Zigaretten, zu 10% andere Tabakerzeugnisse und zu 20% der Verbrauch an festen Brennstoffen an der Mortalität durch Lungenerkrankungen beteiligt sind. Es scheint auch eine Beziehung zwischen dem Gehalt der Luft an Metallspuren (Cadmium, Vanadium) und der Sterblichkeit an Herzkrankheiten zu bestehen.

Die Luftverschmutzung kann heute mit hoher Wahrscheinlichkeit als ein Umweltfaktor angesehen werden, der die Entstehung von Krebs — besonders Lungen- und Bronchialkrebs — begünstigt oder gar verursacht (3). Welche Komponenten der Luftverunreinigung dabei besonders wirksam sind, ist nicht geklärt. Dazu sind neben genauen Luftanalysen auch Grundlagenforschungen an geeigneten biologischen Modellen notwendig. Das betrifft z. B. Studien zur mutagenen Wirkung als auch zur Beeinflussung der Immunreaktionen durch Luftverunreinigungen. Schließlich lassen sich auch aus der Analyse von sog. Umweltkatastrophen Rückschlüsse auf Zusammenhänge von Luftverunreinigungen und Morbidität ziehen. Dazu einige Beispiele:

Im Dezember 1930 kam es im Maastal infolge einer Inversionswetterlage zur Anreicherung von Industrieabgasen, wobei viele Einwohner unter Übelkeit und Atembeschwerden litten und einige daran starben. Dies war vor allem durch einen hohen Gehalt an SO_2 und vermutlich auch an F bedingt. Noch dramatischer verlief die Inversionsperiode im Dezember 1952 in London. Durch eine Temperaturinversion (umgekehrter Temperaturgradient, Überschichtung der kalten Bodenluft mit wärmerer Höhenluft) mit geringem Luftaustausch und starker Nebelbildung kam es zu einer Anreicherung von Rauchteilchen (bis 4,4 mg/m^3) und SO_2-Konzentrationen bis zu 3,5 mg/m^3. Besonders bei der älteren Bevölkerung traten Symptome wie Kurzatmigkeit, Zyanose und Herzbeschwerden auf. Die Sterblichkeit war über mehrere Wochen gegenüber dem langjährigen Durchschnitt erhöht. Abb. 26 enthält die Abweichungen in den Todesfällen pro Tag und die über 15 Tage gemessenen Rauch- und SO_2-Werte.
Bei solchen Inversionsperioden, die sich besonders in geografischen Becken, wie z. B. in Los Angeles, bemerkbar machen, wirken die oberen warmen Luftmassen wie ein „meteorologischer Deckel“ über dem Kessel und die intensive Sonneneinstrahlung erzeugt zusätzlich eine Reihe von photochemischen Oxydationsprodukten, wie Ozon, Stickoxide u. a. In Analogie zu dem Kunstwort Smog (aus smoke und fog) wurde dafür der Begriff photochemischer Smog geprägt.

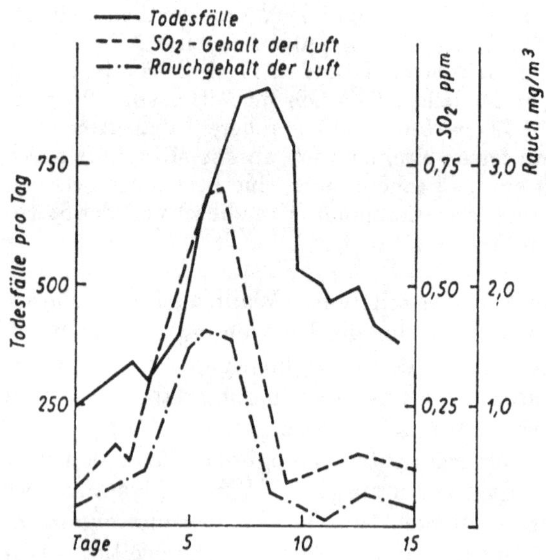

Abb. 26: Tägliche Todesraten und Luftverunreinigung (SO_2 und Rauch) während einer Inversionsperiode im Dezember 1952 in London, aus (31).

Aufgrund von Messungen bei Katastrophen-Ereignissen haben die Statistiker ermittelt, daß eine Anreicherung der Luft mit SO_2 auf mehr als 0,67 mg/m³ und mit Rauch von mehr als 0,75 mg/m³ wahrscheinlich einen Anstieg der Morbidität und Mortalität bewirkt.

4.4.4. Globale Auswirkungen von Luftverunreinigungen

Welche Auswirkungen haben Luftverunreinigungen auf O_2-, CO_2- und Ozongehalt der Atmosphäre und welche Folgen sind bei bestimmten Änderungen zu erwarten?

4.4.4.1. Luftsauerstoff

Der heutige O_2-Gehalt der Atmosphäre hat sich in drei größeren Stufen entwickelt:

- dem Urei-**Pegel** mit maximal 0,02% O_2, der aus der Zersetzung von Wasserdampf durch solare UV-Strahlung resultierte,
- dem Pasteur-**Pegel** mit mehr als 0,2% O_2 und den Anfängen einer biologischen Nutzung des Sauerstoffs zu Beginn des Kambriums,

— dem **Festlandpegel** mit mehr als 2% O_2, der sich im Ordovicium (vor ca. 400 Mill. Jahren) einstellte. Diese Konzentration reichte aus, daß durch UV-Einwirkung eine genügend starke Ozonschicht entstand, die zur Abschwächung der UV-Strahlung auf der Erdoberfläche führte und die Entstehung des Lebens ermöglichte.

Die hohe Biomasseproduktion im Karbon läßt vermuten, daß zu dieser Zeit der O_2-Gehalt der Atmosphäre höher war als heute. In unserer Zeit werden laufend 14% des durch die Photosynthese erzeugten Sauerstoffs durch technische Prozesse (Verbrennungsvorgänge) irreversibel verbraucht; das sind pro Sekunde 400 t O_2 oder $1{,}2 \cdot 10^{10}$ t/a. Da die Erdatmosphäre insgesamt $1{,}2 \cdot 10^{15}$ t O_2 enthält, beträgt diese Abnahme nur 0,001% pro Jahr und stellt zur Zeit für den Umweltschutz kein aktuelles Problem dar. Man geht auch von der Annahme aus, daß durch den ansteigenden CO_2-Gehalt die pflanzliche CO_2-Assimilation und damit die O_2-Produktion gesteigert werden.

4.4.4.2. CO_2-Gehalt

Die Aktualität der CO_2-Konzentration in der Atmosphäre beruht auf der bekannten Infrarotabsorption des CO_2; dieses läßt das kurzwellige Sonnenlicht hindurch, aber absorbiert die langwelligere von der Erde emittierte Wärmestrahlung und trägt dadurch zur Aufheizung der Atmosphäre bei. Diese Erscheinung wird als **„Gewächshauseffekt“** bezeichnet (2, 25). Langjährige Messungen des CO_2-Gehaltes der Atmosphäre ergeben einen vorindustriellen Wert von 290 ppm im Jahre 1860 mit einem nur geringen Anstieg bis 1950. Danach beginnt eine starke Zunahme mit einer jährlichen Rate von ca. 0,7 ppm bis 1960 und von 1,5 ppm 1980, so daß sich jetzt ein Wert von 333 ppm ergibt. Eine Hauptquelle für das CO_2 bildet die Verbrennung fossiler Kohle und Erdöl. Aus diesen Quellen gelangten 1960 etwa 0,1 Gt/a in die Atmosphäre, aber 1978 bereits 5 Gt/a (Abb. 27). Eine weitere wesentliche CO_2-Quelle ist die Entwaldung und die Oxydation von Humus, die pro Jahr weitere 4—5 Gt CO_2 in die Atmosphäre abgeben. Von den fast 10 Gt CO_2, die pro Jahr in die Atmosphäre gelangen, bleiben nur ca. 2,5 Gt in ihr; etwa die gleiche Menge wird vom Ozean und von der Biosphäre absorbiert. Der Verbleib der restlichen Hälfte ist zur Zeit umstritten: entweder sind die Speicher (Senken) für CO_2 viel wirkungsvoller als angenommen oder es existieren weitere, bisher nicht bekannte Senken.

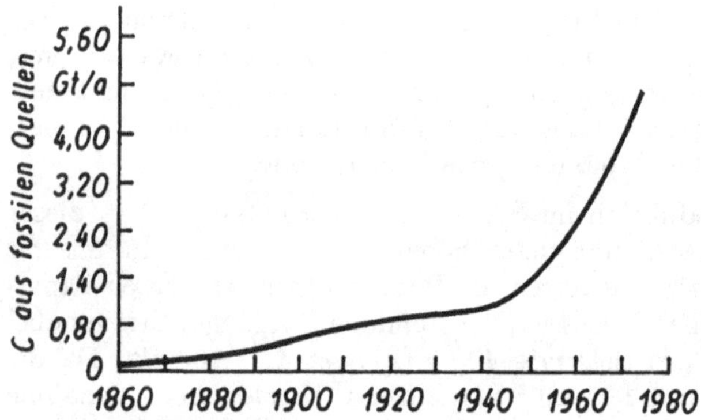

Abb. 27: Übergang von Kohlenstoff (C) aus fossilen Quellen als CO_2 in die Atmosphäre, in *Gt* C/a, in der Zeit von 1860 bis 1980, aus (2).

Um den Weg des CO_2 näher kennenzulernen, wurden zahlreiche Modelle entwickelt. Ein Beispiel wird in Abb. 28 dargestellt. Für die Simulation des CO_2-Systems werden 3 Kompartimente angenommen: die Atmosphäre, die Biosphäre und die Ozeane, die sich noch in die Mischungszone und das Tiefenwasser unterteilen.
Für den Austausch des gesamten in der Atmosphäre befindlichen CO_2 werden 25 Jahre benötigt. Für die Mischung im Ozean wird eine Wirbeldiffusion angenommen, die voraussetzt, daß der Materialfluß (F) dem Konzentrationsgradienten ($\partial c/\partial z$) proportional ist: $F = -K \dfrac{\partial c}{\partial z}$

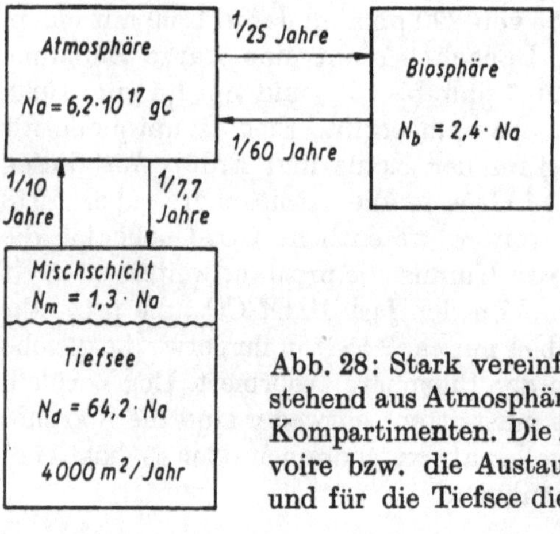

Abb. 28: Stark vereinfachtes globales CO_2-Modell bestehend aus Atmosphäre, Biosphäre und zwei ozeanischen Kompartimenten. Die Zahlen geben die Größe der Reservoire bzw. die Austauschkoeffizienten (an den Pfeilen) und für die Tiefsee die Wirbeldiffusion an, nach (25).

K = Modellparameter für die Wirbelausbreitung, c = Konzentration, z = z-Achse im Raum.

Bei der Bestimmung der CO_2-Gehalte in den einzelnen Kompartimenten mit der ^{14}C-Methode sind drei verschiedene Zeitabschnitte zu berücksichtigen: die präindustrielle vertikale ^{14}C-Verteilung im Ozean, die ^{14}C-Verdünnung durch vermehrten Zutritt von fossilem Kohlenstoff, in dem das ^{14}C weitgehend zerfallen ist (Süss-Effekt) und den ^{14}C-Anstieg in der Oberschicht des Ozeans infolge der Atombombentests in der Atmosphäre.

Die im Ozean gelöste Menge Kohlenstoff ist etwa 60mal größer als der Gehalt der Atmosphäre, aber nur 1% davon ist als CO_2-Gas gelöst. Die Hauptmenge des C ist im Ozean als Karbonat oder Bikarbonat gebunden. Ein CO_2-Anstieg in der Atmosphäre verschiebt das Gleichgewicht zwischen gelöstem CO_2, HCO_3^- und CO_3^{2-}, so daß der relative Anstieg der gesamten Menge CO_2 geringer ist als der vom CO_2-Gas allein. Dies wird durch die Einführung eines Pufferfaktors (ξ) berücksichtigt. Wenn der CO_2-Partialdruck um p % zunimmt, steigt die CO_2-Konzentration im Seewasser nur um p/ξ% (25). ξ liegt in der Größenordnung von 10.
Für die Modellierung des CO_2-Systems sind vor allem drei Aspekte wichtig:

1. die Voraussage des zukünftigen CO_2-Pegels, etwa für das Jahr 2000 oder 2050,
2. die klimatischen Folgen eines CO_2-Anstiegs, z. B. bei einer Verdopplung des derzeitigen CO_2-Gehalts und
3. die möglichen Auswirkungen einer Klimaänderung durch CO_2-Anstieg auf die Ökosysteme und auf den Menschen.

Geht man von dem zu erwartenden Bevölkerungszuwachs und dem damit verbundenen Anstieg des Energiebedarfs aus und setzt in Rechnung, daß die Hauptmenge der Energie weiterhin aus fossilen Brennstoffen gedeckt wird, so ergibt sich für das Jahr 2050 mit einer Bevölkerung von 8 Milliarden ein 4fach höherer Energiebedarf mit einem entsprechenden Anstieg der CO_2-Produktion. Die jährliche CO_2-Zunahme in der Atmosphäre zeigt eine 4-Jahres-Periodizität, die mit dem Phänomen der sog. Süd-Oszillation zusammenhängt. Das sind Abweichungen der atmosphärischen und ozeanologischen Bedingungen von ihren Durchschnittswerten.

Die CO_2-Aufnahme durch den Ozean wird von zwei Faktoren bestimmt: dem Austausch zwischen Luft und See und der Mischung von Oberflächen- und Tiefenwasser. Die zweite Senke für das atmosphärische

CO_2 ist die Biosphäre, die etwa 12% des neu hinzukommenden CO_2 aufnimmt. Der Hinweis, daß die Biosphäre eine CO_2-Senke darstellt, basiert auf Gewächshausexperimenten, in denen ansteigende CO_2-Konzentrationen die Pflanzenproduktion steigern. Dieses Ergebnis stellt sich jedoch nur ein, wenn CO_2 der begrenzende Faktor war. Im Freiland ist häufiger das Wasser der begrenzende Faktor, und außerdem gibt es Pflanzen, z. B. Mais, die ihre Stomata-Weite nach der CO_2-Konzentration im Innern der Stomata regulieren und deshalb nicht auf eine CO_2-Steigerung in der Atmosphäre reagieren (2).

Aktuelle Klima-Modelle gehen davon aus, daß eine Verdopplung der CO_2-Konzentration zu einer globalen Erwärmung um 1,5—3 K führt. Bei Fortsetzung des gegenwärtigen Trends im Verbrauch der fossilen Brennstoffe rechnet man mit einer Verdopplung des atmosphärischen CO_2 im Jahre 2000 und einem Anstieg auf das 7—10 fache in etwa 200 Jahren. Unter einer veränderten Energie-Strategie mit Erschöpfung der konventionellen Energieträger und stärkerer Beteiligung der Kernenergie kann nach dem Jahre 2020 eine Abnahme der CO_2-Emission erwartet werden, und die globale Erwärmung würde dann bis 2100 auf nur 2 K ansteigen (Abb. 29).

Bei den bisherigen CO_2-Modellen wurde nicht genügend berücksichtigt, daß durch die Verbrennungsvorgänge neben CO_2 noch Stickoxide, Methan oder Halogenkohlenwasserstoffe entstehen, die ebenfalls Infrarotstrahlung absorbieren und den Wärmehaushalt beeinflussen.

Die schwerwiegendsten klimatischen Folgen durch einen CO_2-Anstieg werden für die Polargebiete erwartet, wo die Verdopplung des CO_2-Gehaltes zu einer stärkeren Erwärmung führt. Das Schmelzen der Eiskappen würde den Meeresspiegel ansteigen lassen und weite Gebiete

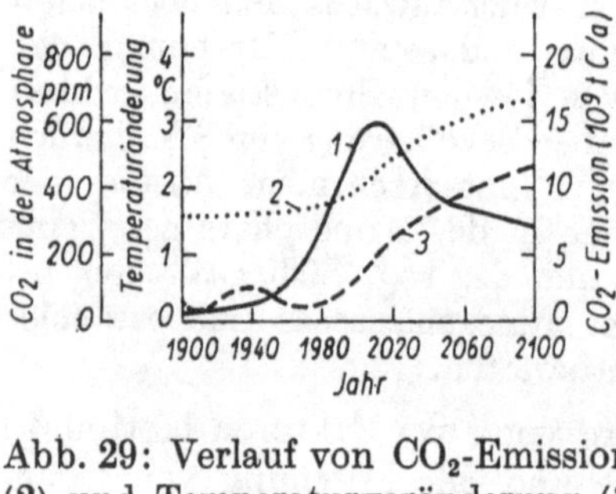

Abb. 29: Verlauf von CO_2-Emission (1), atmosphärischer CO_2-Konzentration (2) und Temperaturveränderung (3) bis zum Jahr 2100, nach Modellrechnungen; aus (2).

überschwemmen. Dieser irreversible Prozeß hätte auch Auswirkungen auf das Klima. Eine geringe Temperatursteigerung hätte aber auch positive Seiten, z. B. eine Steigerung der Biomasseproduktion durch mehr CO_2 und mehr Wärme sowie eine erhebliche Energieeinsparung in den mittleren Breiten.

Die bisherigen Temperaturmessungen lassen trotz des deutlichen Anstiegs der CO_2-Konzentration noch keine Erwärmung erkennen, doch sollte dies nicht zu optimistisch gesehen werden; denn es sind einerseits die langzeitigen meteorologischen Schwankungen in Betracht zu ziehen, andererseits die Tatsache, daß einmal eingetretene Veränderungen zumindest in historischen Zeitabschnitten nicht reversibel sind.

Wir brauchen daher mehr gesicherte Daten über die CO_2-Bilanzen in den verschiedenen Kompartimenten, die in die weiteren Modellbetrachtungen einzubeziehen sind. Andererseits ist der Verbrauch fossiler Brennstoffe schrittweise durch andere Energiequellen zu ersetzen.

4.4.4.3. Ozon

Ozon ist ein Bestandteil der Troposphäre; es unterliegt dort photochemischen Reaktionen und zählt als sekundäre Luftverunreinigung zu den wichtigsten Reizstoffen des photochemischen Smog. Die Ozonschicht spielt trotz ihrer geringen Menge eine fundamentale Rolle für das Leben auf der Erde. Das gesamte Ozon würde in einer vertikalen Säule unter Standard-Druck und -Temperatur nur etwa 3 mm Dicke ergeben (12). Durch Absorption der von der Sonne kommenden UV-B-Strahlung ermöglicht Ozon die Entwicklung und den Bestand des Lebens auf dem Lande und es beeinflußt auch die Temperaturverteilung und die allgemeine Zirkulation in der Stratosphäre. Wie Messungen mit Satelliten ergaben, ist die Ozonkonzentration nicht gleichmäßig über den gesamten Erdball verteilt, sie steigt vom Äquator zu den Polen von ca. 250 auf 400—500 Milli-Atmosphären-cm (Abb. 30) an und ist auf der Nordhalbkugel etwa 3mal höher als auf der südlichen Hemisphäre (9). Auch vertikale Unterschiede, tages- und jahreszeitliche Schwankungen treten auf, die durch Luftbewegungen bzw. die Intensität photochemischer Reaktionen verursacht werden (27).
Die Entstehung des Ozons wird auf Reaktionen des molekularen O_2 mit der globalen kurzwelligen UV-Strahlung in der Stratosphäre (oberhalb 30 km Höhe) zurückgeführt. Dabei laufen unter Beteiligung eines

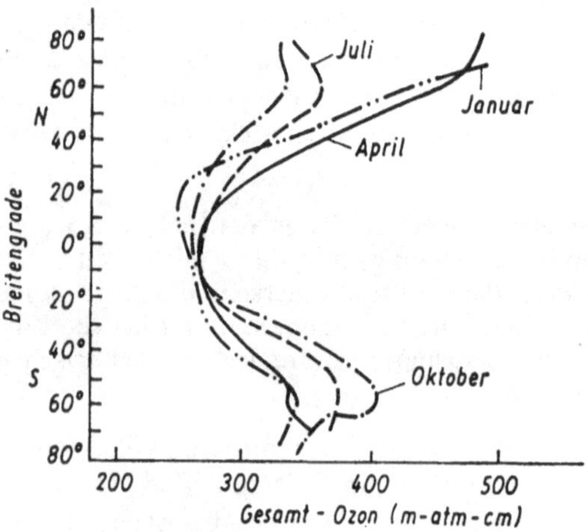

Abb. 30: Ozonkonzentration (Abszisse, in Milli-Atmosphären-cm) in verschiedenen Breitengraden (Ordinate) in verschiedenen Monaten, nach (12). m-atm-cm entspricht einem Tausendstel eines cm der Atmosphäre, Gesamt-Ozon ist die Summe aller Ozonmoleküle einer vertikalen Säule der Atmosphäre als reines Ozongas. 300 m-atm-cm entsprechen z. B. 0,001 cm · 300 = 0,3 cm Ozonschicht unter Standard-Temperatur- und Druckbedingungen.

Stoßpartners (M) folgende Reaktionen ab (8):

$$O_2 + h\nu\ (\lambda < 242\ \text{nm}) \rightarrow O + O$$

$$\underline{2(O_2 + O + M) \rightarrow 2(O_3 + M)}$$

$$3O_2 + h\nu \rightarrow 2O_3$$

Den Ozon-erzeugenden Prozessen stehen verschiedene Destruktionsmechanismen unter Beteiligung von natürlichen oder anthropogenen Luftbestandteilen gegenüber. Die wesentlichsten dieser Reaktionen sind in der folgenden Zusammenstellung (Abb. 31) enthalten.

Die Gleichungen zeigen, daß die Komponenten NO_x, HO_x und ClO_x als Katalysatoren wirken. Die relativen Anteile der einzelnen Prozesse am Ozonabbau sind in Klammern beigefügt. Diese beziehen sich auf die natürliche Zusammensetzung der Atmosphäre. Durch die Luftverunreinigungen werden die einzelnen Systeme verschieden verändert, insgesamt ergibt sich eine Intensivierung der Ozon-Abbauprozesse. Die wesentlichsten Einflüsse betreffen die Zufuhr von Stickoxiden durch Überschallflugzeuge, Kernwaffentests in der Atmosphäre und künstliche Düngung.

1 O_x-System: (15–20%)

$$O + O_3 \longrightarrow O_2^* + O_2$$
$$O_3 + h\nu\,(\lambda < 1140\,\mathrm{nm}) \longrightarrow O_2 + O$$
$$\overline{2\,O_3 + h\nu\,(\lambda < 1140\,\mathrm{nm}) \longrightarrow 3\,O_2^*}$$

2. HO_x-System: (10–20%)

$$HO + O_3 \longrightarrow HO_2 + O_2$$
$$HO_2 + O_3 \longrightarrow HO + 2\,O_2$$
$$\overline{2\,O_3 \longrightarrow 3\,O_2}$$

3. NO_x-System: (60–74%)

$$NO + O_3 \longrightarrow NO_2 + O_2$$
$$NO_2 + O \longrightarrow NO + O_2$$
$$\overline{O_3 + O \longrightarrow 2\,O_2}$$

und

$$NO_2 + O_3 \longrightarrow NO_3 + O_2$$
$$NO_3 + h\nu\,(\lambda < 580\,\mathrm{nm}) \longrightarrow NO + O_2$$
$$NO + O_3 \longrightarrow NO_2 + O_2$$
$$\overline{2\,O_3 + h\nu\,(\lambda < 580\,\mathrm{nm}) \longrightarrow 3\,O_2}$$

4 ClO_x-System:

$$Cl + O_3 \longrightarrow ClO + O_2$$
$$ClO + O \longrightarrow Cl + O_2$$
$$\overline{O_3 + O \longrightarrow 2\,O_2}$$

Abb. 31: Abbau des Ozons in der Atmosphäre durch verschiedene Mechanismen, vgl. Text.

Bei Realisierung der geplanten Überschallflüge würden pro Jahr 10^9 kg NO_2 in die Atmosphäre gelangen und sich an den o. g. Reaktionen beteiligen. Die aufsteigende Pilzwolke einer Kernwaffenexplosion trägt große Mengen von Stickoxiden, die aus dem N_2 der Luft entstehen, in die Stratosphäre. Durch die Atombombentests in den Jahren 1957 bis 1963 gelangten soviele N-Oxide in die obere Atmosphäre, daß der Ozongehalt infolge des verstärkten Abbaus um 4% sank. Er stieg nach Einstellung der Tests in der Atmosphäre wieder an. Geringe Schwankungen der Ozonkonzentration treten auch mit dem Sonnenfleckenzyklus auf.

In der Landwirtschaft bewirkt die Anwendung N-haltiger Dünger und der Abbau von Biomasse das Entstehen von N-Oxiden, die in die Atmosphäre gelangen. Eine weitere Gefahr erwächst aus der vermehrten Anwendung von Halogenkohlenwasserstoffen als Arbeitsflüssigkeit in Klima- und Kälteanlagen sowie als Treibmittel für Aerosole. Die bekanntesten Substanzen sind unter dem Namen Freon 11 ($CFCl_3$) und Freon 12 (CF_2Cl_2) verbreitet. Fast 85% (das sind je 10^9 kg) der Gesamtproduktion gelangen in die Atmosphäre. Während bei der Verwendung als Treibmittel ein schneller Übergang erfolgt, entweichen die Substanzen aus Schaumstoffen nur sehr langsam. Beide Freone absorbieren kurzwellige UV-Strahlung im Bereich von 175–220 nm und setzen dabei Cl frei, das sich dann am Ozonabbau beteiligt:

$$CFCl_3 + h\nu\ (\lambda = 175 - 220\,\text{nm}) \rightarrow CFCl_2 + Cl$$

$$CF_2Cl_2 + h\nu\ (\lambda = 175 - 220\,\text{nm}) \rightarrow CF_2Cl + Cl$$

Zur Zeit ist nicht bekannt, ob die Cl-Oxide in der Stratosphäre noch andere Prozesse beeinflussen, und man kennt nicht das Schicksal der Freon 11- und 12-Restkörper nach Cl-Abspaltung. Vermutlich wird auch das Fluor freigesetzt, das als FO_x-System ebenfalls Ozon zerstört. Um das Risiko zu mindern, das aus den noch ungeklärten Reaktionen und dem Ozonabbau resultieren könnte, wird eine Produktionseinschränkung für Halogenkohlenwasserstoffe erwogen. Zur Zeit konzentriert sich die Diskussion auf die Frage, welche Verminderung des Ozon-Schutzschildes zugelassen werden kann, ohne das Leben auf der Erde zu gefährden.

Die Absorption der solaren UV-Strahlung durch Ozon stellt den dominierenden Prozeß für die Erwärmung der Stratosphäre dar, und eine Abnahme des Ozons würde die Stratosphäre, die Troposphäre und die Erdoberfläche abkühlen, weil die verminderte Strahlungsabsorption in der Stratosphäre auch eine Abnahme des zur Erde gerichteten langwelligen Fluxes im 9,6 µm-Band nach sich zöge. Einer Ozonabnahme um 25% soll eine Temperaturänderung an der Erdoberfläche von – 0,34K entsprechen. Gravierender dürfte die Auswirkung einer solchen Ozonreduktion auf die UV-Strahlung an der Erdoberfläche sein (14, 29). Man schätzt, daß schon 1% Ozonschwund einen Anstieg der UV-B-Strahlung um 2% auslöst. Diesen Berechnungen liegen jedoch nur eindimensionale (Höhen-) Modelle zugrunde, die weder die horizontalen, noch die zeitlichen Variationen der Ozonkonzentration berücksichtigen (21). Von der intensiveren UV-Strahlung auf der Erde werden zusätzliche mutagene und kanzerogene Effekte (bes. Hautkrebs) befürchtet (4). Man rechnet bei einer Intensitätssteigerung des UV-B mit einer gewissen Anpassungsreaktion der Organismen, z. B. durch Pigmentierung oder Reparaturprozesse; es ist aber denkbar, daß dann die Möglichkeiten zur Kompensation anderer Einflüsse, z. B. chemischer Noxen, erheblich eingeschränkt sind.

Wegen seiner starken Oxydationswirkung und der Fähigkeit zur Bildung von Peroxidradikalen wirkt Ozon in höheren Konzentrationen (z. B. 0,3–0,8 ppm) ausgesprochen toxisch. Darauf beruht seine Bedeutung als Bestandteil des photochemischen Smogs.

Literatur

1. Autorenkollektiv: Reinhaltung der Luft. Staatsverlag der DDR, Berlin 1976.
2. Autorenkollektiv: The carbon dioxide problem. An interdisciplinary survey. Experientia **36** (1980) 767—812, 1017—1025.
3. Berndt, H.: Übersicht — Luftverunreinigung und Krebs. Arch. Geschwulstforsch. **47** (1977) 259—271.
4. Calkins, J. and T. Thordardottir: The ecological significance of solar UV radiation on aquatic organisms. Nature **283** (1980) 563—566.
5. Dässler, H. G., Hsg.: Einfluß von Luftverunreinigungen auf die Vegetation. VEB Fischer 1976.
6. DDR-Standard: Maximal zulässige Konzentrationen gesundheitsgefährdender Stoffe in der Luft am Arbeitsplatz. TGL 32610/02, April 1981.
7. Doll, R. und A. Ziebold: Flechten als lufthygienische Bioindikatoren. Biol. Rdsch. **14** (1976) 78—94.
8. Fabian, P.: Atmospheric ozone and man-made pollution. Naturwiss. **63** (1976) 273—279.
9. Fishman, J. and P. J. Crutzen: The origin of ozone in the troposphere. Nature 274 (1978) 855—858.
10. Gelbrich, W. und F. Kössler: Verfahren zur Atemgasanalyse. Atemschutzinformationen **9** (1970) 30—38.
11. Gerull, M., M. Giesen und D. Mrowinski: Objektive Olfaktometrie zur Feststellung von Umwelt-Geruchsimmissionen. Biomed. Techn. **22** (1977) 138—141, Fachverlag Schiele & Schön D-1000 Berlin 61
12. Ghazi, A.: Global variability of atmospheric ozone. J. interdiscipl. Cycle Res. 8 (1977) 183—188.
13. Graf, M. und D. Möller: Gasförmige chemische Schadstoffe in der Atmosphäre — einige Aspekte zu Entstehung, Ausbreitung, Erfassung, Auswirkung und Begrenzung. Z. ges. Hyg. **22** (1976) 629—636.
14. Gerstl, S. A. W., A. Zardecki and H. L. Wiser: Biologically damaging radiation amplified by ozone depletions. Nature **294** (1981) 352—354.
15. Guggenberger, J., G. Krammer und A. Brandl: Registrierende Emissionsüberwachung gasförmiger Schadstoffe. Diskussion einiger Entwicklungen. Staub-Reinhalt. Luft **41** (1981) 170—175.
16. Junge, C.: Die Entwicklung der Erdatmosphäre. Naturwiss. **68** (1981) 236—244.
17. Luft, K. F.: Infrared techniques for the measurement of carbon monoxide Ann. occup. Hyg. **18** (1975) 45—51.
18. Malorny, G., G. Fodor und H. Pomp: Wirkungen niedriger CO-Konzentrationen auf Spontanmotilität und Fluchtreaktion. Arch. exptl. Pathol. u. Pharmacol. **246** (1963/64) 23—24.

19. Moll, W. L. H.: Taschenbuch für Umweltschutz. I. Steinkopf, Darmstadt 1978.
20. Nash III. T. H.: Lichens as indicators of air pollution. Naturwiss. **63** (1976) 364—367.
21. Pyle, J. A. and R. G. Derwent: Possible ozone reductions and UV changes at the earth's surface. Nature 286 (1980) 373—375.
22. Richardson, D. H. S. and E. Nieboer: Lichens and pollution monitoring. Endeavour, N. S. 5 (1981) 127—133.
23. Rose, C. I., and D. L. Hawksworth: Lichen recolonisation in London's cleaner air. Nature **289** (1981) 289—292.
24. Schlee, D.: Biochemische Grundlagen einer Bioindiktion, betrachtet am Beispiel der SO_2-Indikation mittels Flechten. Biol. Rdsch. **15** (1977) 280—287.
25. Siegenthaler, U. und H. Oeschger: Predicting future atmospheric carbon dioxide levels. Science **199** (1978) 388—395.
26. Stöcker, G.: Zu einigen theoretischen und methodischen Aspekten der Bioindikation, Hsg.: R. Schubert und J. Schuh, M.-Luther-Univ. Halle, Wiss. Beiträge, Halle 1980 Teil I, S. 10—21.
27. Vaughan, G.: Diurnal variation of mesospheric ozone. Nature **296** (1982) 133—135.
28. Wright, G. R., S. Jewczyk, J. Ourot, P. Tomlinson, and R. J. Shephard: Carbon monoxide in the urban atmosphere. Arch. environm. Health **30** (1975) 123—129.
29. Zardecki, A. and S. A. W. Gerstl: Calculations of increased solar UV fluxes and DUV doses due to stratospheric ozone depletions. Los Alamos Nat. Lab. Report LA-9233-MS, Februar 1982.
30. Heyer, E.: Witterung und Klima. Teubner, Leipzig 1977.
31. Grandjean, E.: Epidemiologie der Luftverunreinigungen. Naturwiss. Rdsch. 26 (1973) 323—329.
32. Elstner, P., Kh. Lohs, U. Stephan: Umgang mit gefährlichen Stoffen. Tribüne Berlin 1982.

4.4.5. Stäube

In der Atmosphäre existieren neben den molekulardispersen Systemen (Gase, Dämpfe) auch kolloid- und grobdisperse Systeme, zu denen Stäube, Rauche und Nebel gehören. Unter **Aerosolen** versteht man kolloiddisperse Systeme, bei denen das Dispersionsmittel Luft ist. Rauch-Aerosole sind meist pyrogener Natur. Es handelt sich um in der Luft schwebende Teilchen, deren Größe vorwiegend im kolloidalen Bereich liegt (0,001—0,1 µm). Die Abgrenzung zum Staub ist unscharf; sie basiert auf der meist kleineren Teilchengröße und auf der Art der Entstehung (8).

Unter **Staub** versteht man in der Luft schwebende Partikel von Feststoffen, deren Teilchengröße meist über dem kolloidalen Bereich liegt. Er entsteht durch natürliche Erosionsprozesse oder infolge mechanischer Bearbeitung von festem Material und unterliegt einer weltweiten Verbreitung (1, 2, 7). Eine Unterteilung erfolgt einerseits nach der Teilchengröße in Grobstaub (Korndurchmesser $> 10\ \mu m$), Feinstaub (Teilchendurchmesser $10-0{,}5\ \mu m$) und Kolloidstaub (Teilchendurchmesser $< 0{,}5\ \mu m$), andererseits nach seiner Wirkung in toxische und nichttoxische Stäube. Toxische Stäube rufen spezifische Vergiftungserscheinungen hervor und wirken nicht nur über den Atemtrakt, sondern auch über den Verdauungskanal und die Haut. Sie gehören in das Gebiet der Toxikologie.

Die **nichttoxischen Stäube** sind mineralischer, metallischer, pflanzlicher oder tierischer Herkunft; häufig treten sie als Mischstäube auf. Die durch sie hervorgerufenen Erkrankungen betreffen die Atmungsorgane des Menschen und sind als Staublungenerkrankungen (Pneumokoniosen) in Form der Silikose und Asbestose bekannt. Ursache dieser Erkrankungen sind Stäube, die das kristalline Siliziumdioxid (als Quarz, Cristobalit oder Tridymit) oder Asbest enthalten. Grundsätzlich gilt jeder Staub als schädlich, wenn er in hohen Konzentrationen und über längere Zeit einwirkt. Es gibt Stäube mit vorwiegend irritativer Wirkung auf die Schleimhäute der Atemwege (chronische Bronchitis) und solche, die zur Bindegewebsvermehrung in der Lunge führen (Silikosen) und deshalb fibrogene Stäube genannt werden. Neben der **Silikose** hat die **Asbestose** (Asbeststaublunge) als Berufskrankheit Bedeutung.

Die Einatmung des faserförmigen Asbeststaubes kann Tumoren der Atmungsorgane hervorrufen. Der Wirkungsmechanismus dieser Reaktionen ist nicht genau bekannt, obwohl die ersten Tierexperimente zu dieser Problematik bis 1941 zurückgehen. Mehrere typische Eigenschaften des Asbests wurden für seine kanzerogene Wirkung verantwortlich gemacht, z. B. die Faser- oder Nadelform, die an Lungen und Pleura Mikrotraumen hervorrufen soll, metallhaltige Einschlüsse im Kristallgitter der Asbestfaser, Veränderungen von elektrischen Ladungsverhältnissen der Zellen und dadurch bedingte Ionenverschiebungen oder die Hemmung der Aktivität von entgiftenden Enzymen.

Für die Ermittlung der kanzerogenen Potenz der Asbeststäube sind Fragen der Applikation (Inhalation, Instillation, intrapleurale, intraperitoneale oder subcutane Injektion, orale Gabe) ebenso zu klären wie die Abhängigkeit von der Faseranzahl, Faserlänge und -durchmesser (6).

Asbesterzeugnisse haben sich in der Wirtschaft der meisten Länder einen festen Platz erworben, der nur schwer durch andere Materialien ersetzt werden kann. Deshalb wird Asbest trotz seiner potentiellen Gefährdung sicher noch längere Zeit genutzt werden. Bis dahin müssen Aufklärung der Beschäftigten und bessere Arbeitsschutzmaßnahmen dazu beitragen, das Risiko einer Erkrankung so gering wie möglich zu halten (5).

Zur Prophylaxe aller Staublungenerkrankungen ist eine Einschränkung der Exposition notwendig. Dies bedarf zunächst der qualitativen und quantitativen Messung von Stäuben. Dazu dienen mineralogische Untersuchungen mit röntgenographischen und polarisationsmikroskopischen Messungen, chemische Aufschlußverfahren oder morphometrische Verfahren zur Bestimmung der Korngrößenverteilung (4). Die Staubkonzentration in der Luft läßt sich auf **gravimetrischem** Wege in mg/m³ oder auf **numerischem Wege** als Anzahl Teilchen/cm³ bestimmen. Die dazu eingesetzten Geräte heißen Gravimeter bzw. Konimeter; ihre Funktionsprinzipien sind der einschlägigen Literatur zu entnehmen. Möglichkeiten der Staubbekämpfung liegen in einer verbesserten Technologie mit Einsatz von Entstaubungs- und Abgasreinigungsanlagen, im Bau hoher Schornsteine zur breiteren Verteilung der Emissionen und einer verbesserten Straßenführung unter Umgehung von Wohngebieten. **Entstaubungsanlagen** beruhen auf der Schwerkraftwirkung,

Tab. 11: Maximal zulässige Dauer- (MAK_D) und Kurzzeit-Konzentrationen (MAK_K) verschiedener Stäube an Arbeitsplätzen, nach (3).

Staubgruppe	Staubarten	SiO_2 (Masse-%)	MAK_D (T/cm³)	MAK_K (T/cm³)
I	Quarz, Sandstein, Feuerstein, Kieselkreide, Silikatsteine, Poliermittel	> 50	100	300
II	Granit, Gneis, Glimmer, Tonschiefer, Schamotte, Kieselgur, Feldspat	20–50	250	500
III	Kupferschiefer, Steinkohle, Ton, Bauxit, Graphit	5–20	500	1000
IV	Basalt, Kalkstein, Gips, Zement, Braunkohle, Koks, Asche, Glaswolle, Schlacken	≦ 5	800	1500
V	Eisen, Messing, Kunststoffe	–	800	1500

der Fliehkraftabscheidung, der Filterwirkung durch Gewebe oder der Elektroabscheidung durch 10–80 kV, durch die die Staubteilchen eine negative Aufladung erfahren und an der positiv geladenen Gehäusewand abgeschieden werden.
Die Bewertung der silikogenen Stäube richtet sich nach ihrer biologischen Wirkung, die mit dem Gehalt an kristallinem SiO_2 korreliert. Danach werden 5 **Staubgruppen** eingeteilt, für die unterschiedliche MAK-Werte gelten (vgl. Tab. 11).

Literatur

1. Ackermann, M., C. Lippens, and M. Lechevallier: Volcanic material from Mount St Helens in the stratosphere over Europe. Nature 287 (1980) 614–615.
2. Ackermann, M., C. Lippens, and C. Müller: Stratospheric aerosols properties from earth limb photography. Nature 292 (1981) 587–591.
3. DDR-Standard: Maximal zulässige Konzentrationen nichttoxischer Stäube in der Luft am Arbeitsplatz. TGL 32620/03, verbindl. ab 1. 1. 1984.
4. Malissa, H.: Betrachtungen zur integrierten Staubanalyse mit physikalischen Methoden. Angew. Chemie 88 (1976) 168–176.
5. Ney, P.: Asbeste: Arten, Entstehung, Bedeutung, Problematik. Naturwiss. 68 (1981) 597–605.
6. Pott, F.: Tumorinduktion durch Asbest und andere Fasern — Umwelthygiene. Hrsg.: Ges. Förderung Lufthyg. u. Silikosef. Girardet, Essen 1981, S. 31–66 (Jahresbericht 1980, Bd. 13).
7. Prospero, J. M., R. A. Glaccum, and R. T. Nees: Atmospheric transport of soil dust from Afrika to south Amerika. Nature 289 (1981) 570–572.
8. Sprecher, D.: Gase, Dämpfe, Stäube, Rauche, Nebel. Atemschutzinformationen 12 (1973) 43–44.

5. Biophysikalische Aspekte der Umwelttoxikologie

5.1. Beziehungen zwischen Biophysik und Toxikologie

Zur Lösung der Probleme, die mit den Schadstoffen in der Umwelt zusammenhängen, benötigt die Umwelttoxikologie biophysikalische Arbeitsmethoden (34). Dringende Forschungsaufgaben sind z. B.:

- die quantitative Erfassung und die Modellierung der Schadstoffausbreitung in den Ökosystemen,
- der Einsatz biophysikalischer Kenntnisse und Methoden bei der Aufklärung des Wirkungsmechanismus einzelner Schadstoffe, Untersuchungen auf zellulärer und subzellulärer Ebene, Membranbiophysik, Wirkung von Radikalen und Peroxiden,
- die Untersuchung von Dosis-Wirkungsbeziehungen unter Berücksichtigung des Zeitfaktors (akute und chronische Exposition, Biorhythmik) und der Wirkung anderer Noxen (Kombinationseffekte),
- die Auffindung besonders empfindlicher Arten oder Entwicklungsstadien und die Erkundung der Mechanismen für die Resistenzbildung.

Für viele der bestehenden MAK-Werte fehlen Grundlagenuntersuchungen zum Wirkungsmechanismus. Die Standards beruhen zum großen Teil auf akuten Toxizitätsprüfungen mit meist nur einem Schadstoff und an völlig gesunden Tieren. Unsere Kenntnisse über die Wirkungen der Schadstoffe bei langfristiger Einwirkung oder bei Kombination mit anderen Schadfaktoren sind spärlich, und über die Wirkung auf Kranke, Rekonvaleszente, Jugendliche oder ältere Menschen wissen wir viel zu wenig. Immer wieder wird auf die Problematik der Übertragung von Ergebnissen aus Tierversuchen auf den Menschen hingewiesen. Diese Schwierigkeiten können z. T. überwunden werden, wenn die Toxizitätsprüfung mit der Aufklärung des Wirkungsmechanismus gekoppelt wird. Wie in der molekularen Genetik die Elementarprozesse bei Ein- und Vielzellern nach den gleichen Gesetzmäßigkeiten ablaufen, so dürften viele Schadstoffe bei Tier und Mensch nach den gleichen mole-

kularbiologischen Prinzipien wirksam werden. Die wichtigsten Strukturen sind dabei offenbar die Zellmembranen, an denen sich die Wechselwirkung mit der Umwelt oder zwischen einzelnen Kompartimenten einer Zelle widerspiegelt. Das Verständnis der normalen Vorgänge, wie der Ionenaustauschprozesse oder Zell-zu-Zell-Kontakte, ist Voraussetzung für die Beurteilung von Schadstoffwirkungen oder auch von physikalischen Faktoren, die in den folgenden Kapiteln besprochen werden. Die Aussagekraft solcher Untersuchungen für den menschlichen Organismus wird noch erhöht, wenn die Experimente an Kulturen menschlicher Zellen vorgenommen werden. Auf diese Weise läßt sich prüfen, ob Tier- und Humanzelle die gleiche Anzahl von Atomen oder Molekülen einer Substanz benötigen, um eine definierte Änderung ihrer Struktur oder Funktion hervorzurufen. Besonderes Augenmerk verdienen Untersuchungen zur Sensitivierung, z. B. von Schadinsekten, weil dadurch die Mengen an Bioziden verringert werden könnten.
Auch die Prozesse der Akkumulation und Elimination von Schadstoffen in den Nahrungsketten sind theoretisch nicht ausreichend bekannt. Hieraus ließen sich Möglichkeiten ableiten, durch gezielte Einflußnahme

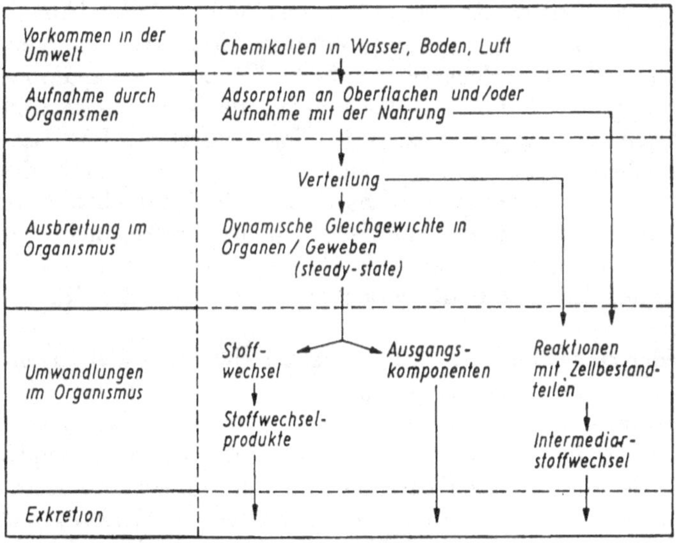

Abb. 32: Schicksal chemischer Substanzen in Umwelt und Organismus, nach (8).

auf den Stoffwechsel von Nutztieren die Anreicherung von Metallen oder Insektiziden im Fleisch zu reduzieren.
Man schätzt, daß von den 2—4 Millionen bekannten chemischen Verbindungen über 60000 im allgemeinen Gebrauch sind, aber nur von wenigen ist die Toxizität genauer bekannt (10, 16). Die Mehrzahl dieser Substanzen besteht aber aus Molekülen, die während der Evolution der Arten nicht vorhanden waren; sie stellen deshalb für die Organismen Fremdstoffe dar. Erst in den letzten Jahren ist das Interesse am Schicksal dieser Stoffe, die **Xenobiotika**[1]) genannt werden, stark angestiegen. Man untersucht u. a. den Transport in Ökosystemen (24, 33, 35, 38), die Enzymsysteme, welche die Xenobiotika modifizieren, ihren Abbau und ihre Ausscheidung (Abb. 32) begünstigen (9, 16, 17, 37).

5.2. Dosis-Wirkungs-Beziehungen

Zur Bestimmung der schädlichen Wirkung eines Fremdstoffes werden verschiedene Wege beschritten. Am bekanntesten sind die akuten Toxizitätsprüfungen, in denen an einem ausgewählten Kollektiv von Versuchstieren bestimmt wird, welcher Prozentsatz der exponierten Population bei mehreren genau definierten Konzentrationen des eingesetzten Stoffes eine festgelegte Zeitspanne (z. B. 30 Tage) überlebt. Das Kriterium des Überlebens liefert eine ja-nein-Antwort, aber durch die Prüfung mehrerer Konzentrationen einer Substanz läßt sich die bekannte Dosis-Wirkungskurve konstruieren, aus der auch für andere, nicht geprüfte, Konzentrationen die Überlebensrate zu entnehmen ist. Häufig rechnet man mit der LD_{50}, d. h. die letale Dosis für 50% der Individuen.
Die Applikation der zu testenden Substanz richtet sich nach den Eigenschaften und den bevorzugten Wirkungsorten der Verbindung. Bei gasförmigen Substanzen erfolgt die Inhalation in Beatmungskammern, andere Substanzen werden peroral, perkutan oder intraperitoneal appliziert. Neben dem Kriterium des Überlebens werden zunehmend funktionelle Tests eingesetzt, wobei man Kenntnisse über die Wirkung auf bestimmte Organe und Funktionen erhält. Da für viele Fremdstoffe

[1]) Xenobiotika, griech. ξηνου = fremd (für das Leben).

Leber und Nieren Zielorgane sind, in denen sie sich besonders stark anreichern, lassen sich dort mit biochemischen und physiologischen Methoden oft schon nach relativ geringen Dosen Funktionsstörungen nachweisen. Solche funktionellen Tests sind bei chronischen oder Langzeit-Tierversuchen notwendig, in denen subletale Dosen geprüft werden, bei denen das Kriterium „Überleben" nicht anwendbar ist. Sie geben auch nähere Aufschlüsse über den Wirkungsort der Substanz bis hin zu den genauen Angriffspunkten in den verschiedenen Stoffwechselzyklen. Während im üblichen naturwissenschaftlichen Experiment ein reeller Zustand oder seine Veränderung untersucht wird, dient im chronisch-toxikologischen Experiment, das zur Festlegung des Grenzwertes dienen soll, das Ausbleiben eines erkennbaren Effektes als Kriterium. Die Ermittlung dieses „no effect level" bezieht sich also nicht auf einen reellen, sondern einen virtuellen Zustand bzw. auf das negative Ergebnis.

Die toxische Wirkung (W) einer Substanz hängt von der Konzentration (c) im Zielorgan und von der Einwirkungszeit (t) ab. Geht man von der Annahme aus, daß das Produkt

$$W = c \cdot t$$

konstant bleibt, so ergibt sich eine hyperbolische Funktion. Betrachtet man das Produkt als variable Dosis, so spiegelt die Kurve im Dosis-Wirkungs-Diagramm die asymptotische Näherung von W an t wider. Daraus läßt sich schließen, daß es grundsätzlich nicht möglich ist, einen Dosiswert abzuleiten, bei dem keine Wirkung mehr auftritt. Das würde aber bedeuten, daß es keinen Grenzwert gibt, wenn eine sehr niedrige Konzentration nur eine genügend lange Zeit einwirkt.

Für die Bedürfnisse der Praxis müssen aber Grenzwerte, MAK, MIK, festgelegt werden. Deshalb sucht man zur wissenschaftlichen Begründung der MAK-Werte nach neuen Ansatzpunkten und zieht u. a. die Treffertheorie aus der Strahlenbiologie heran. Ähnlich wie die ionisierende Strahlung nur wirksam wird, wenn ein Treffer in einen bestimmten Bereich gelangt, so wäre ein Molekül oder eine bestimmte Anzahl von Molekülen am biologischen Rezeptor nötig, um eine Veränderung zu induzieren. Diese Annahme würde die Verneinung einer unteren Dosis- oder Konzentrationsschwelle bedeuten. Im Unterschied zu den ionisierenden Strahlen, die sofort in die Zellen eindringen, müssen chemische Substanzen oft längere Diffusionswege überwinden. Sie können hierbei oder später eine Reihe von Um- und Abbaumechanismen unterliegen, die zwar in manchen Fällen zu noch stärker toxischen Substanzen, in der Regel aber zu einer Entgiftung führen. Dies wurde am Beispiel der Blausäure schon sehr früh (1919) erkannt und später (1933) als enzymatische Entgiftung von Cyanid zu Thiocyanat beschrieben (16). Unter Berücksichtigung dieses Reparaturpotentials der Organismen kann für die Grenzwertfestlegung eine untere Schwelle angenommen werden, unterhalb der auch bei noch so langer Einwirkung keine nachweisbare Schädigung auftritt.

Schon die Bewertung eines einzelnen Stoffes erweist sich als schwierig und aufwendig. Wirken mehrere chemische Substanzen oder chemische und physikalische Noxen simultan ein, treten Interaktionen auf, die rein additiv, antagonistisch oder synergistisch sein können. Bei der Kombination von Cyclohexanon und Ganzkörperschwingungen ergab sich z. B. in Versuchen an Ratten eine unteradditive Wirkung. Die LD_{50} für Cyclohexanon lag nach alleiniger Anwendung bei 1,6 g · kg^{-1}, in Gegenwart mechanischer Schwingungen (a = 23,3 m · s^{-2}) bei 2,0 g · kg^{-1}. Die Vibration schwächte die Wirkung von Cyclohexanon ab. Umgekehrt kam es auch zur Verminderung der Vibrationswirkung für 50% letale Belastung durch die chemische Substanz von a = 23,3 m · s^{-2} auf a = 29 m · s^{-2} (15). Solche Wechselwirkungen ergeben sich auch bei der Kombination chemischer Noxen mit ionisierender Strahlung. Aus vergleichenden Darstellungen in Isobologrammen läßt sich ablesen, welche Konzentration einer Substanz welcher Strahlendosis entspricht. In einem Beispiel mit Formaldehyd wurde gefunden, daß die Wirkung von 1 mM Aldehyd der Energiedosis von 0,14 Gray (14 rad) entspricht (13).

Bei lipophilen Substanzen wie den halogenierten Kohlenwasserstoffen muß außer der chemischen Toxizität auch die physikalische Toxizität berücksichtigt werden, die durch die physikalischen Eigenschaften wie Molekülgröße und Hydrophobizität auftritt, wenn die Substanz in der Lipidphase der Zellmembran eine bestimmte Konzentration erreicht (31). Darauf beruht z. B. die Wirkung membranlöslicher Anästhetika.

5.3. Beispiele chemischer Umwelteinflüsse

5.3.1. Metallhaltige Verbindungen

Die Weltproduktion an **Blei** betrug 1980 etwa 5,5 Mio t. Die Belastung der Umwelt mit Blei stammt aus den Hüttenbetrieben, Akkumulatorenwerken, aber besonders auch aus der Verbrennung von Vergaserkraftstoffen, die 0,01 bis 0,1% Bleitetraäthyl als Antiklopfmittel enthalten. In den meisten Ländern wurde ein Gehalt von 0,4 g Blei je l Benzin zugelassen; das bedeutet, daß je km Autobahn stündlich 40—60 g Blei emittiert werden und sich in Böden, Pflanzen und Tieren anreichern (11). Im menschlichen Körper ist das Metall u. a. an Phosphate gebunden bzw. in Knochen langfristig (Halbwertzeit ca. 20 Jahre) gespeichert. In ländlichen Gebieten liegt der Bleigehalt des Blutes bei 10—20 μg/100 ml Blut, in der Großstadtbevölkerung bei 20—30 μg/100 ml, teilweise noch darüber (17). Die MAK- und MIK_D-Werte in der DDR liegen bei 0,005 bzw. 0,0007 mg/m^3. Blei gilt als Enzymgift, das die Hämsynthese blockiert, aber auch neurologische Symptome hervorruft; es greift in den Nukleinsäure- und Proteinstoffwechsel ein, und es stört auch die Membranprozesse wie die Ca^{2+}-abhängige synaptische Transmission und die Na^+, K^+-ATPase verschiedener Gewebe (9, 20, 25, 29, 32).

Ob Blei eine krebserzeugende Wirkung hat, ist nicht sicher; der viel höhere Bleigehalt in Tumorgeweben dürfte mit seiner guten Lipoidlöslichkeit und den viel höheren Lipidgehalten in Tumoren zusammenhängen (30). Auch die z. T. beschriebenen viel höheren Blei-Konzentrationen im Blut von Rauchern sind umstritten, da eine Mehraufnahme durch Zigaretten im Vergleich mit der Aufnahme durch die Nahrung zu vernachlässigen ist (36). Bei Arbeitern in der Bleiproduktion ist eine zusätzliche Aufnahme möglich, und es wurden auch hämatologische Veränderungen beobachtet. Am auffälligsten war eine geringere Resistenz der roten Blutzellen gegenüber osmotisch wirksamen Lösungen. Dies wird auf einen Anstieg im Oberflächen/Volumen-Verhältnis zurückgeführt, das auf einer Akkumulation von Cholesterol beruht. Diese verschiebt das Verhältnis Cholesterol/Phospholipid in den Zellmembranen, was eine Inaktivierung der Lecithin-Cholesterol-Acyltransferase zur Folge hat (19). Aus einer italienischen Studie geht hervor, daß Verkehrspolizisten und Angestellte in der Nähe von Bleifabriken gegenüber einer Kontrollgruppe etwas höhere Bleigehalte im Blut und leicht verminderte Aktivitäten der Na^+, K^+-ATPase aufweisen (29). Über Beziehungen zwischen dem Bleigehalt der Luft und des Blutes von Arbeitern wird in (12) berichtet. Bei den Primärproduzenten liegen die Konzentrationsfaktoren für Blei in der Größenordnung von 10^4—10^5, bei den Konsumenten bei 10^3—10^4. Die Kinetik der Aufnahme ist bei allen Organismen ähnlich und folgt der allgemeinen Gleichung

$$c_t = c_{ss}(1 - e^{-k_1 t})$$

c_t = Konzentration zur Zeit t, c_{ss} = steady state-Konzentration, $k_1 = \ln 2/t_{1/2}$, entspricht der biologischen Halbwertzeit für die Aufnahme. Die Kinetik der

Abgabe kann mit folgender Gleichung wiedergegeben werden

$$\log c_t = \log c_i - k_2 t$$

c_i = initiale Konzentration, k_2 gibt den Verlauf der Geraden an und ist gleich dem log $2/t_{1/2}$; $t_{1/2}$ = biologische Halbwertszeit für die Abgabe (37).

Bei den früh nachweisbaren Bleiwirkungen sind 3 kompartimentbezogene Phasen zu unterscheiden: 1. eine erythrozytäre Reaktion der 5-Aminolävulinat-dehydratase, 2. eine hepatische Reaktion von 5-Aminolävulinsäure und Koproporphyrin und 3. eine „erythropoetische" Protoporphyrin-Reaktion (28). Noch in den Anfängen befindet sich die Untersuchung der Bleiwirkung auf kognitive Leistungen. Aus Tierversuchen geht hervor, daß Blei eine deutliche Störung der Lernfähigkeit auslöst. Diese Störung übertrug sich bei mit Blei gefütterten Schafen auch auf die Lämmer, die noch deutlich erhöhte Bleigehalte aufwiesen (21). Solche Versuche könnten dazu dienen, die bisherigen Standards für Blei zu überprüfen, wobei als Kriterium nicht die Morbidität steht, sondern „komplexes Lernen". Dadurch könnte den von manchen Autoren beschriebenen Bleiwirkungen auf Verhaltensstörungen vorgebeugt werden.

Obwohl **Zink** Bestandteil vieler Enzyme ist, wirkt es in höheren Konzentrationen toxisch. Bei über 50 μmol/l wurde das Aktionspotential von Skelettmuskeln verändert, wahrscheinlich durch eine geringere Na-Aktivierung. Die Repolarisation der Zellmembran wird bereits durch wenige μmol Zinkionen deutlich verlangsamt (26). Die Kohlenstoff-Fixierung im Phytoplankton sinkt deutlich ab, wenn das Wasser 10—20 μg/l Zink enthält. Der Grad der Photosynthesehemmung folgt einer nichtlinearen Funktion; bei über 30 μg/l stellt sich eine Sättigung ein, die auf dem Verhältnis Zink/Chlorophyll a beruht (6). Im Meerwasser betragen die Zinkkonzentrationen etwa 5 μg/l, verschmutzte Gewässer enthalten mindestens die doppelte Menge und erreichen damit die bereits biologisch wirksame Konzentration.

Auch **Cadmium** reichert sich in den Organismen an; gelangt es über Nahrungsketten zum Menschen, wird es in Leber, Nieren, Milz und Schilddrüse gespeichert und nur sehr langsam ausgeschieden (biol. Halbwertzeit $>$ 20 Jahre). Bei der Geburt beträgt der Gesamtgehalt 1 μg, mit 50 Jahren etwa 30 μg. Bei einer weiteren Zunahme durch verunreinigte Nahrung treten Schäden in den genannten Speichergeweben auf, aber auch in Lungen, im Herzen und am Skelett. Besonderes Aufsehen erregte in Japan das Auftreten der Itai-Itai-Krankheit in einigen Dörfern, weil aus den Abraumhalden eines 50 km entfernt gelegenen und seit 15 Jahren bereits geschlossenen Zinkbergwerks Cadmiumsulfat ausgelaugt wurde und in Spuren (ppm-Mengen) ins Trinkwasser gelangte (22). Bei den Bewohnern traten Gelenkschmerzen und Deformitäten im Skelett durch eine Osteomalacie auf, wobei ein zusätzlicher Vitamin-D-Mangel als Teilursache mitgewirkt haben dürfte. Dabei wird im Knochen das Kalzium verdrängt und auch in den Nieren treten schwere Schäden auf (14). Dieses Beispiel zeigt die Problematik im Umweltschutz: kleinste Konzentrationen von Schadstoffen können mit einer langen Latenz und größeren räumlichen Entfernungen gefährliche Wirkungen haben.

Quecksilbervergiftungen sind in der Arbeitsmedizin seit langem bekannt und durch entsprechende Arbeitsschutzmaßnahmen auf ein Minimum zurückgegangen. Durch die Umweltbelastung mit diesem Metall sind jetzt viel größere Bevölkerungskreise gefährdet. Im Jahre 1953 ereignete sich in der Bucht von Minamata (Japan) eine Vergiftungsepidemie, von der bes. Fischer betroffen waren. Es traten durch Hg-vergiftete Fische neurologische Symptome und Lähmungen auf. Besonders gefährlich sind Hg-Methylverbindungen, die in Blut- und Nervenzellen gespeichert werden und auch die Plazenta-Schranke durchbrechen. Neuerdings müssen Fischereierträge auf ihren Gehalt an Hg untersucht werden. Es darf maximal 1 mg Hg/kg Fisch enthalten sein. Die WHO empfiehlt eine Senkung auf 0,5 mg/kg. Hechtfleisch aus der Ostsee enthält im Durchschnitt 0,27 mg Hg/kg, Hering 0,9 mg. Seewasser enthält etwa 0,04 μg Hg/l; daraus errechnen sich Anreicherungsfaktoren von 10^3 bis 10^4.
Ein weiteres Spurenelement, das u. a. durch Heizölrückstände zunehmend in die Biosphäre gelangt, ist **Vanadium**. Weder das genaue Ausmaß der Verunreinigung noch der biologische Wirkungsmechanismus sind bekannt. Es hat vorwiegend irritative Wirkungen, reizt die Schleimhäute, ruft Luftmangel und Schmerzen im Brustkorb hervor. Für eine Hemmung der Na^+, K^+-ATPase an isolierten Herz- und Skelettmuskeln genügten Konzentrationen von 10^{-6}—10^{-8} M (2, 39). Ausführlichere Angaben zu den ausgewählten und über weitere Metalle enthält das Handbuch zur Toxikologie der Metalle (14).

5.3.2. Insektizide

Die meisten modernen Insektizide sind Nervengifte. Die organischen Phorphorsäureester und die Carbamate hemmen die Azetylcholinesterase und damit die Übertragung der Erregung an den Synapsen (1). Aber auch DDT[1]) und analoge Verbindungen beeinflussen die Ionentransportprozesse an Nerven- und Muskelzellen.
Die Aufklärung des Wirkungsmechanismus steckt für die meisten Insektizide noch in den Anfängen. Die biophysikalische Natur der Bin-

[1]) DDT = Dichlor-diphenyl-trichloräthan.

dung von DDT oder anderen chlorierten Kohlenwasserstoffen an die Nervenmembranen ist z. B. nicht geklärt. Vermutet wird eine physikalische Bindung durch VAN DER WAALS-Kräfte oder Ladungskomplexe. Die Bildung von kovalenten Bindungen von Organochloriden mit der Nervenmembran erscheint unwahrscheinlich. Der langsame Abbau dieser Substanzen spricht dafür, daß sie nicht metabolisiert werden; sie besitzen keine freien Gruppen für die kovalente Bindung.

Die phosphororganischen Verbindungen wie Wofatox, Tinox, Parathion bewirken an der motorischen Endplatte, daß der Transmitter, das Azetylcholin, länger in der synaptischen Region verweilt, weil sein enzymatischer Abbau durch die Azetylcholinesterase gehemmt ist. Daraus ergeben sich Folgen für die entsprechenden Ionenprozesse. Aber auch direkte Effekte auf den Ionentransport sind nachgewiesen. Parathion (100 μM) induziert am Skelettmuskel eine Kontraktur, die nicht auf einer transienten synaptischen Depolarisation beruht, sondern wahrscheinlich auf der Unterdrückung der Ca^{2+}-Rückbindung durch das sarkoplasmatische Retikulum. An der Erythrozytenmembran hatten verschiedene Insektizide einen antilytischen Effekt, die osmotische Membranschädigung in hypotonen Lösungen wurde verhindert. Dabei ergab sich für die Wirksamkeit von 10^{-4} molaren Lösungen folgende Reihenfolge: Lindan $>$ Aldrin $=$ Azinphos $>$ Parathion $=$ DDT $>$ Malathion. Es bestand keine Korrelation zwischen dem antihämolytischen Effekt und der Toxizität der Verbindungen. Das antilytische Verhalten korreliert aber mit der Fähigkeit, die Lipidanordnung in Bilayers zu stören. Dabei treten Verschiebungen der thermotropen Übergänge zu niederen Temperaturen hin auf. Theoretisch wäre dadurch eine erhöhte Hämolyse zu erwarten. Aber aufgrund ihrer hohen Verteilungskoeffizienten in der apolaren Phase kombinieren diese Insektizide vorwiegend mit der Lipidhälfte der Membran und bewirken so eine Trennung von lipid- und proteinreichen Regionen. Das hat neue Lipid-Lipid- und Protein-Protein-Wechselwirkungen zur Folge, durch die die Membran stabilisiert wird (3, 4, 5, 18, 23).

DDT verlangsamt in Konzentrationen von $5 \cdot 10^{-4}$ M den Abfall des Aktionspotentials am Lobster-Axon (7, 40). Diese Veränderung der Membranleitfähigkeiten für Na^+ und K^+ finden sich auch an Nerven anderer Tiere. DDT hat einen negativen Temperaturkoeffizienten, d. h., es ist bei niedriger Temperatur stärker toxisch als bei höherer. Die Ursachen dafür könnten mit den temperaturabhängigen Phasenübergängen der Zellmembran zusammenhängen.

Auch an Pflanzenzellen (*Elodea densa*) beeinflussen Insektizide das elektrische Verhalten der Membran. 10 ppm Lindan hemmen die lichtinduzierten Schwankungen des Membranpotentials und führen nach 10 h Einwirkung zu einer völligen Unempfindlichkeit auf Belichtung. Die Ursache dafür wird in einer

Hemmung der Energieerzeugungsprozesse selbst oder des Transports der Energie von den Chloroplasten zur elektrogenen Pumpe gesehen, aber auch eine Veränderung in der Membranfluidität oder eine Schädigung der Ionenpermeabilität sind denkbar (27).

Diese Beispiele mögen belegen, daß auch auf dem Gebiet der Öko-Toxikologie eine Reihe von Problemen biophysikalischer Natur zu lösen sind.

Obwohl die Anwendung des DDT wegen der hohen Anreicherung in Organismen und wegen seiner Persistenz, beonders im Fettgewebe vieler Tiere, in mehreren Ländern verboten ist, wird es weiterhin hergestellt und besonders in Ländern mit Malaria, Gelbfieber, Schlafkrankheit u. a. Seuchen zur Bekämpfung der Überträger eingesetzt. Am Beispiel des DDT wird die Problematik der gesamten Insektizidanwendung deutlich: von etwa 1 Mio Insektenarten sind nur ca. 250 für den Menschen ausgesprochen schädlich, es treten z. B. bei landwirtschaftlichen Produkten erhebliche Schäden auf. Zur Steigerung der landwirtschaftlichen Produktion und Sicherung der Ernährung ist der Einsatz von Pflanzenschutzmitteln notwendig. Leider treffen die angewandten Mittel auch viele Nutzinsekten, die dezimiert und vom Aussterben bedroht sind. Insekten sind aber auch die Nahrung für viele Singvögel, die dadurch dezimiert werden (vgl. Rachel Carson: „Der stumme Frühling“). Infolge der Resistenzentwicklung bei den Schadinsekten werden die vorhandenen Mittel in immer höheren Dosen eingesetzt oder neue, noch schwerer abbaubare Substanzen entwickelt.

Literatur

1. Abou-Donia, M. B.: Organophosphorus ester-induced delayed neurotoxicity. Ann. Rev. Pharmacol. Toxicol. *21* (1981) 511–548.
2. Akera, T., K. Takeda, S. Yamamoto and T. M. Brody: Effects of vanadate on Na^+, K^+-ATPase and on the force of concentration in guinea-pig hearts. Life Sciences 25 (1979) 1803–1812.
3. Antunes-Madeira, M. C. and V. M. C. Madeira: Interactions of insecticides with lipid membranes. Biochim. biophys. Acta **550** (1979) 384–392.
4. Antunes-Madeira, M. C. and V. M. C. Madeira: Interaction of insecticides with the Ca^{2+}-pump activity of sarcoplasmic reticulum. Pesticide Biochim. Physiol. **17** (1982) 185–190.
5. Antunes-Madeira, M. C., A. P. Carvalho, and V. M. C. Madeira: Interactions of inseciticides with erythrocyte membranes. Pesticide Biochem. Physiol. **15** (1981) 79–89.

6. DAVIES, A. G. and J. A. SLEEP: Photosynthesis in some British coastal waters may be inhibited by zinc pollution Nature 277 (1979) 292–293.
7. DOHERTY, J. D.: Insecticides affecting ion transport. Pharmac. Ther. 7 (1979) 123–151.
8. ESSER, H. O. and P. MOSER: An appraisal of problems related to the measurement and evaluation of bioaccumulation. Ecotoxicol. environm. Safety 6 (1982) 131–148.
9. EISINGER, J.: Biochemistry and measurement of environmental lead intoxication. Quart. Rev. Biophys. 11 (1978) 439–466.
10. EISINGER, J. and W. E. BLUMBERG: Environmental intoxicants and their fundamental interactions. Quart. Rev. Biophys. 11 (1978) 429–437.
11. ENKE, M., M. K. ACHTZEHN, H. GRAHNEIS und H. MATSCHINGER: Umweltgefährdung durch Blei. Z. ges. Hyg. 23 (1977) 151–155.
12. GARTSIDE, P. S., C. R. BÜNCHER, and S. LERNER: Relationship of air lead and blood lead for workers at an automobile battery factory. Int. Arch. environm. Health 50 (1982) 1–10.
13. GLUBRECHT, H.: Ansätze zum Dosisvergleich bei der Wirkung ionisierender Strahlung und chemischer Stoffe. In: Umweltrisiko 80, Hsg.: B. GLÖBEL u. a., Thieme, Stuttgart 1981, 455–468.
14. Handbook on the Toxicology of Metals, ed. by FRIBERG et al. Elsevier, Amsterdam 1979.
15. HENKEL, W.: Ein Bewertungsmodell für die kombinierte Einwirkung von physikalischen und chemischen Noxen. Z. ges. Hyg. 19 (1973) 501–504.
– HENKEL, W. und H. RUBLACK: Kombinierte Wirkung von Cyclohexanon und Ganzkörperschwingungen – Bewertung der Kombinationswirkung Z. ges. Hyg. 26 (1980) 85–87.
16. HENSCHLER, D.: Veränderungen der Umwelt – Toxikologische Probleme. Angew. Chem. 85 (1973) 317–326.
17. HÖLL, W. und R. HAMPP: Blei in der Biosphäre, einige Aspekte. Naturwiss. Rdsch. 27 (1974) 272–276.
18. JACKSON, D. A. and D. R. GARDNER: Effects of DDT on electrical properties of lecithin-decane bilayer membranes. Pesticide Biochem. Physiol. 8 (1978) 129–136.
19. KARAI, I., K. FUKUMOTO, and S. HORIGUCHI: Studies on osmotic fragility of red blood cells determined with a coil planet centrifuge for workers occupationally exposed to lead. Int. Arch. occup. environm. Health 48 (1981) 273–281.
20. KOBER, T. E. and G. P. COOPER: Lead competitively inhibits calcium-dependent synaptic transmission in the bullfrog sympathetic ganglion. Nature 262 (1976) 704–705.
21. LA PORTE, R. E. and E. TALBOTT: Effects of low levels of lead exposure on cognitive function – a review. Arch. environm. Health 33 (1978) 236–239.
22. LOHS, Kh.: Toxikologie und Umweltschutz. Wiss. u. Fortschr. 23 (1973) 111–115.

23. Miller, T. L. and M. L. Deinzer: Effects of nonachloropredioxin and other hydroxychlorodiphenyl ethers on biological membranes. J. Toxicol. environm. Health 6 (1980) 11–25.
24. Möller, D. und M. Graf: Zur Ausbreitung von chemischen Schadstoffen in der Umwelt. Z. ges. Hyg. 22 (1976) 245–250.
25. Nechay, B. R. and J. P. Saunders: Inhibitory characteristics of lead chloride in sodium- and potassium-dependent adenosinetriphosphatase preparations derived from kidney, brain, and heart of several species. J. Toxicol. environm. Health 4 (1978) 147–159.
26. Sandow, A. and M. K. D. Pagala: Detubulation effects on the action of zinc on frog skeletal muscle action potential. J. Membrane Biol. 41 (1978) 309–321.
27. Schefczik, K. and W. Simonis: Side effects of hydrocarbon insecticides on membranes of plant cell. I. The influence of lindane on the membrane potential of Elodea densa leaf cells. Pesticide Biochem. Physiol. 13 (1980) 13–19.
28. Schlegel, H. and G. Kufner: Long-term observation of biochemical effects of lead in human experiments. J. clin. Chem. clin. Biochem. 17 (1979) 225–233.
29. Secchi, G. C., L. Alessio, and G. Cambiaghi: Na^+/K^+-ATPase activity of erythrocyte membranes. Arch. environm. Health 27 (1973) 399–400.
30. Seeger. G.-G.: Blei und Krebs. Schriftenreihe Krebsgeschehen Bd. 8, Dr. E. Fischer-Verl. Med., Heidelberg 1976.
31. Sharom, F. J. and A. Mellors: Effects of polychlorinated biphenyls on biological membranes. Biochem. Pharmacol. 29 (1980) 3311 bis 3317.
32. Silbergeld, E. K., J. T. Fales, and A. M. Goldberg: Evidence for a junctional effect of lead on neuromuscular function. Nature 247 (1974) 49–50.
33. Smeets, J.: Ecotoxicological aspects of the European environmental action programmes. Ecotoxicol. environm. Safety 2 (1978) 143–150.
34. Tarusov, B. N., W. I. Chernyshov, and V. G. Gusarov: Problems concerning the control of toxicity in industry (Biophysical approach in evaluation of the toxicity of pollution) Studia biophys. 52 (1975) 13–17.
35. Thomann, R. V. and J. P. St. John: The fate of PCB's in the Hudson river ecosystem. Ann. N. Y. Acad. Sci. August 1979, 1–34.
36. Tola, S. and C. H. Nordman: Smoking and blood lead concentrations in leadexposed workers and an unexposed population. Environmental Res. 13 (1977) 250–255.
37. Vighi, M.: Lead uptake and release in an experimental trophic chain. Ecotoxicol. environm. Safety 5 (1981) 177–193.
38. Virtanen, M. T., M. Kihlström, A. Roos, and H. Kainulainen: Model ecosystem for environmental transport of xenobiotics. Arch. environm. contam. Toxicol. 11 (1982) 419–424.

39. VYSKOCIL, F., J. TEISINGER, and H. DLOUHA: The disparity between effects of vanadate (V) and vanadyl (IV) ions on (Na^+—K^+)-ATPase and K^+-phosphatase in skeletal muscle. Biochem. biophys. Res. Commun. **100** (1981) 982—987.
40. WOLLEY, D. E.: Neurotoxicity of DDT and possible mechanisms of action. In: Mechanisms of Actions of Neurotoxic Substances, ed. by K. N. PRASAD and A. VERNADAKIS, Raven, Press, New York 1982, p. 95—141.

6. Mechanische Schwingungen

6.1. Vibration

6.1.1. Vorkommen und Begriffe

Schwingungen sind zeitliche Änderungen physikalischer Größen. Handelt es sich um Belastungs-, Verformungs-, oder Bewegungsgrößen (Kraft, Dehnung, Schwingwege), spricht man von mechanischen Schwingungen. Unter Vibration versteht man die Schwingung von Bewegungsgrößen; der Begriff wird weitgehend synonym mit mechanischer Schwingung verwendet. Schwingungen lassen sich nach ihrer Zeitfunktion in harmonische, periodische oder stochastische unterteilen. Eine **harmonische Zeitfunktion** weist die Sinusschwingung des Wechselstromes auf, die der Beziehung

$$x(t) = \hat{x} \sin (\omega t + \varphi)$$

gehorcht. Dabei ist $\hat{x}$ die Amplitude des Ausschlages, ω die Kreisfrequenz und φ die Anfangsphase zur Zeit $t = 0$, ω steht mit der Schwingungsfrequenz f und der Schwingungsdauer T in Beziehung:

$$\omega = 2\pi f = 2\pi \cdot \frac{1}{T}$$

Die **periodische Zeitfunktion** kommt durch eine Überlagerung mehrerer harmonischer Zeitfunktionen mit ganzzahligem Verhältnis der Frequenzen ω_k zustande; k sind einzelne harmonische Komponenten:

$$x(t) = \sum_k \hat{x}_k \cdot \sin(\omega_k t + \varphi_k) = \sum_k \hat{x}_k \cdot \sin\left(k \cdot \frac{2\pi}{T} + \varphi_k\right)$$

Die **stochastische Zeitfunktion** ist durch eine vollkommen regellose Aufeinanderfolge der Momentanwerte und Amplituden gekennzeichnet; sie ist mathematisch schwer zu beschreiben (1). Harmonische Bewegungen werden von Ventilatoren, Elektromotoren u. a. Maschinen erzeugt; periodische Bewegungen entstehen durch Maschinen mit hin- und hergehenden Teilen, wie Verbrennungsmotoren, Webmaschinen usw.; stochastische Vibrationen kommen in Fahrzeugen, an Griffen handgeführter Arbeitsmittel oder an Arbeitsplätzen vor, an denen Erschütterungen verschiedener Maschinen oder Verkehrsmittel einwirken.

Um den Wirkungsgrad der menschlichen Arbeit zu erhöhen und die körperliche Schwerarbeit zu vermindern, werden in verschiedenen Bereichen der Wirtschaft, besonders im Bergbau und Bauwesen, Geräte eingesetzt, die mechanische Schwingungen erzeugen. Dadurch können bei längerem Umgang mit diesen Arbeitsmitteln mehr oder weniger spezifische Krankheitsbilder entstehen.

Zur Aufklärung der Wirkung dieser physikalischen Einflußgröße und zur Begrenzung der Exposition werden umfangreiche Forschungen durchgeführt, in denen auch biophysikalische Aspekte eine Rolle spielen. Das Interesse an Vibrationswirkungen beschränkt sich nicht auf die berufliche Exposition, da sich die „mechanische Zivilisation“ (13) auch auf die private Sphäre auswirkt. Mechanische Schwingungen im niedrigen Intensitätsbereich treten vor allem in Wohnhäusern und in Verkehrsmitteln auf. Fragen der Wahrnehmung, Belästigung, gutartigen oder schädigenden Wirkung der Vibration sind daher von allgemeinem Interesse; die bisher vorliegenden Kenntnisse stammen hauptsächlich aus der Arbeitsmedizin.

Nach vorläufigen Angaben sind in der DDR etwa 6,3% aller Beschäftigten oder 3% der Gesamtbevölkerung beruflich mechanischen Schwingungen ausgesetzt, davon 10% sogar einer erheblichen Intensität (19). Im kommunalen Bereich überwiegen Ganzkörperschwingungen (GKS) niedriger Intensität. An Arbeitsplätzen treten neben GKS in geringerem Umfang auch Teilkörperschwingungen (TKS) auf, die vorwiegend das Hand-Arm-Schulter-System betreffen; sie rühren von Preßluftwerkzeugen, Motorkettensägen, u. a. her. GKS treten auf Fahrzeugen, Land- und Baumaschinen auf und werden über die Füße bzw. das Gesäß in den Körper eingeleitet.

Die wichtigsten physikalischen Parameter zur Kennzeichnung einer Vibrationswirkung sind Frequenz (in Hz), Schwingungsweg (in m), Schwingungsgeschwindigkeit (in $m \cdot s^{-1}$) und Schwingungsbeschleunigung (in $m \cdot s^{-2}$). Die Frequenz gibt die Anzahl der mechanischen Schwingungen pro s an. In niederen Frequenzbereichen können im Körper Resonanzerscheinungen auftreten, die zu Relativverschiebungen von Geweben (Dehnung, Stauchung) und damit zu Verletzungen führen. Leitet man auf Schwingtischen über das Gesäß eine definierte Amplitude ein, so wird durch Resonanzeffekt im Bereich der Schulter ein 3fach höherer Amplitudenwert gemessen.
Der **Schwingungsweg** x kennzeichnet die Abweichung von der Ruhelage und ist eine Funktion der Zeit:

$$x = \hat{x} \cdot \sin \omega t$$

Die 1. Ableitung definiert die **Schwingungsgeschwindigkeit** (v):

$$v = \frac{dx}{dt} = \omega\hat{x} \cdot \cos \omega t = \hat{v} \cdot \sin\left(\omega t + \frac{\pi}{2}\right); \quad \hat{v} = \omega\hat{x}$$

Die 2. Ableitung des Schwingungsweges nach der Zeit oder der 1. Differentialquotient der Geschwindigkeit nach der Zeit ergibt die **Schwingungsbeschleunigung** a:

$$a = \frac{d^2x}{dt^2} = \frac{dv}{dt} = \omega\hat{v} \cdot \cos\left(\omega t + \frac{\pi}{2}\right) = \hat{a} \cdot \sin(\omega t + \pi); \; \hat{a} = \omega\hat{v} = \omega^2\hat{x}$$

Bei harmonischen Schwingungen bekannter Frequenz sind die Größen x, v und a ineinander umrechenbar; für die Spitzenwerte gilt:

$$\hat{a} = \hat{v}\omega = \hat{x}\omega^2$$

Außer den Spitzenwerten spielen in der Praxis die Effektivwerte ($\tilde{x}$, $\tilde{v}$, $\tilde{a}$) eine Rolle; sie geben den zeitlichen quadratischen Mittelwert einer

Wechselgröße an, der der Wirkung einer gleichgroßen konstanten Größe, entspricht (21):

$$\tilde{a}_B = \sqrt{\frac{1}{t_m} \int\limits_0^{t_m} a_B^2(t)\, dt}$$

a_B = frequenzbewerteter Effektivwert
t_m = Meßzeit

Analog der Schallmessung (vgl. 6.2.3.) kann man auch mechanische Schwingungen im logarithmischen Pegelmaß angeben; als Bezugswerte dienen $\tilde{v}_0 = 10^{-9}\, \mathrm{m \cdot s^{-1}}$ und $\tilde{a}_0 = 10^{-6}\, \mathrm{m \cdot s^{-2}}$. Zur Beurteilung der Vibrationseffekte müssen die Einwirkungsbedingungen genau definiert werden. Dies erfolgt für den Menschen durch ein rechtwinkliges Koordinatensystem, in dem die Einwirkungsrichtung Rücken—Brust die X-Achse, die seitliche Richtung Schulter—Schulter die Y-Achse und die senkrechte Richtung Fuß—Kopf die Z-Achse darstellen. Die Schwingungsbeschleunigung wird dann für die einzelnen Richtungen mit a_x, a_y und a_z getrennt bewertet.
Moderne Schwingungs-Meßgeräte geben die Spitzen- und Effektivwerte an. Die Beschleunigungsaufnehmer beruhen auf dem Prinzip des piezoelektrischen Effektes. Kristalle aus Blei-Titanat oder Blei-Zirkonat verändern bei Einwirkung von mechanischen Kräften ihre Oberflächenladung und wechseln je nach Zug oder Druck ihre Polarität, die sich bei Vibrationen als Wechselspannung ableiten und verstärken läßt. Durch Einbau von Oktavfiltern und Bewertungsnetzwerken kann eine bewertete Schwingungsbeschleunigung (a_B) bestimmt werden. Dabei erfolgt für die biologisch weniger wirksamen Frequenzen eine Dämpfung der Beschleunigungswerte, so daß der Meßwert dem biologischen Effekt proportional ist. Für GKS beträgt die Dämpfung bei den Frequenzen 1 und 15 Hz etwa 5 dB, für TKS bei 0,5 Hz 5 dB und bei 50 Hz etwa 20 dB. Im Bereich der größten biologischen Wirkung (GKS: 4—10 Hz, TKS: 0,5—5 Hz) erfolgt keine Dämpfung (21).

6.1.2. Biologische Wirkungen

Berührungsreize induzieren bei allen Tieren bestimmte Verhaltensweisen, wie Flucht, Abwehr, Totstellreflex. Eine besondere Form des Tast- oder Drucksinnes ist der Vibrationssinn. Sein adäquater Reiz ist mechanische Schwingungsenergie, die durch direkte Berührung mit einem schwingenden Gegenstand oder mit einem schwingenden Medium (Boden, Wasser) übertragen wird. Bei den Wirbeltieren sind die Vibrationsrezeptoren mit den Mechanorezeptoren identisch. Dabei können durch die einzelnen Rezeptoren (Pacinische Körperchen, Herbstsche Körperchen, Meissnersche Körperchen) verschiedene Frequenzbereiche überdeckt werden. Viele Insekten besitzen in der Tibia besondere Sinnesorgane zur Wahrnehmung von Vibrationen, die sog. Subgenualorgane, die bei einigen Arten auf Schwingungsamplituden von nur wenigen pm (10^{-12} m) ansprechen. Die Schwelle für Vibrationsreize an der Fingerspitze des Menschen beträgt bei 200 Hz 10^{-7} m. Die Schwellenwerte bei Tieren sind verschieden und hängen auch von der Frequenz ab (Abb. 33). Bei der Spinne, die am Distalende des Metatarsus der Laufbeine spezielle Sinnesspalten mit Sinneszellen besitzt, stehen diese im Dienste der Ernährung; sie reagieren auf Erschütterungen des Netzes, die durch den Flügelschlag gefangener Insekten hervorgerufen werden (14).

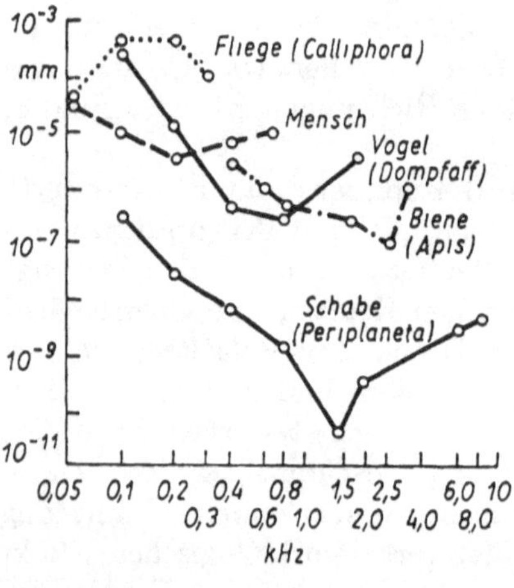

Abb. 33: Vergleich der Vibrationsschwellen beim Menschen und bei einigen Tieren in Abhängigkeit von der Frequenz. Ordinate: Schwingungsamplitude in mm, Abszisse: Frequenz in kHz, logarithmische Teilung; nach (14).

Unsere Kenntnisse über die biologischen Wirkungen von Vibration auf den Menschen beruhen nur zu einem geringen Anteil auf Tierversuchen; sie basieren überwiegend auf Beobachtungen klinischer Symptome, die sich nach längerer Exposition gegenüber GKS oder TKS einstellen. Dazu gehören degenerative Veränderungen an Muskelansätzen (Sehnen), Gelenken, Knochen, Bandscheiben sowie Schäden der Wirbelsäule und periphere Kreislaufstörungen. Was sich zwischen der Einwirkung und dem Auftreten des Krankheitsbildes abspielt, ist weitgehend unbekannt. Folgende Mechanismen lassen sich diskutieren (16):

1. Direkte biomechanische Wirkungen, wie Relativverschiebungen von Organen oder Organteilen.

2. Wirkungen, an denen biomechanische Effekte maßgeblich beteiligt sind, wie Reaktionen des Muskelsystems, des visuellen Systems oder sensomotorische Leistungen.
3. Von spezifischen Rezeptoren vermittelte Wirkungen, die durch systeminterne Zustände beeinflußt werden können, wie Reaktion der Sinneszellen (Statolithen) in den Bogengängen und Säckchen (Vestibularapparat) im Innern des Felsenbeins.
4. Unspezifische Wirkungen im Sinne allgemeiner Belastungseffekte auf physiologische (Herzfrequenz, Atmung, O_2-Verbrauch u. a.) und psychologische Funktionen (Prozesse der Informationsverarbeitung, subjektive Eindrücke).

Für die biomechanischen Wirkungen spielen z. B. Greifkraft, Anpreßkraft und Armhaltung eine Rolle. Versuche mit Vibrationen zwischen 8 und 80 Hz an den oberen Extremitäten haben ergeben, daß mit zunehmender Entfernung von der Einleitungsstelle der Schwingungen im Hand-Arm-Schulter-Kopf-System ein Abbau der Beschleunigung eintritt. Dieser erstreckt sich auf den gesamten untersuchten Frequenzbereich (5).

Das biomechanische Schwingungsverhalten bezieht sich nicht nur auf große Körperteile wie Kopf und Rumpf, sondern auch auf die Reaktionen der Augäpfel, die Sehschärfe, die Informationsaufnahme und motorische Koordination (4). Im Frequenzgebiet zwischen 20 und 100 Hz kommt es zu Resonanzen des Augenkörpers; Koordinationsstörungen der Motorik erreichen ihr Maximum bei 1—3 Hz (x- und y-Richtung) bzw. bei 4—11 Hz (z-Richtung). Die Steuerfehler wachsen etwa linear mit der Schwingungsbeschleunigung (17). Dies gilt auch für die Fehlerrate bei manuellen Tätigkeiten, die unabhängig von der Frequenz zunimmt.

Prüfungen der visuellen Informationsaufnahme (Ablesen und Überwachen von Anzeigegeräten) ergeben, daß schwingende Beobachtungsobjekte vom ruhenden Menschen nur bis 1,2 Hz abgelesen werden können; ist der Mensch selbst auch Schwingungen ausgesetzt, hängt die optische Auflösung von den Frequenzen der beiden schwingenden Systeme ab. Werden ruhende Objekte von schwingenden Personen beobachtet, nimmt die Sehschärfe bei 5 Hz und einer Schwingungsbeschleunigung von $10\ m \cdot s^{-2}$ um 25%, bei 10 Hz um 40% ab. Störungen der motorischen Koordination machen sich bei hohen Präzisionsansprüchen bemerkbar, wie etwa beim Einstellen des Autoradios auf holpriger Straße; sie sind besonders groß, wenn der gesamte Körper schwingt und bei Schwingungseinwirkung in der y-Richtung. Bei Kraftfahrzeugen zeigen Sitz und Lenkrad häufig nicht gleichsinnige Schwingungen, wodurch die Steuergenauigkeit beeinflußt wird, besonders, wenn der menschliche Körper gegenphasig schwingt.

Eine besondere Anforderung an die motorische Koordination stellt die Aufrechterhaltung einer bestimmten vorgegebenen Körperposition unter Vibration dar, zu der außer den vestibulären Rezeptoren auch die des Auges, die Mechanorezeptoren der Haut, der Bindegewebe und Gelenke sowie die Propriorezeptoren der Skelettmuskeln mit ihren neuralen Verschaltungen beitragen. Die Ermittlung von Dauer und Genauigkeit der Aufrechterhaltung einer bestimmten Körperposition dient der Bewertung von mechanischen Schwingungen. Sie wird z. B. mit der Methode der Stabilographie bestimmt.
Um bei Vibrationsuntersuchungen die physiologischen Messungen oder psychologischen Tests bei einer definierten Körperhaltung ausführen zu können, wird der Proband aufgefordert, mit Hilfe elektronischer Kontrolle (Projektion seines Profils) seine Position einzuhalten. Dazu wird ein gewisser Aufwand an Muskelaktivität benötigt, der unter Vibration ansteigt. Dies läßt sich mit Hilfe der Elektromyographie am Zuwachs der mittleren elektrischen Muskelaktivität nachweisen. Die erhöhte Muskelanspannung hat einen Anstieg des O_2-Verbrauchs zur Folge; Atemminutenvolumen und Atemfrequenz steigen ebenfalls, wenn Schwingungsbeschleunigungen von $2\ \mathrm{m} \cdot \mathrm{s}^{-2}$ bei 5—10 Hz auf den Menschen einwirken. Parameter des Herz-Kreislauf-Systems wie Herzfrequenz, Blutdruck, Schlagvolumen reagieren nicht so empfindlich. Auch das Elektroenzephalogramm (EEG) hat sich bisher als weniger geeignet erwiesen; dagegen lassen sich mit psychophysiologischen Tests wie Bestimmung der Sehschärfe, der Reaktionszeit, des Kurzzeitgedächtnisses u. a. schon frühzeitig vibrationsbedingte Leistungsminderungen nachweisen (18, 19). Durch mechanische Schwingungen wird die Fixierung der Augen, die foveales Sehen ermöglicht, beeinträchtigt; zur Korrektur dieser Störungen sind Augenfolgebewegungen notwendig, die Teil eines komplexen Regelmechanismus sind (vgl. Abb. 34).
Welche Auswirkungen mechanische Schwingungen auf molekularer Ebene haben, ist noch völlig unbekannt. Einige biochemische und biophysikalische Untersuchungen weisen sowohl eine Hemmung als auch eine Steigerung von Enzymaktivitäten und strukturelle Veränderungen an Mitochondrien der Leber exponierter Ratten aus (9). Besondere Aufmerksamkeit wurde dem Studium von Muskelreflexen gewidmet, die durch Vibration gehemmt werden (22). An Gefäßmuskeln verursachen vibrationsbedingte Längenänderungen eine Dissoziation von elektrischen und mechanischen Aktivitäten. Während die spontanen elektrischen Entladungen und das Membranpotential unbeeinflußt bleiben, nimmt die mechanische Spontanaktivität mit zunehmender

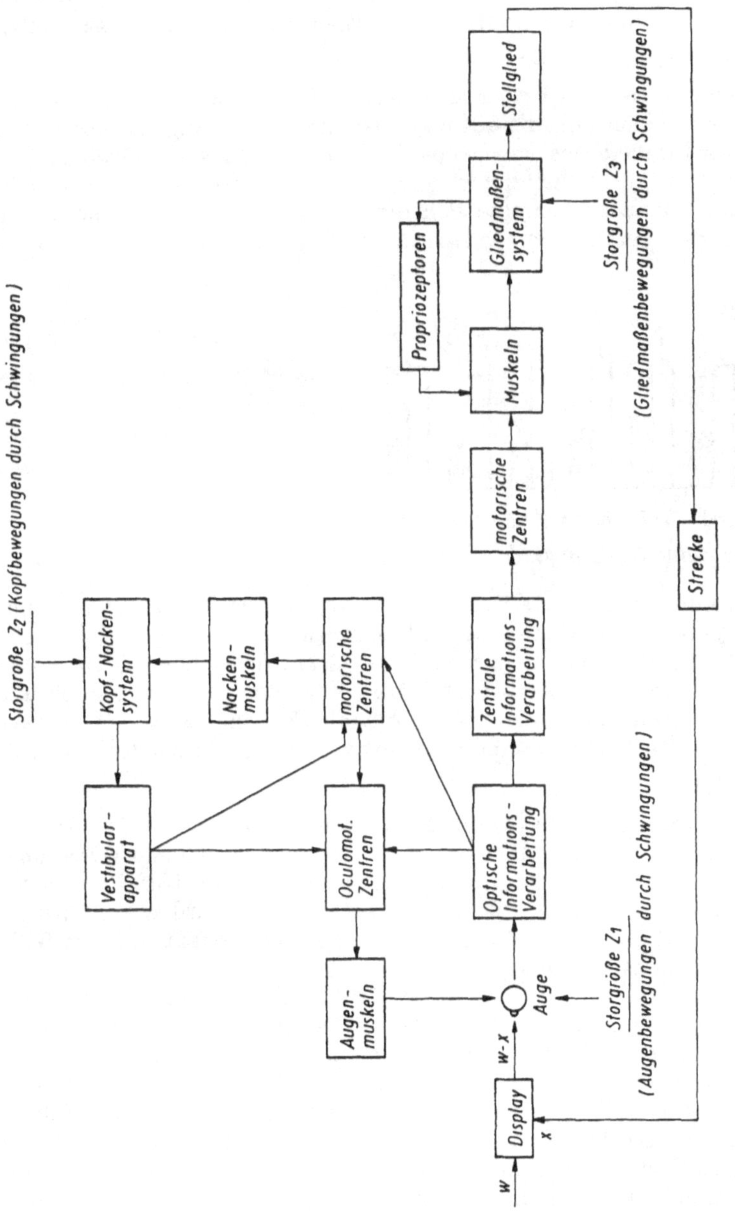

Abb. 34: Strukturmodell für die Informationsverarbeitung bei Superposition von Regelaufgabe und vertikaler Schwingungseinwirkung auf den Menschen, aus (8).

Vibrationsamplitude stark ab (Abb. 35). Dieser Befund läßt auf eine direkte Beeinflussung der kontraktilen Elemente in den Muskelzellen schließen.

An der Magenmukosa von vibrationsexponierten Ratten treten Veränderungen in den Glykoproteiden auf, die auf eine Membranschädigung hinweisen und möglicherweise für die Ulcus-erzeugende Wirkung mechanischer Schwingungen Bedeutung haben (7). An Arterienwänden wurden Endothelschäden beobachtet, die durch vibrationsbedingte Scherspannungen in der Größenordnung von 10 mN · cm^{-2} bedingt sein sollen; dadurch könnten sich die peripheren

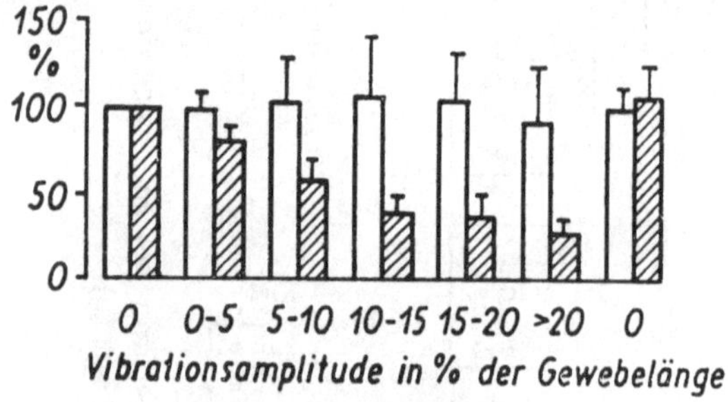

Abb. 35: Wirkung einer 40 Hz-Vibration bei abgestuften Schwingungsamplituden durch Variation der Gewebelänge (Abszisse) auf die integrierte elektrische (offene Säulen) und spontane mechanische (schraffierte Säulen) Aktivität von Längsmuskeln der Ratten-Portalvene. Für jede Vibrationsamplitude wurden die mittleren Aktivitäten während 5 min Schwingungseinwirkung gemessen; Mittelwerte und Standardabweichung von je 8 Experimenten, aus (20).

Durchblutungsstörungen (Raynauds-Phänomen) entwickeln (11). Durchblutungsminderungen an den Händen lassen sich schon nach 3 min Vibrationseinwirkung auf das Hand-Arm-System (Bohrhammer) mit Hilfe der Infrarotthermographie nachweisen (12). Mit dieser Methode wird die natürliche Wärmestrahlung des Körpers durch Infrarot-Sensoren erfaßt und auf Bildschirmen oder Filmmaterial dargestellt.

Isolierte Spinalganglien aus Ratten wurden 30 min intensiven 200 Hz-Schwingungen mit Beschleunigungen von ca. 50 m · s^{-2} ausgesetzt und danach untersucht. Es kam zu einer Erweiterung des endoplasmatischen Retikulums, zu einer Zunahme der freien Ribosomen, einer Schwellung der Mitochondrien, Vermehrung der Golgi-Körper und der Bildung von Proto-Neurofibrillen. Die Intensität der strukturellen Veränderungen hing von der Intensität der Nervenzellen zu Beginn der Vibration ab (3). An weiblichen trächtigen Mäusen wurde der Einfluß einer 10 min-Vibration (x-Achse) verschiedener Intensität und Frequenz auf die Embryonalentwicklung untersucht. Es ergaben sich vom Alter der Embryonen, von der Frequenz und Intensität der Schwingungen abhängige Reduktionen in Anzahl, Länge und Gewicht der Embryonen und eine Zunahme von abnormen Formen. 4,25 Tage alte Embryonen waren empfindlicher als 7 Tage alte; die größten Schäden traten bei 20 Hz und Beschleunigungen von 55,3 m · s^{-2} auf. Es wird angenommen, daß die Vibration direkt auf die Embryonen und nicht indirekt über das Muttertier wirkt (2).

Die Vibrationsrezeptoren vieler Tiere haben ihre maximale Empfindlichkeit im Frequenzbereich von 100—400 Hz. Man vermutet eine ökologische Bedeutung, kennt aber die Wege nicht, auf denen niederfrequente mechanische Schwingungen zelluläre Strukturen und Funktionen beeinflussen. Sicherlich sind die Mechanismen nicht einheitlich, denn einzelne geprüfte Funktionen weisen unterschiedliche Frequenzabhängigkeiten auf (vgl. 15).

6.1.3. Schwingungsbewertung

Zur Beurteilung des Schwingungsverhaltens des Menschen ist es zweckmäßig, mechanische Ersatzmodelle zu konstruieren (10, 16). Im Bereich von 0—200 Hz ist es zulässig, das mechanische Modell des Menschen als System mit konzentrierten Parametern zu betrachten. In diesem Frequenzbereich breitet sich die Schwingungsenergie über den Körper in Form von Querwellen aus, deren Länge die Abmessungen des Körpers wesentlich übersteigt. Zwar bieten die Modelle eine Reihe von Nachteilen, — sie sind zu einfach, berücksichtigen nicht den physischen und psychischen Zustand der Probanden und sind passiv —, doch können sie zur technischen Gestaltung von Sitzen oder zu statistischen Aussagen über das wahrscheinliche Verhalten bestimmter Parameter unter Vibration beitragen. **Schwingungsmodelle** erlauben eine Optimierung von Arbeitsmitteln mit Schwingungserzeugung oder die Vorausberechnung der Bewegung bestimmter Organe bei Schwingungsanregung eines anderen Körperteils.

Ein Beispiel für ein Schwingungsmodell zeigt die Abb. 36. Es unterteilt den Körper in verschiedene Massen-, Federn- und Dämpfungs-Systeme, wobei zwischen oberen und unteren Massen eine variable Federwirkung angenommen wird. Eine strenge Zuordnung einzelner Körperstrukturen ist nicht möglich. Ein derartiges System kann als Schwingungstilger betrachtet werden: auf einer schwingenden Masse sitzt ein Resonanzsystem, das den primären Schwingungen entgegenwirkt. Dies kann durch „weiche" elastische Rückstellkräfte rein passiv oder durch aktive

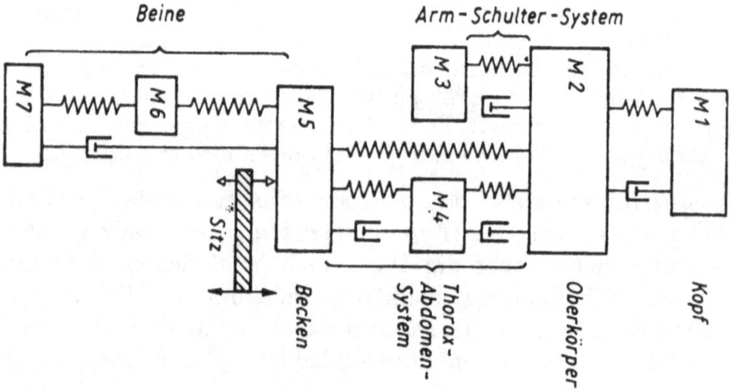

Abb. 36: Schwingungsmodell für den menschlichen Körper, bestehend aus Massen ($M_1 \ldots M_7$), Federn und Dämpfern, aus (16).

Reaktionen des Körpers erfolgen. Die aktive Beteiligung des muskulären Systems läßt sich dadurch nachweisen, daß bei einer Steigerung der Intensität der eingeleiteten Schwingungen auch die mittlere elektrische Aktivität (EMG) bestimmter Muskelgruppen zunimmt.
Da die biophysikalischen Mechanismen der Vibrationswirkung nicht eindeutig geklärt sind, beruhte die bisherige Bewertung der Wirkung von mechanischen Schwingungen auf den Menschen vorwiegend auf subjektiven Angaben. Dazu wurden Testpersonen unter physikalisch genau definierten Bedingungen, z. B. auf Schwingtischen, verschiedenen Frequenzen und Intensitäten ausgesetzt. Ihr Empfinden (Tastsinn, Gleichgewichtsorgan) wurde in eine vorgegebene Wahrnehmungsstärke-Skala eingeordnet. Aus einer Vielzahl solcher Versuche mit unterschiedlichen Schwingungsparametern erhielt man Kurven gleicher Wahrnehmungsstärke (Abb. 37). Die Kurven verlaufen für verschiedene Intensitäten parallel und zeigen, daß die Beschleunigung ansteigen muß, wenn bei zunehmender Frequenz die gleiche Wahrnehmung ausgelöst werden soll. Bei Verzehnfachung der Frequenz steigt die Beschleunigung im Mittel um das 7,5fache. Aus solchen Kurven wurden in Verbindung mit arbeitsmedizinischen Kenntnissen Richtwerte bzw. Standards für eine Begrenzung der Exposition für verschiedene Arbeitsplatz-Kategorien abgeleitet. Als Beurteilungsgröße wird der Effektivwert der Schwingungsbeschleunigung $\tilde{a}$ an der Berührungsstelle des Menschen mit dem schwingenden Objekt im Frequenzbereich 1—90 Hz benutzt. Es werden alle drei Einwirkungsrichtungen (z, x, y) getrennt

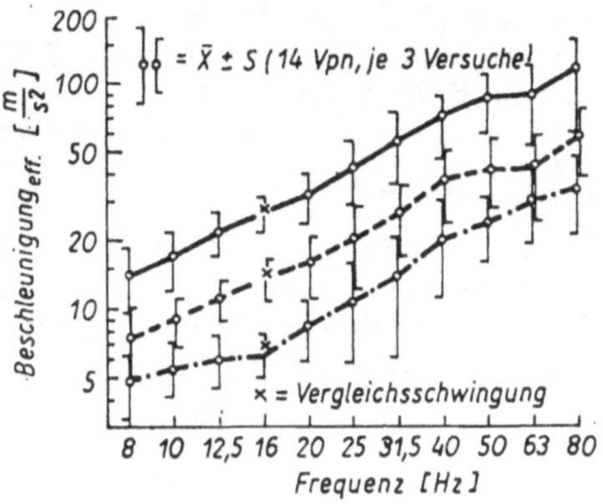

Abb. 37: Kurven gleichstarker subjektiver Wahrnehmung bei Schwingungseinwirkung in die Hand von Versuchspersonen bei drei unterschiedlichen Intensitätsstufen als Vergleichsbeschleunigung (7,07, 14,14 m · s^{-2} eff und 28,28 m · s^{-2} eff); doppeltlogarithmische Darstellung, aus (5).

Tab. 12: Grenzwerte der frequenzbewerteten Schwingungsbeschleunigung $\tilde{a}_{B480}$ für tägliche 8stündige Exposition, nach (21).
$\tilde{a}_{Bt}$ = Grenzwert für tägliche Expositionszeit,
$\tilde{a}_{B480}$ = Grenzwert für 480 min (Tabellenwerte).

Kategorie	$\tilde{a}_{B480}$ für Einwirkungsrichtung	
	Z (m/s²)	X, Y (m/s²)
1	0,54	0,38
2	0,27	0,19
3	0,09	0,06
4	0,05	0,035

bewertet; die Richtwerte für die x- und y-Richtung liegen um den Faktor 0,71 niedriger als die für die z-Richtung. Die zulässigen Beschleunigungswerte $\tilde{a}_{zul}$ hängen außer von der Einwirkungsrichtung, der Frequenz und der Expositionszeit auch von der Kategorie des Arbeitsplatzes ab (Tab. 12). Diese **Kategorien** sind:

Kategorie 1: Grenze für die Erträglichkeit von Ganzkörperschwingungen; die Werte dürfen in keinem Fall überschritten werden. Für eine Reihe von Arbeitsplätzen gelten zusätzliche Forderungen.

Kategorie 2: Grenze zur Vermeidung vorzeitiger Ermüdung; die Werte gelten für Tätigkeiten, die erhöhte Aufmerksamkeit erfordern, z. B. Führen von Kraftfahrzeugen im Straßenverkehr.

Kategorie 3: Grenze der Behaglichkeit, Werte für Schaltwarten, Büros usw. Die Einhaltung der entsprechenden Werte schließt schwingungsbedingte Belästigungen aus.

Kategorie 4: Grenze der Konzentrationsfähigkeit, die Werte gelten für geistig-schöpferische Tätigkeit und Arbeiten mit hoher Präzision und Ansprüche an die Feinmotorik. In Wohngebieten, Schulen, Krankenhäusern u. a. müssen die Werte noch darunter liegen.

Die Grenzwerte in z-Richtung der Kategorie 4 betragen für den 8-Std.-Tag (Abb. 38) 0,05 m · s^{-2}. Nach Messungen in Wohngebieten (Abb. 39) können bei starkem Straßenverkehr diese Werte kurzzeitig erreicht werden. Eine Schwingungsgeschwindigkeit von 1 mm · s^{-1}, die an den Wänden gemessen wurde, entspricht einer Schwingungsbeschleunigung von 50

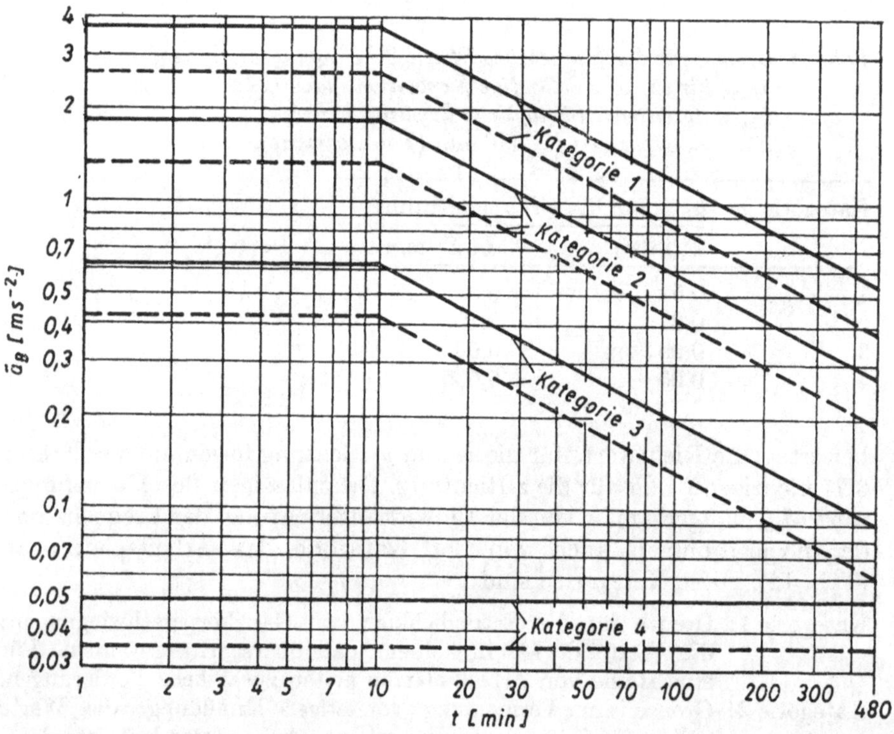

Abb. 38: Abhängigkeit des Grenzwertes der frequenzbewerteten Schwingbeschleunigung von der täglichen Expositionszeit in den Kategorien 1–4; ausgezogene Linie = z-Richtung, unterbrochene Linie = x, y-Richtung, aus (21), vgl. Tab. 12.

mm · s^{-2} (6). Weitere arbeitshygienisch wichtige Daten wie Grenzwerte bei verkürzter Exposition , bei TKS oder meßtechnische Voraussetzungen sind den Standards (21) zu entnehmen.

6.1.4. Schwingungsabwehr

Projektanten, Hersteller und Betreiber von Arbeitsmitteln haben zu gewährleisten, daß bei der Anwendung keine Schäden oder unzumutbare Belästigungen auftreten. Lassen sich aus technischen Gründen die Richtwerte nicht einhalten, müssen die auftretenden Schwingungen durch andere Maßnahmen reduziert werden. Dazu gehören z. B. Auswuchten, Massenausgleich, Herabsetzen der Übertragungskräfte an den Berührungsstellen oder Schwingungsisolierung. Dabei dürfen die Maßnahmen nicht die technisch genutzte Energie am Werkzeug selbst vermindern. Technologische Eingriffe betreffen z. B. das Ersetzen von Schmieden durch Pressen oder die Verwendung von Kreiselverdichtern anstelle von Kolbenverdichtern. Ein individueller Schutz spielt im Arbeitsprozeß nur eine untergeordnete Rolle, aber Begrenzung der Expositionszeit, Pausen oder Arbeiten mit wechselnden Arbeitsmitteln sind prophylaktische Maßnahmen.

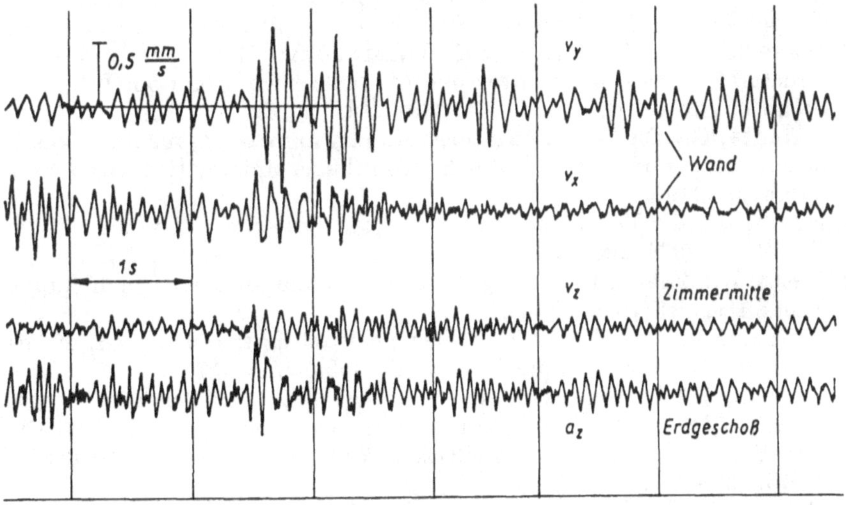

Abb. 39: Oszillogramme von Erschütterungen, die im Erd- und Obergeschoß eines zweistöckigen Wohnhauses durch den Straßenverkehr auftreten (6).

Literatur

1. Autorenkollektiv: Arbeitswissenschaftlicher Lehrbrief Nr. 14, Inst. für Fachschulwesen der DDR, Karl-Marx-Stadt 1980.
2. BANTLE, J. A.: Effects of mechanical vibrations on the growth and development of mouse embryos. Aerospace Med. 42 (1971) 1087–1091.
3. CHURILINA, S. E.: Effect of vibration of different frequency on the ultrastructure of the rat spinal ganglion neurons. (russ.) Cytologia **15** (1973) 1429–1430.
4. DUPUIS, H.: Untersuchungen zur Beeinflussung der visuellen Wahrnehmung durch Vibration. Zbl. Arbeitsmed. **31** (1981) 90–95.
5. DUPUIS, H., E. HARTUNG, und W. HAMMER: Biomechanisches Verhalten, Muskelreaktion und subjektive Wahrnehmung bei Schwingungserregung der oberen Extremitäten zwischen 8 und 80 Hz. Int. Arch. occup. environ. Hlth. **37** (1976) 9–34.
6. FINDEIS, H.: Zur Bewertung von Vibrationsimmissionen in Wohnungen. Z. ges. Hyg. **26** (1980) 655–660.
7. GATI, T., I. BUDAVARI, D. SZOMBATH, K. RABAI, and F. GELENCSER: The effect of vibration on the condition of gastric mucosa in the rat. Pflüg. Arch. Suppl. to **391** (1981) R 59.
8. HELBIG, R. und H. LUCZAK: Ergonomische Untersuchungen zur Superposition von Regeltätigkeiten und mechanischen Schwingungen. Eur. J. appl. Physiol. 42 (1979) 81–104.
9. IVANOVICH, E., G. ANTOV, and B. KAZAKOVA: Enzymatic and ultrastructural changes in rat liver dne to whole body vibration. Int. Arch. occup. environm. Hlth. **39** (1977) 249–254.
10. MELTZER, G.: Die Bedeutung eines Schwingungsmodells für den menschlichen Körper in der Arbeitsschutzforschung. Information Arb.schutz, Arb.hyg. **3** (1977) 96–100.
11. NEREM, R. M.: Vibration-induced arterial shear-stress. Arch. environm. Health **26** (1973) 105–110.
12. OESER, R.: Zum Einfluß lokaler Vibration auf die periphere Durchblutung. Z. ges. Hyg. **24** (1978) 83–85.
13. OKADA, A. and Y. KAJIKAWA: Factors affecting the perception of low-level vibration. Eur. J. appl. Physiol. **47** (1981) 151–157.
14. PENZLIN, H.: Lehrbuch der Tierphysiologie; VEB G. Fischer, Jena 1980.
15. ROMANOV, S. N.: Some perspectives of investigations into the biological action of low mechanical oscillations (vibration) (russ.) Cytologia **14** (1972) 150–157.
16. ROTHE, R.: Untersuchungen zum Schwingverhalten des Menschen als Beitrag zur Bewertung von Ganzkörperschwingungen am Arbeitsplatz. Dissertation A, TU Dresden, Fac. Naturw. u. Math., 1981.

17. SCHMIDTKE, H.: Einfluß mechanischer Schwingungen auf visuelle Informationsaufnahme und motorische Koordination. Arb.med. Soz. und Präv.med. 9 (1974) 236—239.
18. SEIDEL, H.: Systematische Darstellung physiologischer Reaktionen auf Ganzkörperschwingungen in vertikaler Richtung (Z-Achse) zur Ermittlung von biologischen Bewertungsparametern. Ergonom. Berichte 15 (1975) 18—39.
19. SEIDEL, H.: Zur wissenschaftlichen Begründung arbeitshygienischer Grenzwerte für Ganzkörpervibration auf der Grundlage experimenteller Untersuchungen. Diss. B, Akad. ärztl. Fortbild. Berlin 1981.
20. SJÖQUIST, A. and B. LJUNG: Dissoziation of electrical and mechanical activity caused by vibrations in the spontaneously active smooth muscle of the rat portal vein. Acta physiol. scand. 110 (1980) 381—384.
21. TGL 22312/01-06, DDR-Standard (1971—1974); TGL RGW 715-77, 716-77 (1978); TGL 32627, FB-Standard (Mai 1983), TGL 32628/01-02, DDR-Standard (Mai 1983).
22. THODEN, U., P. C. MAGHERINI, and O. POMPEIANO: Evidence that presynaptic inhibition may decrease the autogenetic excitation caused by vibration of extensor muscles. Arch. ital. Biol. 110 (1972) 90—116.

6.2. Lärm und Lärmwirkungen

6.2.1. Lärm als Umweltfaktor

Lärm ist jeder Schall, der stört und belästigt, der das physische und psychische Wohlbefinden beeinträchtigt oder die Gesundheit schädigen kann. Während der Schall eine physikalisch definierte und direkt meßbare Größe darstellt, handelt es sich bei der Störung oder Belästigung um eine subjektive Empfindung. Schall, der als Lärm empfunden wird, liegt im hörbaren Frequenzbereich. Damit grenzen wir den Hörschall von Ultra- und Infraschall ab.

Lärm gilt als physikalischer Umweltfaktor, der in unserer gesamten Umwelt — im Wohn-, Arbeits- und Freizeitbereich — auf uns einwirkt. Dabei wird die Umwelt selbst durch den Lärm nicht verändert, sie bildet nur den Rahmen für die Wechselbeziehung Lärmemission und Lärmimmission. Seiner Entstehung nach läßt sich der Lärm in Industrielärm, Baulärm, Verkehrslärm, Fluglärm usw. unterteilen. Beim Lärm in Wohngebieten spricht man von Kommunal-Lärm (14).

Lärm ist kein neues Produkt der Zivilisation; es hat ihn schon zu allen Zeiten gegeben, aber in geringerem Maße. Waren es früher nur wenige Personen, z. B. Schmiede, Glöckner, die höheren Lärmintensitäten ausgesetzt waren, so sind heute große Bevölkerungsgruppen in Fabriken, Werkhallen, Fahrzeugen, auf Baustellen, aber auch im Freizeitbereich solchen Lärmintensitäten ausgesetzt, die das Wohlbefinden stören oder gar Hörschäden verursachen können. Die amerikanische Umweltschutzbehörde hat ermittelt, daß etwa 15% der USA-Bevölkerung einem durchschnittlichen Lärmpegel von über 65 dB und 1,5% sogar einem Pegel über 75 dB ausgesetzt sind (15).

Die durch berufsbedingten Lärm verursachte Schwerhörigkeit mit sozialer Bedeutung wird in vielen Ländern als Berufskrankheit anerkannt. In der DDR rechnet man, daß etwa 15% der Arbeitsplätze in der Produktion (Industrie und Landwirtschaft) als Lärmarbeitsplätze einzustufen sind. Von den jährlichen Neuzugängen an allen Berufskrankheiten entfallen etwa die Hälfte auf Lärmschwerhörigkeit (BK Nr. 50). Das trifft in ähnlicher Weise auch für andere Länder zu. Im BRD-Land Nordrhein-Westfalen betrug 1979 der Anteil an Lärmschwerhörigkeitsmeldungen ca. 45% aller gemeldeten Berufskrankheiten (20). Das bedeutet einerseits enorme Belastungen für die Krankenversicherungen, andererseits Arbeitsplatzwechsel, Umschulungen und soziale Behinderungen für die Betroffenen. Da auch zunehmend Lärmschäden durch sog. Freizeitlärm, z. B. in Diskotheken, beobachtet werden, verdient dieser Umweltfaktor eine besondere Beachtung. Dazu gehört eine Behandlung der Thematik in Schulen und Weiterbildungseinrichtungen, in denen die gesetzlichen Regelungen im Zusammenhang mit den möglichen Schäden und deren Vermeidung dargestellt werden sollten.

6.2.2. Schalltechnische Begriffe

Schallausbreitung

Unter Schall verstehen wir Schwingungen aus dem Frequenzbereich des menschlichen Hörvermögens (16 Hz—20000 Hz), die sich in elastischen Medien als Wellen fortpflanzen. Die **Schallschnelle** v entspricht der Wechselgeschwindigkeit der Luftteilchen, der **Schalldruck** p ist der örtliche Wechseldruck, der sich dem sog. Ruhedruck (atmosphärischer oder hydrostatischer Druck p_a) überlagert. In der „linearen Akustik" ist $p \ll p_a$. Die Luftteilchen schwingen longitudinal um eine Ruhelage; es breitet sich keine Masse aus, nur Energie (2, 3).

Schall kann durch mechanische, aerodynamische, elektromagnetische oder thermische Prozesse ausgelöst werden. Im freien Raum breitet er sich nach allen Richtungen aus. Die Intensität I ist dabei umgekehrt proportional zum Quadrat der Entfernung r:

$$I = \frac{P}{4\pi r^2} \, (W \cdot \mathrm{m}^{-2})$$

P ist die von einer bestimmten Schallquelle abgestrahlte Leistung; es ist die Schallenergie, die in der Zeiteinheit durch die Fläche S strömt:

$$P = I \cdot S (W)$$

Treffen Schallwellen auf Hindernisse, können sie reflektiert, absorbiert oder durchgelassen werden. Bei porenlosem Material wie Glas oder Stahl wird viel reflektiert; poröse Stoffe wie Holz, Watte usw. absorbieren die Schallenergie. Diese Materialeigenschaften sind für den Schallschutz von Interesse. Die Beziehung von Absorption und Reflexion wird durch den Absorptionsgrad α, eine Materialkonstante, ausgedrückt:

$$\alpha = \frac{I_a - I_r}{I_a}$$

I_a = auftreffende Intensität, I_r = reflektierte Intensität.

In der Schalltechnik unterscheidet man das **Nahfeld**, das unmittelbar an die Schallquelle gebunden ist und in dem wechselförmige Strömungsvorgänge stattfinden (p und v nicht in Phase) und das **Fernfeld**, in dem die Strömungsvorgänge abgeklungen sind und in dem der Schalldruck gemessen wird (p und v in Phase). Nah- und Fernfeld charakterisieren den Strahler, während die Begriffe Direkt- und Diffusfeld von den Raumeigenschaften um den Strahler bestimmt werden. Von direktem Schallfeld spricht man, wenn sich der Schall nach allen Seiten des Raumes ungehindert ausbreiten kann. Werden die Schallwellen von Hindernissen ein- oder mehrfach reflektiert, erfolgt eine Durchmischung der Schallwellen, bei der an jedem Raumpunkt der Schalleinfall aus jeder Raumrichtung gleich wahrscheinlich ist. Die Schallintensität in einem solchen diffusen Schallfeld, das sich nur ausbilden kann, wenn die Raumabmessungen größer sind als die Wellenlängen des Schalls, ist konstant. In unmittelbarer Nähe einer Schallquelle in einem Raum herrscht das direkte Schallfeld vor, während in größerer Entfernung das diffuse Schallfeld überwiegt.

Neben dem direkten und diffusen Schall gibt es noch den sog. Körperschall. Er entsteht bei der Einwirkung von Schallenergie auf feste Materialien (Maschinenkapsel, Gebäudewände), die davon bestimmte Anteile reflektieren, hindurchlassen, in Wärme umwandeln und teilweise als akustische Energie an benachbarte Baukörper weitergeben (vgl. Abb. 40).

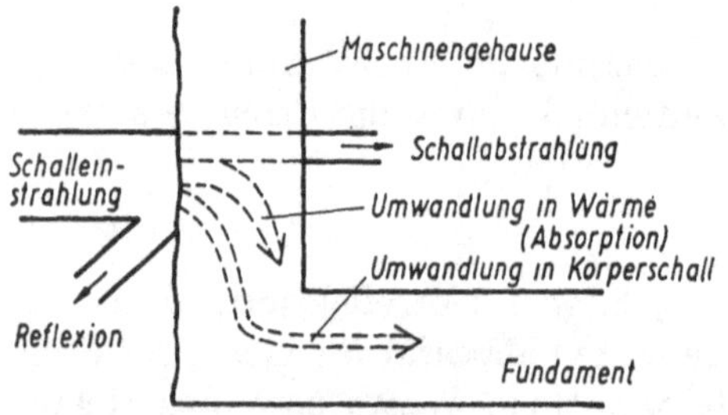

Abb. 40: Wechselwirkung des Schalls mit einem festen Hindernis und die Entstehung von Körperschall.

Frequenz

Die Schallfrequenz f kennzeichnet die Anzahl der Druckschwankungen je s. Der Hörbereich wird dabei in Oktaven oder Terzen unterteilt. Eine Oktave kennzeichnet den Bereich, dessen untere Eckfrequenz f_u sich zur oberen Eckfrequenz f_o wie 1 : 2 verhält ($f_o = 2f_u$), z. B. 22,5 : 45 oder 45 : 90 Hz mit den Oktavmittenfrequenzen $f_m = 31{,}5$ bzw. 63:

$$f_m = \sqrt{f_u \cdot f_o}$$

Jede Oktave läßt sich in 3 Terzen unterteilen; es gilt:

$$f_o = \sqrt[3]{2} \cdot f_u$$

Diese Unterteilungen werden für die Frequenzanalyse einer Lärmquelle genutzt. Die Meßgeräte besitzen elektronische Filter mit bestimmten Durchlaßbereichen, die Terz- und Oktavfilter. Außerdem können sie auch Schmalbandfilter mit Bandbreiten von nur wenigen Hz enthalten, mit denen sich z. B. aus Geräuschspektren von Maschinen noch einzelne Tonkomponenten erkennen lassen, die mit Terz- und Oktavfiltern nicht meßbar sind.

Schalldruck und Schalldruckpegel

Der Schalldruck p ist ein dem Gleichdruck der Luft überlagerter kleiner Wechseldruck. Wegen der schwankenden Druckwerte wird der Effektivwert des Schalldruckes $\tilde{p}$ angegeben, der einem zeitlichen Mittelwert des Wechseldruckes entspricht:

$$\tilde{p} = \sqrt{\frac{1}{T}\int_{T_0}^{T} p^2(t)\,dt} \quad \text{mit } T \to \infty$$

In den handelsüblichen Meßgeräten erfolgt diese quadratische Mittelwertbildung der Zeitfunktion automatisch über eine endliche Zeit, z. B. 1 s, so daß p als zeitabhängige, schwankende Meßgröße abgelesen wird. Der Effektivwert repräsentiert die von einer Schallquelle transportierte Leistung: $P \sim \tilde{p}^2$.
Der kleinste, bei einer bestimmten Frequenz gerade wahrnehmbare Schalldruck entspricht der Hörschwelle des menschlichen Ohres; er liegt für 1000 Hz bei $2 \cdot 10^{-5}\,\mathrm{N \cdot m^{-2}}$ ($20\,\mu\mathrm{Pa} = 2 \cdot 10^{-4}\,\mu\mathrm{bar}$). Die obere Hörgrenze wird durch die Schmerzschwelle bei ca. $20\,\mathrm{N \cdot m^{-2}}$ ($= 20\,\mathrm{Pa} = 200\,\mu\mathrm{bar}$) bestimmt. Damit wird ein Bereich von 6 Zehnerpotenzen überdeckt. Aus praktischen Gründen und wegen der Wahrnehmungseigenschaften des menschlichen Gehörs (WEBER-FECHNERsche Regel) wird ein logarithmisches Maß benutzt, das den Schalldruckpegel mit der Einheit Dezibel (dB) definiert:

$$L = 10 \lg \frac{\tilde{p}^2}{p_0^2}\ \mathrm{dB}$$

Tab. 13: Schalldruck $\tilde{p}$ und Schalldruckpegel L verschiedener Geräusche (3).

Geräusch	$\tilde{p}$ (N/m²)	L (dB)
Hörschwelle bei 1000 Hz	$2 \cdot 10^{-5}$	0
Blätterrauschen	$2 \cdot 10^{-4}$	20
gedämpfte Unterhaltungssprache	$2 \cdot 10^{-3}$	40
Staubsauger	$2 \cdot 10^{-2}$	60
Lautes Rufen, 1 m Abstand	$2 \cdot 10^{-1}$	80
Weberei, Webeautomaten	2	100
Kesselschmiede (Schmerzgrenze)	20	120

Nach Umformung ergibt sich

$$L = 20 \lg \frac{\tilde{p}_x}{p_0} \text{ dB}$$

p_0 entspricht der Hörschwelle und $\tilde{p}_x$ dem gemessenen Effektivwert. Die Tab. 13 enthält einige Beispiele für Geräusche, Schalldrucke und Pegelwerte aus dem gesamten menschlichen Hörbereich. Unter praktischen Bedingungen kommt es häufig zu Überlagerungen von Schalldruckpegeln, die von mehreren Maschinen herrühren. Zur Bewertung aller Einzelintensitäten verwendet man eine „logarithmische Addition", nach der sich der Gesamtschalldruckpegel wie folgt ergibt (3):

$$L_{\text{ges.}} = 10 \lg \frac{\sum_{v=1}^{n} \tilde{p}_v^2}{p_0^2} \text{ dB} \quad \text{oder}$$

$$L_{\text{ges.}} = 10 \lg \sum_{v=1}^{n} 10^{\frac{Lv}{10}} \text{dB}$$

Nach Umformung ergibt sich z. B. für 2 Schalldruckpegel:

$$L_{\text{ges.}} = 10 \lg 10^{\frac{L_1}{10}} \left(1 + 10^{-\frac{L_1 - L_2}{10}}\right) \text{dB}$$

Für praktische Zwecke existieren vereinfachte Rechenwege, z. B.

$$L_{\text{ges.}} = L_1 + \Delta L$$

Für ΔL gibt es Diagramme, aus denen bei paarweiser Überlagerung von Schalldruckpegeln aus der Differenz ein Zuwachs von 0 bis 3 dB zum jeweils höheren Pegelwert entnommen wird. Beträgt die Differenz zwischen zwei Pegelpaaren mehr als 10 dB, so wird der Gesamtschalldruckpegel praktisch nur noch von dem höheren Pegel bestimmt.

Stationäre und instationäre Geräusche, Dauerschalldruckpegel

Wenn der Augenblickswert des Schalldruckpegels um nicht mehr als 10 dB schwankt, spricht man von stationären Geräuschen, und die Lärmeinwirkung kann nach den o. g. Kriterien gemessen werden. In der Praxis treten aber häufig unregelmäßig schwankende Geräusche auf, z. B. Verkehrslärm. Zur Bewertung dieser schwankenden Größen dient der äquivalente Dauerschalldruckpegel L_{eq}. Mit ihm wird der zeitlich schwankende Lärm durch Mittelwertsbildung so bewertet, daß seine biologische Wirkung der eines Dauerlärms mit entsprechendem Pegelwert entspricht. Ein solches Vorgehen ist biologisch nicht völlig abgesichert, da die bei intermittierender Lärmeinwirkung eventuell stattfindenden Erholungsprozesse in den Lärmpausen nicht berücksichtigt werden.

Für dieses Äquivalenzprinzip wurde ein **Äquivalenzparameter** q eingeführt, der angibt, welcher Pegelanstieg einer Halbierung der Einwirkungszeit oder welche Pegelsenkung einer Verdopplung der Einwirkungszeit gleichwertig ist; q charakterisiert also eine Intensitäts-Zeit-Beziehung und hat nach neueren Vorstellungen für alle Lärmquellen den Wert 3. Zur Berechnung des äquivalenten Dauerschallpegels dient folgende Formel:

$$L_{eq} = \frac{q}{0{,}3\ \text{dB}} \lg \left(\sum_{i=1}^{n} \frac{t_i}{T} 10^{\frac{L_i \cdot 0{,}3}{q}} \right) \text{dB}$$

L_i = Schalldruckpegel, die jeweils eine bekannte Zeit oder Zeitsumme t_i auftreten. Setzt man für $q = 3$ dB, läßt sich die obige Gleichung zu der logarithmischen Addition aus Teilpegeln vereinfachen:

$$L_{eqi} = L_i + 10 \lg \frac{t_i}{T} \text{dB}$$

Kann eine gegebene Lärmsituation nicht durch definierte Schalldruckpegel und Zeitabschnitte beschrieben werden, dann kommen statistische Methoden zum Einsatz (vgl. 3, S. 114).

6.2.3. Meßtechnik

Frequenzbewertung

Für eine genaue Bewertung der Lärmwirkung ergibt sich eine Diskrepanz zwischen den physikalisch gemessenen Schalldruckpegeln, die frequenzunabhängig sind, und der frequenzabhängigen Hörempfindung. Das menschliche Ohr ist für Töne im mittleren Frequenzbereich empfindlicher als für sehr hohe und sehr tiefe Töne. Um diese Unterschiede auszugleichen, wurden Kurven gleicher Lautstärke — Isophone —

aufgenommen (Abb. 41). Dabei werden über Kopfhörer nach einem reinen Sinuston von 1000 Hz die anderen Frequenzen des Hörbereichs angeboten und die für einen gleichlaut empfundenen Höreindruck notwendigen Schalldruckpegel über die Frequenz aufgetragen. Bei 1000 Hz stimmen deshalb dB und Phon (Einheit der Lautstärke) überein. Die unterste dieser Kurven ergibt die Schwellenwerte für die verschiedenen Frequenzen; danach weist das Ohr bei 4000 Hz die höchste Empfindlichkeit auf. Um einen deutlichen Höreindruck zu erzeugen, müssen bei 40 Hz etwa 50 dB aufgebracht werden, und um die Lautstärke von 60 Phon zu erreichen, muß der Pegel bei 1000 Hz 60 dB, aber bei 20 Hz fast 100 dB betragen.

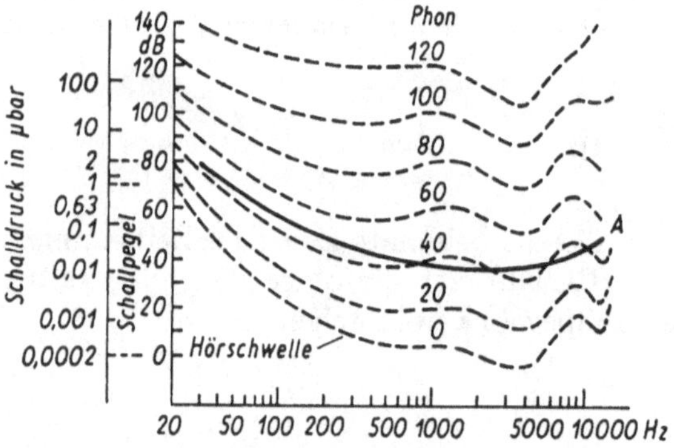

Abb. 41: Kurven gleicher Lautstärke (Phonlinien, gestrichelt) in Beziehung zu Schalldruck (1 µbar = 0,1 Pa) bzw. Schalldruckpegel (dB) und Frequenz (Abszisse). Die ausgezogene Linie A kennzeichnet das Bewertungsfilter A.

Um diese Unterschiede auszugleichen, wurden Schallpegelmesser entwickelt, die das Geräusch entsprechend der Lautstärkeempfindung bewerten. Mit elektronischen Filtern wird ein Teil des Schallpegels gedämpft, so daß er nicht zum angezeigten Meßwert beiträgt. Solche **Frequenzbewertungskurven** sind in Abb. 42 dargestellt. Sie zeigen, daß im Bereich der hohen Ohrempfindlichkeit keine Dämpfung erfolgt, also der gesamte Meßwert angezeigt wird. Zu höheren und besonders zu den niederen Frequenzen hin nimmt die Dämpfung zu. Das Filter A galt ursprünglich nur für Schalldruckpegel unter 55 dB; für darüber liegende Pegel existieren die Filter B und C, die weniger stark dämpfen. International wird heute überwiegend die A-Kurve auch für

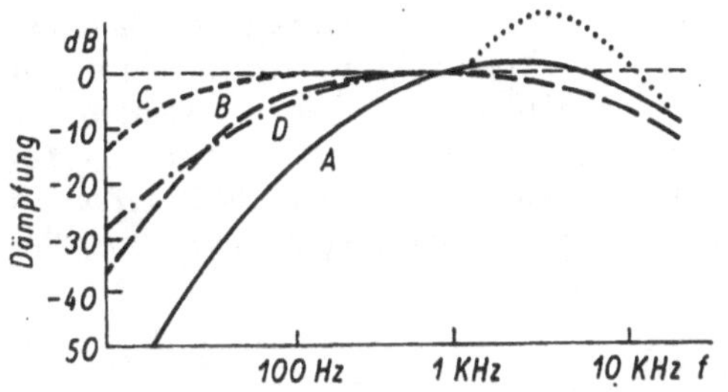

Abb. 42: Frequenzbewertungskurven verschiedener Filter in Lärm-Meßgeräten, für geringe (A), mittlere (B) und hohe Lautstärken (C), D gilt für Lärm durch Düsenflugzeuge, wobei die Dämpfungskurve in den positiven Bereich übergeht (punktierte Linie).

Pegel über 55 dB verwendet. Sie spiegelt die Frequenzabhängigkeit der Gehörschädigung durch Lärm sehr gut wider. Die mit dem Filter A gemessenen Schallpegel werden in dB (A) angegeben.

Bewertung der Zeitfunktion

Die Meßgeräte müssen auch das zeitliche Verhalten der Schallwahrnehmung berücksichtigen. Die Laufzeit des Schalls vom Trommelfell bis zum Innenohr beträgt nur ca. 1 ms, aber bis zur Wahrnehmung und Lautstärkebildung vergehen 25 bis 75 ms. Aus dieser Spanne hat man sich international auf eine Zeitkonstante von 35 ms geeinigt, die in den Meßgeräten die Zeitfunktion nachbildet. Diese **Anzeigedynamik** wird als „Impulsbewertung" bezeichnet und der Meßwertangabe als I angefügt. Ein Meßwert von 60 dB (AI) bedeutet dann einen frequenz- und zeitbewerteten Schalldruckpegel. Die in Schallpegelmessern enthaltenen Anzeigedynamiken „fast" (schnell) und „slow" (langsam) reagieren wesentlich träger (200 ms bzw. 1 s); mit ihnen sind nur nichtimpulshaltige Geräusche meßbar. Für Impulslärm wäre die Anzeige zu träge und würde einen zu niedrigen Meßwert liefern, weil das Schallereignis abgeklungen ist, bevor die Anzeige den Maximalwert ausweist.

In modernen Schallpegelmessern versucht man ein Wirkprinzip zu realisieren, das möglichst der Energietransformation Innenohr/ZNS entspricht. Neben der Zeit- und Frequenzbewertung wird der Effektivwert ermittelt und in einem Klassiergerät für verschiedene Zeitbasen ausgewiesen. Führt man diese Werte noch einem Speicher und Rechner zu, erhält man neben den einzelnen Pegelwerten den äquivalenten Dauerschallpegel L_{eq}, eine Schallpegelanzeige, Häufigkeitsverteilungen, Überschreitungspegel, Probengesamtzahl, Mittelungspegel u. a. Wie in anderen Gebieten des Umweltschutzes ist auch bei der Lärmmessung die Entwicklung auf die Konstruktion von an Personen tragbaren Dosimetern gerichtet, die zu jeder beliebigen Zeit das Ablesen der integrierten „Lärmdosis" erlauben und bei Überschreitung des Grenzwertes ein Warnsignal abgeben. Solche Dosimeter wären vor allem für Tätigkeiten mit wechselnder Lärmexposition durch Ortsveränderung zweckmäßig (26).

6.2.4. Lärmwirkungen auf den Menschen

6.2.4.1. Aurale Lärmschäden

Das Fehlen geeigneter Warn- und Abwehrmechanismen bedingt, daß alle Schallereignisse aus der Umwelt am Gehörorgan wirksam werden und bei entsprechenden Intensitäten funktionell und strukturell nachweisbare Veränderungen auslösen. Die Störungen lassen sich am besten mit Hilfe der **Audiometrie** verfolgen. Das Verfahren beruht auf einer Hörschwellenbestimmung mittels reiner Töne über einen breiten Frequenzbereich. Erfolgt diese Bestimmung im unmittelbaren Anschluß an eine Lärmexposition, so kann schon nach relativ kurzfristigen Lärmeinwirkungen, z. B. 2 Std. 100 dB (AI), eine Verschiebung der Hörschwelle von mehreren dB auftreten. Man nennt diesen meist noch reversiblen Prozeß **Hörermüdung**. Ist sie zeitlich begrenzt und innerhalb von 16 Std. Lärmpause völlig reversibel, so spricht man von einer zeitweiligen **Schwellenverschiebung**, die mit TTS (Temporary Threshold Shift) abgekürzt wird. Die TTS wird 2 min, 10 min oder 30 min nach Lärmbelastung gemessen und als TTS_2, TTS_{10} oder TTS_{30} bezeichnet. Eine solche Hörschwellenabwanderung wird häufig schon nach 80—90 dB (A) beobachtet. Die Rückbildung erfolgt entsprechend der Größe der Veränderung und geht linear dem Logarithmus der Zeit (35). Man weiß heute, daß die **Rückbildung** einer TTS von ihrem Zustandekommen abhängt: wurde sie durch sehr intensiven Lärm schnell aufgebaut, so geht sie auch relativ schnell zurück. Als geeignetes Maß für eine Hörschädigung wird deshalb das Integral über den Auf- und Abbau der TTS angesehen.
Die Ursache der TTS wird in einer vorübergehenden Hypoxydose des Sinnesepithels im Innenohr angesehen. Die unter Lärm stärkere Erregung der Sinneszellen und die damit verbundenen Transformations- und Kodierungsprozesse benötigen mehr Stoffwechselenergie und O_2, die aber durch den nicht in adäquater Weise stimulierten Stoffwechsel und die gleichbleibende Durchblutung nicht bereitgestellt werden können. Dies führt zur chronischen **Hypoxydose** und unter ständigem Lärmein-

fluß zu irreversiblen Schäden an den Sinneszellen. Daraus resultiert eine bleibende Hörschwellenverschiebung, die mit PTS (Permanent Threshold Shift) abgekürzt wird. Die PTS wird erst 16 Std. nach Lärmexposition bestimmt, weil in dieser Zeit eine noch mögliche Erholung nach einer TTS abgeklungen ist.
Die Hörschwellenverschiebung beginnt in den meisten Fällen im Frequenzbereich der höchsten Empfindlichkeit, d. h. bei 4 kHz, einem

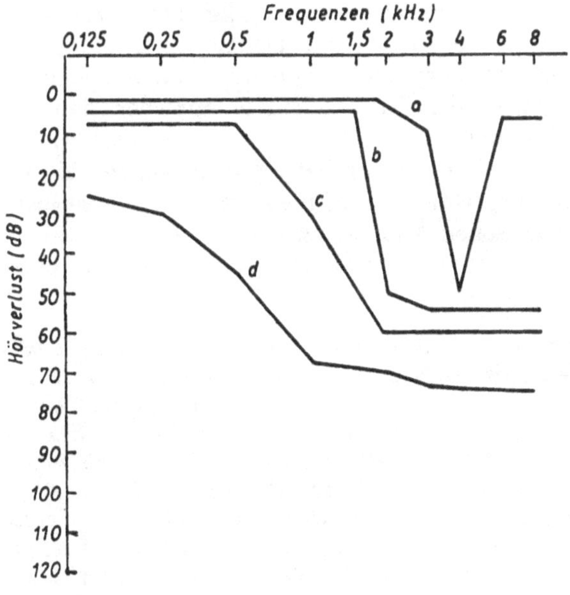

Abb. 43: Reintonaudiogramme bei verschiedenen Stadien der Lärmschwerhörigkeit. Ordinate: Hörverlust in dB, Abszisse: Frequenz in kHz; *a* = frühes Stadium, *b* = fortgeschrittenes Stadium der c^5-Senke, *c* = Ausbreitung des Hörverlustes auf tiefere Frequenzen, *d* = generalisierter Hörverlust nach langjähriger Exposition, aus (9).

Ton, der etwa dem c^5 (4096 Hz) entspricht, man bezeichnet diesen Hörverlust deshalb als c^5-Senke (vgl. Abb. 43). Bei längerer Lärmexposition greift die Schädigung auch auf andere Frequenzbereiche über. Während zunächst noch die Symptome der Schwerhörigkeit fehlen (Kurve b), findet man bei fortschreitendem Hörverlust (Kurven c, d) eine Beeinträchtigung des Sprachverständnisses mit morphologisch nachweisbaren Zerstörungen im Cortischen Organ. Es kommt zu Quellung, Deformation und schließlich Zerfall der Sinneszellen. Dabei treten die Veränderungen zuerst an den äußeren Haarzellen auf und greifen dann auf die inneren Haar- und die Stützzellen über. Dies dürfte auf die bei Breitbandgeräuschen von 1—4 kHz überwiegende Energietransformation in diesem Bereich der Basilarmembran zurückzuführen sein,

während Frequenzen unter 1 kHz infolge der größeren Wellenlänge ihre Energietransformation mehr in der Spitzenwindung der Schnecke haben (9). Die morphologischen Veränderungen lassen sich in Tierversuchen genauer verfolgen. Dabei hängt die Schwere der Zerstörungen nach einer Lärmexposition mit 4000 Hz und ca. 110 dB eindeutig von der Dauer der Beschallung (100 bis 3500 Std.) ab. Daß im Bereich des Gefäßstreifens die geringsten Schäden auftraten, weist auf die o. g. biochemischen Wirkungsmechanismen hin: dort wo ausreichend Nährstoffe und O_2 herantransportiert werden, fehlen die Veränderungen. Eine übermäßige Schallzufuhr verursacht ein Defizit an Atmungsenzymen in den Haarzellen. Die im morphologischen Bild an den Versuchstieren gefundenen Zerstörungen der Sinneszellen entsprechen den am Menschen gemessenen Audiogrammen.
Audiometrische Reihenuntersuchungen ergaben, daß Personen, die an Arbeitsplätzen Impulslärm ausgesetzt waren, meist größere Hörverluste aufwiesen, als nach den gemessenen Äquivalenzschallpegeln zu erwarten gewesen wären. Das erfordert eine spezielle Betrachtung des Impulslärms.

Unter **Impulsschall** werden Schallereignisse von $\leqq 0{,}1$ ms Dauer mit Schalldruckspitzenwerten (L_p) bis zu 180 dB Sound Pressure Level (SPL in dB bezogen auf $2 \cdot 10^{-5}$ Pa) verstanden. Sie treten bei Funkentladungen, Schußwaffen, Richten von Blechteilen u. a. auf (36). Schon Impulse im Mikrosekundenbereich, wie sie z. B. durch Zündblättchenpistolen (Kinderspielzeug!) erzeugt werden, rufen audiologisch nachweisbare Hörschäden hervor. Das Holzspalten mit Eisenkeilen erzeugt noch in 45 cm Abstand Spitzenwerte von 126 dB, wenn mit speziellen Impulsschallpegelmessern (20 µs-Anzeigedynamik) gemessen wird. Beim Gebrauch handelsüblicher Luftgewehre treten am rechten Ohr des Schützen Spitzenwerte von 136 dB auf (35). Schallpegelaufzeichnungen an Schießständen ergaben im Abstand von 4 m Spitzenwerte von 144 dB (Geschoßknall) und 135 dB (Mündungsknall) mit einem Zeitabstand von ca. 40 ms (21).

Es wird heute allgemein angenommen, daß Impulslärm — abweichend von der o. g. Stoffwechselüberlastung der Sinneszellen — bereits primär zu einer mechanischen Zell- und Gewebsschädigung führt. Im Tierexperiment ließen sich neben einer starken Amplitudenverminderung der cochleären Mikrophonpotentiale, die sich bei Schallreizen zwischen Endo- und Perilymphraum ableiten lassen und als vom Reiz abhängiges Rezeptor-Wechselpotential aufgefaßt werden, auch histologische Schäden im Innenohr, wie Schwellkerne, Pyknosen, Karyolyse und Zerstörung von Haarzellen nachweisen (4, 13).

Zur Bewertung dieser kurzzeitigen Schallereignisse werden Schwellenverschiebungen (TTS, PTS) und morphologische Veränderungen herangezogen. Die Mehrzahl der Autoren verwendet die TTS_2, d. h., 2 min nach der Exposition wird ein Reinton-Test bei 1, 2 und 3 kHz durchgeführt. Als Kriterium wird z. B. ein Wert von 15 dB TTS_2 angenommen.

Hörschwellenbestimmungen an einseitig hörenden Chinchilla (Haselmaus) während 10tägiger Impulslärmbelastung mit 99, 106, 113 oder 120 dB bei einer Impulsrate von 1/s und 24 Std./Tag ergaben bei niedrigen Intensitäten eine sich erst nach Tagen entwickelnde Schwellenverschiebung, die sich aber bei 120 dB schon nach wenigen Stunden einstellte (Abb. 44). In den

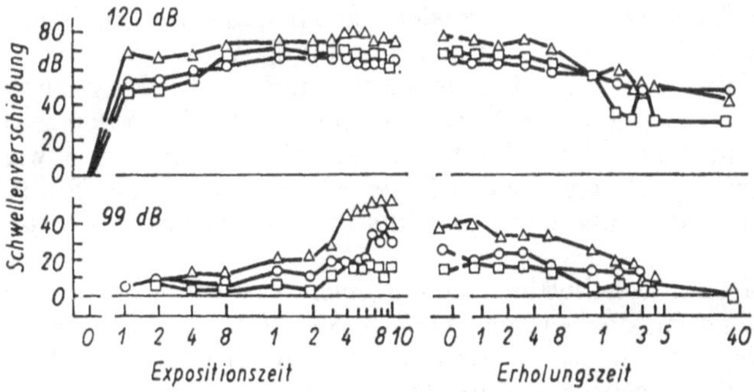

Abb. 44: Mittlere Hörschwellenverschiebung für drei verschiedene Frequenzen (□ 0,5 kHz, △ 2,0 kHz, ○ 8,0 kHz) bei Chinchillas, die über 10 Tage bei Impulslärm von 99 oder 120 dB peak SPL (1 Impuls/s über 24 h/d) exponiert wurden, (links); rechts: Rückgang der Schwellenverschiebung innerhalb von 40 Tagen; verändert nach (17).

niedrigen Intensitätsbereichen war die Erholung nach 3—5 Tagen komplett; die 120 dB-Gruppe behielt den gesamten Hörverlust über 8—24 Std. nach Expositionsende; erst danach kam es zu einer langsamen Erholung, die aber in der Testzeit von 40 Tagen nicht vollständig war. Die Abbildung demonstriert, daß die Schwellenverschiebung (TTS) asymptotisch auf einen Endwert ansteigt; die Geschwindigkeit dieses Anstiegs hängt von der Lärmintensität ab. Die erreichten, annähernd konstanten Endwerte werden als asymptotische Schwellenverschiebung (Asymptotic Threshold Shift, ATS) bezeichnet. Sie sollen ein genaueres Maß bieten als die TTS, da sie geringere interindividuelle Schwankungen zeigen und nach Langzeitexpositionen relativ unabhängig von der Schwelle vor Expositionsbeginn sind. Sie benötigen bei kontinuierlichem Lärm ca. 12 Std. bis sie erreicht werden; das bedeutet, daß sich ein lärmexponierter Arbeiter bei Schichtende gerade in der Nähe der ATS für den jeweiligen Lärm befindet (17).

Zur genaueren Beurteilung des Impulslärms sind weitere Untersuchungen, vor allem auch biophysikalische Betrachtungen über die Energieäquivalenz von kontinuierlichem, intermittierendem und Impulsschall notwendig.

Die Einschätzung einer Lärmschwerhörigkeit beim Menschen hat jedoch noch weitere Aspekte zu berücksichtigen. Es treten auch Hörverluste durch Alterung (Presbyacusis), durch Krankheit (Nosoacusis) oder durch Alltagslärm (Sozioacusis) auf. Der Schalldruckpegel, von dem an lärmbedingte Hörverluste eintreten, ist nicht genau festgelegt, da individuelle Empfindlichkeit u. a. Faktoren eingehen. Es wurde deshalb bisher ein Grenzbereich angegeben, der zwischen 80 und 90 dB (A) liegt, international zeichnet sich die Tendenz ab, 85 dB (A) als Grenzwert festzulegen (in der DDR verbindlich ab 1. 9. 1983). Lärminduzierte Veränderungen in den einzelnen Strukturen des Innenohres bedürfen noch weiterer Forschungen. Da die physiologische Antwort der Haarzellen auf fortwährende Reizung mit der Entstehung von Aktionspotentialen verbunden ist, sind auch entsprechende Veränderungen der Membranpermeabilität zu erwarten (32). Daher sollten Funktionen wie Na^+- und K^+-Permeabilität, Parameter des Energiestoffwechsels oder Lipid- und Proteinkomponenten der Haarzellen in Ruhe und unter Lärmexposition untersucht werden.

Für Kleinkinder, die eine Schallwahrnehmung nicht eindeutig bestätigen können oder für Simulanten, die bei der üblichen Audiometrie auf Tonreize nicht adäquat reagieren, kann das Verfahren der **objektiven Audiometrie** herangezogen werden. Die akustischen Reize lösen im Gehirn elektrische Vorgänge aus, die ohne Einfluß des Bewußtseins ablaufen und als evozierte Potentiale in der EEG-Registrierung sichtbar werden. Das Auftreten dieser Potentiale nach akustischer Reizung in einer reizarmen Umgebung gilt als Beweis für die Wahrnehmung des Tones.

6.2.4.2. Extraaurale Lärmreaktionen

Alle nicht auf das Hörorgan selbst wirkenden Effekte des Lärms werden als **extraaurale** (oder extraauditive) **Lärmwirkungen** bezeichnet. Da für diese Reaktionen eine organische Schädigung im herkömmlichen Sinne nicht vorliegt, wird nicht von Schäden, sondern von Lärmreaktionen oder -wirkungen gesprochen. Das schließt jedoch nicht aus, daß als Folge dieser Reaktionen organisch nachweisbare Schäden auftreten. Diese Reaktionen auf Lärm sind sehr vielfältig, die folgende Einteilung in Belästigung, allgemeine Aktivierungsreaktion, Behinderung der Kommunikation und des Orientierungsverhaltens und Störung bestimmter Funktionen und Leistungen kann daher nur orientierenden Charakter haben (22, 23).

Belästigung

Die Belästigung durch Lärm zählt zu den Schwerpunkten der Umweltdiskussionen; doch scheint dieses Thema weniger ein Feld für Physiker als für Psychologen, Soziologen, wie für jeden Bürger zu sein. Die Belästigung durch Lärm hängt nicht so sehr vom Schalldruckpegel oder vom Frequenzspektrum wie von der Differenz zum Grundpegel und vor allem von der persönlichen Einstellung zur Lärmquelle und der jeweiligen Stimmungslage ab. Ein technisch oder organisatorisch notwendiger Lärm, z. B. bei der Müllabfuhr, wird anders eingeschätzt als ein vermeidbarer Lärm, z. B. durch Manipulationen an Motorrädern oder mutwillige nächtliche Ruhestörungen. Notwendigkeit, Vermeidbarkeit, Informationsgehalt u. a. gehen in die subjektive Bewertung des Lärms und damit in die Empfindung als Belästigung ein. Lärm wirkt belästigend, wenn er nicht mit den momentanen Intentionen der Bezugsperson übereinstimmt. Selbst erzeugter Lärm oder Lärm von sympathischen Personen belästigt weniger als Lärm, der von anderen verursacht wird. Als subjektiv akzeptable Innen-Geräuschpegel werden für nachts 25—35 dB (A), für tags 35—40 dB (A) angegeben; viele Menschen tolerieren auch Pegel bis 45 dB(A). Die Lästigkeit des Lärms drückt sich in der Differenz zwischen Grundgeräuschpegel L_{gr} und Störgeräuschpegel $L_{stör}$ aus (37):

$$\Delta L = L_{stör} - L_{gr} \text{ dB}$$

Ist ΔL klein oder gar negativ, wird das Grundgeräusch das Störgeräusch überdecken, sofern die Frequenzspektren ähnlich sind.

Aktivierungsreaktionen

Es gibt eine Vielzahl von Reaktionen, die auf Lärm ansprechen, weil Schallreize das zentrale und vegetative Nervensystem aktivieren. Diese Aktivierung läßt sich am objektivsten im EEG anhand der evozierten Potentiale nachweisen; sie findet sich aber auch im Elektromyogramm, das eine Zunahme der elektrischen Muskelaktivität erkennen läßt, ferner im Absinken des Hautwiderstandes, in einer Vasokonstriktion, einer Blutdrucksteigerung, Pupillenerweiterung, Veränderung der Herz- und Atemfrequenz oder der Magenmotorik. Diese Reaktionen lassen sich nach ihrem Auftreten in drei Gruppen einteilen:

— schnelle Reizantworten der Willkürmuskulatur infolge der Aktivierung des ZNS,

— langsamere Reizantworten der glatten Muskulatur und einiger endokriner Drüsen als Folge der Aktivierung des vegetativen Nervensystems,
— langsame Antworten des endokrinen Systems.

Zur ersten Gruppe gehören lärminduzierte Muskelreflexe, wie Zusammenzucken bei plötzlichen Knallereignissen, Körperorientierung zur Schallquelle, Kopf- und Augenbewegungen. Zu den langsamer einsetzenden Reaktionen rechnet die Verengung der Hautgefäße. Ihre Reizschwelle liegt im Wachzustand bei ca. 70 dB (A), im Schlaf etwa 20 dB niedriger. Ab 85 dB läßt sich auch eine Verengung der Gefäße an der Kopfhaut nachweisen. Die peripheren Durchblutungsänderungen können durch Messung der Fingerpulsamplitude oder des Handvolumens (Handplethysmographie) registriert werden. Die Reaktionen nehmen mit steigender Lärmintensität von etwa 75 dB an zu und gehen nach Abschalten der Geräuschquelle langsam wieder zurück (16). An der Intensität dieser Reaktionen und ihrer Rückbildung läßt sich auch die Wirksamkeit von Lärmschutzmaßnahmen prüfen. Bei der Bewertung der Fingerpulsamplitude unter Lärm ist der allgemeine Gesundheitszustand zu berücksichtigen, da bestimmte Krankheiten den Verlauf modifizieren. Die Gefäßreaktionen unterliegen auch bei Gesunden erheblichen Schwankungen (29). Mit einem in den Magen eingeführten aufblasbaren Ballon lassen sich anhand der Druckschwankungen die peristaltischen Bewegungen registrieren; Lärm über 60 dB vermindert die Magenmotorik. Von besonderer Bedeutung ist der Einfluß des Lärms auf den **Schlaf** in seinen verschiedenen Stadien. Bei Erwachsenen bewirken Geräusche von 50 dB (normaler Straßenverkehr) eine Abflachung des Schlafes bei etwa 50% der Probanden, Lärm von 70 dB führt bei den meisten Menschen schon zum Erwachen. Das Wiedereinschlafen stellt eine der schwierigsten Phasen dar und wird durch Ärger über das Lärmereignis stark beeinflußt. Die Kenntnisse über die schlafstörenden Wirkungen basieren überwiegend auf subjektiven Angaben. Untersuchungen zur Objektivierung der Schlafstörungen sind aufwendig und setzen Schlaftiefenmessungen mit der EEG-Methodik voraus, die an das Laboratorium gebunden sind. Unter Lärm nimmt die Zahl der intermittierenden Wachphasen zu, die Dauer des REM-Stadiums[1]) und des Tiefschlafes ist vermindert (12). Die Frage einer Adaptation an Lärm ist noch umstritten und sicher auch individuell unterschiedlich.

Phasen erhöhter psycho-vegetativer Schonungsbedürftigkeit (Krankheit, Rekonvaleszens, Schwangerschaft) sollte Lärmeinfluß vermieden werden. Das wurde bei der Festlegung der höchstzulässigen Schalldruckpegel (vgl. 6.2.6.) berücksichtigt. Ein gleicher Pegel kann bei Vorliegen

[1]) REM-Stadium, Phasen des Schlafes, die u. a. durch schnelle Augenbewegungen (Rapid Eye Movements) charakterisiert sind.

bestimmter Krankheiten stärker wirken; z. B. reagieren Hypertoniker auf Lärm mit einem stärkeren Blutdruckanstieg als Normotoniker. An Schwangeren wurde nachgewiesen, daß bei Geräuschen, wie Theaterapplaus, die Kindesbewegungen in Utero zunehmen. Das bedeutet zunächst nur eine Reaktion und muß nicht aussagen, daß sich diese Aktivierung negativ auf die Entwicklung auswirkt. Eine direkte Einwirkung des Lärms über die Bauchdecke auf den Fetus tritt nicht auf. Nach der ASAO Nr. 5 wird für Schwangere nur ein L_{eq} von 80 dB zugelassen. Bei sehr intensivem Lärm über längere Dauer (100 dB, 10 Std., 4—6 kHz) traten in Versuchen mit trächtigen Ratten Entwicklungsverzögerungen und Deformitäten der Plazenta auf (34).

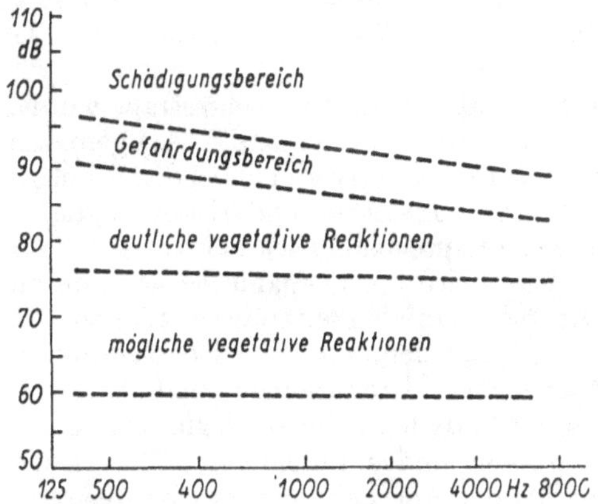

Abb. 45: Grenzbereiche des Schalldruckes (Ordinate) für das Auftreten und die Bewertung lärmbedingter vegetativer Reaktionen in Abhängigkeit von der Frequenz, nach (19).

Lärm verursacht auch Änderungen im endokrinen System, die als allgemeine Stressreaktion zu werten sind. Nach Intensitäten von 100—160 dB kam es in Tierversuchen zu Steigerungen der Katecholamine im Blut und ihrer Ausscheidung im Urin. Untersuchungen an lärmexponierten Personen ergaben ebenfalls eine erhöhte Ausscheidung von 17-Ketosteroiden und auch Schwankungen des Blutzuckergehaltes. Es wird angenommen, daß die vermehrte zentrale Impulsverarbeitung im ZNS unter Lärm zu Dysregulationen im Gesamtsystem führen. Die möglichen und deutlichen vegetativen Reaktionen hängen von der Intensität des Lärms ab (Abb. 45). Der Gefährdungs- und Schädigungsbereich ist frequenzabhängig.

Behinderung der Kommunikation

Die Behinderung des Informationsaustausches durch Lärm wirkt sich vor allem in der **Maskierung** der Sprache aus. Man spricht von Interferenzen und Verdeckungseffekten, die sich im Hauptsprachfeld abspielen. Die beste Beurteilung dieser Phänomene erfolgt durch den **Artikulierungsindex**: ein Verfahren, das mit 20 Frequenzbändern arbeitet und die Störgeräusche analysiert. Für praktische Zwecke gilt die Erkenntnis, daß der Störgeräuschpegel mindestens 10 dB unter dem Sprachschallpegel liegen sollte, um eine volle Verständlichkeit zu erreichen. Die Pegel für normales Sprechen liegen bei 55 dB (A), für angehobene Umgangssprache bei 65 dB (A) und für die Vortragssprache bei 70 dB (A). Schwierige oder fremdsprachliche Texte benötigen zur vollen Verständlichkeit etwa 20 dB Differenz zum Störschallpegel.

Im täglichen Umgang kommt es durch lärmbedingte Informationsverluste zu Ärger und Aversion bis zur Aggressivität gegenüber der Lärmquelle. Untersuchungen in Schulen von New York mit L_{eq} von 55—67 dB (Spitzenwerte 85—95 dB) stützen die Hypothese, daß Umweltlärm die Lernleistung der Schüler verschlechtert (15).
In Klassenzimmern einer Magdeburger Schule an einer Verkehrsstraße wurden bei geschlossenen Fenstern Schallpegel zwischen 50 und 70 dB (AI) gemessen (35). Die Folgen sind auf der einen Seite Informationsverluste bei den Schülern, auf der anderen Seite eine Überforderung der Lehrer und Erzieher, die gezwungen sind, mit angehobener Stimme zu sprechen. Dies bewirkt nicht nur vorzeitige Ermüdung und Reizbarkeit, sondern auch organische Veränderungen im Kehlkopfbereich, die bis zur Berufsunfähigkeit führen können. Arbeitslärm in pädagogischen Berufen bedeutet demnach eine Überlastung des Stimmorgans, die neben Heißerkeit auch Stimmbandknötchen und chronische Laryngitis nach sich zieht. Man spricht deshalb in Analogie zur Lärm-Schwerhörigkeit von einer Lärm-Heiserkeit und empfiehlt eine Berücksichtigung der lärmbedingten Dysphonie bei der Anerkennung von Berufskrankheiten (35). Teilweise kann durch elektronische Verstärkung der menschlichen Stimme Abhilfe geschaffen werden, doch sollte diese Methode auf Ausnahmefälle beschränkt bleiben, um der Eskalation, Lärm durch Lärm zu bekämpfen, vorzubeugen.

Viele Diskussionen befassen sich mit dem Lärm in Fahrzeugen. Im Pkw-Innenraum hängt der Schallpegel von vielen Faktoren ab; er liegt bei den meisten Typen bei 50 km/h (3. Gang) zwischen 65 und 85 dB (A). Ein Autoradio muß also diese Pegel um mindestens 10 dB überbieten; das bedeutet eine zusätzliche Geräuschquelle, die eine schnellere allgemeine Ermüdung bewirkt.
Der Umweltlärm hat auch Einfluß auf die akustische Orientierung des Menschen; es werden natürliche Geräusche wie das Rauschen des Windes, des Regens oder Säuseln der Blätter mit ihrem beruhigenden Effekt nicht mehr wahrgenommen, und es werden Signale überhört. Die Perkussion oder Auskultation von Lungen- und Herzgeräuschen ist bereits

in vielen Sprechzimmern behindert. Besonders betroffen sind auch Schwerhörige, deren Diskriminanzvermögen zwischen Stör- und Informationsgeräusch ohnehin wesentlich schlechter funktioniert, oder Blinde, die sich akustisch orientieren müssen.

Einfluß auf bestimmte Leistungen

Die Frage, ob Lärm leistungsverbessernd, leistungsneutral oder leistungsverschlechternd wirkt, ist nicht generell zu beantworten. Eine Reihe von Schülern lernt unter Musik besser. Genauere Untersuchungen er-

Tab. 14: Relative Zunahme der Ausscheidung von Adrenalin und Noradrenalin (Mittelwerte von 10 Personen) im Rechentest bei 70 und 85 dB (A), *bezogen auf Kontrollwerte bei 55 dB* (A), *aus* (*18*).

Lärm	Adrenalin	Noradrenalin
70 dB (A)	+ 54%	+ 37%
85 dB (A)	+ 136%	+ 114%

gaben, daß bei einem Großteil der Schüler der Leistungsanstieg unter Musik (70 dB) nur kurzzeitig ist, mit zunehmender Einwirkungszeit ließ die Konzentrationsfähigkeit und die Arbeitsleistung nach. In einem Rechentest unter Zeitdruck und Lärm wurde schon bei 55 dB (AI) (Tab. 14) vermehrt Adrenalin ausgeschüttet, ab 70 dB wurde die geistige Arbeit langsamer und unregelmäßiger, die Herzfrequenz stieg an, und bei 85 dB kam es zu Abweichungen in der Herz- und Atemperiodik (24). Neben einer Verschlechterung der kognitiven Leistungen nimmt auch bei manuellen Tätigkeiten die Geschicklichkeit ab und damit die Fehlerrate zu.

Eine italienische Arbeitsgruppe hat den Straßenlärm ihrer Stadt auf Band aufgenommen und dann über Lautsprecher unter definierten Versuchsbedingungen einer Reihe jugendlicher Personen in der Originalintensität und um 5 bis 20 dB vermindert angeboten. Der reale Straßenlärm (L_{eq} = 77 dB (A)) bewirkte nach 120 min Einwirkung eine zeitweilige Schwellenverschiebung (TTS) von 5—7 dB, die erst nach 1 Std. zurückging. Auch bei um 10 dB abgeschwächtem Lärm fanden sich noch einige dB Schwellenverschiebung (Abb. 46). In ähnlicher Weise wurde die Reaktionszeit auf optische und akustische Reize bestimmt. Die Personen hatten bei Wahrnehmung des Test-

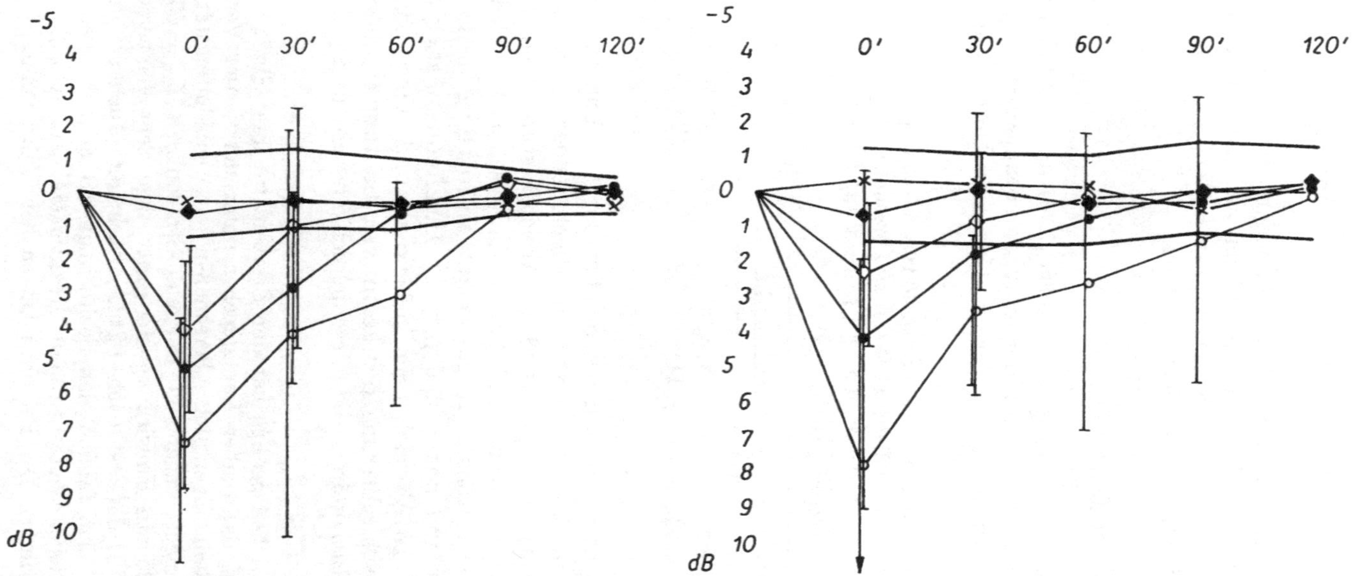

Abb. 46: Schwellenverschiebung (TTS) für den Hörbereich 125—500 Hz (links) und 500—2000 Hz (rechts) nach 120 min Exposition gegenüber Straßenlärm mit einem Leq von 77 dB (□), 72 dB (■), 67 dB (○), 62 dB (◆) oder 57 dB (●); der schattierte Bereich gilt für lärmfreie Kontrollen, Mittelwerte von je 10 Personen, aus (31).

signals möglichst schnell eine Taste zu drücken. Unter dem Einfluß des Straßenlärms blieb die Reaktionszeit auf optische Reize unverändert aber die auf akustische Reize nahm um etwa 25% zu (31).

Schalldruckmessungen der menschlichen Sprache ergaben unter Verkehrslärm (73 dB (A)) einen Anstieg von 10 dB über das Niveau ohne Lärm (Abb. 47). Eine solche Zunahme bedeutet einen wesentlichen Anstieg des exspiratorischen Druckes und belegt die o. g. Belastung in Sprechberufen. Verkehrslärm verändert auch die typischen Phonationsstrukturen der Vokale und Konsonanten (33). Weitere Beispiele über Lärmeinflüsse auf bestimmte Leistungen und Funktionen sind der Literatur zu entnehmen (7, 9, 18, 22, 23, 30).

6.2.5. Lärmwirkungen auf die Tierwelt

Hörschäden an Tieren sind aus Laboruntersuchungen bekannt; Beispiele wurden oben erwähnt. Man hat aber auch den Einfluß von Lärm auf viele andere Funktionen geprüft. Die Schwimmzeit von Mäusen nimmt z. B. unter Lärmeinfluß (100—115 dB) deutlich ab; dabei sind auch Frequenzen von 50 Hz wirksam, die jenseits des Hörbereichs von Mäusen liegen (5). Die Literatur enthält Hinweise, nach denen eine Beschallung die Milchleistung von Kühen oder die Fleischproduktion von Schafen beeinflußt. Es werden sowohl fördernde als auch hemmende Wirkungen beschrieben (1, 6).
Die Beurteilung von Lärmwirkungen auf Tiere setzt die Kenntnis der Hörschwellen und spektralen Empfindlichkeitsbereiche voraus. Hierzu liegen nur sehr begrenzte Informationen vor. Die Hörschwellen lassen sich in ruhiger Umgebung entweder über EEG-Registrierungen oder über Verhaltensreaktionen bestimmen. Werden von einem Tongenerator verschiedene Frequenzen angeboten, läßt sich das auditive Feld und der Bereich höchster Empfindlichkeit ermitteln. In Versuchen an 10 Mutterschafen wurde die in Abb. 48 gezeigte Kurve für die untere Hörgrenze bei verschiedenen Frequenzen gefunden. Danach liegt die maximale Empfindlichkeit von Schafen mit 7,3 dB im Bereich von 7 kHz. Kücken, die im Alter von 7—9 Tagen während 48 Std. einem Lärm von 111 dB (SPL) bei 0,9 kHz (Zentrum des 1/3 Oktavbandes) ausgesetzt waren, wiesen bes. im 1 kHz-Bereich erhebliche Schwellenverschiebungen auf, die 1 Std. nach der Exposition 49 dB betrugen, aber innerhalb von 10 Tagen völlig verschwanden (Abb. 49).

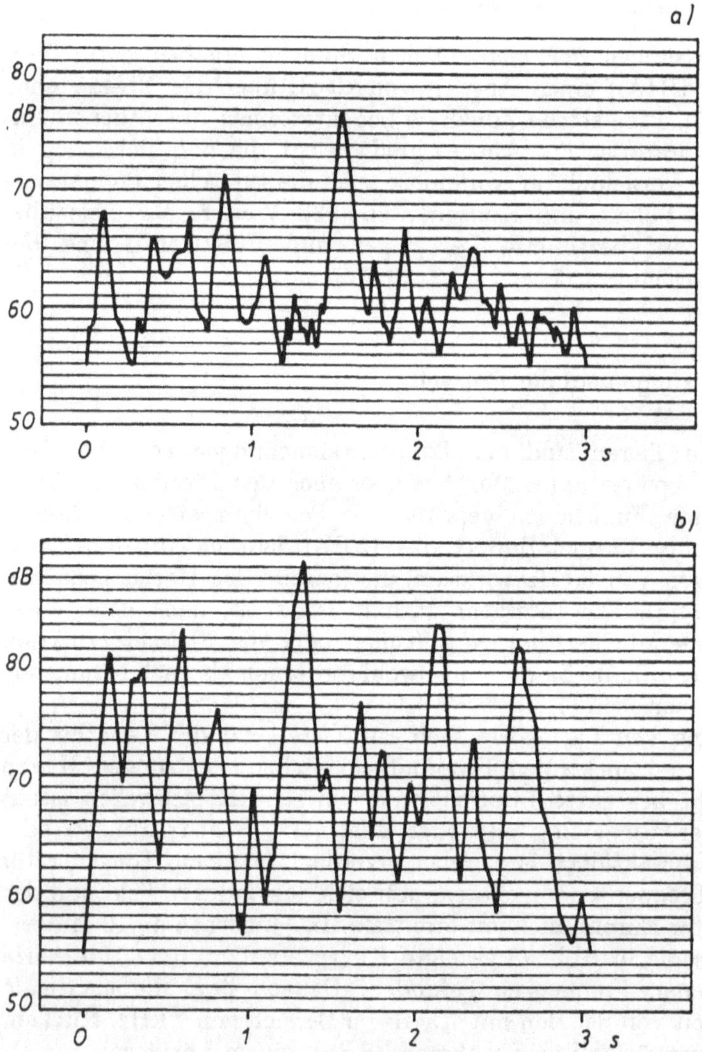

Abb. 47: Schalldruckschwankungen der menschlichen Sprache beim Lesen eines Textes in einem ruhigen Raum ohne (a) und mit (b) Straßenlärm (Leq 73 dB), aus (33).

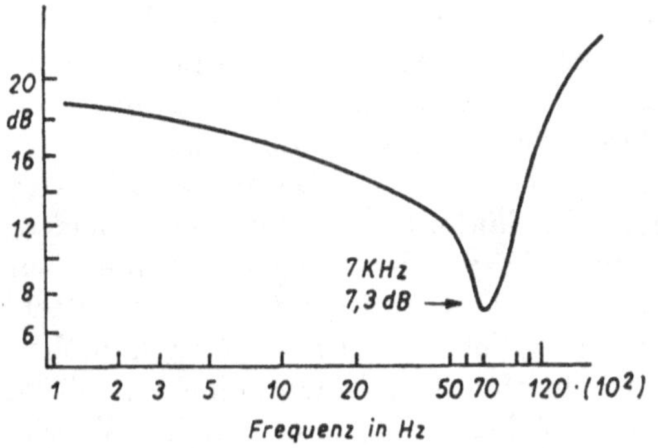

Abb. 48: Frequenzabhängigkeit der Hörschwelle von Mutterschafen. Die Kurve gibt die niedrigste Schallintensität (in dB) über dem Grundrauschen von 26 dB an, bei der gerade eine Hör-Reaktion auftritt, nach (1).

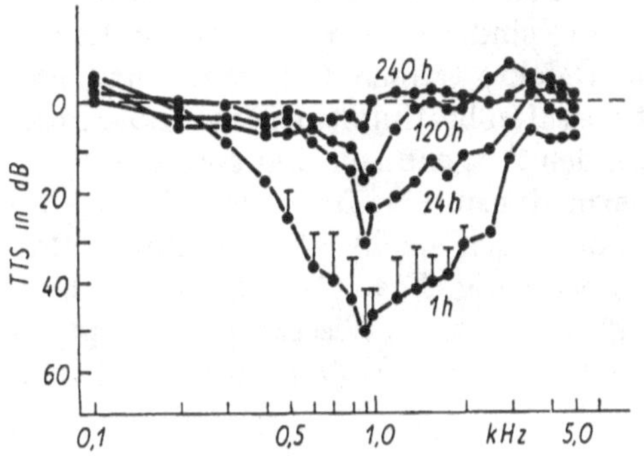

Abb. 49: Audiogramme für die Schwellenverschiebung bei Kücken (Je Kurve 5 Tiere, 7—9 Tage alt), gemessen an der evozierten Antwortreaktion im Cochlear-Kerngebiet zu verschiedenen Zeiten (1—240 h) nach der Lärmexposition (48 h bei 111 dB (SPL), ein Drittel des Oktavbandes um 0,9 kHz); an der unteren Kurve Angabe der Standardabweichung, nach (31a).

Für Fische und marine Säugetiere wurden Unterwasser-Audiogramme aufgenommen. Obwohl manche Fische relativ hohe Frequenzen (Heringe 5—10 kHz) wahrnehmen könen, liegt die obere Grenze bei den meisten Arten bei ca. 2000 Hz und die größte Empfindlichkeit zwischen 600 und 1000 Hz. Demgegenüber weisen die marinen Säugetiere breitere Hörbereiche auf, sie reichen häufig bis 100 kHz und in Einzelfällen bis 150 kHz (28).
Man nimmt an, daß die Meerestiere aus den Umweltgeräuschen im Wasser für sie relevante Informationen „herausfiltern". Die Hauptmenge der Fische erzeugt selbst Schall, der vermutlich der innerartlichen Kommunikation dient. Bisher ist nicht bekannt, ob marine Tiere einen temporären oder permanenten Hörverlust erleiden, wenn sie ungewöhnlich hohem Umweltlärm ausgesetzt sind; nach Versuchen an Goldfischen ist dies anzunehmen.

Eine große Anzahl von freilebenden Tierarten hat sich dem Lärm angepaßt, und es scheint, daß sie keinen Schaden erleiden. Dies zeigt z. B. die Verbreitung von Ratten in U-Bahnanlagen, die Besiedlung von Flughäfen mit Vögeln und anderen Tieren oder die Zunahme der Tauben in Großstädten und besonders auf Bahnhöfen. Daraus geht hervor, daß zumindest bestimmte Tiere die laute Umgebung nicht meiden, vielleicht sie sogar als ökologische Nische bevorzugen. In manchen Fällen werden Tiere durch Geräusche angelockt, wenn damit eine Futterbeschaffung in Verbindung steht. In großen natürlichen oder künstlich gehaltenen Tierkolonien entsteht durch die Tierlaute eine erhebliche Geräuschkulisse. Natürliche Lärmquellen sind auch große Wasserfälle, in deren unmittelbarer Nähe sich Fische und Vögel aufhalten. Es ist nicht anzunehmen, daß sie taub sind, aber wir kennen ihr Audiogramm nicht. An durch genetische Defekte tauben Laboratoriumstieren wurden Verhalten und Reproduktionsraten bestimmt. Die dabei beobachteten Unterschiede gegenüber hörenden Artgenossen sind gering.
Zur besseren Einschätzung der Lärmwirkung auf freilebende Tiere sind neben Kenntnissen der Audiogramme auch solche über Paarung, Reifung und Brutpflege unter Lärm notwendig. Eine Bedrohung der Tierwelt durch Lärm ist nach dem gegenwärtigen Wissensstand nicht zu erwarten; für eine endgültige Aussage fehlen Daten über die Lärmempfindlichkeit der verschiedenen Arten.

6.2.6. Lärmbegrenzung und Lärmabwehr

Zur Erhaltung der Gesundheit und zur Sicherung des Wohlbefindens der Bürger sind für die verschiedenen gesellschaftlichen Bereiche — Arbeitsplatz, Wohngebiet, Schule, Krankenhaus usw. — Grenzwerte für den zulässigen Lärm festgelegt worden. Für die DDR sind diese in den Standards TGL 32624 (Lärm am Arbeitsplatz) und TGL 39617 (Lärm im kommunalen Bereich) enthalten (8). Wie bei chemischen Schadstoffen gab es auch beim Lärm Bestrebungen, international möglichst einheitliche Werte festzulegen, und die Tendenz, den bestehenden Grenzwert (von 90 dB(AI) in der bis 1983 gültigen TGL 10687/02) herabzusetzen. Die neu in Kraft getretene TGL 32624 sieht vor, daß zur Vermeidung von Innenohrschäden am Arbeitsplatz der äquivalente A-Dauerschalldruckpegel L_{eqA} den Wert 85 dB(A) nicht überschreiten darf. Der maximale Pegel L_{maxAI} darf 120 dB(AI) nicht übersteigen

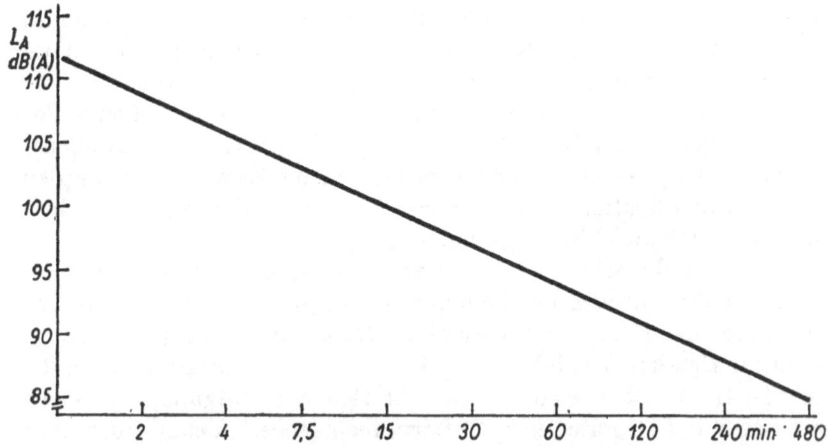

Abb. 50: Zulässige Schalldruckpegel (L_A) bei Lärmimmission über die volle Arbeitszeit (480 min) und bei kürzeren Expositionen.

Tab. 15: Lärm-Grenzwerte für Arbeitsplätze mit bestimmten Tätigkeiten, nach TGL 32624, verbindlich ab 1. 9. 1983.

Nr.	Arbeitsplatz/Tätigkeit	Grenzwert (dB(A))
1	Tätigkeiten an Pulten u. in Kabinen zur Beobachtung u. Fernsteuerung von Produktionsprozessen; Tätigkeiten in Laborräumen, Montagetätigkeiten in Elektronik u. Feinmechanik	80
2	Bedienen von EDV-Anlagen	75
3	Die Feinmotorik beanspruchende Tätigkeiten in der elektronischen, feinmechanischen u. optischen Industrie, Fernschreib- und Telefonzentralen	65
4	Meß- und Analysentätigkeiten in Laborräumen mit hohen Genauigkeitsanforderungen, Sprachmittlertätigkeiten, Arbeiten in der Flugsicherung, Verwaltungstätigkeit u. ä.	60
5	Geistig-schöpferische Tätigkeiten in Forschung, Entwicklung, Konstruktion und Projektierung, Programmieren, ärztliche Tätigkeiten	50
6	Spezielle ärztliche Tätigkeiten mit hohen Anforderungen an Signalverständlichkeit, Beratungs- und Verhandlungstätigkeit, Lesesäle u. ä.	40
7	Tätigkeiten in unmittelbarem Zusammenhang mit chirurgischen Eingriffen, Operationssäle u. ä.	35

Ausgehend von 85 dB(A) für die volle tägliche Arbeitszeit (480 min) unter konstanter Lärmeinwirkung dürfen bei kürzerer Expositionsdauer je Halbierung der Zeit **3** dB(A) hinzuaddiert werden (vgl. Abb. 50).
Für Arbeitsplätze mit bestimmten Tätigkeiten gelten zusätzliche Forderungen. Dabei dürfen die in Tab. 15 ausgegebenen Grenzwerte für den äquivalenten A-Dauerschalldruckpegel L_{eqA} nicht überschritten werden. Die Werte in den Spalten 3 – 7 beziehen sich nicht auf eigenverursachten Schall. Über Lärmpegel in Flugzeugen vgl. (25).
Tab. 16 enthält die wichtigsten Grenzwerte für den kommunalen Bereich, aufgeschlüsselt nach Räumen bzw. Gebieten, nach Tag- und Nachtzeiten sowie nach dem äquivalenten Dauerschalldruckpegel (L_{eqAI}) und dem maximalen Schalldruckpegel (L_{maxAI}). Die Forderungen in den Spalten 4 – 10 beziehen sich nur auf die Zeit der Nutzung, die Grenzwerte unter 9 und 10 gelten nur für Lärm technischer Gebäudeausrüstungen. Eine Überschreitung der Grenzwerte der Tabelle ist grundsätzlich nicht zulässig. Bei örtlich und zeitlich eindeutig begrenzten Überschreitungen, z. B. während Baumaßnahmen oder öffentlicher Freiluftveranstaltungen, können Sonderregelungen getroffen werden. Die Einstufung in Gebietskategorien erfolgt durch die örtlichen Räte, vgl. (10, 11). Zur Bewertung von Verkehrslärm enthält die TGL 39617 (8) zusätzliche Hinweise.

Die **Lärmabwehr** konzentriert sich auf 3 Schwerpunkte:

1. Maßnahmen an der Quelle, d. h. Bevorzugung lärmarmer Konstruktionen, Verhinderung von Schallentstehung und -ausbreitung.
2. Maßnahmen auf dem Ausbreitungsweg, indem möglichst große Entfernungen zwischen Quelle und Empfänger geschaffen werden oder durch Einkapselung der Quelle, Errichtung von Schallwänden, bauliche Konstruktionen, z. B. Doppelfenster (Dämmwert 20—25 dB), im Freiland Anpflanzung von Hecken, Sträuchern und Bäumen.
3. Maßnahmen beim Empfänger sind Tragen von individuellen Gehörschutzmitteln und entsprechende Arbeitspausengestaltung (zur Erholung der TTS).

Am Beispiel des Fluglärms (vgl. 27) wurde gezeigt, welche technischen Möglichkeiten zur Lärmminderung realisiert werden können. Die Autoren erläutern auch die Entstehung des Überschallknalls, der bei dem Überschallflugzeug Concorde in der Größenordnung von 100—110 dB liegt.

Tab. 16: Grenzwerte für Lärmimmission im kommunalen Bereich, nach TGL 39617, verbindlich ab 1. 9. 1983.

	Räume bzw. Gebiete	Äquivalenter AI-Dauerschalldruckpegel L_{eqAI} in dB(AI) und maximaler AI-Schalldruckpegel L_{maxAI} in dB(AI)			
		6–22 Uhr		22–6 Uhr	
		L_{eqAI}	L_{maxAI}	L_{eqAI}	L_{maxAI}
1	Krankenzimmer (in Krankenhäusern und Kureinrichtungen)	35	50	30	45
2	Wohnräume (in Wohngebäuden, Heimen)	40	55	30	45
3	Übernachtungszimmer (Hotels, Gasthäuser)	45	60	35	50
4	Kinderschlafzimmer (Kinderkrippen, -gärten)	40	55	30	45
5	Unterrichtsräume (Klassenzimmer, Hörsäle)	40	55	40	55
6	Konzertsäle und Zuhörerräume im Theater		30		30
7	Gemeinschaftsräume (in Hotels, Heimen), Cafes	45		45	
8	Zuhörreräume in Lichtspieltheatern		40		40
9	Großgaststätten, Betriebsgaststätten	50		50	
10	Wartesäle	60		60	
11	Kur-, Erholungs-, Lärmschutz- u. Naturschutzgebiete	45	80	35	80
12	Krankenhäuser, Sanatorien	50	85	40	85
13	Wohngebiete, vorstädtische u. ländliche Gebiete	50	85	40	85
14	Mischgebiete mit geringer industrieller Bebauung	55	90	45	90
15	Stadtzentrum	60	95	45	95
16	Industriegebiete mit geringem Anteil an Wohn- u. Gesellschaftsbauten	60	90	50	90

Literatur

1. Ames, D. R.: Physiological response to auditory stimuli. In: Effects of Noise on Wildlife, Eds.: J. L. Fletcher, R.-G. Busnel, Acad. Press, N. Y. 1978, 23–45.
2. Autorenkollektiv: Arbeitswissenschaftliche Lehrbriefe, Nr. 12, Verl. Tribüne, Berlin 1970. Fachschulfernstudium, Arbeitsschutz Nr. 13, Karl-Marx-Stadt 1980.
3. Autorenkollektiv: Lärmbekämpfung, Verl. Tribüne, Berlin 1979.
4. Biedermann, M. und Ch. Meyer: Reaktionen der Meerschweinchencochlea auf Einzelimpulsbeschallung. Med. u. Sport **17** (1977) 200–201.
5. Busnel, R.-G., M.-C. Busnel and A.-G. Lehmann: Synergetic effects of noise and stress on general behaviour. Life Sci. **16** (1975) 131 to 137.
6. Busnel, R.-G.: Introduction. In: Effects of Noise on Wildlife. Eds.: J. L. Fletcher, R.-G. Busnel, Acad. Press, N. Y. 1978, 7–20.
7. Cohen, A.: Extraauditory effects of acustic stimulation. In: Hdb. of Physiology 9. 1977, 31–44.
8. DDR-Standard, TGL 32624 Arbeitshygiene; Lärm am Arbeitsplatz; Grenzwerte, Ausgabe 2. 83, verbindlich ab 1. 9. 1983.
TGL 39617 Schutz vor Lärm; Grenzwerte der Lärmimmission im kommunalen Bereich, Ausgabe 2. 83, verbindlich ab 1. 9. 1983.
9. Dieroff, H.-G.: Lärmschwerhörigkeit, Leitfaden der Lärmhörschadenverhütung in der Industrie. 2. Aufl., Barth, Leipzig 1978.
10. 4. Durchführungsverordnung zum Landeskulturgesetz – Schutz vor Lärm – GBl. II, 1970, S. 343; überarbeitete Fassung gültig ab 12. 7. 1984.
11. 1. Durchführungsbestimmung zur 4. Durchführungsverordnung zum Landeskulturgesetz – Begrenzung der Lärmimmission – GBl. II, 1970, S. 595, 1983 ersetzt durch TGL 39617; 2. Durchführungsbestimmung zur 4. Durchführungsverordnung zum Landeskulturgesetz – Begrenzung der Lärmimmission – GBl. II, 1970, S. 604, wird z. Z. überarbeitet.
12. Ehrenstein, W., M. Schuster und F. Weber: Verkehrslärm, Schlafverhalten und Biorhythmik. Z. Arb. wiss. **32** (1977) 176–181.
13. Geyer, G., M. Biedermann, and H. P. Schmidt: Endolymphatic leakage in case of acute loss of cochlear microphonics. Experientia **34** (1978) 363 to 364.
14. Grandjean, E.: Lärmimmissionen als Umweltfaktor. Naturwiss. Rdsch. 30 (1977) 397–403.
15. Green, K. B., B. S. Pasternack, and R. E. Shore: Effects of aircraft noise on reading ability of school-age children. Arch. environ. Health **37** (1982) 24–31.

16. GUSKI, R.: Über Zusammenhänge zwischen Kreislauf- und Belästigungsreaktionen auf Straßenverkehrslärm in Wohngebieten. Z. Lärmbekämpfung 27 (1980) 126—132.
17. HENDERSON, D. and R. P. HAMERNIK: Asymptotic threshold shift from impulse noise. In: New Perspectives on Noise-Induced Hearing loss, Eds.: R. P. HAMERNIK, D. HENDERSON, R. SALVI, Raven Press, N. Y. 1982, 265—281.
18. ISING, H., B. MARKERT, T. GÜNTHER, R. GUSKI und P. SCHULZ: Zur Gesundheitsgefährdung durch Verkehrslärm. Z. Lärmbekämpfung 27 (1980) 1—8.
19. JANSEN, G.: Non auditory effects of noise, physiological and psychological reactions in man. Proc. Internat. Congr.: Noise as a Public Health Problem, Dubrovnik, Yugoslavia (ed. W. D. WARD), U. S. Environm. Protection Agency, Washington 1973, 431—439.
20. JANSEN, G.: Über die Wirkung des Lärms. Zbl. Arb. med. 31 (1981) 220 — 224.
21. KEINHORST, H.: Gedanken zum Immissionsschutz bei Schießständen. Z. Lärmbekämpfung 24 (1977) 12—17.
22. KLOSTERKÖTTER, W.: Lärmwirkungen und Lebensqualität. Kampf dem Lärm 20 (1973) 113—124.
23. KLOSTERKÖTTER, W., GONO, F.: Untersuchungen über extraaurale und aurale Lärmwirkungen. Westdeutscher Verl. Opladen, 1977.
24. KLOTZBÜCHER, E.: Zum Einfluß des Lärms auf Leistung bei geistiger Arbeit und ausgewählte physiologische Funktionen. Int. Arch. occup. environm. Hlth. 37 (1976) 139—155.
25. KRESSIN, J. und J. HILSCHER: Die Lärmbelastung des fliegenden Personals der Interflug. I. Verkehrsflug. Verkehrs-Med. 21 (1974) 333—342.
26. LIEBIG, W. und J. DÖHLER: Personen-Lärmdosimeter mit wahlweiser Impulsbewertung. Z. ges. Hyg. 25 (1979) 281—283.
27. MATSCHAT, K. und E.-A. MÜLLER: Fluglärm. I. Ausmaß und Entstehung; II. Methoden zur Lärmminderung. Naturwiss. 64 (1977) 317—325, 65 (1978) 558—568.
28. MYRBERG, A. A.: Ocean noise and the behavior of marine animals: Relationships and Implications. In: Effects of noise on Wildlife, Eds.: J. L. FLETCHER, R.-G. BUSNEL, Acad. Press, N. Y. 1978, 169—208.
29. NEUS, H., G. SCHIRMER, H. RÜDDEL und W. SCHULTE: Zur Reaktion der Fingerpulsamplitude auf Belärmung. Int. Arch. occup. environ. Hlth. 47 (1980) 9—19.
30. RENTZSCH, M.: Neue Erkenntnisse zur lästigen und leistungsbeeinflussenden Wirkung des Lärms. Tribüne-Verl. Berlin 1981.
31. ROSSI, G., M. SCEVOLA, and C. MAGLIANO: Temporary threshold shift (TTS) due to exposure to urban traffic noise. Acta Otolaryng., Suppl. 339 (1976), 10—13.
31a. SAUNDERS, J. C. and L. G. TILNEY: Species differences in susceptibility to noise exposure. In: New Perspektives on Noise-Induced Hearing Loss,

Eds. R. P. HAMERNIK, D. HENDERSON, R. SALVI. Raven Press, N. Y. 1982, 229–248.
32. SCHACHT, J.: Biochemical aspects of noise-induced hearing loss. In: New Perspectives on Noise-Induced Hearing Loss, Eds.: R. P. HAMERNIK, D. HENDERSON, R. SALVI, Raven Press, N. Y. 1982. 25–102.
33. SCHINDLER, O. and M. VIGONE: Measurement of phonatory level in the presence of urban traffic noise. Acta Otolaryng., Suppl. 339 (1976) 39–40.
34. SCHUMACHER, G. H. und J. FANGHÄNEL: Experimentelle Untersuchungen über den Einfluß von Lärm auf die Normo- und Teratogenese. Verh. Anat. Ges. 68 (1974) 595–601.
35. SCHUSCHKE, G.: Lärm und Gesundheit. Verl. Volk u. Gesundheit, Berlin 1976. 2. Auflage 1981.
36. SMOORENBURG, G. F.: Damage risk criteria for impulse noise. Report Nr. IZF 1980 – 26, The Netherlands.
37. VÖLKER, E. J.: Wie kann das lärmbelastete Einzel- und Großraumbüro verbessert werden? Z. Lärmbekämpfung 28 (1981) 1–7.

6.3. Ultraschall

6.3.1. Abgrenzung und Entstehung

Ultraschall (US) ist Schall mit Frequenzen > 20 kHz. Die obere Grenze für US wird durch die Erzeugungstechnologie bestimmt und liegt bei ca. 20 GHz. Die Erzeugung des US erfolgt auf magnetostriktivem Wege oder durch Umkehr des piezoelektrischen Effektes. Im ersten Falle werden durch Resonanzanregung in ferromagnetischen Stäben, die sich im Magnetfeld einer von Wechselstrom durchflossenen Spule befinden, Längsschwingungen erzeugt. Die Längenänderung beträgt für Nickel 0,004%. Im zweiten Fall erzeugt eine Wechselspannung beliebiger Frequenz in den Piezokristallen (meist Titanate) mechanische Schwingungen, deren Auslenkungen der Spannung proportional sind und deren Frequenz der angelegten Hochspannungsfrequenz entspricht. Für die Nutzung von US in Wissenschaft und Technik sind bisher vor allem Frequenzen bis 20 MHz interessant; Frequenzen über 1 GHz werden z. T. als Hyper-Schall bezeichnet.
Von Arbeitsplätzen, an denen intensiver US auftritt, ist bekannt, daß

hörähnliche Empfindungen wahrgenommen werden, deren Entstehung nicht geklärt ist. Eine unmittelbare Anregung des Trommelfells zu hörbaren, subharmonischen Schwingungen bzw. ein Hören über Knochenschalleitung werden diskutiert (21, 22). Für Knochenschall steigt die Hörschwelle zwischen 16 und 100 kHz von ca. 80 dB, über 120 dB (30 kHz) auf ca. 140 dB an.

6.3.2. Physikalische Charakterisierung

Im Gegensatz zur elektromagnetischen Strahlung, die sich auch im Vakuum fortpflanzt, benötigt der US zur Ausbreitung ein Medium. Dabei erfolgt die Energieübertragung durch Pendeln der Teilchen des Mediums um ihre Ruhelage; es erfolgt auch hier ein Energietransport ohne Massentransport. In Gasen sind wegen der relativ niedrigen Schallgeschwindigkeit (in Luft 340 m $\cdot$ s^{-1}) solche Oszillationen nur bis etwa 100 kHz möglich. Die Schallgeschwindigkeit c ergibt sich aus $\lambda = \frac{c}{f}$; für menschliche Gewebe beträgt c rund 1500 m $\cdot$ s^{-1}. Für die Frequenz von 1 MHz ergibt sich eine Wellenlänge von 1,5 mm, und die US-Diagnostik mit dieser Frequenz löst noch anatomische Details von 1 mm auf. Bei der therapeutisch verwendeten Intensität von 2 W $\times$cm^{-2} erfahren die Mediumteilchen eine Auslenkung von nur 10^{-6} cm und die Geschwindigkeit der Teilchen beträgt ca. 20 cm $\cdot$ s^{-1}. Es treten aber sehr hohe Beschleunigungen auf, deren Amplituden mit ca. 80 $\times 10^6$ cm $\cdot$ s^{-2} das 10^{5}fache der Erdbeschleunigung betragen (13). Entsprechend hoch sind die Druckdifferenzen, die dabei auftreten und für die biologischen Wirkungen verantwortlich sind. Bei der Übertragung der US-Energie durch eine Grenzfläche zwischen zwei kontinuierlichen isotropen Medien spielt die akustische Impedanz Z eine wichtige Rolle:

$$Z = \varrho \cdot c \qquad (\varrho = \text{Dichte des Mediums})$$

Z dient zur Kennzeichnung der Anteile, die von der einfallenden Intensität I_0 durch die Grenzfläche hindurchgehen (I_t) und derjenigen, die reflektiert werden (I_r):

$$\frac{I_t}{I_0} = \frac{4z_2 \cdot z_1}{(z_1 + z_2)^2} \quad \text{und} \quad \frac{I_r}{I_0} = \frac{(z_2 - z_1)^2}{(z_2 + z_1)^2}$$

z_1 und z_2 sind die Impedanzen der beiden Medien (8).

An der Grenzfläche Luft/Gewebe beträgt die Transmission (I_t) nur 0,1% von I_0; deshalb dient bei der Anwendung von US ein dünner Ölfilm zwischen Schallkopf und Gewebe der besseren Kopplung und der größeren Transmission von US-Energie.
Nach Übertragung in das biologische Medium wird die US-Intensität mit dem Anfangswert I_0 nach einem entsprechenden Weg x die Intensität I_x erreichen. Die hierbei erfolgte Abschwächung wird durch den Dämpfungskoeffizienten μ bestimmt. Es gilt:

$$I_x = I_0 \cdot e^{-\mu x}$$

Diese Dämpfung beruht auf dem Prozeß der Absorption der akustischen Energie, die vorwiegend in Wärme umgewandelt wird. Die Dämpfung hängt einerseits von der biologischen Struktur, andererseits auch von der Frequenz des US ab, dafür gilt:

$$\mu_f = \mu_{f0}(f/f_0)^n$$

μ_f = Intensitäts-Dämpfungskoeffizient des Mediums bei der Frequenz f, μ_{f0} bei der Vergleichsfrequenz f_0 (in MHz), der Exponent n liegt für menschliche Gewebe zwischen 1 und 2 (8). Die relativ hohe Dämpfung im Körpergewebe hat bei der US-Therapie für die Interaktionen Bedeutung; sie ist besonders in Knochengeweben hoch, wo eine selektive Erwärmung eintritt. Die Dämpfung ist um so größer, je höher die US-Frequenz liegt. Als praktisches Maß dient die Halbwertstiefe, die angibt, nach welchem Weg im Gewebe die an der Oberfläche eingetretene Intensität auf die Hälfte abgesunken ist.
Zur Beschreibung des Schallfeldes dienen die Größen der Teilchenverschiebung s (Vektorgröße), der Partikelgeschwindigkeit v, der Teilchenbeschleunigung a und der momentane Druck p. Sind die Teilchenfluktuationen sinusförmig, dann werden die Feldparameter Maxima aufweisen (s_{max}, v_{max}, a_{max}, p_{max}). Der Energieflux ist entlang der Richtung der Schallausbreitung zu messen. Dabei spricht man von einem Nahfeld, das zwischen Schallkopf und dem letzten deutlichen Intensitätsmaximum (in ca. 17 cm Entfernung) liegt, und dem Fernfeld, das sich dahinter anschließt. Die medizinische US-Behandlung arbeitet ausschließlich im Nahfeld, in dem ein fortschreitendes Wellenfeld besteht. An den Grenzflächen, z. B. Gewebe/Knochen, treten stehende Wellen auf. Dieses Feld ist durch ein räumliches Muster von „Knoten“ und „Antiknoten“ charakterisiert.

Zur Messung des Schallfeldes dienen entweder geeignete Kalorimeter, die den gesamten Energieflux erfassen oder piezoelektrische Verfahren, die den momentanen lokalen akustischen Druck in einem Impulsfeld messen.

6.3.3. Wirkungsmechanismen

Zur Zeit ist nicht eindeutig verständlich, wie US biologische Effekte auslöst; folgende Mechanismen werden diskutiert (8, 13):

1. **Mechanische Effekte**, die durch die rhythmische Schwingungsenergie mit Dilatationen und Kompressionen in submikroskopischen Dimensionen ausgelöst werden; US-Mikromassage.
2. **Wärme-Effekte**, die durch die Absorption der mechanischen Energie verursacht werden; sie können auch als Sekundäreffekte der mechanischen Wirkungen aufgefaßt werden. Genaue Informationen über die Temperaturverteilung in den verschiedenen Geweben während einer US-Behandlung fehlen.
3. **Chemische und physiko-chemische Wirkungen**, wie Oxydationen, Reduktionen, Diffusionsänderungen, kolloid-osmotische Veränderungen, pH-Verschiebungen u. a. Sie werden als Folge der mechanischen und thermischen Effekte angesehen.

Eine für die biologische Wirkung des US wichtige Erscheinung ist die **Kavitation** (Hohlraum- oder Blasenbildung). Sie entsteht durch die großen lokalen Druckschwankungen, denen die Körperflüssigkeiten ausgesetzt sind. Dabei werden die Adhäsionskräfte der Flüssigkeiten überwunden, und es bilden sich Bläschen. Mit kinematografischen Verfahren konnte die Hohlraumbildung verfolgt werden. Es wurde deutlich, daß die dampfgefüllten Kavernen in der negativen Druckphase des Halbzyklus der US-Welle entstehen und in der positiven Druckphase wieder kollabieren. Dieser Prozeß wird als **„transiente“ Kavitation** bezeichet. Ein Teil der Gasbläschen existiert über viele Zyklen bevor sie kollabieren; sie oszillieren entsprechend der Frequenz des US-Feldes. Diese Erscheinung wird **stabile Kavitation** genannt. Die minimale Druckamplitude, die gerade eine Bläschenbildung erzeugt, heißt Kavitationsschwelle; sie wird durch den Gasgehalt der Flüssigkeit erniedrigt. Mit steigenden US-Frequenzen geht die Kavitation zurück. Bei 20 kHz beträgt der Radius einer resonanten Luftblase in Wasser ca. 0,15 mm. Die Kavitation ist ein Mechanismus, durch den die US-Energie in diskreten Regionen des Schallfeldes in eine mehr schädigende Energieform umgewandelt wird. Die kollabierenden Hüllen der transienten Bläschen können Überschallgeschwindigkeiten erreichen und starke Schockwellen erzeugen. Man hat Drücke von 10^9 Pa (10^4 at) errechnet und geschätzt, daß bei dem adiabatischen Kollaps Temperaturen von 2000 K entstehen. Tatsächlich steigt während der US-Behandlung einer Lösung die Temperatur an. Durch äußere Kühlung kann zwar die Temperaturzunahme des Gesamtsystems vermieden werden, aber die mikrothermischen Prozesse sind dadurch nicht zu vermeiden.

Eine Reihe von chemischen Prozessen wird durch US beschleunigt; dies beruht wahrscheinlich auf der engen Vermischung der Reaktanten im US-Feld. Gemische, die ohne oberflächenaktive Substanzen nicht emulgieren, werden durch US in homogene Emulsionen verwandelt. Einige chemische Reaktionen werden erst durch US möglich. Dafür werden Radikalbildungen und Reaktionen verantwortlich gemacht, die sonst nur bei Gamma-Bestrahlung zu beobachten sind. US-bestrahlte Flüssigkeiten senden mit jedem Zyklus der Schallwelle eine schwache Lichtemission aus, die die Bezeichnung Sonolumineszenz erhielt. Mit US behandelte Kartoffelknollen (0,3 — 1,5 W · cm^{-2}, 0,9 MHz zeigen Kavitation, Sonolumineszenz, Bildung von OH-Radikalen und H_2O_2 (1). Durch US-Behandlung von großen Molekülen mit einer fragilen Struktur kommt es zu Abbauerscheinungen, die von der Wirkung der Scherkräfte oder der Kavitation herrühren.

In biologischen Geweben bewirkt die Kavitation Membranschäden; sie beeinflußt damit zahlreiche Stoffwechselreaktionen. Dabei stellte sich heraus, daß auch die Expositionstemperatur eine Rolle spielt, vermutlich durch ihren Einfluß auf die Fluidität der Membran (4). In zunehmendem Maße bedient man sich in der Diagnostik der Impuls-Echo-Methode, die sehr kurze Impulse von 1—3 μs Dauer mit zeitlichen Durchschnittsintensitäten von 1—10 mW · cm^{-2} verwendet. Dabei können jedoch räumlich und zeitlich begrenzte Spitzenintensitäten von 10 W · cm^{-2} auftreten. Nach Untersuchungen an Pflanzen und an Insekten setzen auch solche kurzzeitigen US-Impulse die Überlebensrate herab, und es gilt als ziemlich sicher, daß die Effekte auf einer stabilen Kavitation beruhen. Die Schwellen liegen bei Spitzenintensitäten von 100 W · cm^{-2} (5). Daraus wird abgeleitet, daß zum besseren Verständnis der Kavitationsbildung unter Impuls-US und zum sicheren Ausschluß biologischer Wirkungen bei der Impuls-Echo-Diagnostik weitere Modellversuche notwendig sind. Die Wärmeentwicklung im US-Feld liefert eine Methode, um bei geeigneter Wellenlänge und Fokussierung in verschiedenen Gewebetiefen eine selektive Hyperthermie zu erzeugen, wie sie in der Krebs-Therapie benötigt wird (vgl. Abb. 51). Bei Inhomogenitäten des Mediums ergeben sich veränderte Temperaturprofile (11, 18, 20).

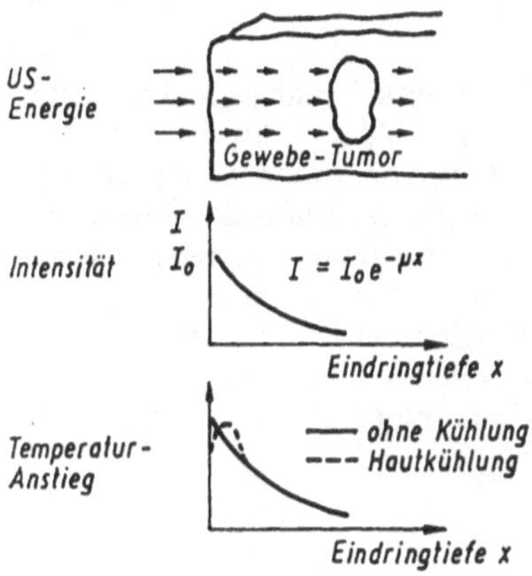

Abb. 51: Intensitäts- und Temperaturprofile bei Einwirkung von US auf ein homogenes Medium. Mit zunehmender Gewebetiefe erfolgt eine exponentielle Abnahme der Intensität und Temperaturdifferenz, mit geringer Variation bei Kühlung der Haut, nach (11).

6.3.4. US-Anwendungen

6.3.4.1. Medizin

Ein Hauptfeld der US-Diagnostik liegt in der Geburtshilfe und der Schwangerenbetreuung, da hier ohne Strahlengefährdung Plazenta- und Kindeslage, Herztätigkeit des Embryos oder der Geburtstermin überwacht werden kann, außerdem läßt sich auch der Ovulationstermin genau bestimmen (3). Mit der Echoenzephalographie (12) lassen sich raumfordernde Prozesse im Schädelbereich erkennen, in der Ophthalmologie werden mit US Fremdkörper im Auge diagnostiziert, ebenso Netzhautablösungen, und mit der US-Sonographie lassen sich Gewebsveränderungen von Leber, Pankreas u. a. Organen erkennen. Die US-Kardiographie dient der Diagnostik der Herzfunktion und mit dem US-Dopplerverfahren lassen sich Fragen der Kreislauf- und Gefäßdiagnostik klären (7). Der gebräuchlichste Frequenzbereich liegt bei 1—10 MHz, in einigen Fällen auch bei 20 MHz.

In der US-Therapie wird vor allem der Erwärmungseffekt genutzt, bes. zur Behandlung von Arthritis, zur Beseitigung von Muskelschmerzen oder zur Verbesserung der Kapillardurchblutung. Hier wird im Frequenzbereich von 0,75—3,0 MHz gearbeitet. Unklar ist, ob der therapeutische Effekt allein von der Wärme herrührt oder ob an ihm spezifische biophysikalische Mechanismen des US beteiligt sind. In der Neurologie ist mit der Beschallung ein beschleunigter Abbau von Lymphstauungen bei multipler Sklerose oder von Hirn- und Rückenmarksödemen zu erreichen.

US wird einerseits zur Modifizierung der Wirksamkeit chirurgischer Instrumente eingesetzt und andererseits selbst direkt zu operativen Eingriffen benutzt. Feingebündelter SU dient zur Behandlung von Innenohr-Krankheiten (Meniersches Syndrom) oder in der Ophthalmologie bei Katarakt-Operationen zur Verflüssigung der getrübten Augenlinsen, die dann abgesaugt werden können. In der Zahnmedizin sind US-Instrumente zur Entfernung von Konkrementen an Zähnen verbreitet. Die zukünftige Entwicklung orientiert sich u. a. auf die Unterdrückung des Wachstums von Tumoren, insbesondere von Metastasen, ferner auf den Einsatz bei Autoimmunleiden und bei Organtransplantationen (17).

6.3.4.2. Biologie und Landwirtschaft

Der Einsatz des US in diesen Bereichen erfolgt unter zwei verschiedenen Aspekten: der eine betrifft die Aufklärung des Wirkungsmechanismus und damit die Aufdeckung von Gefahren, die sich durch eventuelle mutagene oder teratogene Effekte des US ergeben können; der andere Aspekt hat den Einsatz des US als Mittel zur Produktivitätssteigerung zum Ziel. Untersuchungen an DNS-Molekülen, an isolierten Zellen und Zellkulturen sowie an Mikroorganismen ergaben zwar gewisse Veränderungen, doch ist die Frage einer mutagenen Wirkung noch nicht zu beantworten. Sie wird bisher nur für sehr hohe Intensitäten angenommen. Versuche zur Erzeugung von Chromosomenaberrationen verliefen in der Mehrzahl negativ. In Thymozyten, die mit $1\ W \cdot cm^{-2}$ (1,8 MHz) beschallt wurden, nahm der K-Gehalt ab, was eine Änderung der Membranpermeabilität vermuten läßt. An anderen Zellen wurden Mitochondrienschwellung, Membranschäden oder Bewegungshemmung beobachtet. Diese Effekte werden der thermischen Wirkung bzw. der Kavitation zugeschrieben.

Zur Prüfung der US-Empfindlichkeit von Erythrozytenmembranen wurde die Hämolyse gemessen, nachdem die Zellen mit $0{,}4\ W \cdot cm^{-2}$ (0,9 MHz) beschallt wurden. Dabei ergab sich eine Abhängigkeit für die US-induzierte Hämolyse von der Körpermasse der Tiere, vom Geschlecht und dem physiologischen Zustand (2). Hamster-Knochenmarkszellen, die mit US und Röntgenstrahlen behandelt wurden, zeigten stärkere Schäden als die Addition der einzelnen Noxen erwarten ließ. Diese synergistische Wirkung dürfte darauf beruhen, daß die Röntgenstrahlen in erster Linie den Zellkern, der US die Zellmembran schädigt (14). Ähnliche Effekte werden für US und Gammastrahlen bei Hefezellen beschrieben (Abb. 52), wobei auch eine Interferenz des US mit den Reparaturprozessen der Zelle angenommen wird. Auch die teratogenen Wirkungen durch US sind noch umstritten. Einige Autoren finden eine Abnahme im Körpergewicht oder in einzelnen Organgewichten, wenn weibliche Mäuse am 8. Tag nach der Konzeption länger als 2 min mit 0.5 W $\times$cm^{-2} oder 1 min mit 1 W $\cdot$ cm^{-2} (2 MHz) beschallt wurden (19). Schwellen für unerwünschte oder letale Effekte auf das Muttertier und seine Feten oder Embryonen lagen zwischen 100 und 200 s Beschallung mit 0,5 W $\cdot$ cm^{-2}. Im Uterus traten Temperaturen von über 40 °C auf, so daß eine thermische Schädigung angenommen wird.

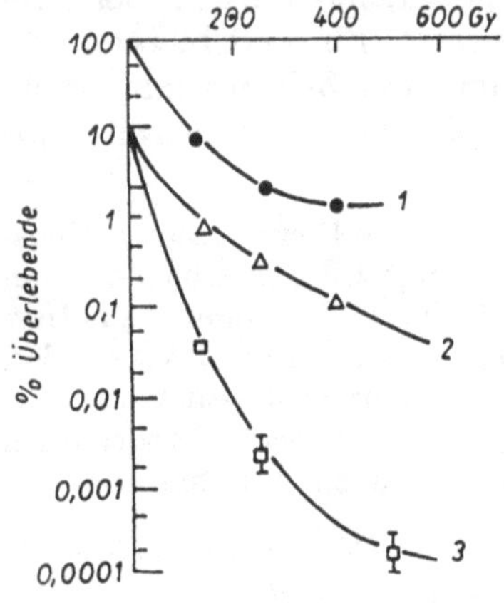

Abb. 52: Überlebenskurven eines haploiden Stammes von Saccharomyces cerevisiae nach Exposition gegenüber γ-Strahlen allein (1) und in Kombination mit US bei Wechsel der Reihenfolge (2: US + γ), US-Dosis: 40 W/cm^2, (3: γ + US), nach (14).

US von 1,5 W $\cdot$ cm^{-2} (1 MHz) hemmt die bioelektrische Aktivität der Darmmuskulatur von Ratten, wahrscheinlich durch Einfluß auf den Ca^{++}-Influx, was auf Membranschäden hinweist (9). An künstlichen Lipidmembranen verursachte US eine Permeabilitätssteigerung und bei Intensitäten über 1,5 W $\times$cm^{-2} die Zerstörung der Membran (16). Für pflanzliche Objekte wurden Veränderungen der Wachstumsparameter beschrieben (Literatur in 23). Ertrag und Halmbeschaffenheit von *Zea mays* waren nach 1,6—2 W $\cdot$ cm^{-2} (25 kHz, 17 Std., 10 °C) nicht von den Kontrollen verschieden, aber die Körner der behandelten Gruppe wiesen einen etwas höheren Feuchtigkeitsgehalt und ein höheres Trockengewicht auf. In den Embryonen ergaben sich erniedrigte Prolin-Werte und auch Verschiebungen in anderen Aminosäuren. Dies weist darauf hin, daß US in der Lage ist, das Enzymmuster in den Nachkommen der beschallten Samen zu beeinflussen. In der Tierzucht werden US-Verfahren auch als Hilfsmittel zur Dickenmessung des Fettansatzes verwendet.

6.3.4.3. Industrie und Technik

Die Industrie verwendet US u. a. zum Schweißen, Schneiden, Bohren, Löten, Mischen und Reinigen. Die dazu benutzten US-Schwinger arbeiten meist zwischen 1 und 22 kHz bei magnetostriktiven und zwischen 30 und 40 kHz bei piezoelektrischen Schwingern. Der bei den genannten Prozessen eingesetzte US kann sich in Luft, Flüssigkeiten oder Festkörpern fortpflanzen und somit auf den Menschen am Arbeitsplatz einwirken. Deshalb sind bestimmte Schutzmaßnahmen erforderlich.
Ein wichtiges Gebiet der technischen US-Anwendung betrifft die Erkennung, Lokalisierung und Identifizierung von Unterwasserobjekten. Dazu gehören u. a. U-Boot-Ortung, Tiefenmessung oder das Auffinden von Fischschwärmen. Dazu wird die Impuls-Echo-Methode bei Frequenzen von 10 kHz bis etwa 1 MHz eingesetzt. Ein gerichteter hochintensiver Impulsstrahl wird ausgesandt und die Zeit bis zum rückkehrenden Echo ausgewertet. Der Prüfkopf arbeitet gleichzeitig als Sender und Empfänger des Signals (10).

In der Gärungsindustrie wird US zur Verkürzung von Reifeprozessen eingesetzt. Bei der Herstellung von Whisky beschleunigt US den Übergang von Geschmacksstoffen aus den Zusätzen in den Alkohol. US wird auch zur Herstellung von Aerosolen und zur Emulgierung von Gemischen verwendet. In der Forschung und Technik dient US zur zerstörungsfreien Werkstoffprüfung und zu vielfältigen anderen Analysen; in biochemischen Laboratorien werden Gewebe und Zellen mit US aufgeschlossen, um sie weiteren Analysen zugänglich zu machen.

6.3.5. Grenzwerte

Die Anwender des US benötigen eindeutig gesicherte Grenzwerte. Immer wieder wird die Frage erhoben, ob die diagnostisch und therapeutisch genutzten US-Apparate für den Patienten und für das medizinische Bedienungspersonal gefahrlos sind und welche Sicherheit für den Umgang mit US in der Industrie besteht. Zur Zeit existieren noch keine einheitlichen Regelungen, aber es gibt einen Vorschlag der WHO (8), der noch ständig überarbeitet wird, einen Standard der UdSSR (6) und den Entwurf für einen RGW-Standard (15). Danach wird für US in Luft ein von der Frequenz abhängiger Grenzwert empfohlen; er liegt für 16 kHz (Mittenfrequenz) bei 75 dB (WHO) bzw. bei 85 dB (UdSSR) und für über 20 kHz einheitlich bei 110 dB. Diese Werte gel-

ten für den gesamten 8-Std.-Tag; für kürzere Expositionszeiten sind höhere Werte zulässig. Der in Vorbereitung befindliche RGW-Standard weist für 16 kHz 90 dB, für 20 kHz 100 dB und für ≧ 31,5 kHz 110 dB aus.
Für US-Einwirkungen über flüssige und feste Medien wird eine Intensität von $3\,W \cdot cm^{-2}$ als gefahrlos angesehen. Die US-Diagnostik arbeitet mit viel geringeren Intensitäten und mit sehr kurzen Expositionszeiten, so daß eine Gefährdung weitgehend ausgeschlossen ist. Als Grenzwert wurde für diesen Bereich $0{,}1\,W \cdot cm^{-2}$ vorgeschlagen (15).

Bei der US-Exposition in der Industrie ist zu berücksichtigen, daß oftmals mehrere Schadfaktoren einwirken, wie z. B. Lösemitteldämpfe an Reinigungsanlagen und US. Dies sollte bei der Festlegung der Grenzwerte für US oder zumindest in der Arbeitsordnung berücksichtigt werden.

Literatur

1. Akopian, V. B.: The cavitation threshold in a biological tissue as revealed by the luminescence induced by ultrasound (russ.) Biofizika **25** (1980) 873—876.
2. Akopian, V. B. and N. K. Abuladze: Interspecific differences of erythrocytes ultrasonic resistivity of warmblooded animals. Stud. biophys. **88** (1982) 119—124.
3. Beck, L., R. Terinde und G. Freundl: Diagnostik der Ovulation durch Ultraschall. Dtsch. Med. Wschr. **106** (1981) 1363—1365.
4. Ben-Hur, E. and M. Green: Temperature dependence of ultrasound-induced cell killing: the role of membrane fluidity. Bioelectromagnetics **3** (1982) 247—251.
5. Carstensen, E. L.: Biological effects of low-temporal, average- intensity, pulsed ultrasound. Bioelectromagnetics **3** (1982) 147—156.
6. Gost, 12.001. — 75, Staatlicher Standard der UdSSR.
7. Grossmann, H. und A. Klemenz: Erfassung von Blutflußparametern mit Ultraschall-Impuls-Doppelerverfahren. Dt. Ges. wes. **36** (1981) 648—652.
8. Hill, C. R.: Draft of the Chapter Ultrasound Manual on Health. Aspects of Exposure to Non-Ionizing Radiation. WHO-Paper ICP/CEP 803 (2)/ BD 1, 1977.
9. Hu, J. H., J. D. Taylor, H. C. Press, jr., und J. E. White: Ultrasonic effects on mammalian intestinal muscle membrane. Aviat. Space Environ. Med. 49 (1978) 607—609.

10. KIEKBUSCH, A.: Kleinstecholotgerät. Radio. Ferns. Electr. **30**, (1981) 81–83.
11. LELE, P. P.: Induction of deep, local hyperthermia by ultrasound and electromagnetic fields. Rad. environ. Biophys. **17** (1980) 205–317.
12. MILLNER, R. und R. RICHWIEN: Grundlagen der medizinischen Elektronik. Geest & Portig, Leipzig 1969.
13. PEACOCKE, A. R. and N. J. PRITCHARD: Some biophysical aspects of ultrasound. Progress Biophys. molec. Biol. **18** (1968) 187–208.
14. PETIN, V. G., V. P. KOMAROV, and V. G. SKVORTZOV: Combined action of ultrasound and ionizing radiation on yeast cells. Radiat. environ. Biophys. **18** (1980) 45–55.
15. RGW-Standard „Arbeitsschutz". Ultraschall. Zulässige Pegel und Meßmethoden. 1. Entwurf Juni 1982.
16. ROHR, K. R. and J. A. ROONEY: Effect of ultrasound on a bilayer lipid membrane. Biophys. J. **23** (1978) 33–40.
17. ROTT, H.-D., H. SELZER und H. J. ZWEIFEL: Wohin zielt der Ultraschall in den nächsten Jahren? Ärztl. Praxis **33** (1981) 1008.
18. SCHWAN, H. P.: Electromagnetic and ultrasonic induction of hyperthermia in tissue-like substances. Rad. environ. Biophys. **17** (1980) 189–203.
19. STOLZENBERG, S. J., C. A. TORBIT, P. D. EDMONTS, and J. C. TAENZER: Effects of ultrasound on the mouse exposed at different stages of gestation: acute studies. Radiat. environ. Biophys. **17** (1980) 245–270.
20. THRALL, D. E.: Clinical requirements for localized hyperthermia in the patient. Rad. environ. Biophys. **17** (1980) 229–232.
21. VEIT, I.: Betrachtungen über die bisher bekannten Wirkungen von Ultraschall auf das menschliche Gehör. Z. Lärmbekämpfung **27** (1980) 188–192.
22. VEIT, I.: Wirkung von Ultraschall auf das Gehör. Bundesanstalt für Arb.-schutz und Unfallfoschung. Forschungsber. Nr. 231, Dortmund 1980.
23. WEINBERGER, P., P. ANDERSON, and L. S. DONORAN: Changes in production, yield, and chemical composition of corn (Zea mays) after ultrasound treatments of the seeds. Rad. environ. Biophys. **16** (1979) 81–88.

6.4. Infraschall

6.4.1. Infraschallquellen und Messung

Infraschall (IS) ist Schall im Frequenzbereich unterhalb 20 Hz. Auf einem 1973 in Paris abgehaltenen internationalen Kolloquium wurde für IS der Frequenzbereich von 0,1 Hz bis 20 Hz definiert. Die IS-

Quellen lassen sich in natürliche und technische unterteilen. Die Tab. 17 enthält Beispiele aus diesen Bereichen und gibt die ungefähren Frequenzen und Intensitäten der Quellen an. Die Werte wurden von verschiedenen Autoren mit z. T. unterschiedlicher Meßtechnik gewonnen. Zum Nachweis von IS kann prinzipiell jeder Behälter mit einer dünnen Membrane dienen. Einfache Detektoren sind Barometer, Hitzedrahtdetektoren, kapazitive oder elektrochemische Methoden. Mit ihnen ließen sich bereits im 1. Weltkrieg feindliche Feuerstellungen lokalisieren. Kommerzielle Meßgeräte für IS wurden erst nach 1960 zugänglich; sie beruhen auf elektronischer Basis und erlauben neben der Intensitätsmessung auch eine Frequenzanalyse. Moderne Lärmmeßgeräte bieten auch die Möglichkeit zur Messung von IS.

In der Literatur (2, 3) werden Beispiele beschrieben, die auf eine Wahrnehmung des IS durch den Menschen hinweisen. Bewohner in der Umgebung industrieller Anlagen klagen über Lärmbelästigung; Geräuschmessungen mit der üblichen Methode ergeben aber nur Schalldruckpegel von 47 dB (A), während der

Tab. 17: Quellen, Frequenzen und Intensitäten von Infraschall (2).

Quelle	Frequenz (Hz)	Intensität (dB)
Erdbeben	0,04	106
Vulkanausbrüche	$< 0{,}1$	114
Luftturbulenzen	$< 1{,}5$	100
Donner	< 2	100
Wind, 25 km/h	< 1	110
100 km/h	< 1	135
Meteorite	< 1	90
Brechen der Meereswellen	< 1	80
Wasserfälle	< 20	70—80
Heizungs- und Klimaanlagen	2—20	80—85
Kompressor in 1 m Abstand	10—20	80—115
PKW, halboffenes Fenster	1—15	95—118
LKW, 32 t, 85 km/h, innen	4—20	110—112
Schiff, Raum über dem Dieselmotor	5—16	80—103
Hubschrauber, innen	2—20	91—103
Raketenstart, 1,6 km Abstand	5—20	120—135
Autobahnbrücken, U-Bahn-Tunnel	10—20	84—90

unbewertete Pegel bei 90 dB liegt. Erst eine erweiterte Frequenzanalyse zeigt, daß die Spitzenwerte von 85 dB bei 12 Hz auftreten. Die Quelle für diesen IS und für die Belästigung war ein Gebläse auf dem Dach einer Fabrik in 80 m Entfernung.

Auch im Freien einer ruhigen Wohngegend werden für niedrige Frequenzen (2—6 Hz) häufig 60—65 dB erreicht und innerhalb der Wohnungen herrscht bei 2—4 Hz ununterbrochen ein Pegel von 55—60 dB, zeitweise bis 90 dB und darüber, ohne daß sich der Höreindruck ver-

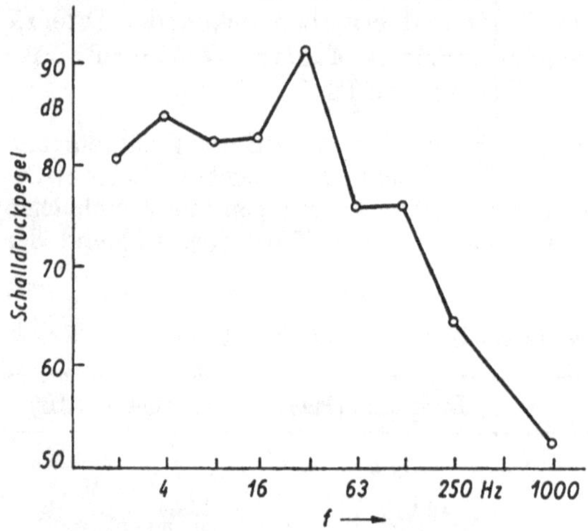

Abb. 53: Geräuschspektrum eines Lüftungssystems, aus (2).

ändert. Die Ursachen für diesen IS sind nicht immer klar erkennbar; schon das Zuschlagen irgendeiner Tür verursacht mehr als 90 dB in den tieferen Frequenzen. In klimatisierten Räumen rührt der IS häufig von Klimaanlagen her. In einem Laborraum ergaben sich dadurch die in Abb. 53 angegebenen Schalldruckpegel von 80—85 dB im Bereich von 2—20 Hz, die von einem Lüftungssystem verursacht wurden.

6.3.2. Wirkung des Infraschalls

Angaben über phänomenale Wirkungen des IS reichen von den „Posaunen von Jericho“[1]) bis zu den „Baß-Kanonen von Marseille“, um die es nach dem Tode von Gavreau, dem Konstrukteur, vor einigen

[1]) Posaunen von Jericho, mit denen nach der Legende Joshua um 1250 v. d. Z. die Mauern der Stadt zerstörte.

Jahren wieder still geworden ist. Diese monströsen Waffen mit einer Länge von 24 m für eine Frequenz von 3,5 Hz sollten schon nach 15 min Einsatz Übelkeit, Brechreiz, Gleichgewichtsstörungen, Schmerzen im ganzen Körper und Vibrieren einzelner Organe hervorrufen und Menschen auf Entfernungen über mehrere km töten (1). Aus der Vielzahl von veröffentlichten Vorstellungen lassen sich nur wenige wissenschaftlich begründete Ergebnisse entnehmen. Die ersten Angaben stammen von Beobachtungen aus dem 2. Weltkrieg, als an U-Bootbesatzungen pathologische Veränderungen im Mittelohr auftraten. Sie wurden auf die rhythmischen Luftdruckschwankungen durch den Betrieb der Dieselmotoren zurückgeführt. Später ergaben die Weltraumflüge Anlaß zur systematischen Erforschung der IS-Wirkungen. Beim Start der Raketen liegt ein Hauptteil der auftretenden akustischen Energie unterhalb 20 Hz. Beobachtungen am Menschen, z. T. in Selbstversuchen, und Experimente mit Tieren liefern uns die vorliegenden Daten. IS-exponierte Personen klagten über Übelkeit, Hautkribbeln, Husten, Atembeschwerden, Schmerzen beim Schlucken, Brechreiz, Kopfschmerzen, Vibration der Brustwand und Müdigkeit, wenn sie kurze Zeit 150 dB oder mehr ausgesetzt wurden. Einige Beschwerden scheinen an bestimmte Frequenzen gebunden zu sein, doch fehlen hierzu genauere Untersuchungen, besonders für niedrige Intensitäten, wie sie in fahrenden Autos oder in Werkhallen mit großen Gebläsen auftreten. USA-Forscher fanden, daß an Tagen mit starken Luftturbulenzen, die mit IS-Wellen verbunden sind, die Anzahl der Unfälle und die Fehltage der Schüler zunahmen.
Johnson (3) hat die IS-Wirkungen auf den Menschen in auditive Reizungen, physiologische Wirkungen, Vibrationseffekte und störende Einflüsse unterteilt. Er zeigt, daß IS bis herab zu 1 Hz auditive Effekte auslöst, wenn die Intensität 130—140 dB SPL erreicht. Dabei wird nicht der reine IS-Ton hörbar, sondern sog. Harmonische (Oberschwingungen), die durch mechanische Verschiebungen von Mittel- und Innenohr erzeugt werden. Dadurch besteht auch für höhere IS-Intensitäten die Möglichkeit einer Hörschädigung. Nach 30 min $\geqq$ 140 dB trat eine TTS von ca. 10 dB für das Hören bei 125 Hz auf. Kurzfristige Einwirkungen (< 30 s) von 172 dB auf das menschliche Ohr hatten noch keine Hörschäden zur Folge. Interessant ist, daß auch Hörgeschädigte das Abschalten einer IS-Quelle als angenehm empfinden (5).

Expositionen von Versuchstieren (Chinchilla) gegenüber 172 dB führten bei 1 Hz nach 60 min, bei 4 Hz nach 15 min und bei 8 Hz schon nach 7,5 min zu Perforationen des Trommelfells. In Versuchen mit anästhesierten Hunden kam es bei 166 dB (0,5—8 Hz) zur Abflachung und bei 172 dB zum Erliegen der Atmung. Die Ausdauerleistung von Ratten nahm ab, wenn 10 min lang 16 Hz bei 105 dB einwirkten oder 30 min lang 85—95 dB (6). Beim Menschen waren nach 8 min bei 144 dB weder Atmung noch Pulsfrequenz verändert. Am arteriellen Blutdruck traten nach 50 min bei 130 dB (7,5 Hz) keine signifikanten Änderungen auf. Ähnlich wie bei den mechanischen Schwingungen sind beim Infraschall Auswirkungen auf die Vestibularisfunktion zu erwarten. Wegen der im Vergleich zum Körper langen Wellenlängen wirkt die IS-Energie einheitlich auf den gesamten Körper. Dabei kommt es da, wo Luft verdrängt oder komprimiert wird, zu Verschiebungen von Geweben; dies gilt vor allem für die Lungen und das Mittelohr.

Nach ihrer Gefährdung lassen sich die **IS-Wirkungen** in die folgenden Bereiche unterteilen:

1. *Letaler Bereich*: Pegel von über 170 dB führen bei Tieren nach etwa 10 min Einwirkung zum Reißen der Alveolarepithelien mit tödlichem Ausgang.
2. *Gefährlicher Bereich:* 140—170 dB verursachen nach wenigen min Übelkeit, Brechreiz usw. (s. o.). Gesunde Personen können diese Intensität kurzzeitig tolerieren.
3. *Fraglicher Bereich:* 100—140 dB verursachen, besonders oberhalb 120 dB, leichte Symptome, die dem psychophysiologischen Komplex zuzuordnen sind, z. B. Verminderung der Konzentrationsfähigkeit.
4. *Sicherheitsbereich:* Unterhalb 100 dB sind durch IS keinerlei Beeinträchtigungen zu erwarten. Die meisten Autoren setzen sogar einen Wert von 120 dB als sichere Grenze für die gesamte Bevölkerung an, bei deren Einhaltung keine Gefährdung zu erwarten ist.

Diese Vorstellungen könnten als Grundlage für allgemeingültige Richtlinien oder spätere Standards für Infraschall dienen. Das gesamte Gebiet bedarf jedoch noch einer intensiveren biophysikalischen Erforschung.

Literatur

1. Gavreau, V.: Infrasound. Science J. **4** (1968) 33–37.
2. Gono, F.: Infraschall und seine Wirkungen auf den Menschen. Arb.med. Soz. med. Präv. med. **13** (1978) 137–142.
3. Johnson, D. L.: Auditory and physiological effects of Infrasound. Int. Conf. Noise Control. Inter-Noise, Proceed., Lngby, Denmark **75** (1975) 475–482.
4. Tempest, W. (Ed.): Infrasound and Low Frequency Vibration. Acad. Press. London, N. Y. 1976.
5. Veit, I.: Neuere Erkenntnisse über die Einflüsse und Wirkungen von Infra- und Ultraschall auf unser Gehör. Z. Hörgeräte-Akustik **18** (1979) 2–24.
6. Yamamura, K. and R. Kishi: Effects of infrasound on the rota-rod treadmill performance of rats. Eur. J. appl. Physiol. **45** (1980) 81–86.

7. Anormale Drücke

Anormale Drücke gehören zu den seltener auftretenden physikalischen Umweltfaktoren; sie spielen für bestimmte Biotope, wie Tiefsee (6) oder Hochgebirge und für bestimmte Tätigkeiten des Menschen, wie Tauchen und Fliegen eine wichtige Rolle. In diesem Rahmen können nur einige Aspekte der gesamten Problematik erwähnt werden. Die Abb. 54 erläutert die großen Druckbereiche im Meer, die durch die Gezeitenzone, kontinentale Riffe, die Grenze für sichtbares Sonnenlicht und die Tiefseegräben gekennzeichnet werden. In grober Näherung entsprechen 10 m Tiefenzunahme einer Drucksteigerung um 1 bar (0,1 MPa). Für die einzelnen Druckbereiche sind bekannte biologische Reaktionen angegeben.

Daß sich bestimmte Tiere den speziellen Bedingungen der Tiefsee mit ihren abnorm hohen Drücken, tiefen Temperaturen und der fast völligen Dunkelheit

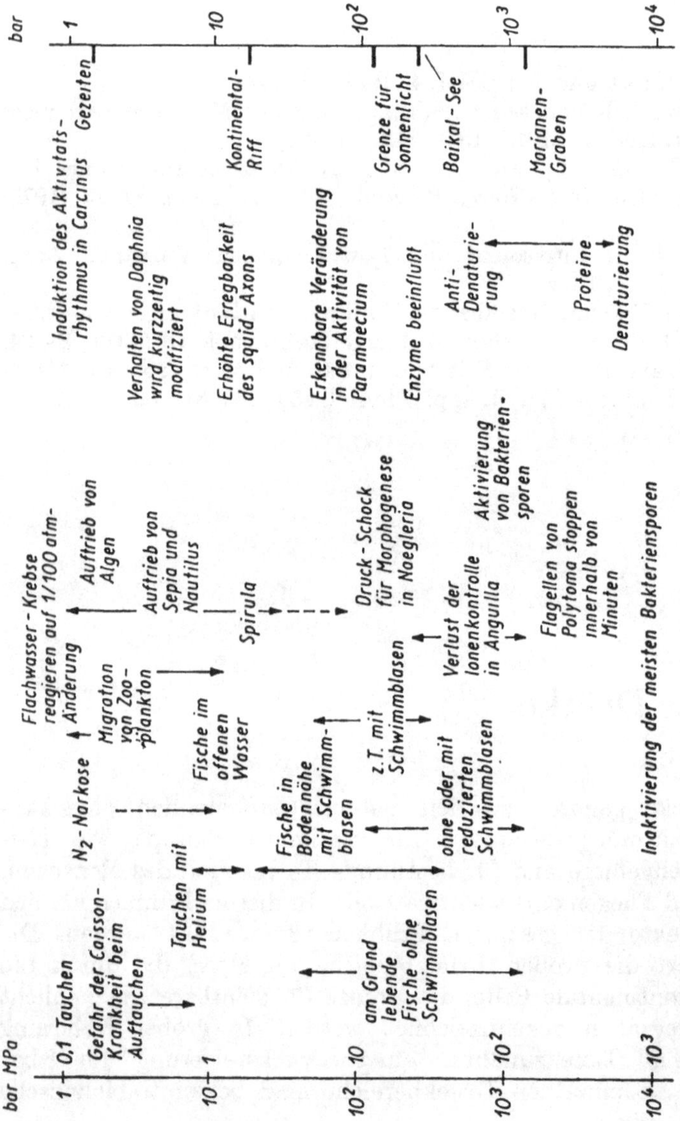

Abb. 54: Bereiche mit verschiedenen Drücken und den dabei auftretenden biologischen Phänomenen, nach (4).

angepaßt haben, ist seit langem bekannt, aber erst in den letzten Jahren gelang es, Organismen der Tiefsee in speziellen Druckbehältern zu fangen und unter natürlichen Bedingungen in Laboratorien zu bringen, um die Funktionen näher zu untersuchen. In einer Tiefe von 6000 m (60 MPa) wurden Amphipoden gefangen und im Laboratorium einer Dekompression ausgesetzt. Die lokomotorische Aktivität der Tiere blieb bis herunter auf einen Druck von 21,5 MPa erhalten, darunter hörte sie auf und kehrte aber bei höheren Drücken wieder, wenn die Tiere nur wenige Minuten unter Atmosphärendruck waren (10, 12).

Auch die Bakterien der Tiefsee sind dem Druck angepaßt; sie wachsen in Laboratorien bei niederen oder auch höheren Drücken wesentlich langsamer (Abb. 55). Dabei stimmen die Drücke für optimales Wachstum nicht immer mit dem im Habitat herrschenden Druck überein; z. B.

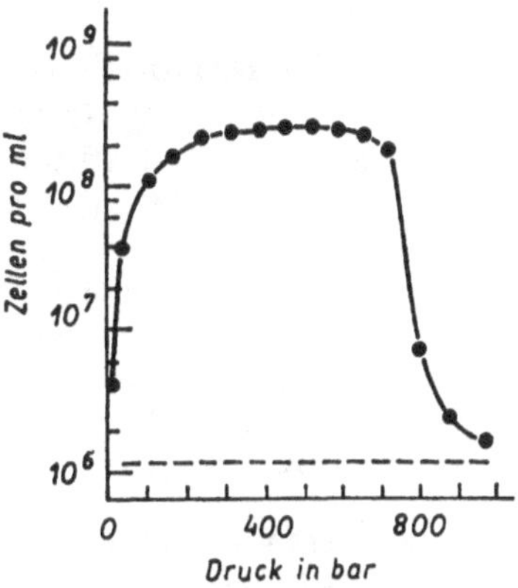

Abb. 55: Wachstum eines Tiefsee-Bakteriums (Spirillum) unter standardisierten Laborbedingungen bei 15 verschiedenen Drücken. Die Inoculum-Menge war in allen Fällen ca. 10^6 Zellen/ml Kulturmedium (unterbrochene Linie), Kulturdauer je 7 Tage bei 2—4 °C, nach (11).

wiesen Bakterien aus 10000 m Tiefe (100 MPa) ihre optimale Generationszeit (25 Std. bei 2 °C) bei 69 MPa auf, was einer Tiefe von 6900 m entspricht. Bei dem Druck, der der Biotop-Tiefe entspricht, betrug die Generationszeit 33 h (11, 13). Der Druck ist offenbar ein wichtiger Faktor für die vertikale biologische Zonierung der Tiefsee. Obligate barophile Organismen können für begrenzte Zeiten eine teilweise oder sogar völlige Dekompression vertragen.

Wie sich eine künstliche Steigerung des Druckes auf unter Atmosphärendruck lebende Objekte auswirkt, wurde an einer Reihe biologischer Präparate untersucht, wobei den Funktionen der Membranen besondere Aufmerksamkeit gewidmet wurde. Das Membranpotential isolierter Frosch-Skelettmuskeln nimmt unter 1 MPa Sauerstoffatmosphäre stärker ab als in einer reinen Stickstoffatmosphäre unter Normaldruck. Reizt man die Muskeln unter diesem Druck, fällt die Kontraktionsamplitude schnell ab (5). Unter 1 MPa sind bei normaler Luftzusammensetzung Membranpotential und Ionengehalt nicht signifikant verändert. Bei einem Druckanstieg bis 60 MPa zeigt die Nervenmembran ein biphasisches Verhalten: nach einer Abnahme der Rheobase mit einem Minimum von ca. 50% bei 35—40 MPa steigt sie nach 60 MPa hin auf den doppelten Wert der Kontrolle an; dagegen nimmt die Dauer des Aktionspotentials (AP) über den gesamten Druckbereich linear auf etwa das 5fache zu (2). Die Veränderungen werden damit erklärt, daß unter hohem Druck die Dicke der Phospholipidschicht der Zellmembran abnimmt und die Lipidmoleküle — um ihre niedrigste freie Energie zu erreichen — ihre Anordnung verändern. Dadurch nimmt die Stabilität der Membran ab und die Erregbarkeit wird begünstigt. Da sich diese Membranalterationen auch auf die Ionenfluxe auswirken, steigt die AP-Dauer an. An künstlichen Phospholipid-Membranen verursachten hohe Drücke eine Steigerung der Phasenübergangstemperatur um 3 K (7).

Überdruck und zu schnelle Druckänderungen sind die Risikofaktoren beim Berufs- und Sporttauchen (1). Die Volumenverhältnisse der Atemgase bleiben unter einem weiten Bereich von Über- oder Unterdruck konstant. Für die Wirkung eines bestimmten Gases ist sein Partialdruck entscheidend; er ergibt sich aus:

$$p = P_{\text{ges}} \cdot \frac{a}{100}$$

p = Partialdruck, P_{ges} = Gesamtdruck, a = Vol.-%Anteil.

Die Gasspeicher des Organismus lösen die Gase entsprechend dem Henryschen Gesetz nach ihrem Partialdruck, wobei die Löslichkeit mit steigender Temperatur abnimmt, aber auch vom Medium bestimmt wird. Fettgewebe lösen etwa 5mal soviel Anteile N_2 wie Wasser. Bei Helium beträgt der Unterschied nur das 1,7fache; das erklärt seine Verwendung in Atemgasgemischen anstelle von Stickstoff. Die Löslichkeit von O_2 und CO_2 wird in Lehrbüchern der Physiologie ausführlich behandelt. Erhöhter Druck wirkt sich auch auf die Atemmechanik aus; mit zunehmendem Druck sinkt das Atemzeitvolumen: bei 5 MPa beträgt es nur noch 50%. Auch die Herzfrequenz nimmt unter Überdruck ab (vgl. Taucherbradykardie).

Nach einer Druckexposition ist die Dekompression die gefährlichste Phase, weil sich bei zu rascher Druckminderung im Blut Gasbläschen (N_2) bilden, die zur Gasembolie führen können (Caisson-Krankheit). Die Arbeitsschutzvorschriften für das Tauchen schreiben bestimmte Dekompressionsverfahren vor, bei deren Einhaltung diese Schäden vermieden werden. Im Tierexperiment lassen sich nach Überdruckexposition eine Reihe von Veränderungen beobachten, die vorwiegend durch Ischämie der Knochen zustandekommen, wenn während zu schneller Dekompression Gasbläschen die zuführenden Gefäße verschließen. Danach treten in den Knochen eine Reihe von Nekrosen auf, die nur z. T. reversibel sind (8, 9).

Beim Aufstieg in große Höhen erfolgt die Abnahme des Luftdruckes nicht linear: in 4 km Höhe bestehen noch 60%, in 8 km 35% und in 12 km 25%; die prozentuale Zusammensetzung bleibt gleich. Die plötzliche Verminderung des Atmosphärendruckes bewirkt im Körper eine relative Druckerhöhung, die zu Blähungen im Magen-Darm-Kanal und im Mittelohr führen kann.

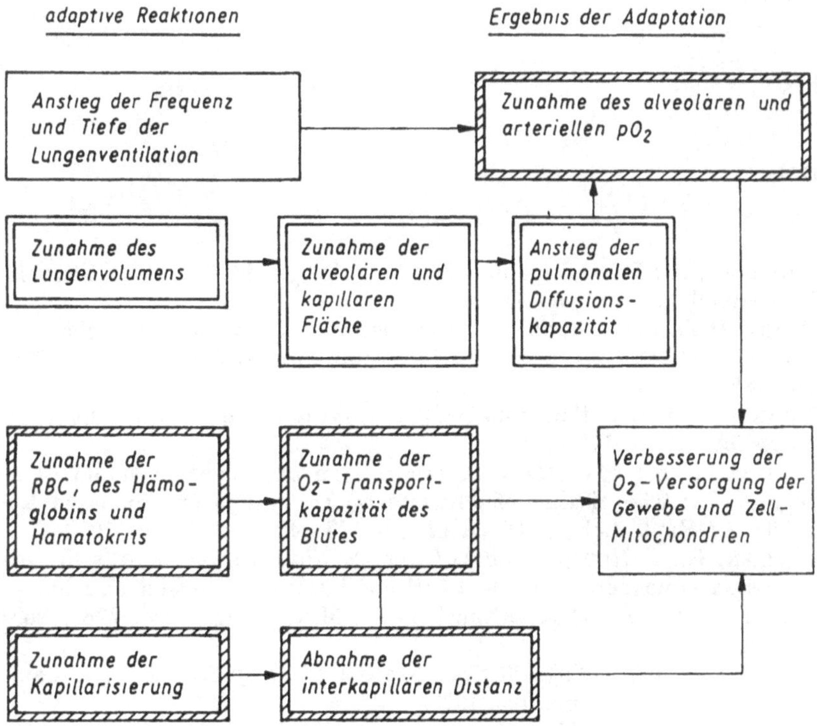

Abb. 56: Schematische Darstellung der adaptiven Mechanismen bei der Höhen-Hypoxie. Einfach umrandet: Auftreten bei Tieflandbewohnern, wenn sie sich in größeren Höhen aufhalten; doppelt umrandet: Adaptation bei ständigen Hochlandbewohnern; schraffiert: Adaptation bei beiden Gruppen, nach (3).

Eine Druckabnahme bis zu Werten, die einer Höhe von 4 km entspricht, wird relativ gut toleriert. Die notwendige O_2-Zufuhr erfolgt durch Steigerung der Herz- und Atemfrequenz; die O_2-Sättigung des Hämoglobins nimmt ab. Bei langsamer Adaptation kann eine Druckminderung bis 7 km Höhe toleriert werden. Flugzeugkabinen (Flughöhen zwischen 6 und 12 km) besitzen einen Druck, der dem von 2—3 km Höhe entspricht. Passagiere mit Atem- oder Kreislaufbeschwerden können zusätzlich mit O_2 versorgt werden.

Für die Anpassung an größere Höhenlagen, wie bei den Bewohnern der Anden, kennt man mehrere adaptive Mechanismen (Abb. 56), die darauf gerichtet sind, die Ventilation, das Lungenvolumen, die Diffusionskapazität bzw. den O_2-Transport und die O_2-Versorgung der Gewebe zu verbessern.

Literatur

1. BÜHLMANN, A.: Physiologie und Pathophysiologie des Tauchens. Schweiz. Z. Sportmed. 29 (1981) 5—11.
2. EREMIA, D.: An explanation of high pressure effects on nerve function — a contribution to the theorie of excitable membranes. Stud. biophys. 58 (1976) 179—185.
3. FRISANCHO, A. R.: Functional adaptation to high altitude hypoxia. Science 187 (1975) 313—319.
4. KITCHING, J. A.: The effects of pressure on organisms: a summary of progress. In: The Effects of Pressure on Organisms (Symposia of the Society for Expl. Biology. No. XXIV, p. 473—482, Cambridge 1972.
5. KÜCHLER, G., J. NEUDEL und L. ZETT: Einfluß des Sauerstoffs in verschiedenen Druckbereichen (0—10 at) auf Funktionsfähigkeit und Ionengehalt isolierter Froschskelettmuskeln. II. Mitt. Pflüg. Arch. 278 (1963) 395—407.
6. MACDONALD, A. G.: Physiological Aspects of Deep-Sea Biology. Cambridge Univ. Press, Cambridge 1975.
7. TRUDELL, J. R.: The effect of high pressure on phospholipid bilayer membranes. In: M. R. HEINRICH (Ed.): Extreme Environments. Acad. Press, N. Y. 1976, p. 349—353.
8. WÜNSCHE, O. und G. SCHEELE: Frühformen von Skelettveränderungen nach Überdruckexposition im Tierexperiment. Zbl. Arb. med. 26 (1976) 108—112.

9. Wünsche, O. und G. Scheele: Spätschäden durch Unterdruck-Druckfall. Ärztl. Praxis **28** (1976) 2034–2036.
10. Yayanos, A. A.: Recovery and maintenance of live amphipods at a pressure of 580 bars from an ocean depth of 5700 meters. Science **200** (1978) 1056–1059.
11. Yayanos, A. A., A. S. Dietz and R. Van Boxtel: Isolation of a deep-sea basophilic bacterium and some of its growth characteristics. Science **205**, (1979) 808–810.
12. Yayanos, A. A.: Reversible inactivation of deep-sea amphipods (*Paralicella capresca*) by a decompression from 601 bars to atmospheric pressure. Comp. biochem. Physiol. **69** A (1981) 563–565.
13. Yayanos, A. A., A. S. Dietz, and R. Van Boxtel: Obligately barophilic bacterium from the Mariana Trench. Proc. Natl. Acad. Sci. USA **78** (1981) 5212–5215.

8. Elektromagnetische Schwingungen

8.1. Physikalische und photochemische Grundlagen

8.1.1. Elektromagnetisches Spektrum

Elektromagnetische Wellen bestehen aus elektrischen und magnetischen Feldern, die nach den Maxwellschen Gleichungen miteinander verkoppelt sind und sich gemeinsam ausbreiten. Diesen Gesetzmäßigkeiten unterliegt auch die sog. optische Strahlung aus dem kurzwelligen Bereich des elektromagnetischen Spektrums, also Ultraviolett-, sichtbare und Ultrarot-Strahlung. Ihre hohe Frequenz bzw. geringe Wellenlänge hat zur Folge, daß die vom Hertzschen Dipol her bekannte Nahfeldverteilung und die Phasenverschiebungen zwischen dem elektrischen und magnetischen Feld praktisch nicht beobachtbar sind. Die elektrische und die magnetische Komponente E und H stehen deshalb stets senkrecht aufeinander, sind phasengleich und bilden mit dem Ausbreitungsvektor k eine Rechtsschraube (2). Die elektromagnetischen Schwingungen breiten sich in ebenen Wellenfronten aus, auf denen jeweils die Phasenlage der Feldstärke konstant ist. Das Verhalten dieser Wellen kann dann im Rahmen der geometrischen Optik anhand einer einzigen Größe, der Wellennormalen, beschrieben werden, die in die Ausbreitungsrichtung weist und als „Strahl“ bezeichnet wird. Wir sprechen deshalb von UV-, Licht- und Infrarotstrahlung. In homogenen Medien breitet sie sich gradlinig aus. An Grenzflächen unterschiedlich dichter Medien treten die aus der Optik bekannten Vorgänge in Erscheinung. Die Quantennatur der Strahlung bedingt eine quantenhafte Wechselwirkung, d. h. Erzeugung und Absorption von Photonen sind das Ergebnis des Übergangs von Elementarteilchen in einen Zustand niederer oder höherer potentieller oder kinetischer Energie. Dabei sind Übergänge zwischen **diskreten** und **kontinuierlichen Energiezuständen** zu unterscheiden. Die **Linienstrahlung** ist das Ergebnis eines elektronischen Übergangs zwischen zwei diskreten Niveaus n und m des angeregten Atoms A^*; nehmen wir m als das höher liegende Niveau an, so ergibt sich:

$$A_m^* \rightleftharpoons A_n^* + h\nu$$

$h\nu$ bezeichnet die Energie des entstandenen oder aufzuwendenden Photons.
Kontinuierliche Strahlung entsteht durch Abbremsung von Elektronen m elektrischen Feld schwerer Teilchen:

$$A^+ + e\,(E_1) \rightleftharpoons A^+ + e(E_2) + h\nu$$

Hier nimmt das Ion A^+ an der Energieumwandlung praktisch nicht teil. E_1 und E_2 sind beliebige Energiewerte des freien Elektrons, die auch für die Photonenenergie beliebige Werte, also ein Kontinuum zulassen. Diese Prozesse sind für die Entwicklung und Anwendung von Strahlenquellen zu berücksichtigen. Es lassen sich Strahler mit ausgesprochenen Linienemissionen und solche mit weitgehendem **Kontinuum** herstellen (2). Die unter 8.2.6. beschriebenen biologischen UV-Wirkungen lassen sich z. T. auf physikalische, z. T. auf chemische Effekte der UV-Strahlen zurückführen. Unter physikalischen Wirkungen sind solche zu verstehen, die ohne Veränderung der chemischen Zusammensetzung des absorbierenden Mediums ablaufen. Dabei gibt es Vorgänge, bei denen die spektrale Zusammensetzung der Strahlung keine Rolle spielt, und solche, die wellenlängenspezifisch sind; z. B. ist der Quantenwirkungsgrad stark frequenzabhängig. Er definiert das Verhältnis der ausgelösten Photoelektronen zu den auftreffenden Photonen. Das Photon muß mindestens die Austrittsarbeit für ein Elektron aufbringen können. Der **Photoeffekt** ist die Grundlage für die Funktion der Photozellen, Photodioden, Phototransistoren und Photovervielfacher (Multiplier). Durch Wahl geeigneter Katodenmaterialien kann die Empfindlichkeit bestimmten Spektralbereichen angepaßt werden.

Tab. 18: Trennungsenergien einiger wichtiger anorganischer und organischer Verbindungen, nach (2).

Bindungsart	Energieaufwand (eV)
CH_3...H	4,56
CH_3...Cl	3,64
CH_3...CH_3	3,97
CH_3...OH	4,03
C_6H_5..H	4,21
H.....H	4,48
H.....OH	5,13
CO....O	5,44
NH_2...H	4,51
H_2C...CH_2	6,85

Von anderer Art als der Photoeffekt sind durch Strahlungsabsorption ausgelöste elektronische Übergänge zwischen diskreten energetischen Zuständen, die durch Resonanz zwischen Photonenenergie und der Energiedifferenz der beteiligten Niveaus zustandekommt. Diese energetischen Prozesse lassen sich an Hand des sog. JABLONSKI-Diagramms erläutern (vgl. (2) S. 33).

Die chemische Wirkung der Strahlung beruht auf der Möglichkeit, daß die Energie absorbierter Photonen zur Trennung chemischer Bindungen verwendet wird. Tab. 18 enthält die Trennungsenergien für einige chemische Bindungen. Unter Trennungsenergie versteht man den Energiebetrag, der zur Auftrennung eines Moleküls in zwei Bestandteile, die sich im elektronischen Grundzustand befinden, durch Lösung der angegebenen Bindung erforderlich ist. Die in der Tabelle angeführten Bindungsenergien entsprechen etwa der Energie der Photonen im UV-Bereich. Die chemischen Wirkungen hängen damit auch weit-

gehend von der Wellenlänge der Strahlung ab. Diese Wellenlängenabhängigkeit wird als **Wirkungskurve** $f(\lambda)$ bestimmt (vgl. 8.2.6.1.) und häufig als relativer Verlauf dargestellt, mit einem Äquivalenzwert C, der dem Maximum der Wirkungskurve entspricht. $f(\lambda)$ hat dann die Bedeutung eines Gewichtsfaktors, mit dem jede spektrale Komponente der Strahlungsleistung zu multiplizieren ist, um ihren Beitrag zur Gesamtwirkung zu erhalten.
Elektromagnetische Schwingungen umfassen einen weiten Frequenzbereich, denen so verschiedene biologische Vorgänge wie Ionisation, Photoeffekt oder Erwärmung zuzuordnen sind. Nach ihrer Wellenlänge oder Frequenz geordnet ergibt sich ein Spektrum (Abb. 57), an dessen einem Ende die ionisierenden Strahlen mit ihrer relativ hohen

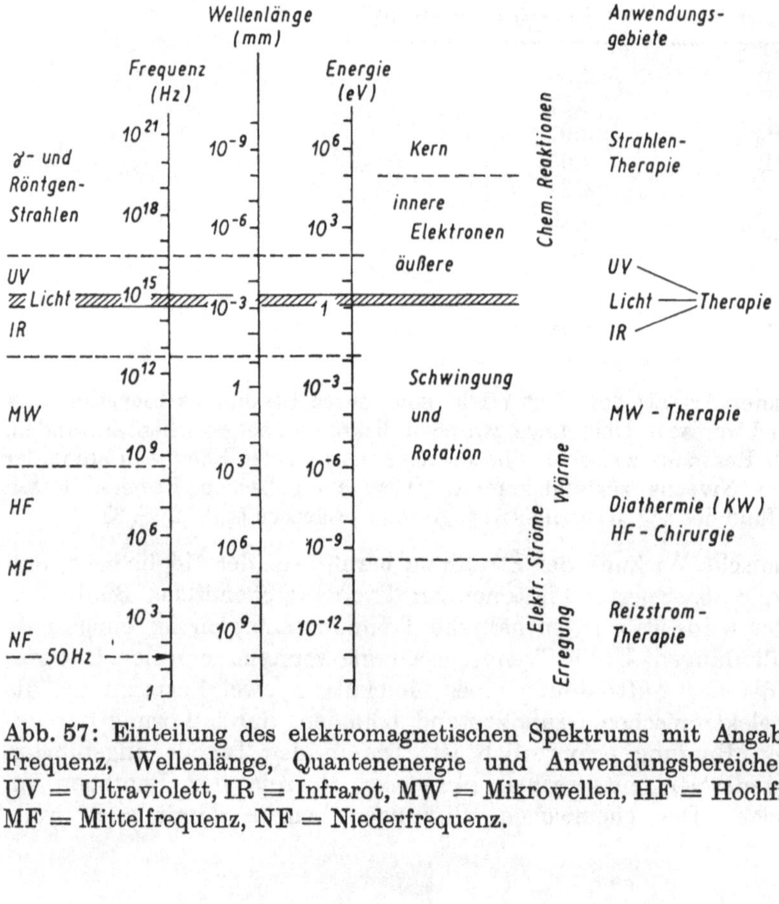

Abb. 57: Einteilung des elektromagnetischen Spektrums mit Angaben über Frequenz, Wellenlänge, Quantenenergie und Anwendungsbereiche.
UV = Ultraviolett, IR = Infrarot, MW = Mikrowellen, HF = Hochfrequenz, MF = Mittelfrequenz, NF = Niederfrequenz.

Quantenenergie, am anderen Ende die niederfrequenten elektrischen Wellen mit sehr kleinen Quantenenergien stehen. Teilweise werden auch die kosmischen Strahlungen in dieses Spektrum eingeordnet, die Übergänge zur γ- und Röntgenstrahlung sind fließend. Da es sich bei der kosmischen Strahlung jedoch primär um eine stark ionisierende Partikelstrahlung handelt, wurde hier darauf verzichtet. Der Energiefluß der kosmischen Strahlung liegt bei $3{,}8 \cdot 10^{-6}\,J \cdot m^{-2} \cdot s^{-1}$ und die Energiedichte bei $1{,}26 \cdot 10^{-4}\,J \cdot m^{-3}$ (5). Zum Vergleich dazu beträgt der Energiefluß der Strahlung des Vollmondes $3 \cdot 10^{-3}\,J \cdot m^{-2} \cdot s^{-1}$ und die Energiedichte ca. $10^{-11}\,J \cdot m^{-3}$.

Sonne und Erde sind in erster Linie thermische Strahler, die ein Kontinuum aussenden, jedoch gibt es in engen Wellenlängengebieten durch Absorption in der Chromosphäre Lücken im Spektrum (FRAUENHOFERsche Linien). Intensität und Verteilung der Energie werden bei einem thermischen Strahler durch das PLANCKsche Strahlungsgesetz bestimmt, das zwei Aussagen erlaubt: 1. die Gesamtintensität, d. h. das Integral über die Strahlungskurve, steigt mit zunehmender Temperatur rasch an; 2. dabei verschiebt sich das Maximum der Kurve nach kürzeren Wellenlängen hin (vgl. 4.1.2. und Abb. 3).
Durch die Wirkung der Erdatmosphäre erreichen aus dem breiten Spektrum der elektromagnetischen Schwingungen nur zwei Bereiche die Erdoberfläche ohne größere Verluste. Das eine „Fenster“ liegt im sichtbaren Gebiet des Spektrums mit seinen Übergängen zu Ultraviolett und Ultrarot. Die untere Grenze dieses Bereiches wird durch Ozon bedingt und liegt bei etwa 300 nm, die obere Grenze bei 4500 nm beruht auf den Absorptionsbanden des Wasserdampfes, die auch zwischen 9000 und 11000 nm noch eine gewisse Durchlässigkeit zulassen. Das zweite „Fenster“ betrifft die Radiowellen und reicht von $\lambda = 8$ mm bis etwa 100 m mit einer guten Durchlässigkeit zwischen $\lambda = 30$ mm und 10 m. In diesem Spektralbereich bewirkt die wechselnde Elektronendichte in der Ionosphäre tägliche und jährliche Intensitätsschwankungen, die außerdem der 11jährigen Periode der Sonnenaktivität unterliegen.

Der Ursprung der thermischen Strahlung der Sonne sind Prozesse der Kernfusion im Innern der Gaskugel. Bei ca. 5 Mill. Grad setzt der Proton-Proton-Prozeß ein, bei ca. 10 Mill. Grad der Wasserstoff-Helium-Prozeß, bei dem 0,8% der Masse in Energie verwandelt werden. Die Sonne strahlt seit einigen Milliarden Jahren und hat bisher ca. 20% des Wasserstoff-Vorrats verbraucht. Nach Erschöpfung des Wasserstoffs wird der Helium-Kohlenstoff-Prozeß wirksam, der mit Volumen- und Dichteänderungen verbunden ist. Die Spontanausbrüche aus tieferen Schichten der Gaskugel führen zu Überlagerungen der mehr oder weniger kontinuierlichen Wellenstrahlung, so daß z. B. im Bereich der UV-Strahlung die Intensitäten in den „bursts“ das 10^6fache betragen können (17).

Über das Gebiet der ionisierenden Strahlung, zu der außer der Wellenstrahlung auch die Partikelstrahlung gehört, und die das große Feld der natürlichen und künstlichen Radioaktivität einschließt, existiert eine umfangreiche Literatur. Deshalb wird in diesem Rahmen bewußt darauf verzichtet, obwohl eine Reihe von Fragen — wie der Reaktorsicherheit oder der Beseitigung radioaktiver Abfälle — auch aktuelle Themen der Umweltbiophysik sind. Die übrigen Bereiche des elektromagnetischen Spektrums sollen in den folgenden Abschnitten behandelt werden.

8.1.2. Photochemische Grundlagen

Erste Beobachtungen über photochemische Prozesse reichen in die Antike zurück (vgl. 13). Eine quantitative Betrachtung begann im 19. Jahrhundert, als GROTTHUS und DRAPER das erste Gesetz der Photochemie formulierten (vgl. 8.2.6.1.) und BUNSEN und ROSCOE in ihren klassischen Untersuchungen zur Photochemie von Chlorwasserstoff zeigten, daß die gleichen photochemischen Effekte auftraten, wenn das Produkt von Lichtintensität und Expositionszeit konstant war. Diese Erkenntnis wurde als BUNSEN-ROSCOE-Reziprozitätsgesetz oder als zweites Gesetz der Photochemie bekannt. Etwa um die gleiche Zeit (1855—1859) publizierten LAMBERT und BEER ihr Absorptionsgesetz, das besagt, daß die Fraktion des eingestrahlten Lichtes, die durch eine Substanz in Lösung absorbiert wird, von der initialen Lichtintensität unabhängig ist und proportional mit der Konzentration der Substanz in der Lösung zunimmt:

$$E = \log \frac{I_0}{I} = \varepsilon \cdot c \cdot d$$

E = Extinktion, I_0 = eingestrahlte Intensität, I = austretende Intensität; ε = molarer Extinktionskoeffizient, c = Konzentration, d = Schichtdicke.

Diese Gesetzmäßigkeit findet noch heute bei vielen photometrischen Konzentrationsbestimmungen Anwendung.

Um 1900 entwickelte Max PLANCK sein Quantengesetz, nach dem die Strahlung nicht kontinuierlich, sondern in Form der Quanten ($h\nu$) emittiert wird, wobei h den Wert $6{,}625 \cdot 10^{-34}\,\mathrm{W} \cdot \mathrm{s}^2$ besitzt und ν die Frequenz bedeutet. Das danach von STARCK und EINSTEIN (1908—1912)

formulierte Gesetz der photochemischen Äquivalenz besagt: wenn pro Molekül (Atom oder Ion) absorbierender Substanz 1 Lichtquant absorbiert wird, so erzeugt es 1 lichtaktiviertes Molekül. Dies ist die **photochemische Primärreaktion.** Die aktivierte Substanz kann die Energie wieder als Licht abgeben — als Resonanzlicht bei gleicher Wellenlänge oder als Fluoreszenzlicht bei längerer Wellenlänge — , oder es kann **Sekundärreaktionen** eingehen und dadurch zur Isomerenbildung, Polymerisierung, Oxydation, Photolyse usw. beitragen.
Während die Temperatur die primären photochemischen Vorgänge kaum beeinflußt, bestimmt sie die sekundären Reaktionen in starkem Maße. In manchen Fällen tritt mit der Anregung durch Lichtquanten eine Kettenreaktion ein, bei der die Energie von Molekül zu Molekül weitergereicht wird. Im Falle der photochemischen Kombination von H und Cl (letzteres absorbiert das Licht) können bis zu 10^6 Moleküle beteiligt sein.
Einen wesentlichen Fortschritt erreichte die Photochemie durch die Einführung der Blitzlichtphotolyse, bei der in Bruchteilen von Sekunden eine sehr hohe Intensität auf die absorbierenden Moleküle einwirkt und das Wirkungsspektrum sofort danach gemessen werden kann. Dadurch lassen sich so kurzlebige Photoprodukte wie freie Radikale erfassen, die nur 10^{-6} s (Singuletts) oder 10^{-3} s (Tripletts) existieren. Mit dem Einsatz des Lasers (s. 8.5. und Abb. 58) gewann diese Methode einen weiteren Aufschwung.
Um photochemische Reaktionen quantitativ auszuwerten, muß man die Energie der Photonen in den einzelnen Wellenlängenbereichen kennen. Die Tab. 19 enthält dafür einige Beispiele aus dem ultravioletten, sichtbaren und ultraroten Bereich des Spektrums. Daraus geht hervor, daß photochemische Veränderungen vor allem durch Strahlung aus dem Bereich 200—500 nm zu erwarten sind. In engen Spektralbereichen ist die Intensität photochemischer Reaktionen nicht dem Energiegehalt, sondern der Anzahl Quanten proportional. Da nicht durch jedes absorbierte Quant eine chemische Reaktion ausgelöst wird, muß man die Quantenausbeute φ bestimmen. Dies erfolgt nach

$$\varphi = \frac{\text{Anzahl chemisch reagierender Moleküle}}{\text{Anzahl absorbierter Photonen}}$$

Zur Vereinfachung der Rechnungen wurde analog der chemischen Stoffmenge (mol) auch ein mol Quanten definiert und mit der Einheit **„Einstein“** benannt. 1 Einstein = 1 mol = 6,022 · 1ß^{23} $h\nu$. Die Quanten-

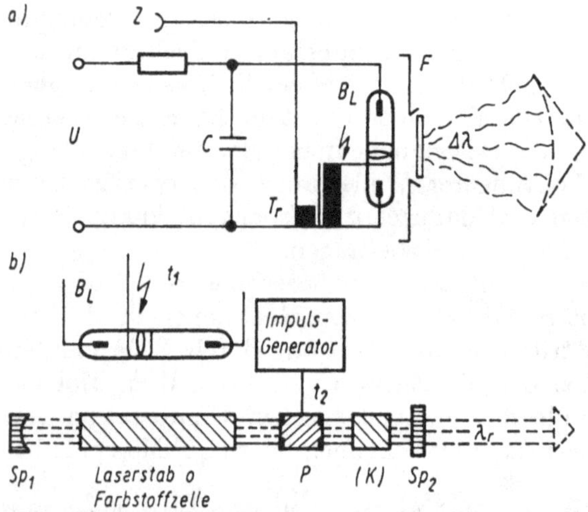

Abb. 58: Schematische Darstellung von Impuls-Lichtquellen für die Anregung photochemischer Reaktionen (Impulsphotolyse). a: Elektronenblitzlampe, C Stoßkondensator, B_L Quarzblitzröhre, *Tr* Zündtrafo, *F* Farbfilter, $\Delta\lambda$ ausgefilterter Spektralbereich; b: Riesenimpuls-Laser, Sp_1 Spiegel, Sp_2 halbdurchlässiger Spiegel, B_L Pumplichtlampe gezündet zu t_1, *P* Pockelzelle (Q-switch), geöffnet zu $t_2 > t_1$, aktives Schaltelement für die Erzeugung von ns-Riesenimpulsen, (K) = Kristall, passives Schaltelement zum „mode-locking" -Betrieb von *ps*-Impulsen, λr Laser-Spektrallinie, aus (18).

Tab. 19: Energiegehalt in Elektronenvolt (eV) *und Joule* (J) *für Photonen aus verschiedenen Spektralbereichen, aus (13).*

nm	eV/Photon	J/10^{12} Photonen ($\times 10^{-7}$)	J/Einstein ($\times 10^{3}$)
200	6,25	9,93	598
250	5,00	7,94	478
300	4,17	6,62	399
350	3,57	5,67	342
400	3,12	4,96	299
500	2,50	3,97	239
600	2,08	3,31	199
800	1,56	2,48	150
1000	1,25	1,99	120

ausbeute photochemischer Reaktionen hängt auch vom Typ der Reaktion ab und schwakt zwischen 10^{-6} für uneffektive Prozesse in makromolekularen Systemen und 10^4 für photochemisch induzierte Kettenreaktionen. Wegen der Abhängigkeit von λ bevorzugt man entweder Lampen mit monochromatischem Licht oder man selektiert mit Metall-Interferenzfilter bzw. mit Monochromatoren die gewünschte Wellenlänge heraus. Die photochemischen Reaktionen in Nukleinsäuren, Enzymen und Membranen werden in 8.2.6. und die Photochemie der Luftverunreinigungen in 4.4.4. besprochen. Bei den Nukleinsäuren bewirkt sichtbares Licht eine Photoreaktivierung; es hat auch Einfluß auf das Membranpotential und auf biochemische Parameter. Ein weiteres Gebiet der Photochemie und Photobiologie befaßt sich mit den photodynamischen Effekten (vgl. 8.3.6.).

8.2. Ultraviolette Strahlung

8.2.1. UV-Bereiche

Die UV-Strahlung wird in drei Bereiche (Abb. 59) unterteilt, denen verschiedene biologische Wirkungen zuzuordnen sind:

1. UV-A, 400—315 nm, nahes UV, direkte Pigmentierung
2. UV-B, 315—280 nm, mittleres UV, Erythembildung
3. UV-C, 280—190 nm, fernes UV, Keimtötung.

Wellenlängen unter 200 nm gelten als Vakuum-UV und sind von geringer biologischer Bedeutung. Diese Strahlung wird von Luft und Wasserdampf

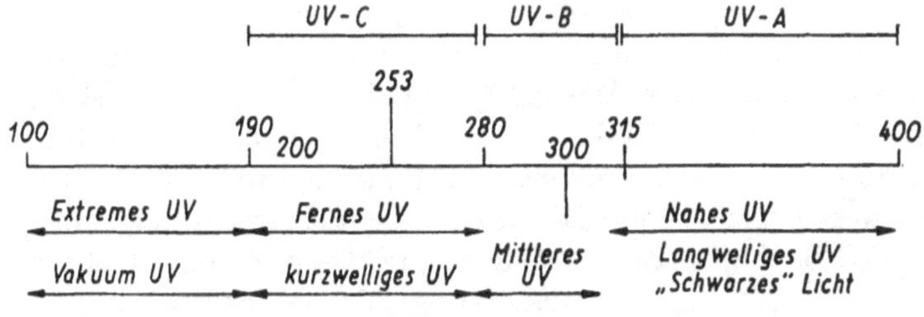

Abb. 59: Einteilung des UV-Spektrums

stark absorbiert, was ein Arbeiten im Vakuum erfordert. Die frühere Annahme, daß es gar keine biologische Wirkung hat, wird durch Versuche mit Sporen von *Bacillus subtilis* (3) und Konidien von *Streptomyces griseus* (21) in Frage gestellt.

8.2.2. Natürliches UV

Die von der Sonne stammende UV-Strahlung wird durch die Atmosphäre geschwächt, vor allem durch Ozon, Wolkenbildung und Luftverunreinigung. Die Intensität wird ferner durch den Sonnenstand,

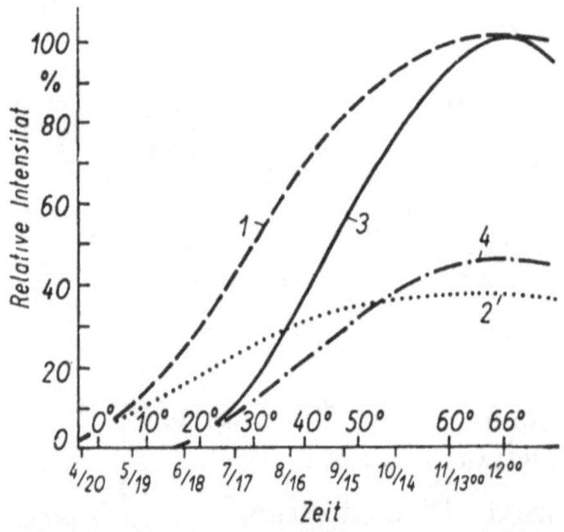

Abb. 60: Tagesgang der UV-A-Globalstrahlung (1), UV-A-Himmelsstrahlung (2), UV-B-Globalstrahlung (3) und UV-B-Himmelsstrahlung (4) in mittleren Höhenlagen an wolkenlosen Hochsommertagen. Ordinate: relative Intensität, Maximum = 100%; Abszissen: Sonnenstand in Winkelgrad, Tageszeit, nach (30).

die Jahreszeit und die Höhenlage bestimmt (vgl. Abb. 60). Für Kurorte spielen deshalb außer der Meereshöhe auch die Neigungslage und die Horizontüberhöhung eine Rolle. Die Nordseite erhält auch im Sommer nur etwa 15—25% der UV-Globalstrahlung als diffuse UV-Strahlung (30). Besonders unter 320 nm fällt die Intensität steil ab und unterhalb 288 nm trifft auf der Erdoberfläche praktisch keine Strahlung mehr auf. Dies war offenbar Voraussetzung für die Entstehung des Lebens, da UV-C eine stark keimtötende und mutagene Wirkung besitzt. Auch der kurzwellige Anteil des UV-B (unter 295 nm) wird durch die Atmosphäre weitgehend absorbiert. Das terrestrische UV-B umfaßt daher nur den Bereich von etwa 320 bis 295 nm.

8.2.3. Künstliche UV-Quellen

Für praktische Anwendungen des UV in Medizin, Biologie, Landwirtschaft und Technik wurden verschiedene UV-Strahler entwickelt. Die älteste künstliche UV-Quelle für therapeutische Zwecke ist die Bogenlampe, in der zwischen zwei Kohlenstoff-Elektroden die elektrische Entladung bei Atmosphärendruck erfolgt. Die ziemlich kontinuierliche Strahlung hängt u. a. vom Bogenstrom und der Elektrodenzusammensetzung ab. Auf dem Prinzip dieser Gasentladung beruhen alle anderen künstlichen UV-Quellen, die sich in Nieder-, Hoch- und Höchstdruck-Lampen aus Quarzglas mit Quecksilber- oder Xenongas einteilen lassen.

Die Hg-Niederdrucklampe hat einen Innendruck von maximal 13330 Pa und emittiert zu über 80% die Wellenlänge 253,7 nm; sie dient überwiegend als Entkeimungslampe. Hg-Hochdrucklampen besitzen einen Innendruck von 15 bis 100 kPa und emittieren verschiedene Hg-Linien (Abb. 61). Hg-Höchstdrucklampen arbeiten mit Drücken von 200—1000 Pa; sie emittieren breitere und intensivere Banden als die vorher genannten Typen bei 254, 297, 303, 313 und 365 nm. Sie werden in der Industrie, in photochemischen Reaktoren und in der Therapie eingesetzt (2).
Xenon-Hochdrucklampen emittieren ein Kontinuum, ähnlich der Sonnen-

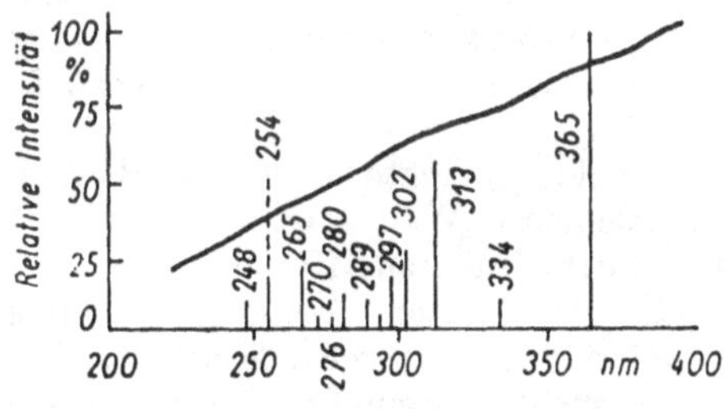

Abb. 61: Relative Intensitäten einer Quecksilberhochdruckentladung (senkrechte Linien) und einer Xenonentladung (Kurve) im UV-Bereich. Intensität bei 365 nm = 100%; unterbrochene Linie: Intensität bei Erfassung des Bereichs um 254 nm. Die Intensität der Xenonentladung steigt bis etwa 500 nm weiter an. Nach (2).

strahlung, aus dem sich mit Interferenzfiltern oder Monochromatoren die für spezielle Zwecke geeigneten Wellenlängen isolieren lassen. Weitere UV-Quellen (mit geringerer Bedeutung) sind Temperaturstrahler, Wasserstoffentladungslampen, Hohlkatodenlampen oder UV-Laser.

8.2.4. Dosimetrie der UV-Strahlung

Die Meßverfahren zum Nachweis und zur Intensitätsbewertung der UV-Strahlung lassen sich in photographische, chemische, biologische und physikalische Methoden gliedern (1, 2, 24, 32). Die photographische Platte gibt anhand der Schwärzung ein Maß der UV-Intensität und läßt sich densitometrisch auswerten. Die üblichen photographischen Emulsionen sind im Bereich von 280—500 nm empfindlich.

Unter den chemischen Dosimetern ist die Azeton-Methylenblau-Reaktion zu nennen. Bei Einstrahlung von UV (< 320 nm) zerfällt Azeton; dieser Zerfall wird mit Hilfe des Farbindikators Methylenblau kolorimetrisch bestimmt. Ein exakteres Aktinometer basiert auf der photodynamischen Zersetzung von Oxalsäure in Gegenwart von Uranylazetat oder Fe(III)-Oxalat. In neuerer Zeit werden chemische Dosimeter auf der Basis von Farbreaktionen auf plastischen Filmen entwickelt, deren Wirkungsspektrum dem des menschlichen Haut-Erythems entspricht.

Biologische Dosimeter nutzen entweder die Inaktivierung von Mikroorganismen oder die Reaktion der menschlichen Haut nach UV-Bestrahlung. Das UV-Erythem-Dosimeter enthält eine rotierende Scheibe, die für definierte Zeiten bestimmte Felder der Haut freigibt. Damit kann die Dosis in geometrischer Reihe gestaffelt werden. 6—8 h nach der Exposition wird ausgewertet und das Feld, das gerade eine deutliche Hautrötung aufweist, kennzeichnet die Erythemschwelle. Sie liegt für die Wellenlänge $\lambda = 297$ nm zwischen 20 und 60 mJ $\cdot$ cm^{-2}.

Physikalische Dosimeter sind entweder Strahlungsdetektoren, die den Wärmeeffekt der UV-Strahlung messen (Thermoelemente, Widerstandsthermometer) oder photoelektrische Detektoren, die auf dem Quanteneffekt basieren, z. B. der Erzeugung von Elektronen durch die absorbierten Photonen. Die erste Gruppe von Geräten ist über einen weiten Spektralbereich konstant, aber wegen der geringen Energie im UV-Bereich nicht sehr empfindlich. Sie dienen vor allem zu Eichzwecken. Bei der zweiten Art von Detektoren variiert die Energie der Photonen mit der Wellenlänge, doch sind diese Geräte (Photovervielfacher, Photozellen, Halbleiter) sehr empfindlich. Aufwand und Genauigkeit der UV-Dosimetrie müssen jeweils den zu lösenden Problemen angepaßt sein.

8.2.5. Anwendungsgebiete

Ein Hauptanwendungsgebiet ist der Einsatz von UV-Lampen zur Entkeimung von Räumen in Krankenhäusern, Schulen, biologischen Laboratorien und in bestimmten industriellen Bereichen. Andere allgemeine Anwendungen sind Effektbeleuchtung, Fotografie, chemische Synthese, Nahrungs-, Wasser- und Luft-Sterilisation, Vitaminproduktion, UV-Diagnostik, Heliotherapie u. a. (vgl. (2)). In der molekularbiologischen Grundlagenforschung lassen sich mit UV-Strahlen bestimmte genetische Schäden induzieren und andererseits auch bestimmte Reparaturprozesse einleiten (s. 8.2.6.2.). Ein neues Anwendungsgebiet entwickelt sich in der Nutztierhaltung, wo UV-Licht bei der zunehmenden Stallhaltung das natürliche Sonnenlicht ersetzen soll, um die Vitamin-D-Bildung in der Haut zu stimulieren, die Infektionsabwehr zu verbessern und auch, um neuroendokrine Reaktionen zu fördern. UV wird auch in der Tiermedizin zur Heilung von Hautkrankheiten eingesetzt. Weitere biologische und medizinische Anwendungsmöglichkeiten werden im Zusammenhang mit den Wirkungsmechanismen besprochen. Tab. 20 zeigt die Wellenlängenbereiche für einige biologische UV-Effekte.

Tab. 20: Spektrale Bereiche für ausgewählte biologische Wirkungen von UV-Strahlen.

Wellenlängen (nm)	Maximale Wirkung (nm)	Biologischer Effekt
280–400	320	Hautbräunung
250–320	260, 297	Erythembildung
260–310	280	Antirachitische Wirkung
260–320	270, 297	Kanzerogene Wirkung
200–320	250–265	Teilungshemmung

8.2.6. Wirkungen von UV-Strahlen

8.2.6.1. Absorptions- und Wirkungsspektrum

Das Grotthus-Drapersche Prinzip der Photochemie besagt, daß nur der aus einer Strahlung absorbierte Anteil an Energie photochemisch wirksam wird. Wie beim sichtbaren Licht hängen auch im UV-

Bereich die Reaktionen von der Energie der Photonen ab. Die meisten photobiologischen Effekte mit Ausnahme des Sehvorgangs benötigen Quantenenergien über 3,9 eV (entsprechend Wellenlängen über 320 nm). Es gibt aber auch einige Prozesse, die mit Photonen ablaufen, die nur 3—4 eV besitzen. Durch die Absorption solcher Photonen wird die Strahlungsenergie überführt. Zwar reicht diese Energie nicht zur Ionisation aus, aber die Elektronenkonfiguration der Moleküle erfährt eine Änderung. Die Absorption von UV bewirkt einen Übergang aus dem Grundzustand (Singulett-Zustand) in einen angeregten Singulett-Zustand und von diesem aus in den angeregten Triplettzustand. Dieser metastabile Zustand befähigt viele Moleküle zu chemischen Reaktionen. Die Energieabsorption eines Moleküls hängt von der Elektronenkonfiguration und von der Möglichkeit, höhere Energiezustände einzunehmen ab. Das Absorptionsspektrum einer gegebenen Substanz gibt eine quantitative Beschreibung ihrer Kapazität für die Absorption von Photonen in einem speziellen Bereich des elektromagnetischen Spektrums. Im lebenden Material sind es vor allem ungesättigte organische Komponenten, die eine größere Energieabsorption zeigen. Wasser hat für Wellen über $\lambda = 185$ nm praktisch keine Absorption. Molekülbestandteile, die konjugierte Doppelbindungen enthalten, absorbieren Energie im UV-Bereich. Benzolringe mit 1 oder 2 Atomen Stickstoff weisen für UV-B hohe Absorption auf; Porphyrine, einige Steroide und Karotine zeigen im UV-A gute Absorption. Die energieaufnehmenden Verbindungen werden Chromophore genannt. In den Nukleinsäuren absorbieren Purine und Pyrimidine bei 260 nm. In Proteinen sind Tyrosin, Tryptophan und Peptidbindungen die wichtigsten Chromophore, die bei 280 nm absorbieren.

Das Wirkungsspektrum kennzeichnet diejenigen Wellenlängen, die für einen bestimmten Effekt am wirksamsten sind. Ein Vergleich des Wirkungsspektrums mit dem Absorptionsspektrum bestimmter Komponenten eines Systems (Zelle, Gewebe) ermöglicht oftmals die Identifizierung derjenigen Komponente, die für den beobachteten Effekt verantwortlich ist (7). In Bakterien zeigt z. B. die Kurve für die Wachstumsverzögerung ein Maximum bei 265 nm und entspricht damit genau dem Absorptionsmaximum der Nukleinsäuren (13). Das gleiche gilt für die Teilungsverzögerung von Seeigel-Eiern nach UV-Bestrahlung der Spermien (Abb. 62). Die Bestrahlung der Spermien hat einen viel größeren Effekt als die Bestrahlung der Eier vor der Befruchtung. Die Empfindlichkeit der Organismen gegenüber UV-Strahlern ist sehr unterschiedlich; das geht aus der folgenden Tab. 21 hervor. Unter den

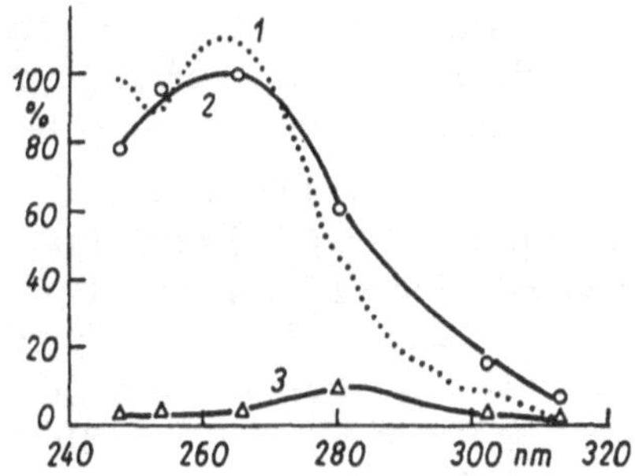

Abb. 62: Absorptionsspektrum des Zellkerns (1) und Wirkungsspektrum für die Teilungsverzögerung von Seeigel-Eiern bei UV-Bestrahlung von Spermien (2) oder Eiern (3) vor der Befruchtung mit unbestrahlten Spermien, nach (13).

Tab. 21: UV-Empfindlichkeit verschiedener Organismen gegenüber 254 und 265 nm, Dosisangaben für LD_{90}.

Organismus	LD_{90} ($J/mm^2 \cdot 10^6$)
Escherichia coli B	10–25
Bacillus subtilis	60–70
Bac. subtilis-Sporen	120
Pseudomonas fluoreszenz	30–35
Staphylococcus albus	18–33
S. aureus	21–49
Micrococcus lysodeikticus	270–500
M. radiodurans	800–1600
Streptococcus viridans	20
Saccharomyces cerevisiae (haploid)	84
S. cerevisiae (diploid)	300
Chlorella vulgaris	250
Paramaecium caudatum	500–600
Fibroblasten (chin. Hamster)	10–27
HeLa-Zellen	30

Mikroorganismen finden sich einige besonders resistente Vertreter, z. B. *Micrococcus radiodurans,* die über einen ausgeprägten Reparaturmechanismus verfügen.

8.2.6.2. Nukleinsäuren und Reparaturprozesse

Die von Hg-Niederdrucklampen zur Entkeimung emittierte Strahlung liegt überwiegend im Bereich von 254 nm und schädigt die Nukleinsäuren. In der DNS werden die Basen zerstört; dabei sind die Pyrimidinbasen etwa 10mal empfindlicher als die Purinbasen. Unter den verschiedenen Reaktionen überwiegt die Bildung von dimeren Basenverbindungen unter Bildung eines Cyclobutanringes zwischen zwei benachbarten Thyminbasen ($\widehat{TT}$). Diese **Dimeren** lassen sich in allen UV-bestrahlten Zellen nachweisen; ihre Anzahl ist der UV-Dosis direkt proportional. Die Folge dieser Läsionen ist eine Störung der Transkription und Replikation der DNS. Sie führen zum Zelltod oder genetischen Defekten mit ihren Folgen, wie Wachstumshemmung oder Karzinogenese. Die Teilungshemmung der DNS gilt daher als empfindlicher Parameter zur Abschätzung einer UV-Wirkung. Aus diesen Studien resultierte aber auch die Beobachtung, daß nach einer UV-Einwirkung in den Zellen verschiedene Reparaturprozesse ablaufen. Man nimmt an, daß diese Vorgänge auch für die Evolution Bedeutung haben.

Die Reparaturmechanismen lassen sich in eine sog. **Dunkelreaktivierung** und eine **Photoreaktivierung** unterteilen (15, 19, 25). Die Dunkelreaktivierung ist zu beobachten, wenn eine bestrahlte Bakteriensuspension einige Zeit im Dunkeln verbleibt, bevor die Zellen auf frischem Nährboden wieder zur Teilung angeregt werden. An dieser Ausschnitt-Reparatur (excision repair) ist ein komplexer enzymatischer Mechanismus beteiligt, der nicht nur für UV-induzierte Dimeren spezifisch ist. Auch durch chemische Mutagene oder durch ionisierende Strahlung verursachte DNS-Schäden werden von einer spezifischen Endonuklease erkannt und durch eine Ausschnitt-Nuklease eliminiert. Die Lücke in dem DNS-Strang wird durch lokale DNS-Synthese unter Mithilfe des intakten Stranges als Muster wieder geschlossen. Die Verschmelzung besorgt eine Ligase (Abb. 63).

Bei der Photoreaktivierung dient die Energie des sichtbaren oder langwelligen UV-Lichtes (330—550 nm) dazu, daß ein spezifisches Enzym die Dimeren durch Spaltung des Cyclobutanringes wieder monomerisiert. Danach können die Replikations- und Translationsprozesse wieder normal ablaufen (Abb. 63). Diese Reaktivierung durch Licht kommt in allen lebenden Zellen, auch bei Säugetieren, vor.

Man hat gefunden, daß UV-Toleranz und Photoreaktivierung biotopabhängig sind. Stärker gefärbte Daphnien aus Tümpeln höherer Almregionen (1400 m NN) waren gegenüber einer künstlichen UV-B-Exposition um den Faktor 1,6 resistenter als Daphnien aus Seen in 520 m Höhe. Die mittlere letale Dosis für diese Organismen lag bei 0,77 bzw. 0,49 $J \cdot cm^{-2}$. Durch photoreaktivierendes Licht stieg die UV-Toleranz um den Faktor 19,8 bzw. 18,9 (36). Ähnliche Befunde wurden für Riff-Korallen in Wassertiefen von 1—6 m mitgeteilt. Mit zunehmender Tiefe des Habitats nahm die UV-Toleranz ab (37). Im Schatten von flachen Korallenriffen lebende Organismen, wie Coelenteraten, Tunicaten, Bryozoen (Epifauna) reagieren mit Entfärbung, Gewebsnekrosen oder Absterben, wenn sie ein oder mehrere Tage dem natürlichen Sonnenlicht ausgesetzt wurden. Diese Schäden traten nicht auf, wenn dem Sonnenlicht der kurzwellige Anteil (< 400 nm) durch Filter entzogen wurde. Daraus ist zu schließen, daß das natürliche UV-Licht ein wichtiger physikalischer Faktor in der Biologie benthischer mariner Lebensgemeinschaften in den Tropen ist (23).

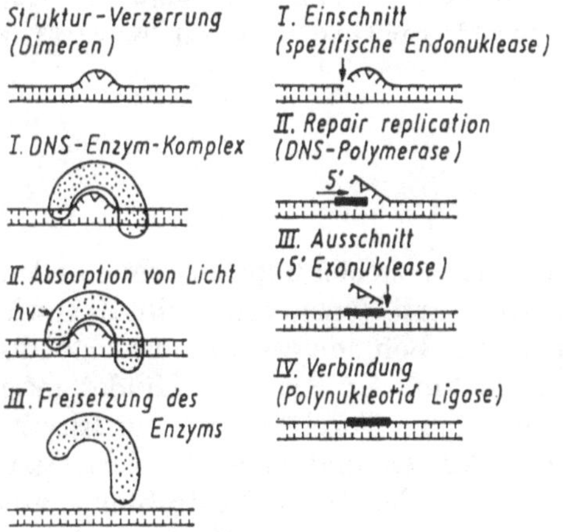

Abb. 63: **Darstellung** der enzymatischen Schritte bei der Photoreaktivierung von Pyrimidin-Dimeren (links) und bei der excision repair (rechts), nach (15).

Eine andere Form der Reparatur wird nicht durch die enzymatische Erkennung der Schadstelle eingeleitet, sondern erfolgt erst während oder nach der Replikation der DNS. Dabei bleibt in dem der Schadstelle gegenüberliegenden DNS-Strangabschnitt eine Spalte, die durch einen Prozeß der „Rekombination" ausgefüllt wird. Homologe DNS-Moleküle mit UV-Schäden werden so gegen intaktes Material ausgetauscht und mit dem DNS-Strang verschmolzen. Die Kapazität dieser Prozesse ist nicht so groß und die Reparatur nicht so vollständig wie die der Photoreaktivierung. Da aber alle repair-Prozesse niemals völlig komplett sind, könnten die verbleibenden wenigen DNS-Schäden auch zu Mutationen führen. Um diese möglichst zu vermeiden, existiert noch eine sog. **SOS-Reparatur.** Sie wurde in Phagen- und Bakterien-DNS beobachtet und wird durch einen noch nicht völlig geklärten Mechanismus getriggert, wenn die anderen Reparaturmechanismen blockiert sind. Die unterschiedliche Strahlenempfindlichkeit der Organismen gegenüber UV (vgl. Tab. 21) oder auch ionisierenden Strahlen steht in enger Beziehung zur Kapazität der Reparaturprozesse (27).

Nicht alle Wachstumshemmungen oder -verzögerungen an UV-bestrahlten Bakterien lassen sich auf eine Hemmung der DNS-Synthese zurückführen. Im nahen UV-Bereich entspricht das Wirkungsspektrum der Wachstumsverzögerung dem Absorptionsspektrum der transfer-RNS und zeigt das Maximum bei 340 nm. Daraus ist zu folgern, daß diese RNS der Chromophor für das nahe UV ist und die Hemmung der RNS-Synthese auf einer Inaktivierung der t-RNS beruht (28, 31). Möglicherweise ist gerade diese Wachstumshemmung durch das längerwellige UV für die Photoreaktivierung mit verantwortlich, weil dadurch mehr Zeit zur Beseitigung der DNS-Schäden zur Verfügung steht (28).

8.2.6.3. Membraneffekte

Aus einer Reihe von Experimenten an pflanzlichen und tierischen Zellen geht hervor, daß UV-Strahlen Wasser- und Ionenpermeabilität sowie Reizantwortreaktionen beeinflussen. Die Befunde weisen auf eine direkte Wirkung an den Zellmembranen hin. An Protozoen findet man nach Bestrahlung mit 254 nm Zellschwellung, Vergrößerung und Rhythmusänderung an den kontraktilen Vakuolen und eine Depolarisation der Zellmembran. Schon nach wenigen Sekunden Bestrahlung mit 10^{-6} bis 10^{-5} W $\cdot$ mm^{-2} wird die Membran um mehrere mV depolarisiert, und nach einer anschließenden Phase der Stabilisierung sinkt das Membranpotential nach 4—6 min Exposition von ca. -25 auf 0 mV ab, z. T. sogar bis $+5$ mV (16).
Häufig dient die Messung des Membranwiderstandes (R_M) als Maß für Ionenpermeabilität bzw. der elektrischen Leitfähigkeit, R_M sinkt mit zunehmender UV-Bestrahlung ab (Abb. 64). An Chara-Zellen (9) sowie an isolierten Ranvier-Knoten (11) lassen sich Änderungen in den Ionenflüssen nachweisen. Dabei wird der Na-Kanal der Nervenmembran durch UV selektiv blockiert (Abb. 65), besonders durch Strahlung im Bereich von 280 nm. Es wird vermutet, daß als Target die **Gating-Partikel** der Membrankanäle durch Eintreffer-Ereignisse inaktiviert werden (12). Da mit der UV-Bestrahlung auch ein Verlust der Saxitoxin-Bindung am Na-Kanal einhergeht, wird eine Konformationsänderung in der Saxitoxin-Bindungsregion der Kanäle angenommen (38).
Ein geeignetes Modell zum Studium von Membraneffekten durch UV stellen Erythrozytensuspensionen dar, an denen die Hämolyse

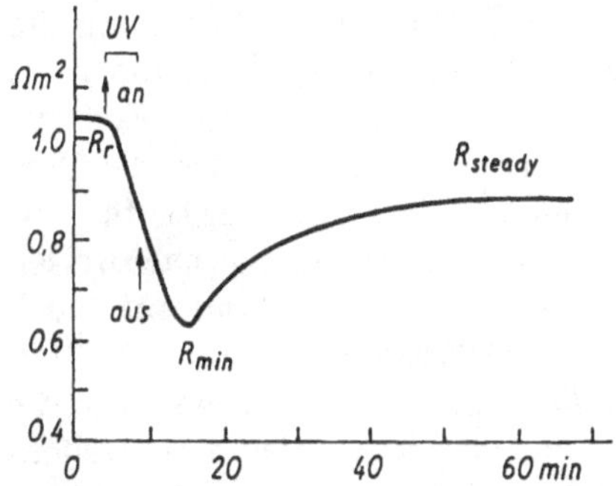

Abb. 64: Effekt von 5 min UV-Bestrahlung (254 nm, 4,7 W/m²) auf den Membranwiderstand (Ordinate), Abszisse: Zeit in min. R_r = Ruhewiderstand von *Chara corallina* vor der Exposition; R_{min} = minimaler Widerstand, einige min nach Ausschalten der UV-Quelle; R_{steady} = neuer Gleichgewichtszustand auf einem niedrigeren Niveau als vor UV; nach (9).

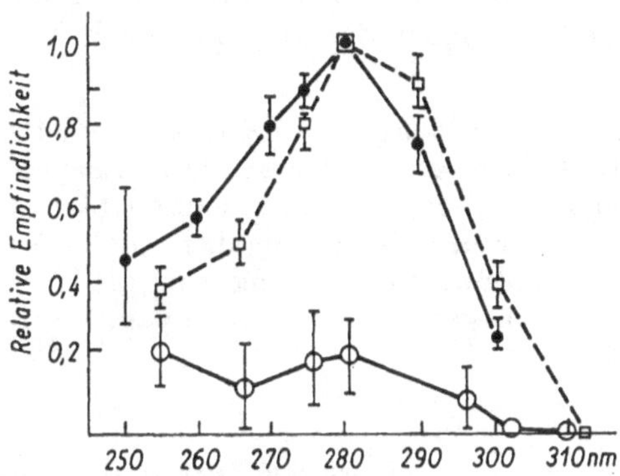

Abb. 65: Wirkungsspektrum für die Blockade des K^+- (○) und Na^+-Stromes (□) in voltage clamp-Experimenten am Ranvier-Knoten und für die Saxitoxin Bindungshemmung (•) an Ratten-Synaptosomen. Ordinate: relative Empfindlichkeit; Abszisse: UV-Wellenlängen, nach (11, 38).

leicht verfolgt werden kann. Das Wirkungsspektrum zeigt ein Maximum bei 280 nm und ein Minimum bei 265 nm (8). In *Escherichia coli* ergeben sich für die Hemmung des Transportsystems verschiedener Aminosäuren ganz ähnliche Wirkungsspektren mit einem Gipfel bei 280 nm und außerdem einem um zwei Größenordnungen kleineren peak im nahen UV bei 330—370 nm (22). Ein solches Wirkungsspektrum mit

Chromophoren im nahen UV ergab sich auch für die Inaktivierung der Lactasepermease. Damit wird offensichtlich, daß diese Wirkungen im langwelligen UV auf den Membrantransport nicht mit einer Energieabsorption in der DNS zusammenhängen (22): 1. entsprechen die Wirkungsspektren nicht der DNS-Absorption; 2. läßt sich z. B. für die Hemmung der Glyzinaufnahme keine Photoreaktivierung nachweisen und 3. treten die Effekte unmittelbar nach der Bestrahlung auf, noch bevor die genetische Information der DNS wirksam wird.
Die Kinetiken der Inaktivierung von Transportprozessen sind für die weitere Aufklärung von Interesse. Obwohl manchmal kleine Schwellendosen zu beobachten sind, zeigen die Inaktivierungskurven im allgemeinen keine Schwellenwerte. Es scheint daher unwahrscheinlich, daß eine Hemmung der ATP-Synthese oder der elektrochemischen Protonengradienten für diese Nah-UV-Wirkung verantwortlich ist, da die Hemmung dieser Vorgänge eine ausgeprägte Schwellendosis erfordert. Neben einer primären Wirkung auf die Permease-Moleküle wird auch eine Hemmung der Elektronentransportkette diskutiert. Das ergibt sich aus einer nachgewiesenen Verminderung der Atmung nach Bestrahlung mit $\lambda = 366$ nm.

Neue Erkenntnisse über die UV-Wirkung auf biologische Membranen erhofft man sich von Studien an Lipid-Doppelschichten. Werden an solche Bilayers aromatische Aminosäuren als Chromophore adsorbiert, dann induzieren schon kurze UV-Blitze Spannungsübergänge über die Lipidmembranen, die außer von den Chromophoren von der Salzkonzentration der Lösung, vom pH-Wert und vom Partialdruck des Sauerstoffs abhängen (20). Die Photospannung V nach einem UV-Blitz ergibt sich nach

$$V(t) = -n \cdot e \cdot x(t)/C$$

n = Anzahl der Ladungen e, die durch $x(t)$ verlagert werden; $x(t)$ ist ein Verhältnis des Abstandes, durch den die Ladungen normal transportiert werden, zur Membranfläche geteilt durch die Membrandicke; C = Membrankapazität. Hinweise auf eine Erholung von UV-induzierten Membranschäden ergeben sich zumindest für die kombinierte Wirkung von UV und photosensitivierenden Farbstoffen.

8.2.6.4. Reaktionen an Haut und Augen

Erythem und Bräunung der Haut gelten als sichtbare Zeichen von in der Haut ablaufenden photochemischen Prozessen. Das UV-Erythem, das nach einer Latenz von wenigen Stunden erscheint, reflektiert eine Gefäßerweiterung und einen verstärkten Blutfluß durch das betroffene Hautgebiet. Diese Reaktion ist z. T. auf photochemische Vorgänge aufgrund der Photonenabsorption in den Keratinozyten zurückzuführen, bei denen diffusible gefäßwirksame Substanzen freiwerden, z. T. aber auch auf eine direkte Schädigung der Gefäßendothelien.

Aus Tierexperimenten mit UV-B weiß man, daß einer initialen Phase mit einer Latenz von 2—8 h eine verzögerte Phase der erhöhten Gefäßpermeabilität und Gefäßerweiterung folgt. Der erste unmittelbare Effekt wird einer Freisetzung von Histamin und evtl. auch von Serotonin zugeschrieben; denn Antagonisten dieser Substanzen unterdrücken die unmittelbare Gefäßreaktion. Die Mediatoren der verzögerten Gefäßreaktion sind schwieriger zu definieren. Antihistamine haben hierauf keinen Einfluß, und auch Kinine scheinen nicht beteiligt zu sein. In der Diskussion stehen aber Prostaglandine, die bei UV-Bestrahlung vermehrt gebildet werden und die auch bei intradermaler Injektion Erytheme auslösen. Indomethazin, das die Umwandlung von Arachidonsäure in Prostaglandin hemmt, unterdrückt die Erythembildung (1). Histochemische Untersuchungen an der menschlichen Haut weisen auf eine spezifische Schädigung durch Freisetzung hydrolytischer Enzyme aus Lysosomen in den Kerationozyten hin, wodurch ebenfalls gefäßwirksame Substanzen frei werden.

Die UV-Dosis, die gerade ein Erythem hervorruft, hängt von der Wellenlänge des UV-Lichts und von der individuellen Empfindlichkeit der Haut ab, die auch bei der gleichen Person zeitlichen Schwankungen unterliegt. Das Wirkungsspektrum für das Erythem erstreckt sich über den UV-B-Bereich mit einem ausgeprägten Maximum bei 297 nm (13). Die minimale Erythemdosis (MED) für die natürliche Sonnenstrahlung zur Mittagszeit beträgt im Sommer in Arizona (USA) 7—9 min und im Stadtgebiet von Washington etwa 30 min. Sie entspricht einer Energie von 0,5 $J \cdot cm^{-2}$; 5 MED ergeben bereits eine schwere Rötung mit Blasenbildung innerhalb von 12 Stunden nach der Exposition. 10 MED verursachen einen ernsthaften Sonnenbrand mit Fieber, Schüttelfrost, Kopfschmerzen und starken allgemeinen Schmerzen.

Die Hautbräunung durch Sonnenbestrahlung ist eine Hauptschutzfunktion gegen weiteres Eindringen von UV-Strahlen. Die Bräunung beruht z. T. auf einer Wanderung des Pigments Melanin aus der Basalzellschicht in oberflächlichere Hautschichten, z. T. auf der Bildung von neuem Pigment. Wiederholte UV-Bestrahlung induziert einen Anstieg in der Population der Melanozyten in der Epidermis; dies kann durch vermehrte Teilung der Zellen, Aktivierung der Pigmentbildung oder Wanderung dermaler Melanozyten in die Epidermis erfolgen.

Das Melanin wirkt als Filter und schwächt die UV-Strahlung für die tieferen Hautschichten. Damit dürfte ein wesentlicher Schutz vor Hautkrebs bestehen. In Rassen mit dunkler Hautfarbe, in denen die Pigmentbildung besonders ausgeprägt ist, tritt Hautkrebs trotz sonnenreicher Klimate sehr selten auf. Es scheinen auch gewisse Beziehungen zwischen Sonnenbrand und Hautkrebs zu existieren; dabei haben anatomische, genetische, aber auch geografische Bedingungen einen Einfluß (1). SETLOW (35) geht von der Annahme aus, daß die DNS der Trefferort für die kanzerogene UV-Strahlung ist und gibt für eine gegebene Wellenlänge (λ) die Wahrscheinlichkeit $p(\lambda)$ an, nach der eine Reaktion in der DNS von der spektralen Zusammensetzung $I(\lambda)$ an der Erdoberfläche, von der Transmission der Haut $T(\lambda)$ und dem Querschnitt für die Reaktion $\sigma(\lambda)$ abhängt:

$$p(\lambda)\, d\lambda = \sigma(\lambda) \cdot I(\lambda) \cdot T(\lambda) \cdot d(\lambda)$$

Die Gesamtwahrscheinlichkeit für eine Änderung in der DNS hängt dann von dem Integral P ab:

$$P = \int p(\lambda)\, d\lambda$$

Aber die Funktion f, die den Hautkrebs mit P korreliert,

$$\text{Hautkrebs} = f(P)$$

ist nicht bekannt. Es gibt eine Reihe von physikalischen und chemischen Faktoren, die diese Funktion beeinflussen. Zum Beispiel vermindert eine chronische Exposition mit kleinen Dosen ionisierender Strahlung bei Versuchstieren die Resistenz gegenüber der karzinogenen Wirkung von UV-Strahlen: Es steigt die Häufigkeit des Auftretens in einer bestimmten Population und es nimmt die Latenzzeit ab, die Tumoren treten zeitlich früher auf. Die o. g. Reparaturprozesse in der DNS scheinen für die Karzinogenese eine zentrale Rolle zu spielen. Das geht vor allem aus Untersuchungen an Hautfibroblasten von Patienten hervor, die an der autosomalen rezessiven Krankheit Xeroderma pigmentosum leiden. Diesen Zellen fehlt die Reparaturkapazität für die Beseitigung von UV-Schäden in der DNS, und Personen mit dieser Krankheit neigen zu Hautkrebs (6).

Die Karzinogenese durch UV-Strahlung steht im Mittelpunkt von Umweltdiskussionen, weil aus einer Abnahme der Ozonschicht (s. 4.4.4.3.) ein Anstieg der UV-Dosis an der Erdoberfläche und damit eine Zunahme an Hautkrebs erwartet werden (4, 26). Andererseits ist aber auch zu beachten, daß durch die zunehmende Luftverschmutzung, besonders

in Großstädten, die UV-Intensität geschwächt und damit die biopositive Wirkung eingeschränkt wird.
Trotz zahlreicher Untersuchungen zur UV-Wirkung auf die Haut ist der Wirkungsmechanismus noch nicht bekannt. Die Natur der primären photochemischen Prozesse wird aus Versuchen in vitro abgeleitet. Direkte photochemische Untersuchungen an der intakten menschlichen Haut (10) lassen nähere Aufschlüsse über die molekularen Prozesse erwarten.
UV löst an der Haut auch Reaktionen aus, die als Phototoxizität und Photoallergie bekannt sind. Außerdem treten phototoxische Hauterkrankungen auf, wenn photodynamisch wirksame Substanzen beteiligt sind (vgl. 8.3.5.). Diese kommen z. B. im Wiesengras (Furocumarine), in Arzneimitteln oder als Zusätze von Kosmetika vor. Sie werden durch UV-Strahlen und violettes Licht (320—420 nm) angeregt, wobei Triplettzustände, freie Radikale oder Peroxide entstehen, die mit dem Substrat, der Haut, reagieren.

In den photoallergischen Reaktionen bewirken die photosensitivierenden Stoffe die Bildung von Photohapten, das mit geeigneten Carriermolekülen (Körpereiweiß, Polysaccharide u. a.) komplettes Photoantigen bildet. Dieses reagiert bei allergischen Personen mit Antikörpern des Blutes und löst eine photoallergische Dermatitis aus. Die wichtigsten Photoallergene sind Bromsalizylanilide, Hexachlorophon, Bithionol und Trichlorcarbanilid. In der Phototherapie dient UV zur Behandlung bestimmter Hautkrankheiten, wie Psoriasis und Acne oder der chronischen Pneumonie und rheumatischer Erkrankungen im Kindesalter.

Über die Haut wird auch die UV-induzierte Bildung von Vitamin D_3 vermittelt. Dabei handelt es sich um eine lebenswichtige Stoffwechselleistung, die durch natürliche Strahlung aus dem UV-B-Bereich vollzogen wird. Die langwellige Grenze für diese photochemische Reaktion, bei der 7-Dehydrocholesterin in Vitamin D_3 (Cholecalciferol) umgewandelt wird, liegt bei etwa 310 nm. Das Vitamin ist vor allem bei der Regulation des Kalziumhaushalts der Organismen beteiligt, und sein Fehlen führt zu schweren Skelettveränderungen (Rachitis). Durch Aufdeckung dieser Zusammenhänge und Nutzung der Erkenntnisse in Prophylaxe und Therapie kann ein gefürchtetes Krankheitsbild weitgehend beherrscht werden.
Andere günstige UV-Wirkungen sind Blutdrucksenkung, Erniedrigung des Serumcholesterols, Anstieg der Glukosetoleranzkurve u. a. Bei arteriellen Durchblutungsstörungen hat sich die UV-Bestrahlung von Blut bewährt (39). Wegen der zahlreichen biopositiven Effekte des UV gibt es Bestrebungen, in UV-armen Klimaten oder in UV-armen

Jahreszeiten das UV-Defizit durch künstliche UV-Quellen, z. B. in Solarien, zu kompensieren. Um die o. g. schädigenden Hautreaktionen auszuschließen, sollte die künstliche UV-Exposition unter entsprechender Kontrolle erfolgen.
Wegen der Absorption in den vorderen Augenmedien erreichen UV-Strahlen nicht die Netzhaut, und die wesentlichen Reaktionen betreffen daher Horn- und Bindehaut der Augen sowie die Linse. Photokeratitis und Photokonjunktivitis können deshalb bei intensiver UV-Bestrahlung, z. B. nach Expositionen durch Schweißbögen, Hochdrucklampen oder Reflexionen solarer UV-Strahlung über Schnee oder Sand auftreten. Bei Augen von Kaninchen und Affen soll die maximale Empfindlichkeit bei $\lambda = 270$ nm liegen; die Schwellen betragen hier 110 (Kaninchen) bzw. 60 J $\cdot$ m^{-2} (Affen); für den Menschen wird sie mit 50 J $\cdot$ m^{-2} angegeben (1). Linsen-Trübungen kommen unter praktischen Bedingungen kaum vor; im Tierexperiment ergab sich ein Wirkungsspektrum, das etwa dem der Erythemkurve entspricht. Den Katarakten sollen auch kumulative Effekte zugrunde liegen. Sie treten oft erst nach Monaten oder Jahren auf und sind irreversibel. Die Schwelle für eine Linsentrübung am Kaninchenauge beträgt für 300 nm-Strahlungen 1 500 J $\cdot$ m^{-2}; für den Menschen ist darüber nichts bekannt. Die Schwelle für Corneaveränderungen liegt um etwa eine Größenordnung niedriger als die für die Linse. Expositionen beim doppelten Schwellenwert führen an beiden Geweben zu irreversiblen Schäden (33).

8.2.7. Sicherheitsvorkehrungen

Wegen der verschiedenen Schädigungsmöglichkeiten durch UV-Strahlen erwächst das Bedürfnis, die Exposition zu begrenzen. Das betrifft zumindest den Personenkreis, der beruflich mit UV-Quellen Umgang hat. Die von mehreren Seiten unternommenen Bestrebungen zur Festlegung von international einheitlichen Richtwerten basieren auf der minimalen Erythemdosis und der Schwelle für Photokeratitis; sie berücksichtigen damit nur die akuten UV-Wirkungen (33). Für den Bereich von 200—315 nm sind die zulässigen 8 Std.-Dosen in Tab. 22 wiedergegeben. Für Wellenlängen von 315—400 nm darf bei Expositionen länger als 10^3 s die Gesamtstrahlung auf die ungeschützte Haut oder das Auge einen Wert von 10 W $\cdot$ m^{-2} nicht überschreiten. Für kürzere Perioden sollten 10000 J $\cdot$ m^{-2} nicht überschritten werden. Die zulässigen Werte für Breitbandquellen sollten durch Aufsummieren der

Tab. 22: Gesamtzulässige UV-Dosis über 8 h mit Angabe der relativen spektralen Wirksamkeit (S_λ) für ausgewählte monochromatische Strahlung; S_λ kennzeichnet die durch das Wirkungsspektrum gewichtete Wellenlänge, nach (1).

Wellenlänge (nm)	Zulässige 8 h-Dosis (J/m²)	S_λ
200	11000	0,03
210	400	0,075
220	250	0,12
230	160	0,19
240	100	0,30
250	70	0,43
254	60	0,50
260	46	0,65
270	30	1,00
280	34	0,88
290	47	0,64
300	100	0,30
305	500	0,06
310	2000	0,015
315	10000	0,003

Werte für die einzelnen Wellenlängen gewonnen werden, unter Berücksichtigung der relativen spektralen Wirkung. Da diese Werte eine erhebliche Sicherheitsgrenze einschließen, könnten sie auch zur Vermeidung von Langzeitwirkungen (Katarakte, Hautkrebs) gültig sein. Um die Augen zu schützen, sind an Arbeitsplätzen mit intensiver UV-Strahlung Brillen zu tragen, die auf die jeweils vorherrschenden Wellenlängen abgestimmt sind.

Grenzwerte für die allgemeine Bevölkerung scheitern an der Schwierigkeit, daß bei der kosmetischen Anwendung von UV die Hautpigmentierung den gewünschten Effekt darstellt. Übernähme man die für die beruflich exponierten Personen zulässigen Werte, würden die beabsichtigten Bräunungen ausbleiben. Als allgemeine Empfehlung gilt daher, daß UV-Dosen, die nach 24 h ein leichtes Erythem hervorrufen, für kosmetische Zwecke ausreichen; deutliche Überschreitungen und wiederholte Bestrahlungen über einen längeren Zeitraum sind zu vermeiden. Die Augen sind besonders zu schützen. Eine genaue Überwachung setzt vor allem die Entwicklung von leicht zu handhabenden UV-Dosimetern voraus.

8.2.8. Mitogenetische Strahlung

Abschließend sei noch auf die mitogenetische Strahlung, eine extrem schwache UV-Strahlung, hingewiesen, die von lebenden, insbesondere sich teilenden, Zellen ausgeht und lange Zeit nur mit biologischen Detektoren bestimmt werden konnte (14, 29). So mystisch manche der beschriebenen Effekte anmuten, so hat doch der Einsatz des Photovervielfachers gezeigt, daß es sich bei der sog. GURWITSCH-Strahlung um einen weiten Bereich (190—326 nm) des UV-Spektrums handelt. Wenn man berücksichtigt, daß bei chemischen Reaktionen sehr schwache und bei der Biolumineszenz erhebliche Lichtintensitäten im sichtbaren Bereich auftreten, ist die Emission von UV-Strahlen bei biologischen Prozessen wie der Zellteilung durchaus denkbar. Beziehungen zur Nervenerregung, zum Wachstum von Krebsgewebe oder zur Kommunikation von lebenden Zellen untereinander werden diskutiert (29).

Literatur

1. Autorenkollektiv: Ultraviolet Radiation. Environmental Health Criteria 14. World Health Organization, Geneva 1979.
2. Autorenkollektiv: Erzeugung, Messung und Anwendung ultravioletter Strahlen. In: Fortschritte der experimentellen und theoretischen Biophysik, Hsg. W. Beier, Bd. 25, Thieme Leipzig 1980.
3. BLANK, I. H. and W. ARNOLD: The action of radiation in the extreme UV on *B. subtilis* spores. J. Bacteriol. **30** (1935) 503—506.
4. BLUM, H. F.: Ultraviolet radiation and skin cancer: in mice and men. Photochem. Photobiol. **24** (1976) 249—254.
5. BURDAKOV, W. P. und F. J. SIGEL: Raumfahrt und Weltraumforschung. Akademie-Verlag, Berlin 1979.
6. CHAN, G. L. and J. B. LITTLE: Induction of oncogenic transformation in vitro by ultraviolet light. Nature **264** (1976) 442—444.
7. COCHILL, T. P. and E. D. JACOBSON: Action spectra in mammalian cells exposed to ultraviolet radiation. Photochem. Photobiol. **33** (1981) 941—945.
8. COOK, J. S.: Photopathology of the erythrocyte membrane. In: B. F. TRUMPF and A. U. ARSTILO (Eds.): Pathobiology of Cell Membranes, p. 199—213. Acad. Press. N. Y., London 1975.
9. DOUGHTY, C. J. and A. B. HOPE: Effects of ultraviolet radiation on the membranes of *Chara corallina*. J. Membr. Biol. **13** (1973) 185—198.

10. DUBERTRET, L., R. SAUTUS, M. BAZIN, T. DE SA E MELO: Photochemistry in human epidermis. A quantitative approach. Photochem. Photobiol. **35** (1982) 103–107.
11. FOX, J. M.: Selective blocking in the nodal sodium channels by ultraviolet radiation. I., II., Pflüg. Arch. **351** (1974) 287–301, 303–314.
12. FOX, J. M., B. NEUMCKE, W. NONNER, R. STÄMPFLI: Block of gating currents by ultraviolet radiation in the membrane of myelinated nerve. Pflüg. Arch. **364** (1976) 143–145.
13. GIESE, A. C.: Photophysiology, Vol. I, II, Acad. Press. N. Y., London 1964.
14. GURWITSCH, A. G. und L. D. GURWITSCH: Die mitogenetische Strahlung. Jena 1959. GURWITSCH, A. A.: Das Problem der mitogenetischen Strahlung als Aspekt der Molekularbiologie (russ.) Leningrad 1968.
15. HANAWALT, P. C.: Repair of genetic material in living cells. Endeavour **31** (1972) 83–87.
16. HILDEBRAND, E. und H. STIEVE: Die Wasser- und Ionenpermeabilität der Zellmembran von Protozoen unter Einwirkung von ultraviolettem Licht. Z. Naturforsch. **27 b** (1972) 1243–1257.
17. HOFFMEISTER, C.: Strahlung aus Sonne und Weltraum. Nova Acta Leopoldina, N. F. **31** (1966) 59–73.
18. HOPPE, W., W. LOHMANN, H. MARKL und H. ZIEGLER (Hsg.): Biophysik, 2. Aufl., Springer-Verl., Berlin 1982.
19. HOWARD-FLANDERS, P.: DNA repair. Ann. Rev. Biochem. **37** (1968) 175–200.
20. HUEBNER, J.-S., R. T. ARIETA, and D. B. MILLAR: Aromatic amino acids and ultraviolet induced photo-electric effects in bilayer membranes. Photochem. Photobiol. **35** (1982) 467–471.
21. JAGGER, J., R. S. STAFFORD, and R. J. MACKIN: Killing and photoreaktivation of *Streptomyces griseus* conidia by vacuum-ultraviolet and far-ultraviolet radiation (1500 to 2700 A). Rad. Res. **32** (1967) 64–92.
22. JAGGER, J.: Near-UV radiation effects on microorganisms. Photochem. Photobiol. **34** (1981) 761–768.
23. JOKIEL, P. L.: Solar ultraviolet radiation and coral reef epifauna. Science **207** (1980) 1069–1071.
24. KIEFER, J. (Hsg.): Ultraviolette Strahlen. De Gruyter, Berlin, N. Y. 1977.
25. KLEPPE, K., A. OSLAND, V. FOSSE, R. MALE, I. LOSSIUS, D. HELLAND, J. R. LILLEHAUG, A. J. RAAE, R. K. KLEPPE, and I. F. NES: Effects of polyamines on enzymes involved in DNA repair. Medical Biol. **59** (1981) 374–380.
26. KLIMEK, M.: Der Einfluß einer veränderten atmosphärischen Ozonschicht auf die solare UV-Strahlung an der Erdoberfläche und photobiologische Folgen dieser Veränderungen (russ.). Studia biophys. **52** (1975) 1–12.
27. KÖSSLER, F.: Ursachen der verschiedenen Strahlenempfindlichkeit und modifizierende Faktoren. Biol. Rdsch. **8** (1970) 331–345.

28. KUBITSCHEK, H. E. and R. J. DOYLE: Growth delay induced in *Escherichia coli* by near-ultraviolet radiation. Relationship to membrane transport functions. Photochem. Photobiol. **33** (1981) 695—702.
29. LOOS, W.: 50 Jahre „Mitogenetische Strahlung". Naturwiss. Rdsch. **27** (1974) 108—110.
30. LOTMAR, R.: Die Ultraviolettstrahlung und ihre biologisch-medizinische Bedeutung. Naturwiss. Rdsch. **25** (1972) 89—99.
31. MENNIGMANN, H. D.: Biological effects in bacteria of longwave UV light. Acta biol. med. germ. **38** (1979) 1247—1257.
32. MEYER, A. E. H. und E. O. SEITZ: Ultraviolette Strahlen. 2. Aufl. De Gruyter, Berlin 1949.
33. PITTS, D. G. and A. P. CULLEN: Ocular ultraviolet effects from 295—335 nm in the rabbit eye. DHEW (NIOSH) Publ. No. 77—130, October 1976.
34. SAMOILOVA, K. A.: Wirkung ultravioletter Strahlen auf Zellen (russ.) Nauka, Leningrad 1967.
35. SETLOW, R. B.: The wavelengths in sunlight effective in producing skin cancer: a theoretical analysis. Proc. Nat. Acad. Sci. USA **71** (1974) 3363 to 3366.
36. SIEBECK, O.: UV-Toleranz und Photoreaktivierung bei Daphnien aus Biotopen verschiedener Höhenregion. Naturwiss. **65** (1978) 390—391.
37. SIEBECK, O.: Photoreaktivation and depth-dependent UV-tolerance in reef coral in the Great Barrier Reef/Australia. Naturwiss. **68** (1981) 426 to 427.
38. WEIGELE, J. B. and R. L. BARCHI: Ultraviolet irradiation produces loss of saxitoxin binding to sodium channels in rat synaptosomes. J. Neurochem. **35** (1980) 430—435.
39. WIESNER, A.: Die Ultraviolettbestrahlung des Blutes in der ärztlichen Praxis. Z. ärztl. Fortbild. **69** (1975) 1226—1228.

8.3. Sichtbare Strahlung

8.3.1. Allgemeine Photobiologie

Die Abgrenzung des sichtbaren Bereichs aus dem Spektrum beruht auf der spektralen Empfindlichkeit des menschlichen Auges, die von $\lambda = 380$ nm bis $\lambda = 800$ nm reicht. Sie hat ihr Maximum bei 550 nm (photopisches System, Zapfen, Helligkeits- und Farbempfindungsvermögen) bzw. bei 510 nm (skotopisches System, Stäbchen, Dunkelanpassung) mit den Arbeitsbereichen für Leuchtdichten von $6 \cdot 10^{-4}$

bis $3 \cdot 10^5$ cd · cm^{-2} bzw. von $6 \cdot 10^{-8}$ bis 3 cd · cm^{-2}. Außer der Energietransformation in den Photorezeptoren kommen dem „Licht" noch zahlreiche weitere Funktionen in lebenden Systemen zu (vgl. 7). Die Abb. 66 gibt einen groben Überblick über die wichtigsten photobiologischen Aktivitäten. Bezüglich der Photosynthese, des Phototropismus und Photoperiodismus sei auf Lehrbücher der Pflanzen- und Tierphysiologie verwiesen. In diesem Kapitel sollen die wichtigsten lichttechnischen Begriffe, eine Auswahl biophysikalisch interessanter lichtinduzierter Reaktionen sowie der Einfluß des Lichtes auf vegetative Funktionen beschrieben werden.

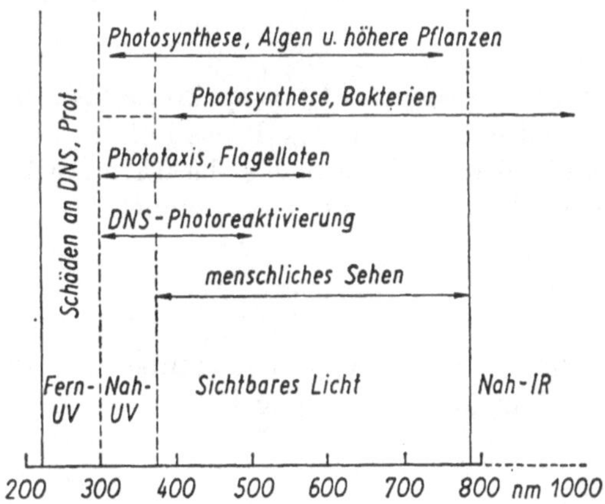

Abb. 66: Spektrale Bereiche für einige photobiologische Aktivitäten, nach (10). Prot. = Proteine

Die Intensität der direkten Sonnenstrahlung aus dem Wellenlängenbereich 400—800 nm beträgt als Tagessumme in Mitteleuropa (47° Breite) bei wolkenlosem Himmel auf dem Erdboden im Juni 2460 J · cm^{-2} und im Dezember 427 J · cm^{-2} (33). Aus diesen Werten lassen sich die Tagessummen S_i bei teilweiser Bewölkung berechnen:

$$S_i = S_0 \frac{\text{Sonnenscheindauer in } \%}{100}$$

S_0 = Tagessumme bei wolkenlosem Himmel.

In Boston (USA) liegt die Intensität in der Mittagszeit bei 34—47 mW × cm^{-2}, unabhängig von der Jahreszeit (39). Die Lichtintensität, die dem Auge in künstlich beleuchteten Räumen angeboten wird, liegt in der Größenordnung von 160—320 μW · cm^{-2} und beträgt damit weniger als 10% der Außenintensität im Schatten.

8.3.2. Lichttechnische Begriffe

Zur Bewertung der Lichtverhältnisse im Freiland, in Arbeitsräumen oder für versuchstechnische Anlagen benötigen wir die folgenden photometrischen Größen (nach (2)).

1. Als **Lichtstrom** Φ bezeichnet man die gesamte von einer Lichtquelle in alle Richtungen ausgestrahlte Leistung (in W), die mit der spektralen Hellempfindlichkeitskurve $V(\lambda)$ bewertet wird.

$$\Phi = K_m \int_{380}^{760} \Phi_{e\lambda} V(\lambda)\, \mathrm{d}\lambda$$

K_m = photometrisches Strahlungsäquivalent, $\Phi_{e\lambda}$ = spektrale Strahlungsleistung. Die Einheit des Lichtstroms ist das Lumen (lm). 1 lm ist der Lichtstrom, den eine punktförmige Lichtquelle der Lichtstärke 1 cd gleichmäßig in den Raumwinkel 1 Steradiant (sr) aussendet.

$$1\ \mathrm{lm} = 1\ \mathrm{cd} \cdot sr$$

2. Die **Lichtausbeute** η ist das Verhältnis des abgegebenen Lichtstromes Φ einer Lampe zur aufgenommenen elektrischen Leistung P

$$\eta = \frac{\Phi}{P} \left(\frac{\text{Lumen}}{\text{Watt}}\right)$$

η beträgt für Allgebrauchslampen 8—20 lm/W, für Hg-Hochdrucklampen 30—60 lm/W, für Leuchtstofflampen 30—75 lm/W und für Na-Niederdrucklampen 100—150 lm/W; der theoretische Höchstwert für monochromatisches Licht (555 nm) ist 680 lm/W.

3. Die **Lichtstärke** I ist das Verhältnis aus Lichtstrom Φ und Raumwinkel Ω, in den der Lichtstrom ausgesandt wird. Sie ist damit eine richtungsabhängige Größe mit der Einheit Candela (cd),

$$I + \frac{\Phi}{\Omega} \text{ mit } \Omega = \frac{A}{r^2}$$

A = Größe der durchstrahlten oder bestrahlten Fläche, r = Abstand zwischen Strahlungsquelle und Fläche.

4. Die **Leuchtdichte** L ist die für die Sehbedingungen wichtige Grundgröße; sie ist ein Maß für die vom Auge wahrgenommene Helligkeit einer Fläche, die in Richtung der Flächennormalen mit der Lichtstärke 1 cd leuchtet.

$$L = \frac{I}{A}\left(\frac{\mathrm{cd}}{\mathrm{m}^2}\right)$$

$10^4\ \mathrm{cd/m^2} = 1\ \mathrm{cd/cm^2} = 1$ Stilb; 1 Apostilb (asb) $= 0{,}318\ \mathrm{cd/cm^2}$. Die Einheit gilt sowohl für selbststrahlende als auch für beleuchtete Körper.

5. Die **Beleuchtungsstärke** E drückt das Verhältnis eines bestimmten Lichtstromes Φ zur Größe einer Fläche A aus.

$$E = \frac{\Phi}{A}\ (\mathrm{Lux, lx})$$

Die Beleuchtungsstärke 1 lx ist vorhanden, wenn ein Lichtstrom von 1 lm auf 1 m² fällt, $1\ \mathrm{lx} = 1\ \mathrm{lm/m^2} = 1\ \mathrm{cd \cdot sr/m^2}$. Die Beleuchtungsstärke ist umgekehrt proportional zum Quadrat des Abstandes r der beleuchteten Fläche von der Lichtquelle

$$E = \frac{\Phi}{A} = \frac{I \cdot \Omega}{\Omega \cdot r^2} = \frac{I}{r^2}$$

Bei konstantem Lichtstrom Φ ist die Beleuchtungsstärke auf einer Ebene abhängig vom Lichteinfallswinkel γ auf die Ebene. Bei größerem Winkel wird eine größere Fläche A^* beleuchtet, so daß die Beleuchtungsstärke um den Faktor $\cos\gamma$ zurückgeht

$$E^* = \frac{\Phi}{A} \cos\gamma = E \cos\gamma$$

6. Die **Lichtmenge** Q (Lichtarbeit) ergibt sich aus dem Produkt Lichtstrom × Zeit, $Q = \Phi \cdot t$ (lm · s). 1 lm · s ist die Lichtmenge, die eine Lichtquelle vom Lichtstrom 1 lm während der Zeit 1 s ausstrahlt, $1\ \mathrm{lm \cdot s} = 1\ \mathrm{s \cdot cd} \cdot sr$. Die Lichtmenge dient zur Einschätzung der Wirtschaftlichkeit verschiedener Lampentypen.

7. Der **Reflexionsgrad** ϱ einer Fläche gibt das Verhältnis des reflektierten Lichtstromes Φ_ϱ zum auftretenden Lichtstrom Φ_0 an,

$$\varrho = \frac{\Phi_\varrho}{\Phi_0}$$

ϱ liegt zwischen 1 (weiße Fläche) und 0 (schwarze Fläche). Flächen mit Werten für $\varrho \leqq 0{,}3$ gelten als dunkel, solche mit einem $\varrho > 0{,}3$ als hell. Je nach Oberflächenbeschaffenheit (spiegelnd, matt, glänzend) unterscheidet man eine gerichtete, diffuse oder gemischte Reflexion; im allgemeinen herrscht die diffuse Reflexion vor. Sie liegt den Angaben in den Beleuchtungsstandards zugrunde.

8. Der **Transmissionsgrad** τ gibt für durchlässiges Material das Verhältnis des hindurchgelassenen Lichtanteils Φ_τ zum einfallenden Lichtstrom Φ_0 an:

$$\tau = \frac{\Phi_\tau}{\Phi_0}$$

9. Der **Absorptionsgrad** α drückt das Verhältnis des absorbierten Lichtanteils Φ_α zum einfallenden Lichtstrom Φ_0 aus:

$$\alpha = \frac{\Phi_\alpha}{\Phi_0}$$

Die Größen ϱ, τ, α stehen in folgender Beziehung: $\varrho + \tau + \alpha = 1$. Die Tab. 23 enthält einige Beispiele für diese Größen.

10. Der **Flimmerfaktor** f ist eine Kenngröße für periodische Schwankungen des Lichtstromes Φ_{max}, Φ_{min}, der von wechselstrombetriebenen Lampen ausgesandt wird

$$f = \frac{\Phi_{max} - \Phi_{min}}{\Phi_{max} + \Phi_{min}}$$

Tab. 23: Beispiele für Reflexions-, Transmissions- und Absorptionsgrade von Materialien und Anstrichen, nach (2).

Material	ϱ	τ	α
Tafelglas, 1–3 mm	0,06–0,08	0,90–0,92	0,01–0,03
Drahtglas, 5–7 mm	0,1–0,3	0,53–0,70	0,17–0,20
Aluminiumfolie	0,8–0,85	–	0,15–0,20
Chrom, poliert	0,6–0,7	–	0,30–0,40
Beton, neu	0,4–0,5	–	0,50–0,60
Backstein, alt	0,05–0,15	–	0,85–0,95
Mahagoniholz	0,07	–	0,93
Eiche, hell	0,25–0,33	–	0,67–0,75
Pergamentpapier	0,40–0,48	0,33–0,55	0,05–0,15
Kalkanstrich, weiß	0,70–0,85	–	0,15–0,30

11. Die **spektrale Hellempfindlichkeitskurve** $V(\lambda)$ stellt die Empfindlichkeit des Auges bei Tagessehen für Strahlung unterschiedlicher Wellenlänge mit gleicher Strahlungsleistung dar.
12. Die **Farbwiedergabeeigenschaft von Lichtquellen** wird u. a. durch die **Farbtemperatur** wiedergegeben. Sie beträgt für Temperaturstrahler 2800 K (Allgebrauchslampen) bis 6000 K (Sonne). Die Stufe der Farbwiedergabe (1—4) und der Farbwiedergabeindex R_a geben den Grad der natürlichen Wiedergabe von Körperfarben durch eine Lichtquelle an.
Unter den Beleuchtungsarten unterscheidet man:

- *direkte Beleuchtung* wenn durch Reflektoren 90—100% des Lichtstromes unmittelbar in den unteren Raumteil, auf die Arbeitsfläche oder das Objekt geworfen werden; es entstehen harte Schatten,
- *vorwiegend direkte Beleuchtung* herrscht, wenn 60—90% des Lichtstroms direkt abgestrahlt werden und 10—40% an der Zimmerdecke diffus reflektiert werden,
- *gleichförmige Beleuchtung* ist gegeben, wenn 40—60% des Lichtstromes in die untere Raumzone und 40—60% in die obere gehen,
- *vorwiegend indirekte Beleuchtung* kommt bei 60—90% Abstrahlung in die obere Raumzone zustande, und bei der
- *indirekten Beleuchtung* gehen 90—100% des Lichtstromes in den oberen Raum, die Lichtquellen sind meist der Sicht entzogen.

8.3.3. Beleuchtungsmessung und Beleuchtungsnormen

Zur Messung der Beleuchtungsstärke dient das **Luxmeter**. Ein lichtempfindlicher Empfänger (z. B. Selen-Photoelemente) absorbiert den Lichtstrom und wandelt ihn in elektrische Spannung um, die angezeigt wird. Da die spektrale Empfindlichkeit von der des Auges abweicht, müssen Korrekturfaktoren eine Anpassung an die $V(\lambda)$-Kurve vornehmen. Für schräg einfallendes Licht erfolgt eine cos-Korrektur. Längere, intensive Lichteinwirkung, aber auch längere Lagerung der Geräte, führen zur „Ermüdung" der Photoelemente. Der Gesamtfehler einer Messung mit normalen Luxmetern liegt bei $\leqq 15\%$; mit Präzisionsgeräten sind die Fehler $\leqq 10\%$. Die Temperaturabhängigkeit der Selenelemente beträgt 0,5% pro K.
Leuchtdichtemesser basieren auf dem gleichen Prinzip wie Beleuchtungsstärkemesser, aber mit zusätzlicher Festlegung des Raumwinkels für den einfallenden Lichtstrom. Dies erfolgt durch Blenden oder Linsen.

Für sehr geringe Genauigkeitsanforderungen (Fehler $\leqq$ 25%) können Belichtungsmesser eingesetzt werden. Die noch ungenaueren visuellen Methoden, welche zur Abstimmung der Helligkeit oder des Kontrastes vorgegebene Vergleichswerte verwenden, verlieren an Bedeutung. Auch die Reflexionsgradbestimmung erfolgt häufig mit Reflexionsgrad- oder Farbtafeln, die mehrere Graustufen oder Farbmuster besitzen, denen die zugehörigen Reflexionsgrade entnommen werden. Mit speziell ausgerüsteten Luxmetern lassen sich Schattigkeit, Glanz oder auch Lichtpulsationen ermitteln. Die Bewertung erfolgt nach physikalisch-opti-

Tab. 24: Arbeitskategorien bei einem Betrachtungsabstand $\leqq$ 500 mm, nach (36).

Kategorie	kleinste Sehobjekte (mm)	Art der Arbeit
I	$\leqq$ 0,15	besonders feine Arbeit
II	0,15–0,3	sehr feine Arbeit
III	0,3–0,5	feine Arbeit
IV	0,4–1,0	mittelfeine Arbeit
V	> 1,0	grobe Arbeit
VI und VII	keine Festlegung	Arbeiten ohne besondere Anforderungen

schen, physiologischen und psychologischen Gesichtspunkten. Die Beleuchtungsstärke richtet sich nach den Sehaufgaben, d. h. nach der Größe des Objektes (s. Tab. 24). Für räumliches Sehen ist eine bestimmte Schattigkeit notwendig. Die zeitliche Gleichmäßigkeit wird z. T. durch Schwankungen der Netzfrequenz beeinflußt; Gasentladungslampen sollten deshalb in der Dreiphasenschaltung betrieben werden. Die Flimmerverschmelzungsfrequenz steigt mit zunehmender Leuchtdichte an; sie liegt für 1 cd · m^{-2} bei 30 Hz und für 100 cd · m^{-2} bei 60 Hz.

Für die Beleuchtung spielen auch Lichtfarbe und Blendungsbegrenzungen eine Rolle. Man unterscheidet zwei Kategorien: weißes Licht (Tageslicht, weiße Leuchtstofflampen, Hg-Lampgen) und warmes Licht (Glühlampen, Warmtonleuchtstofflampen). Das Auge besitzt wegen der chromatischen Aberration für verschiedene Lichtfarben eine unterschiedliche Entfernungskorrektur. Der Brechungsunterschied für die Farben von Tageslicht und Glühlampen beträgt etwa 0,5 Dioptrien. Zwielicht ist deshalb nur dann unangenehm oder störend, wenn die Lichtfarben von Tages- und Kunstlicht in einem Arbeitsbereich verschieden sind und Sehaufgaben einen häufigen Wechsel von einer zur anderen Lichtquelle erfordern.

Die Mindestanforderungen an die Beleuchtung sind in TGL-Vorschriften festgelegt; vgl. z. B. (36); sie richten sich nach dem Schwierigkeitsgrad der Sehaufgabe, die durch die Größe des kleinsten Sehobjekts u. a. Eigenschaften bestimmt wird. Dafür wurden 6 Arbeitskategorien geschaffen (Tab. 24). Normale Sehaufgaben mit mittleren Details erfordern 500—700 lx, schwierige Manipulationen mit feiner Detailerkennung erfordern 2000 —3000 lx. Zur Orientierung über weitere Festlegungen sei auf den o. g. Standard verwiesen. Aus Tab. 25 sind Beleuchtungsstärken und Leuchtdichten natürlicher und künstlicher Lichtquellen zu ersehen.

Tab. 25: Beleuchtungsstärken und Leuchtdichten einiger Lichtquellen, nach (9).

Lichtquelle	Beleuchtungsstärke (Lux)	Leuchtdichte (cd/m²)
Sommersonne	$80 \cdot 10^3$	bis $160 \cdot 10^7$
Diffuses Tageslicht	$5 \cdot 10^3$—$18 \cdot 10^3$	$3 \cdot 10^2$—$1 \cdot 10^3$
Vollmondnacht	0,25	—
Sternenlicht (Neumond)	0,01	—
Glühlampen	—	$10 \cdot 10^5$—$20 \cdot 10^6$
Leuchtstofflampen	—	$3 \cdot 10^3$—$7 \cdot 10^3$
Hochleistungsbogenlampe	—	bis $100 \cdot 10^7$

8.3.4. Photorezeptoren

Lichtempfindliche Strukturen ohne morphologisch ausgebildete Augen kommen in Wirbellosen vor; häufig dienen Pigmente als Rezeptoren, z. B. in *Euglena*. In der Phylogenie haben sich hochspezialisierte Strukturen herausgebildet, die den physikalischen Reiz, das Licht, in eine physiologische Energieform, die Aktionspotentiale, übersetzen. Die dabei ablaufenden Prozesse enthalten eine Reihe biophysikalischer Aspekte und bieten ein interessantes Forschungsgebiet. Vor allem interessiert die Frage, wie die geringe Energie des Lichtreizes in einen Erregungsvorgang transformiert wird, der eine 10^6fache Verstärkung erfordert. Bei höchster Empfindlichkeit reicht bereits 1 Lichtquant aus, um den Rezeptor zu erregen und 10^3—10^4 Ionenkanäle zu verändern. Bei höherer Lichtintensität wird die Energieverstärkung vermindert (35).

Das charakteristische Merkmal der Lichtsinneszellen bei Wirbellosen und bei Wirbeltieren sind Bezirke mit vergrößerter Membranoberfläche, die den Sehfarbstoff, das Rhodopsin, enthalten. Dieser Abschnitt wirkt ähnlich einer Antenne, welche die Energie einfängt. Die Rezeptoren der Wirbeltiere bestehen aus Stäbchen und Zapfen. Ein typisches Stäbchen besteht aus dem Kernabschnitt und dem Innen- und Außensegment; letzteres setzt sich aus zahlreichen parallel angeordneten Scheiben („disks“) zusammen, die das Rhodopsin enthalten. Ein Stäbchen-Außensegment der Ratten-Retina enthält ca. 1000 solcher Scheibchen. Die Sehfarbstoffmoleküle sind in die Lipidphase der Membran eingebettet und tauchen im belichteten Zustand tiefer ein als im Dunkeln. Durch Absorption eines Lichtquants geht die chromophore Komponente des Rhodopsins, das **11 cis-Retinal**, in das stabilere **all-trans-Retinal** über (photochemische Stereoisomerisation). Damit verbunden ist eine Änderung im Membranpotential der Zelle. Das normale Ruhepotential der Wirbeltier-Photorezeptoren von etwa 20 mV (innen negativ gegen außen) kann durch Belichtung bis 70 mV ansteigen. Parallel mit dieser Hyperpolarisation erfolgt ein Anstieg des Membranwiderstandes. Aber auch in der Peptidkette des Rhodopsins laufen Konformationsänderungen ab, wobei zwei SH-Gruppen und 6—7 H^+-bindende Gruppen exponiert werden. Für die Potentialänderungen, die den Erregungsprozeß einleiten, werden pH-Verschiebungen (5) bzw. lichtinduzierte Veränderungen des Na-Fluxes durch die Membran des äußeren Segments verantwortlich gemacht; dabei soll dem Ca^{2+} eine wesentliche Steuerfunktion zukommen (40). Nach neueren Vorstellungen wird auch dem zyklischen Guanosin-Monophosphat (cGMP) und der Phosphodiesterase eine regulierende Funktion auf das Membranpotential der äußeren Stäbchensegmente zugeschrieben (28, 29).

8.3.5. Licht und vegetative Funktionen

In einer Reihe von wegweisenden Arbeiten hat Hollwich (13—15) gezeigt, daß das Auge nicht nur als photographische Kamera zu betrachten ist und der optischen Orientierung dient, sondern daß ihm eine zweite wichtige Funktion zukommt, durch die der Organismus mit seinem vegetativen System an die Umwelt gekoppelt ist. Diese **„energetische“ Funktion** des Auges beeinflußt unbewußt die Lebensprozesse, wie die Funktionen der Keimdrüsen, der Blutbildung oder des Basalstoffwechsels. Es handelt sich also um energetische Effekte, die über die retinalen Photorezeptoren vermittelt und über besondere nichtoptische Bahnen vom Chiasma (Sehnervenkreuzung) zu den vegetativen Kernen des Zwischenhirns realisiert werden. Dieser Lichteinfluß ist schwer von den bekannten stimulierenden Effekten des natürlichen Sonnenlichts

(8) zu trennen, bei denen eine Licht- und UV-Wirkung auf die Haut hinzukommt.

In der Zoologie ist die Farbanpassung vieler Tiere an ihren Untergrund seit langem bekannt. Sie wird z. T. von einem besonderen Organ, dem Pineal, gesteuert. Damit lassen sich zwar keine Strukturen wahrnehmen, aber es ist in der Lage, Licht in Nervenimpulse zu kodieren, wobei mit verschiedenen Wellenlängen unterschiedliche Effekte auftreten. Weißes Licht hemmt z. B. die im Dunkeln spontan aktiven Zellen dieses Organs; dabei gibt es Zellen, die durch Violett gehemmt, aber durch Blau-Grün und längerwelliges Licht angeregt werden (6). Hier handelt es sich offensichtlich um eine lichtempfindliche Hormondrüse mit Reglerfunktion.
Die Lichteinwirkung auf das Pinealorgan wird durch ein multisynaptisches neuronales System vermittelt, das Großhirn, Rückenmark und sympathisches Nervensystem einbezieht. Das Haupthormon der Drüse ist das Melatonin, das auf die Keimdrüsenhormone wirkt. Dauerlicht scheint eine Photohemmung auf die Melatoninsekretion auszuüben, so daß die Tiere die sexuelle Reife früher erreichen als im Licht-Dunkel-Wechsel (39). Das Wirkungsspektrum des Pinealhormons ist ähnlich wie das des Rhodopsins. Bei höheren Wirbeltieren und beim Menschen entspricht das Pinealorgan der Epiphyse (Zirbeldrüse), das Stirnorgan mit den Lichtsinneszellen fehlt. An Vögeln wurde jedoch nachgewiesen, daß die Epiphyse auf Beleuchtung des Kopfes anspricht. Es gilt deshalb heute als ziemlich sicher, daß die Epiphyse bei Vögeln und Säugern als übergeordnetes Regulationszentrum wirkt, das viele Lebensvorgänge mit der Chronologie des Makrokosmos verbunden hält.

Beim Menschen hat die Untersuchung Blinder ergeben, daß ihr Stoffwechsel langsamer verläuft als bei sehenden Kontrollpersonen, und die Amplituden der Tageskurven für Blutkörperchen, Stoffwechselprodukte und Hormonkonzentrationen sind bei ihnen erniedrigt. Dabei zeigen in früher Jugend erblindete Personen stärkere Abweichungen als spät erblindete (14, 16). Eine Reihe von Beobachtungen bestätigt die Notwendigkeit von Licht und Lichtintensitätsschwankungen für die Aufrechterhaltung der in der Entwicklung erworbenen Tagesperiodik. Es wird vermutet, daß zumindest ein Teil der Symptome, die bei längerem Aufenthalt in fensterlosen Räumen oder bei intensivem Dauerlicht auftreten, auf Lichtmangel oder fehlenden Intensitätsschwankungen beruhen. Die „fensterlose Bauweise" ist von biologischer Seite her nicht zu empfehlen, auch wenn zahlreiche Tests im ständigen Kunstlicht keine akuten Störungen aufdecken (3, 27).

8.3.6. Photodynamische Wirkung

Unter **photodynamischer Wirkung** versteht man die Sensibilisierung eines biologischen Systems gegenüber sichtbarem Licht durch photodynamisch aktive Stoffe, besonders Farbstoffe, wie Methylenblau, Thiopyronin, Acridinorange und Psoralen, aber auch Flavine, Porphyrine, Phenothiazine, Xanthene, Chinone, Polyene, halogen-aromatische Verbindungen und anorganische Ionen (1). Die Substanzen wirken in Konzentrationen, die ohne Belichtung keine Effekte hervorrufen. Unter Anwesenheit von Sauerstoff und Licht inaktivieren und modifizieren sie Biomoleküle und zelluläre Strukturen mit den Endpunkten Mutation, Funktionsverlust und Zelltod.
Die vielfältigen Reaktionen lassen sich in zwei Hauptgruppen einteilen: die Typ I-Mechanismen mit vorwiegender Radikalbildung und die Typ II-Mechanismen unter Bildung von Singulettzuständen des Sauerstoffs ($^1O_2^*$). Diese Prozesse ließen sich inzwischen auch an Liposomen aus Ei-Lezithin demonstrieren. Die Liposomen wurden nach Rotlichtbestrahlung unter Anwesenheit von Methylenblau und Sauerstoff durch $^1O_2^*$ oder nach Blaulichtbestrahlung in Gegenwart von Riboflavin durch O_2^- lysiert (30). An Konidien von *Neurospora crassa* verursacht die Bestrahlung mit Licht über 520 nm in Gegenwart von 10 µmol Toluidinblau ebenfalls die Bildung von $^1O_2^*$, das die Atmung hemmt, zur Mitochondrienschwellung und zu vermehrter Farbstoffaufnahme in die Konidien führt. Deuterium, das die Lebensdauer von $^1O_2^*$ verlängert, stimuliert diese Vorgänge, während sie durch Azid, einem Quencher des $^1O_2^*$, unterdrückt werden (34). Diese Ergebnisse lassen vermuten, daß molekularer Sauerstoff im Singulettzustand zum Verlust der Membranintegrität führt. Diese Annahme wird durch Versuche mit Toluidinblau an Hefezellen bestätigt. In diesen Experimenten hat bei gleichbleibender Belichtungszeit eine Temperatursteigerung von 10 auf 33 °C die Überlebensrate erheblich vermindert (Abb. 67). Im Arrhenius-plot ergibt sich ein deutlicher Bruch bei 21—22 °C, der auf den Phasenübergang der Membranfluidität hinweist.

Nach 5—20 min Belichtung von Hefezellen in thiopyroninhaltiger Lösung (20 µg/ml) kommt es zu einer von der Belichtungszeit abhängigen Wachstumsverzögerung, die auf einer photodynamisch bedingten Hemmung der Proteinsynthese beruht (25, 26). Offensichtlich wird die DNS durch den Farbstoff und Licht nicht beeinflußt; nur nach höheren Konzentrationen und Beleuchtungsstärken können auch mutagene Wirkungen auftreten. Basen-

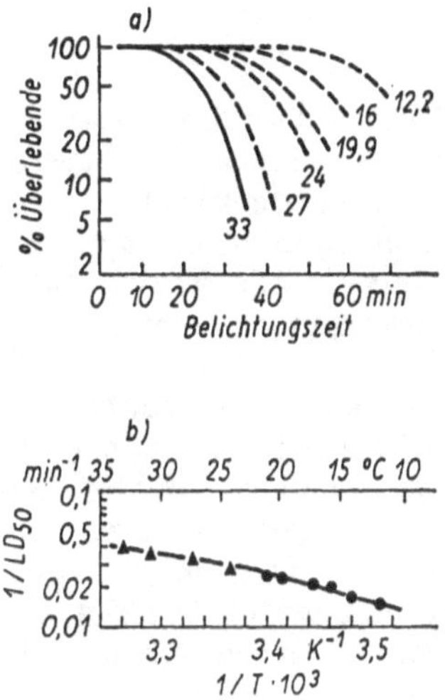

Abb. 67: Temperaturabhängigkeit der Hefezellinaktivierung durch Toluidinblau-sensitivierte photodynamische Wirkung. a: Überlebenskurven bei Temperaturen von 12,2 bis 33 °C und nach verschieden langen Belichtungszeiten (Abszisse) in Phosphatpuffer. b: Reziproke Auftragung der Dosis für 50% Überlebende ($1/LD_{50}$) als Funktion der reziproken absoluten Temperatur (1/T), nach (17).

veränderungen, besonders am Guanin, sind seit langem bekannt, und ihr Ausmaß hängt u. a. vom Ploidiegrad der Hefen ab. Photodynamische Wirkungen wurden auch an Nerven (Squid-Axon, Lobster-Axon) nachgewiesen. Mit den meisten Farbstoffen tritt eine irreversible Hemmung der Na-Kanäle ein, wobei die Wirksamkeit etwa 100 mal stärker ist, wenn sich die Farbstoffe an der Innenseite der Membran befinden (31, 32). In Zellen von *E. coli* induzierten Acridin plus UV-Licht sowohl DNS- als auch Membranschäden (37).

Die photodynamische Wirkung des 8-Methoxypsoralens (8-MOP) in Verbindung mit langwelligem UV (366 nm) wird erfolgreich in der Therapie von Hautkrankheiten, bes. der Psoriasis, eingesetzt. Der therapeutische Effekt soll auf eine kovalente Bindung des 8-MOP an Pyrimidinbasen der Nukleinsäuren beruhen, wodurch die Zellproliferation in der Epidermis inaktiviert wird. Bei diesem Prozeß sind mutagene Wirkungen nicht auszuschließen; sie wurden zumindest für Hefezellen nachgewiesen (20). Deshalb ist die Suche nach geeigneteren photosensitivierenden Substanzen auch ein Anliegen der biophysikalischen Forschung. Alle durch Licht hervorgerufenen Hautreaktionen, die sich nicht unter Sonnenbrand oder Hautkrebs einordnen lassen, werden als Lichtdermatosen bezeichnet, obwohl sie überwiegend auf UV-Wirkungen beruhen; einige von ihnen sind sehr selten, andere treten relativ häufig auf. Über ihre Diagnostik wird in (16) berichtet.

8.3.7. Biolumineszenz

Abschließend sei auf die biophysikalisch und molekularbiologisch interessanten Mechanismen hingewiesen, durch die lebende Organismen sichtbares Licht erzeugen. Diese Lichtemission erfolgt mit der Quantenausbeute 1, d. h. pro Mol umgesetzten Leuchtstoffs wird 1 Mol Lichtquanten erzeugt. Der Leuchtstoff wird Luciferin, das die Reaktion katalysierende Enzym Luciferase genannt. Wegen der sehr geringen Wärmeentwicklung spricht man bei der Biolumineszenz von „kaltem Licht". Die Emission von Quanten — vorwiegend aus dem Bereich von 400 bis 600 nm — beruht auf Anregungsvorgängen in den Elektronenhüllen, durch die die Elektronen in etwa 10^{-9} s nach den Gesetzen des elastischen Stoßes, der Photo-, Compton- und Smekal-Raman-Effekte unter Impulsaufnahme ein höheres Energieniveau erreichen, von dem sie unter Lichtaussendung in den Grundzustand zurückkehren. Die Mehrzahl der etwa 20 verschiedenen Biolumineszenzsysteme benötigt Sauerstoff. Daraus wurde die Hypothese abgeleitet, daß es sich um einen in der anaeroben Phase der Evolution erworbenen Prozeß zur Elimination des hier toxisch wirkenden Sauerstoffs handelt. Eine solche Annahme könnte das Vorhandensein der Biolumineszenz bei verschiedenen, systematisch nicht nahe stehenden Arten und die oft fehlende ökologische Bedeutung erklären. Bei einigen Arten läßt sich allerdings eine sekundär erworbene Bedeutung erkennen; die Lichtemission steht hier im Dienst der Partnersuche oder der Feindabwehr. Einen Überblick über die einzelnen Biolumineszenzmechanismen bieten eine Reihe von Publikationen (4, 11, 12, 18, 19, 21, 22, 38). Einige der isolierten chemischen Systeme gewannen in der biochemischen Analytik Bedeutung, z. B. zur quantitativen Bestimmung von ATP (Leuchtkäfer-System) oder Ca-Ionen (Coelenteraten-System, Aequorin). Intakte Organismen, wie Kulturen von Leuchtbakterien, können auch zum Nachweis von Luftverunreinigungen herangezogen werden. Leuchtbakterien wurden z. B. zum Nachweis für freien Sauerstoff, für Wirkungen von Druck, ionisierenden Strahlen, UV-Licht und toxischen Substanzen eingesetzt (23, 24).

Literatur

1. Amagasa, J.: Dye binding and photodynamic action. Photochem. Photobiol. 33 (1981) 947—955.
2. Autorenkollektiv: Arbeitsschutz 16, Mikroklima, Beleuchtung. Karl-Marx-Stadt 1980.

3. BRANDT, H.-J.: Gedanken über die physikalische und psychische Bedeutung der Tageslicht-Öffnungen in der DIN 5034 „Tageslicht in Innenräumen". Gesundheits-Ingenieur **102** (1981) 90—96.
4. DELUCA, M. A. (Ed.): Bioluminescence and Chemoluminescence. Methods in Enzymology **57**, Acad. Press, Lond. 1978.
5. EMRICH, H. M. und R. REICH: Über Primärreaktionen beim Sehvorgang. Z. Naturforsch. **29 c** (1974) 577—591.
6. FRESE, W.: Pinealorgan — eine lichtgesteuerte Hormondrüse? Naturwiss. Rdsch. **33** (1980) 435—436.
7. GIESE, A. C. (Ed.): Photophysiology, Vol. I, II. Acad. Press 1964.
8. GREITER, F., R. MADERTHANER, H. BAUER, N. BACHL, L. PROKOP und G. GUTTMANN: Die Wirkung künstlichen und natürlichen Sonnenlichts auf einige psychosomatische Parameter des menschlichen Organismus. Med. u. Sport **20** (1980) 333—337.
9. HAIDER, M.: Leitfaden der Umwelthygiene. Verlag H. Huber, Bern 1974.
10. HALLDAL, P.: Light and microbial activities. In: D. C. Ellwood et al. (Eds.): Contemporary Microbial Ecology. Adac. Press. N. Y. 1980.
11. HARVEY, E. N.: Bioluminescence. Acad. Press, N. Y. 1952.
12. HASTINGS, J. W.: Bioluminescence in Action (Ed.: P. Herring): Acad. Press, N. Y. London 1978, 129—170.
13. HOLLWICH, F.: Augenlicht und vegetative Funktionen. Nova Acta Leopoldina N. F. **31** (1966) 189—217.
14. HOLLWICH, F.: The influence of ocular light perception on metabolism in man and animal. Springer-Verl., Berlin 1979.
15. HOLLWICH, F., B. DICKHUSE, C. O. MEINERS: Die physiologische Bedeutung des Lichtes für den Menschen. Lichttechnik **27** (1975) 388—394.
16. IPPEN, H.: Pathologische Lichtreaktionen der Haut. Med. Klin. **73** (1978) 1299—1309.
17. ITO, T.: Does membrane attacking photodynamic action reflect the so-called phase transition? Photochem. Photobiol. **33** (1981) 117—120.
18. JOHNSON, F. H.: Bioluminescence. Compr. Biochem. **27** (1967) 79—136.
19. JOHNSON, F. H. and Y. HANEDA (Eds.): Bioluminescence in Progress, Princeton Univ. Press, Princeton 1966.
20. KENTER, D. and W. LASKOWSKI: Induction of mutations by photodynamic action of thiopyronine in *Saccharomyces cerevisiae*. Rad. Environm. Biophys. **15** (1978) 379—385.
21. KÖSSLER, F.: Biolumineszenz in vivo und in vitro. Biol. Rdsch. **13** (1975) 73—94.
22. KÖSSLER, F.: Physiologische Aspekte der Lumineszenz von Leuchtkäfern. Biol. Rdsch. **13** (1975) 276—284.
23. KÖSSLER, F.: Bacterial luminescence — a sensitive tool indicating environmental pollution. Proceed. Internat. Congress Pacific Sciences, Khabarovsk 1979.
24. KÖSSLER, F. und I. WOLBURG: Stoffwechselfunktionen von Mikroorganis-

men als Indikatoren für toxische Substanzen. Z. ges. Hyg. **17** (1971) 317–321.
25. LOCHMANN, E.-R., N. KÄUFER, S. I. SCHÜTZE, and C. KREUTZFELDT: Thiopyronine-sensitized photodynamic effect on RNA synthesis in *Saccharomyces* cells in vivo. Int. J. Radiat. Biol. **40** (1981) 1–9.
26. LOCHMANN, E.-R., I. PIETSCH, and S. SCHÜTZE: Thiopyronine-sensitized photodynamic effect on ribosome synthesis and ribosome content in *Saccharomyces* cells. Radiat. Environm. Biophys. **19** (1981) 181–186.
27. MEINERS, C. C.: Licht, Sehen und Gesundheit. Zbl. Arb.med. **26** (1976) 201–205.
28. MILLER, W. H. and G. D. NICOL: Cyclic-GMP-induced depolarization and increased response latency of rods: antagonism by light. Curr. Topics in Membrane and Transport **15** (1981) 417–437.
29. MILLER, W. H.: Ca^{2+} and cGMP. Curr. Topics in Membranes and Transport **15** (1981) 441–445.
30. MÜLLER-RUNKEL, R., J. BLAIS, and L. I. GROSSWEINER: Photodynamic damage to egg lecithin liposomes. Photochem. Photobiol. **33** (1981) 683 – 687.
31. OXFORD, G.-S., J. P. POOLER, and T. NARAHASHI: Internal and external application of photodynamic sensitizers on squid giant axons. J. Membrane Biol. **36** (1977) 159–173.
32. POOLER, J.: Photodynamic alteration of sodium currents in Lobster axons. J. general. Physiol. **60** (1972) 367–387.
33. SAUBERER, F. und O. HÄRTEL: Pflanze und Strahlung. (Akad. Verl. gesell.) Geest & Portig, Leipzig 1959.
34. SHIMIZU-TAKAHAMA, M., T. EGASHIRA, and U. TAKAHAMA: Inhibition of respiration and loss of membrane integrity by singulet oxygen generated by a photosensitized reaction in *Neurospora crassa* conidia. Photochem. Photobiol. **33** (1981) 689–694.
35. STIEVE, H.: Mechanismus der Erregung von Lichtsinneszellen. Naturwiss. Rdsch. 27 (1974) 45–56.
36. TGL 200-0617/07 Beleuchtung mit künstlichem Licht, Innenraumbeleuchtung, Fachbereichsstandard, April 1981.
37. WAGNER, S., A. FELDMAN and W. SNIPES: Recovery from damage induced by acridine plus near-ultraviolet light in *Escherichia coli*. Photochem. Photobiol. **35** (1982) 73–81.
38. WARD, W. W.: Bioluminescence: Biochemical and physiological advances. Photochem. Photobiol. **33** (1981) 965–974.
39. WURTMAN, R. J.: The effect of light on man and other mammals. Ann. Rev. Physiol. **37** (1975) 467–483.
40. YOSHIKAMI, S., J. S. GEORGE, and W. A. HAGINS: Light-induced calcium fluxes from outer segment layer of vertebrates retinas. Nature (Lond.) **286** (1980) 395–398.

8.4. Infrarot-Strahlung und Temperatureinwirkungen

8.4.1. Infrarotbereiche und IR-Quellen

Die Infrarot-Strahlung (IR) umfaßt Wellenlängen von 760 nm bis 1000 µm. Es handelt sich um eine nichtionisierende Strahlung mit Energien, die im absorbierenden Material thermische Effekte hervorrufen. Die Emission von IR ist häufig mit sichtbarem Licht oder auch mit UV gekoppelt. Die Unterteilung des IR-Bereiches mit den dazugehörigen Frequenzen und Quantenenergien geht aus Tab. 26 hervor.

Tab. 26: Einteilung der IR-Bereiche mit Angabe der Wellenlänge (λ), Frequenz (ν) und Quantenenergie (E), nach (17).

IR-Bereich	λ (µm)	ν (Hz)	E (eV)
IR-A (nahes IR)	0,76—1,4	$(3{,}95-2{,}14) \cdot 10^{14}$	1,63—0,89
IR-B	1,4—3,0	$(2{,}14-1{,}0) \cdot 10^{14}$	0,89—0,41
IR-C (fernes IR)	3,0—1000	$1{,}0 \cdot 10^{14}-3{,}0 \cdot 10^{11}$	0,41—0,001

Infrarot-Strahlung entsteht durch Schwingungen und Rotation von Atomen oder Molekülen in Materialien, deren Temperaturen über dem absoluten Nullpunkt (0 K) liegen. Alle Objekte emittieren IR als Funktion ihrer Temperatur, wobei die Intensität mit der Temperatur ansteigt und die Wellenänge für die maximale Intensität nach dem WIENschen Verschiebungsgesetz

$$\lambda_{\max} = \frac{2898}{T}$$

zu kürzeren Wellenlängen hin verschoben ist (vgl. 4.1.2., Abb. 3). Die meisten IR-Quellen emittieren ein Kontinuum. Von der gesamten Strahlungsleistung der Sonne, die auf die Erdoberfläche trifft ($0{,}135\ \mathrm{W} \cdot \mathrm{cm}^{-2}$), liegt etwa die Hälfte im IR-Bereich. Die Sonne entspricht einem Schwarzen Körper bei einer Temperatur von 6000 K und besitzt die maximale Emission bei 550 nm, aber noch beträchtliche Anteile im UV- und IR-Bereich. Der Tagesverlauf der Außentemperatur hängt wesentlich von den Einstrahlungsbedingungen ab und ergibt eine ausgeprägte Minimum-Maximum-Kurve, auf die Sonnenstand, Bewölkung u. a. meteorologische Faktoren Einfluß haben. Der Jahresgang der Temperatur wird vor allem durch die geografische Lage bestimmt;

der vertikale Temperaturgradient kann örtlich stark schwanken und sogar negative Werte annehmen (Inversion). Die horizontale Temperaturverteilung wird durch Linien gleicher Temperatur (Isotherme) charakterisiert. Für weitere Ausführungen vgl. (13).

Künstliche IR-Quellen sind neben Glüh-, Fluoreszenz- und Entladungslampen offene Flammen, heiße Metalle, Heizkörper, d. h. alle künstlichen Strahler. In heißen Klimaten, aber auch in vielen Berufen sind Menschen dem Umweltfaktor **Temperatur** im überhöhten Maße ausgesetzt. Die Belastung kann durch die körpereigene Regulation oder durch entsprechende Kleidung teilweise kompensiert werden; extreme Hitzebelastung sollte — ebenso wie extreme Kälte — durch entsprechende Maßnahmen vermieden werden. Die Beurteilung des Einflusses verschiedener Temperaturen auf Organismen und Materialien setzt eine exakte Messung voraus.

8.4.2. Temperaturmessung und Einheiten

Wirkt IR auf Material ein, so wird in ihm ein Temperaturanstieg erfolgen, der der absorbierten Energie proportional ist. Diese Temperatursteigerung kann Sekundäreffekte wie Volumen-, Druck-, Leitfähigkeits- oder auch chemische Änderungen hervorrufen. Das **Prinzip eines IR-Detektors** beruht auf seiner Fähigkeit, die absorbierte Energie in eine andere Form zu überführen, die besser meßbar ist, z. B. in mechanische Energie im konventionellen Thermometer oder in elektrische beim Thermistor und Thermoelement. Die thermischen Detektoren reagieren auf ein breites Spektrum von IR-Strahlung, haben eine ausreichende Empfindlichkeit und eine Ansprechzeit von ms. Wegen der geringen Kosten sind sie weit verbreitet. Einen anderen Typ stellen die **Quanten-Detektoren** dar, die aus Halbleitern bestehen, in denen die IR-Quanten einen quantenelektrischen Effekt auslösen, also weitere neue Quanten freisetzen. Diese Quantenzähler haben schnelle Ansprechzeiten, sind sehr empfindlich und reagieren auf relativ enge Spektralbereiche. Zur Messung der spektralen Energieverteilung im IR-Gebiet sind Filter notwendig, die im Vakuum mit dünnen Filmen versehen wurden, die aus Material bestehen, das in der entsprechenden IR-Region eine hohe Transmission besitzt.

Temperaturwerte dienen einerseits zur Kennzeichnung klimatischer Verhältnisse, andererseits zur Beurteilung physiologischer Zustände (Fieber) oder zur Aufrechterhaltung bestimmter Bedingungen für

biologische Vorgänge (z. B. Anzucht von Mikroorganismen oder Pflanzen unter Laborbedingungen), chemische Reaktionen und technologische Prozesse.
Die Temperaturangaben erfolgen in Kelvin (K) oder °C, wobei $T = 0\,\mathrm{K}$ $\triangleq t = -273{,}15\,°\mathrm{C}$ oder

$$T = 373{,}15\,\mathrm{K} \triangleq t = +100\,°\mathrm{C}$$

Für Temperaturdifferenzen gilt $1\,\mathrm{K} = 1\,°\mathrm{C}$. Die IR-Exposition wird in $\mathrm{J \cdot cm^{-2}}$ angegeben, die Bestrahlung in $\mathrm{W \cdot cm^{-2}}$. Für kleine Wellenlängenbereiche gibt man die spektrale Strahlenexposition in $\mathrm{J \cdot cm^{-2} \times nm^{-1}}$ bzw. die spektrale Bestrahlung in $\mathrm{W \cdot cm^{-2} \cdot nm^{-1}}$ an.

8.4.3. Biologische Wirkungen

8.4.3.1. Gewebeeigenschaften und Temperatureffekte

Man kann davon ausgehen, daß IR-Quanten wegen ihrer niedrigen Energie das biologische Gewebe nicht ionisieren und auch keine photochemischen Reaktionen induzieren. Aber die Absorption der IR-Energie steigert die kinetische Energie in den Geweben, in denen die Strahlungsenergie in Wärme umgewandelt wird. Der resultierende Temperaturanstieg hängt von vielen Faktoren wie Wellenlänge, Expositionszeit, Absorptionsvermögen u. a. ab. Für den Menschen sind die wichtigsten betroffenen Organe das Auge und die Haut. Die Augenmedien — Cornea, Kammerwasser, Linse und Glaskörper — weisen im Bereich zwischen $\lambda = 0{,}4$ und $1{,}0\,\mu\mathrm{m}$ 80—90% Transmission auf, so daß ein Großteil der Energie die Retina erreicht, die im nahen IR-Bereich am stärksten absorbiert. Im Vergleich zur sichtbaren Strahlung und auf die gleiche Leistung bezogen, verursacht IR an der Retina nur sehr geringe Schäden (17). Im Vergleich dazu ist die Augenlinse viel stärker gefährdet, und aus der Vergangenheit sind Katarakte bei Glasbläsern oder Hochofenarbeitern bekannt.
An der Haut hängt die Erwärmung durch IR-Exposition stark von den optischen und thermischen Eigenschaften des Gewebes ab. Da im allgemeinen die Haut wärmer ist als die Umgebung, gibt sie Wärme ab, und zwar im Spektralbereich von 3,0 bis 20 µm (17).

Das Reflexionsvermögen der Haut ist im λ-Bereich zwischen 0,8 und 1,2 µm am größten; es entspricht damit weitgehend der spektralen Verteilung der Solarstrahlung. Eine weitere wichtige Größe ist die Penetration der IR-Strahlung in die Haut. Sie nimmt mit zunehmender Dicke des Gewebes ab. Die Halbwertsdicke beträgt etwa 0,8 mm, d. h. nach diesem Weg ist die Energie auf die Hälfte geschwächt. Für die Prozesse der Reflexion, Transmission und Absorption spielen Hautpigmentierung, Durchblutung u. a. eine Rolle. Je geringer das Penetrationsvermögen in die Haut ist, um so größer wird die Temperatur an der Oberfläche. Die Folgen davon sind Vasodilatation zur Abführung der Wärme mit dem Blutstrom, Pigmentierung der Haut und im Extremfall akute Verbrennungen. Die potentiell gefährlichsten Wellenlängen liegen bei $\lambda = 1{,}1 - 1{,}2\ \mu m$.

Auf unterschiedliche Umgebungstemperaturen reagieren nicht nur Mensch und Tier, sondern auch Mikroorganismen und Pflanzen. Die zugrunde liegenden Mechanismen dürften auf der molekularen Ebene weitgehend einheitlich sein und die Membranstrukturen betreffen (vgl. 8.4.3.3.). Darüber hinaus gibt es aber auf höheren morphologischen Ebenen gesonderte Regulationssysteme, die eine teilweise oder völlige Adaptation an verschiedene Temperaturen erlauben. Es sei hier an die Transpirationseinrichtungen der höheren Pflanzen oder an die Temperaturregulation der Tiere erinnert. Während die meisten Pflanzen durch osmotisch wirksame Substanzen auch tiefere Temperaturen überdauern, liegt die untere Grenze für die meisten Tiere beim Gefrierpunkt des Wassers. Die obere Grenze wird durch die Denaturierung der Eiweiße bei etwa 50 °C festgelegt.

8.4.3.2. Thermoregulation

Inaktive Formen der **poikilothermen** (wechselwarmen) Tiere können auch tiefere Temperaturen im Zustand der Kältestarre überstehen. Die **homoiothermen** (gleichwarmen) Vögel und Säugetiere verfügen über verschiedene gut funktionierende Mechanismen zur Aufrechterhaltung einer bestimmten Körpertemperatur, wobei der Temperaturausgleich mit der Umgebung durch Federkleid, Haare oder Kleidung (Mensch) verlangsamt wird. Die poikilothermen Tiere (von den Ciliaten bis zu den Wirbeltieren) passen sich der Umwelt durch die Aktivität ihrer Stoffwechselprozesse an, die bei der jeweiligen Optimaltemperatur ihre maximale Intensität erreichen (Abb. 68a). Die homoiothermen Tiere einschließlich des Menschen besitzen zwischen Minimum und Maximum des zulässigen Temperaturbereichs eine annähernde Plateauphase (Abb. 68b), in der die Stoffwechselprozesse innerhalb einer Schwankungsbreite konstant sind. Die Schwankungen hängen davon

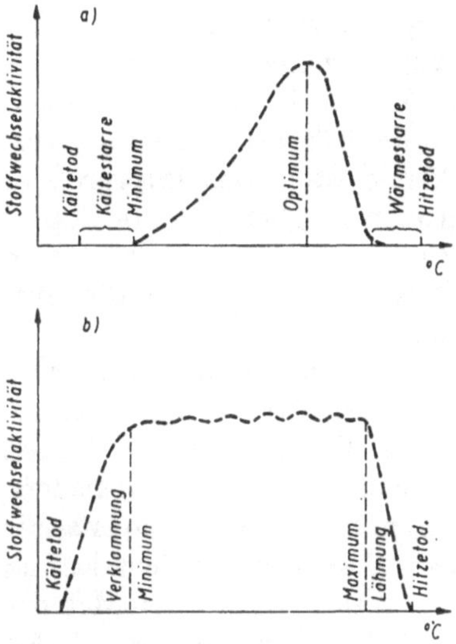

Abb. 68: Skizze zur Kennzeichnung der Temperaturbereiche und Stoffwechselintensitäten bei poikilothermen (a) und homoiothermen Tieren (b), nach (19).

ab, wieviel Stoffwechselenergie zur Aufrechterhaltung der Körpertemperatur erforderlich ist.

Die Grenzen zwischen poikilothermen und homoiothermen Organismen sind nicht scharf; es gibt auch in der ersten Gruppe Ansätze einer Thermoregulation und in der zweiten Gruppe Vertreter mit unvollkommener Regulation oder Entwicklungsstadien mit fehlender Regulation. Beim Menschen wird die Homoiothermie erst im Verlauf der ersten Lebenswochen ausgebildet. Kälber, Lämmer oder Hühner besitzen sofort eine gut entwickelte Thermoregulation, die sie als Nestflüchter befähigt, ihre Körpertemperatur aufrechtzuerhalten (19).

Die **Thermoregulation** benötigt wie jeder Regelkreis Meß- und Stellglieder, um die Regelgröße — die Körpertemperatur im Innern — auf dem Sollwert zu halten. Meßglieder sind Thermorezeptoren, die sich in neuralen Strukturen (Zwischenhirn, Rückenmark) und an der Körperoberfläche befinden. Die Hautrezeptoren lassen sich in Kalt- und Warmrezeptoren unterscheiden. Die Nervenfasern der Kaltrezeptoren aus dem Nasenbereich der Katze besitzen bei 27 °C ihre höchste statische Entladungsfrequenz (ca. 10 pro s); das Maximum der Warmrezeptoren liegt bei 46 °C (ca. 40 pro s). Die dynamische Entladungsfrequenz drückt die differentielle Empfindlichkeit bei einer Temperaturänderung dT/dt aus; sie beträgt 200—240 pro s. Man nimmt an, daß es in den Rezeptoren zu einer temperaturabhängigen Freisetzung und Inaktivierung von Transmittern kommt, der eine temperaturabhängige Diffusion in verschiedene Kompartimente folgt (11, 22). Regeltechnisch lassen sich nur die zentralen Thermorezeptoren als Meßglieder auffassen, denn die Thermorezeptoren der Haut messen nicht die Körperinnentemperatur, sondern eine von der Umgebung einwirkende Störgröße (Störgrößenausschaltung). Dadurch ist es den Organismen möglich, bereits Gegenmaßnahmen einzuleiten, bevor die Störgröße (Außentemperatur) eine Änderung der Körperinnentemperatur mit ernsten Folgen für die Aufrechterhaltung der Lebensprozesse verursacht.

Die **Stellglieder der Thermoregulation** liegen einerseits in den wärmeerzeugenden Stoffwechselprozessen und andererseits in den Wärmeabführungsmechanismen der Peripherie. Aus diesen unterschiedlichen Funktionen ergeben sich für die beiden Körpergebiete verschiedene Temperaturen. Man bezeichnet die Region mit weitgehend konstanter Temperatur als Körperkern, zu dem vor allem Bauch, Brust, Schädel und ein Teil der Skelettmuskulatur gehören. In diesen Organen findet der Hauptanteil der Wärmeproduktion statt. Zur Körperschale zählen Haut mit subkutanen Fettschichten und oberflächliche Skelettmuskeln. Die Grenze zwischen Kern und Schale ist nicht scharf und variiert mit der Umgebungstemperatur. Ihre Dynamik läßt sich durch Aufnahmen mit Infrarot-Kameras gut verfolgen. Je niedriger die Umgebungstemperatur ist, um so stärker sinkt die Hauttemperatur und um so dicker wird der Schalenmantel. Die Wärmeabgabe an die kältere Umgebung erfolgt durch Leitung und Konvektion sowie durch Strahlung und Verdunstung (Evapotranspiration). Bei konstanter Körpertemperatur sind Wärmeerzeugung und Wärmeabgabe gleich:

$$M \pm R \pm C - E = 0$$

Bei veränderter Körpertemperatur wird die Gleichung durch das Korrekturglied S erweitert:

$$M \pm S \pm R \pm C - E = 0$$

M = metabolische Wärmeproduktion, S = gespeicherte Körperwärme, R = Strahlungswärme-Austausch, C = Konvektion, E = Evaporation. Die Größen S, R und C können positive oder negative Werte (Aufnahme oder Abgabe) annehmen.

Der Wärmeverlust (Q_L) durch Leitung (Konduktion) hängt von der Temperaturdifferenz ab und ist um so größer, je wärmer die Haut, je kälter die Umgebung und je größer die Kontaktfläche (A) ist:

$Q_L = A \cdot \lambda(T_H - T_U)$ λ = Wärmeleitzahl ($J \cdot cm^{-2} \cdot s^{-1} \cdot K^{-1}$), T_H = Hauttemperatur, T_U = Umgebungstemperatur.

Der Wärmeverlust durch Konvektion ergibt sich aus $Q_K = A \cdot \alpha(T_H - T_U)$, wobei $\alpha = 12{,}1 \cdot \sqrt{V_L}$, V_L = Luftgeschwindigkeit.

Durch die abgegebene Wärme erwärmen sich die angrenzenden Luftschichten, und bei starker Luftbewegung kommt es zu erheblichen Wärmeverlusten. Haare, Federn oder Kleidung schränken diesen Verlust durch Konvektion ein. Die Wärmeabgabe durch Strahlung gehorcht dem STEFAN-BOLTZMANN-Gesetz (22):

$$Q_R = A \cdot \sigma \cdot \varepsilon \cdot (T_H^4 - T_U^4)$$

$\sigma = 5{,}679 \cdot 10^{-12}\,J \cdot cm^{-2} \cdot s^{-1} \cdot K^{-4}$, ε = Emissionszahl (0,9—1,0). Die freie Oberfläche A kann durch Zusammenkauern verkleinert werden. Die Evapotranspiration von Wasser entzieht der Haut pro g verdampften Wassers 2,4 kJ. Der Wärmeverlust hängt von der Fläche und von der Differenz des Wasserdampfdruckes an der Hautoberfläche (p_0) und der Luft (p_1) ab:

$$Q_E = A \cdot \beta(p_0 - p_1)$$

β = Verdunstungszahl ($J \cdot cm^{-2} \cdot s^{-1} \cdot Pa^{-1}$), sie beträgt bei $V_L = 0{,}4\,ms^{-1}$ $1{,}33 \cdot 10^{-5}$. Auch mit der Atemluft wird Wasserdampf und damit Energie abgegeben; die quantitativen Verhältnisse sind speziesabhängig. Beim Menschen überwiegt das Schwitzen, bei Hund, Katze und Vogel das Hecheln. Für die Prozesse der Wärmeabgabe durch die Haut spielt die Durchblutung eine wichtige Rolle, ihre Förderung oder Drosselung bildet eine wesentliche Stellgröße im Regelsystem.

8.4.3.3. Temperaturadaptation und Membranprozesse

Untersuchungen der letzten Jahre haben ergeben, daß biologische Membranen empfindlich auf extreme Temperaturen oder auch Temperaturänderungen kleineren Ausmaßes reagieren (16). Das Gefrieren pflanzlicher Zellen bewirkt eine Entwässerung und damit einen Anstieg in der Konzentration potentiell membranwirksamer Stoffe. Hitze wirkt dagegen direkt auf die Membranstrukturen ein. Von ein und derselben Pflanze isolierte Chloroplastenmembranen sind gegenüber thermischem

Stress empfindlicher als die Mitochondrienmembranen. Gefrieren verursacht vor allem eine Entkopplung der Photophosphorylierung vom Elektronentransport, Hitze wirkt sich auf die Wasserspaltung und das Membranpotential aus, was auf Veränderungen von Membranproteinen beruhen dürfte (20).

Der Einfluß der Temperatur auf Membranfunktionen wurde auch an Erythrozyten untersucht. Der unterschiedliche Grad der Hämolyse macht deutlich, daß die Temperatur die Membranen, bes. die Membranproteine, alteriert (1). Aus der lateralen Diffusion von lipidlöslichen spin-labels und von Membranproteinen wird auf die Membranviskosität geschlossen; sie liegt in der Größenordnung von 1,0 Poise (Schwankungen von 0,1—10 Poise). Die Viskosität des Wassers bei 0 °C beträgt 0,01 Poise (5, 10). Man nimmt an, daß die Umgebungstemperatur auch die Membranviskosität beeinflußt, und daß die Lipidzusammensetzung der Membranen bei der Temperaturadaptation eine wichtige Rolle spielt, indem sie stets eine genügende Membranviskosität aufrechterhält (3). Man spricht von einer **homeoviskösen Adaptation** und geht davon aus, daß die Lipid-Doppelschicht einer typischen Zellmembran optimal funktioniert, wenn sich die Lipide in einem Zustand befinden, der als flüssig-kristallin bezeichnet wird. Dieser physikalische Zustand der Biomembranen kann bei verschiedenen Temperaturen durch Einbau unterschiedlicher Fettsäuren in die Phosphoglyzeride relativ konstant gehalten werden (21). Die Temperatur übt somit einen starken Einfluß auf den Grad der Sättigung der Fettsäuren in den Membranlipiden aus.

Aus zahlreichen Studien weiß man, daß eine Zunahme der Doppelbindungen in den Fettsäuren die Lipide und damit die Membranen **fluider** (weicher) macht. Deshalb trägt eine Abnahme der Lipidsättigung (Verminderung der Doppelbindungen in den Fettsäuren), die mit einer abnehmenden Akklimatisierungstemperatur parallel geht, zur homeoviskösen Reaktion bei. Erste Hinweise für eine solche Anpassung ergaben sich aus der Analyse der Fettsäuremuster von Bakterien, die bei verschiedenen Temperaturen kultiviert wurden. Die Zellen hatten höhere Anteile an ungesättigten Säuren, wenn sie unterhalb ihrer Optimaltemperatur gewachsen waren (18). Zellen von *Bacillus megaterium* enthalten bei 35 °C Wachstumstemperatur nur gesättigte Fettsäuren; durch Anzucht bei 20 °C wird eine enzymatische Desaturation in der C-5-Position der Fettsäureketten induziert. Das Enzym Desaturase tritt schon innerhalb von 5 min nach der Temperatursenkung auf. Da Hemmstoffe der RNS-Synthese diese Induktion unterdrücken, scheint es sich um ein klassisches Enzym-Induktionsphänomen zu handeln. Werden die Kulturen von 20°C auf 30 oder 35°C gebracht, verschwindet dieses Enzym wieder, vermutlich durch thermische Denaturierung.

In anderen Bakterien (*E. coli*) wird die homeoviskose Adaptation nicht durch Neu-Induktion der Desaturase bewirkt, sondern durch eine selektive Inkorporation von Fettsäuren mit verschiedener Sättigung aus dem Nährmedium in die Membranphospholipide (21). In *Tetrahymena pyriformis* (Ciliaten) ist zwar die Desaturase bei allen Kultivierungstemperaturen vorhanden, aber ihre Aktivität richtet sich nach der jeweiligen Temperatur. Der Schlüssel für die Regulation der Desaturaseaktivität ist die lokale Fluidität oder Viskosität der Regionen des endoplasmatischen Retikulums, die das Enzym enthalten. Wird die Temperatur erniedrigt, werden die Lipide, welche die Desaturase umgeben, rigider und drängen das Enzym aus dem Membraninnern heraus in Kontakt zum Zytosol und damit zu seinem Substrat.

Diese an Einzellern gefundenen molekularbiologischen Vorgänge der Anpassung an veränderte Umgebungstemperaturen finden sich auch bei den Vielzellern, bei denen aber wegen des trägeren Stoffwechsels ein Membranumbau im allgemeinen längere Zeiten erfordert. Dafür lassen sich während dieser Anpassung auch die deutlichen Korrelationen zum Verhalten beobachten. Die Abb. 69 zeigt den unterschiedlichen Zeitverlauf für die Anpassung von 3 verschiedenen Verhaltensparametern von Goldfischen nach Temperaturwechsel von 5 auf 25°C und von 25 auf 5°C. Die wesentlich langsamere Anpassung an die tiefere Temperatur bei Temperatursenkung spricht für die Mitwirkung von aktiven Stoffwechselprozessen. Die rechte Seite der Abbildung spiegelt am Beispiel der Fluoreszenzpolarisation der Synaptosomenmembranen der gleichen Tiere den Zeitverlauf für die Veränderungen in den Membranen wider.

Solche temperaturbedingten Änderungen der **Membranfluidität** wirken sich auf die Funktionen der Membran aus. Eine Temperatursenkung von 17 auf 8°C verursacht am Ranvierschen Knoten von *Xenopus laevis* eine Senkung des Na-Stromes der Membran in der Amplitude und eine erhebliche Verzögerung im Zeitverlauf (6). Zur Erklärung kann folgende Vorstellung dienen: In der Membran existieren zwei Formen oder Subpopulationen von Na-Kanälen mit verschiedener Aktivierungskinetik; die Kanäle mit schneller Kinetik werden durch die Temperaturerniedrigung in solche mit langsamer Kinetik überführt. Diese Kanal-Konversion dürfte das Ergebnis eines Phasenübergangs in den Membranlipiden oder auch in den Kanalproteinen selbst sein (15). Die Aktivität der Na-Pumpe von Skelettmuskelzellen, Leber- und Nierenzellen steigt in kälte-akklimatisierten Ratten und gilt als wichtigster Mechanismus für die ansteigende Thermogenese während einer Kälteexposition (9). Wieweit

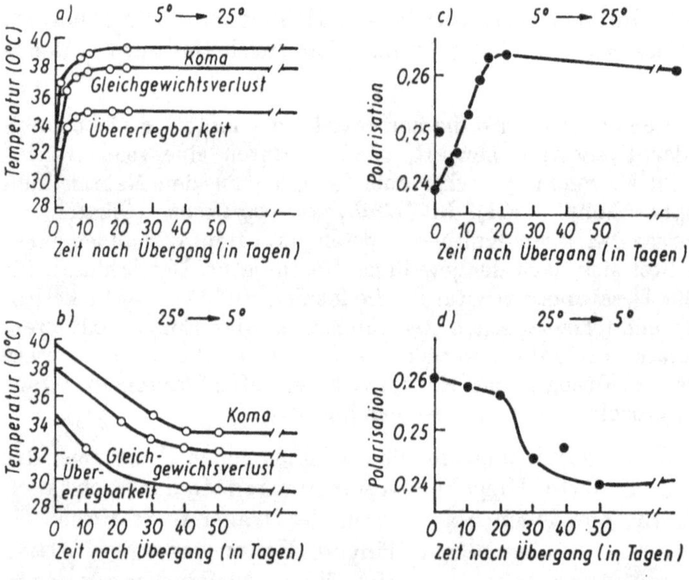

Abb. 69: Zeitverlauf der Veränderungen für 3 verschiedene Verhaltensparameter (Koma, Gleichgewichtsverlust, Übererregbarkeit) in kritischen Temperaturbereichen während der Anpassung von Goldfischen (*Carassius auratus*) an höhere (a) oder niedere (b) Temperaturen. c und d: Zeitverlauf für entsprechende Veränderungen der Membranfluidität von Hirnsynaptosomen des Goldfisches bei der gleichen Temperaturadaptation, gemessen als Fluoreszenzpolarisation, nach (21).

diese Mechanismen bei der Temperaturregulation während schwerer körperlicher Arbeit oder unter extremen kurzzeitigen Umwelteinflüssen beteiligt sind, ist noch nicht bekannt.

8.4.4. Schutz vor IR-Strahlung und extremen Temperaturen

Durch sehr hohe Temperaturen sind Schädigungen und im Experiment auch genetische Defekte zu erwarten. An menschlichen Hautzellen wurde durch Temperaturen über 37 °C die Anzahl der DNS-Brüche, die durch Methyl-Methansulfonat hervorgerufen wurden, erhöht (4). Auch an Lebermitochondrien traten nach IR-Einstrahlung Chromosomenaberrationen auf. Die notwendige Energie zur Spaltung von Wasserstoffbrückenbindungen liegt damit im Bereich der IR-Quanten (17). Theoretisch könnte demnach die IR-Strahlung auf diesem Wege genetische Defekte erzeugen. In einigen Arbeiten finden sich auch Hinweise auf ein erhöhtes Risiko für Hautkrebs bei hitzeexponierten Personen (17), da aber IR- häufig mit UV-Strahlung und mit chemischen Noxen kombiniert auftritt, ist eine eindeutige Zuordnung nicht möglich. Synergistische Effekte sind zu erwarten, wenn IR-Strahlung zusammen mit chemischen oder anderen physikalischen Noxen einwirkt. So wird z. B. die durch cytotoxische Agentien wie Adriamyzin ausgelöste Steigerung der Membranpermeabilität durch eine Hyperthermie noch erhöht. Das Prinzip der Wirkungsverstärkung durch Hyperthermie wird versucht, in der Krebs-Mehrschritt-Therapie anzuwenden (2).

Die akute Gefährdung von Haut und Augen und die potentielle genetische Wirkung von IR-Strahlung machen es notwendig, zumindest für beruflich exponierte Personen Schutzvorschriften zu erarbeiten. Zur Verhinderung von Linsenschäden werden Höchstwerte von 4—8 J · cm^{-2} vorgeschlagen; zur Vermeidung von möglichen chronischen Effekten werden Werte von nur 0,4—0,8 J · cm^{-2} empfohlen.

Eine besondere Aufmerksamkeit verdienen Hitze-Arbeitsplätze, an denen durch entsprechende Kleidung, Schutzschirme u. a. Maßnahmen (Arbeitspausen, Hitze-Getränke) ein Anstieg der Kerntemperatur um mehr als 1 K und ein zu starker Elektrolytverlust vermieden werden muß (12, 14). Die Wärmebilanz des Menschen zeigt bei zunehmender Außentemperatur im Bereich von 15—40 °C bei etwa 35 °C eine Umkehr von der Wärmeabgabe zur Wärmeaufnahme durch Strahlung, Leitung und Konvektion bei einem vermehrten Wärmeverlust durch Schweißverdunstung (Abb. 70). Die optimalen Bedingungen für das Mikroklima in Arbeitsräumen finden sich in den einschlägigen Standards (7).

8.4.5. Anwendung tiefer Temperaturen

Zu einem eigenständigen Forschungsgebiet entwickelt sich die Kryobiologie; sie beschäftigt sich mit den Anwendungsmöglichkeiten tiefer Temperaturen und untersucht die Mechanismen, die beim Einfrieren und besonders beim Auftauen biologischer Präparate von Interesse sind. Beim Einfrieren werden durch die Bildung von Eiskristallen und die Erhöhung der Lösungskonzentration biochemische und biophysikalische Schäden hervorgerufen (8).

Die künstliche Hibernisation erhöht bei eingreifenden Operationen, speziell Organtransplantationen, die Überlebenschancen. Tiefgefrorenes Sperma ist für Jahre haltbar und steht jederzeit für künstliche Inseminationen zur Verfügung.

Gefrierchirurgie und Tieftemperaturkonservierung nutzen bereits tiefe Temperaturen, auch wenn die dabei ablaufenden Vorgänge im einzelnen noch

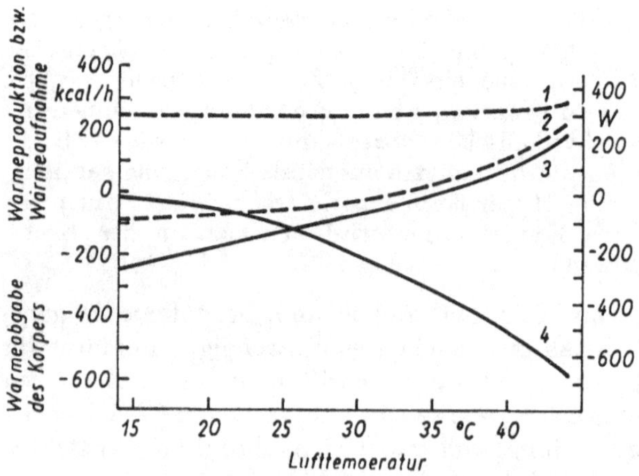

Abb. 70: Wärmebilanz des Menschen (Ordinaten in kcal/h bzw. Watt; 1 kcal = 4,17 kJ) in Abhängigkeit von der Lufttemperatur (Abszisse); Kurven: 1 = Wärmeproduktion bei mittelschwerer Arbeit, 2 = Wärmestrahlung, 3 = Leitung und Konvektion, 4 = Wärmeabgabe durch Schweißverdunstung; nach (12).

nicht geklärt sind. Man verspricht sich von dieser Technik unter anderem eine Möglichkeit der Konservierung seltener und vom Aussterben bedrohter Arten.

Literatur

1. ALONI, B., A. EITAN, and A. LIVNE: The erytrocyte membrane site for the effect of temperature on osmotic fragility. Biochim. biophys. Acta **465** (1977) 46–53.
2. ARDENNE, VON M., Th. VON ARDENNE, G. BÖHME und P. G. REITNAUER: Selektive Lokalhyperthermie der Krebsgewebe. Arch. Geschwulstforsch. 47 (1977) 487–523.
3. ANDERSON, R. L. and R. PARKER: Analysis of membrane lipid composition of mammalian cells during the development of thermotolerance. Int. J. Radiat. Biol. **42** (1982) 57–69.
4. BRONK, B. V., R. J. WILKINS, and J. D. REGAN: Thermal enhancement of DNA damage by an alkylating agent in human cells. Biochem. biophys. Res. Comm. **52** (1973) 1064–1070.

5. Callow, R. A. and J. J. Mc Grath: Unilamellar liposomes as a model system to study freezing damage to cells. Proceed, 10th Ann. North-East Bioengineering Conference, ed. by Hansen, Pergamon Press, Oxford 1982.
6. Collins, C. A. and E. Rojas: Temperature dependence of the sodium channel gating kinetics in the node of Ranvier. Quart. J. exptl. Physiol. **67** (1982) 41—55.
7. DDR-Standard Mikroklima in Arbeitsräumen. TGL 32603/01 (Mai 1980).
8. Diettrich, B. und M. Luckner: Die Tieftemperaturkonservierung pflanzlicher und tierischer Zellen. Biol. Rdsch. **19** (1981) 269—284.
9. Guernsey, D. L. and E. D. Stevens: The cell membrane sodium pump as a mechanism for increasing thermogenesis during cold acclimatization in rats. Science **196** (1977) 908—910.
10. Mc Grath, J. J.: Thermodynamic modelling of membrane damage. In: Morris, G. J. and A. Clarke (Eds.): Effects of low temperatures on biological membranes. Acad. Press, London 1981.
11. Hensel, H.: Thermoreceptors. Ann. Rev. Physiol. **36** (1974) 233—239.
12. Hettinger, T.: Belastung an Hitzearbeitsplätzen. Sicher ist Sicher Nr. 3, 1981, 116—122.
13. Heyer, E.: Witterung und Klima. Teubner, Leipzig 1977.
14. Kamon, E., B. Avellini, and J. Krajewski: Physiological and biophysical limits to work in the heat for clothed men and women. J. appl. Physiol. 44 (1978) 918—925.
15. Matteson, D. R. and C. M. Armstrong: Evidence for a population of sleepy sodium channels in squid axon at low temperature. J. gen. Physiol. **79** (1982) 739—758.
16. Morris, G. J. and A. Clarke (Eds.): Effects of low temperatures on biological membranes. Acad. Press, London 1981.
17. Moss, C. E., R. J. Ellis, W. H. Parr, and W. E. Murray: Biological effects of infrared radiation. DHHS (NIOSH) Publ. No 82—109, January 1982.
18. Oshima, M. and A. Miyagawa: Comparative studies on the fatty acid composition of moderately and extremely thermophilic bacteria. Lipids **9** (1974) 476—480.
19. Penzlin, H.: Lehrbuch der Tierphysiologie. Fischer, Jena 1980.
20. Santarius, K. A.: Die Wirkung extremer Temperaturen (Frost, Hitze) auf die Membranen von Pflanzenzellen. In: Unger, K. u. J. Schuh (Hsg.): Umwelt-Streß, Kongreß-Berichte, Halle 1982.
21. White, F. N. and G. Somero: Acid-base regulation and phospholipid adaptations to temperature: time courses and physiological significance of modifying the milieu for protein function. Physiol. Rev. **62** (1982) 40—90.
22. Precht, H., J. Christophersen, H. Hensel, and W. Larcher: Temperature and Life. Springer-Verlag, Berlin 1973.

8.5. Laser

8.5.1. Grundlagen und Anwendungsgebiete

Laserstrahlen stellen zur Zeit keinen Umweltfaktor für größere Bevölkerungsgruppen dar, doch finden sie in Industrie, Forschung und Medizin, aber auch in der Unterhaltungsindustrie (Disko) immer größere Anwendung, so daß hier kurz Prinzip, Wirkungsweise und Schutzmaßnahmen beschrieben werden sollen. Die Entdeckung des Lasers gehört zu den großen Erfindungen unseres Jahrhunderts. Das Wort Laser ist ein Akronym und setzt sich aus Light amplification by stimulated emission of radiation zusammen. Die Verstärkung des Lichts durch stimulierte Emission von Strahlung erfolgt durch Quantensprünge von Elektronen. Unter spezifischen Bedingungen (resonanter optischer Hohlraum) kann durch Energiezufuhr mit einer Hilfsquelle, der sog. „Pumpquelle", z. B. einer Xenon-Blitzlampe, das aktive Medium (atomare oder molekulare Gase, Halbleiter, organische Farbstoffe, Kristalle) angeregt werden. Dabei entstehen metastabile Zustände von 10^{-2} s Dauer, die nach Stoßprozessen mit einfallenden Lichtquanten unter Lichtemission in den Grundzustand zurückkehren. Diese induzierte Emission führt zum gleichzeitigen Übergang vieler Atome in den Grundzustand und dadurch zu einer hohen Lichtintensität (13).

In dem von zwei Spiegeln begrenzten Resonator bildet sich eine stehende Lichtwelle aus, da der Mittelstrahl ständig in sich selbst reflektiert wird und dabei eine hohe Leistung erreicht. Schräg zur Achse verlaufende Strahlen verlassen den Resonator nach wenigen Umläufen mit geringer Leistung (Abb. 71). Der hoch verstärkte Mittelstrahl ist das Produkt eines Gleichgewichtszustandes, bei dem die Pumpquelle gerade in der Lage ist, die Energie nachzuliefern, die mit dem an einem Endfenster (Spiegel) austretenden kohärenten Lichtstrahl dem System verlorengeht. Abhängig vom aktivem Medium und den Systembedingungen erfolgt die Emission in kurzen Einzelimpulsen von 10^{-12} s bis zu einer kontinuierlichen Wellenstrahlung von ms, s oder min.

Es existieren Laser für den gesamten optischen Bereich von 200 nm bis über 10^3 µm, z. B. Nd-YAG-Laser[1]) für UV, Rubin-Laser für 694 nm und CO_2-Laser für IR. Außer nach der Wellenlänge werden Laser nach der Art des aktiven Mediums in Gas-, Flüssigkeits- und Festkörper-Laser

[1]) Nd-YAG-Laser, Neodym-Yttrium-Aluminium-Granat-Laser.

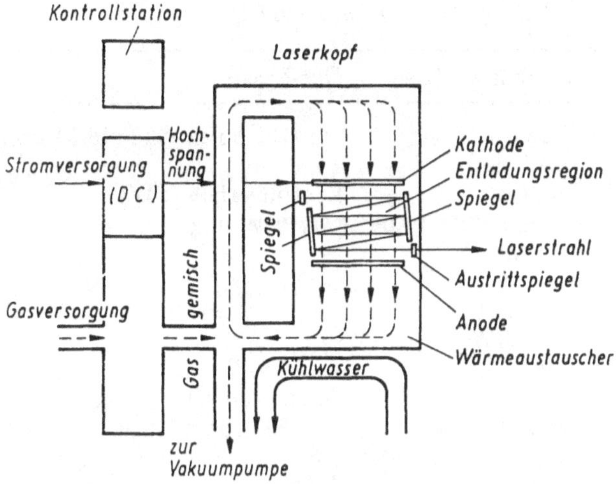

Abb. 71: Schematische Ansicht eines Gastransport-Lasers für industrielle Zwecke mit einer Leistung von 1200 W kontinuierlicher IR-Strahlung. Ein Gemisch von CO_2-, N_2- und He-Gas wird durch elektrische Entladung zwischen Kathode und Anode angeregt. Der Laserstrahl wird durch 7 Passagen zwischen den Spiegeln verstärkt und tritt am Austrittsspiegel heraus. Das mit hoher Geschwindigkeit in einer kontinuierlichen Schleife durch das optische System transportierte Gas wird angeregt, trägt zum Laserstrahl bei, wärmt sich auf und muß daher gekühlt werden. Solche Anlagen dienen z. B. zum Schweißen und Schneiden von Material, nach (11).

und nach der Betriebsart in kontinuierliche oder Dauerstrich-Laser bzw. in Impuls- und Riesenimpuls-Laser unterschieden. Ein He—Ne-Laser, $\lambda = 632{,}8$ nm, hat bei kontinuierlichem Betrieb eine Ausgangsleistung von 1—10 mW, ein Festkörper-Laser liefert bei Impulsbetrieb Spitzenleistungen zwischen 100 W und 10 kW. Festkörper-Laser besitzen eine besondere Fähigkeit zur Energiespeicherung und durch geeignete Schalter (Q switch) im Resonator wird er plötzlich geöffnet, so daß sich die gesamte Energie in 10^{-8} s entlädt. Das ergibt Riesenimpuls-Laser mit Leistungsdichten von 10 MW $\cdot$ cm^{-2}, die sich besonders für Entfernungsmessungen eignen. Dabei sind Distanzen bis 50 km auf 0,05% genau zu vermessen (Tab. 27).
Die gute Fokussierbarkeit des Laserstrahls macht ihn auch für andere Anwendungen geeignet, z. B. als Leitstrahl im Vermessungswesen oder im Hoch- und Tiefbau. In Forschungslaboratorien finden Laser viel-

Tab. 27: Strahlungseigenschaften von Lasertypen, nach (1).

	Festkörper-Laser	Gas-Laser
Aktives Medium	Rubin	He (133,3 Pa)—Ne (13,33 Pa)
Wellenlänge	694,3 nm	1150 nm
Betriebsart	Impuls	kontinuierlich (CW)
Anregungsverfahren	Xenon-Blitzlampe	Gasentladung
Energie eines Impulses	10 Ws	—
Impulsdauer	< 1 ms	—
Folgefrequenz	$5 \cdot \text{min}^{-1}$	—
Impulsleistung	> 10 kW	—
Mittlere Leistung	1 W	1—20 mW
Spektralbreite	10 MHz	20 Hz—10 kHz
Kohärenzlänge	30 m	$15-30 \cdot 10^3$ m
Öffnungswinkel	0,3°	0,5′
Fleckgröße nach 10^4 m	50 m	1,5 m

fache Verwendung in Meßgeräten und in der Grundlagenforschung. Bereits erprobte oder geplante Einsatzgebiete sind Fotografie, Datenverarbeitung, Nachrichtentechnik, Beleuchtung, thermonukleare Reaktionen, Raumfahrt und Militärtechnik. In der Industrie dienen Impuls-Laser, vor allem Nd-YAG- und kontinuierliche CO_2-Laser zum Bohren, Schweißen, Fräsen usw. In der Medizin erfolgt der Einsatz z. B. in der Augenheilkunde zur Behandlung von Netzhautablösungen, Hauterkrankungen und anderen diagnostischen und therapeutischen Maßnahmen, vor allem aber zur Mikrochirurgie (6, 7, 9, 13). Da es sich beim Laser um eine intensive elektromagnetische Strahlung handelt, mit Leistungsdichten, die nahe an die der Sonne oder thermonuklearer Reaktionen heranreicht, sind bestimmte Sicherheitsvorkehrungen notwendig, um Schäden zu vermeiden. Die Festlegung von Grenzwerten erfordert auch hier Grundkenntnisse über die biologische Wirkung der verschiedenen Laser.

8.5.2. Biologische Wirkungen

Entsprechend dem breiten Frequenzband, in dem Laserstrahlung erzeugt werden kann, treten Effekte auf, die z. T. bereits in vorangegangenen Abschnitten (UV, Sichtbares, IR) erwähnt wurden. Als besonderes Gefahrenmoment kommt beim Laser die hohe Energiedichte hinzu. Am meisten gefährdet sind Augen und Haut. Initiale Ereignisse sind thermische, thermoakustische und photochemische Reaktionen, denen Stoffwechseländerungen u. a. folgen. Man vermutet eine Steigerung des Stoffwechsels in den Photorezeptoren, die durch den adäquaten Reiz „Licht" ausgelöst wird; daneben kann noch eine zusätzliche Steigerung durch den Temperatureffekt eintreten. Die thermische Wirkung führt auch zur Proteindenaturierung mit allergischen Folgereaktionen. Am Auge hängt die thermische Schädigung außer von der Intensität, Wellenlänge, Herdgröße und Expositionszeit auch von der Pupillenweite, der Pigmentierung und von den Durchblutungsbedingungen ab. Eine weitere Wechselwirkung könnte sich durch die elastische oder thermoakustische transiente Druckwelle ergeben, die entsteht, wenn Laserstrahlung auf Gewebe trifft und eine thermische Expansion mit Gewebszerrungen bewirkt. Bei einem Riesenimpuls-Laser von 50 ns Dauer soll die Druckwelle 10^4 MPa betragen (9).

Bisher war die Sonne die einzige Quelle, deren Intensität ausreichte, um bei genügend langer Exposition Schäden an der Retina hervorzurufen. Jetzt kommen künstlich erzeugte Lichtbogen und Laserstrahlungen dazu. Während Retinaveränderungen in der Peripherie nur wenig oder keine Auswirkungen auf das Sehen haben, muß eine Schädigung an der Macula lutea, der Stelle des schärfsten Sehens, als ernste Gefährdung des Auges betrachtet werden. Daneben können bei intensiver Lasereinwirkung Schäden wie Kammerwassertrübungen und Hornhautverbrennungen auftreten. Es ist daher wichtig, daß die natürlichen Schutzmechanismen, wie der Lidschlußreflex (ca. 0,2 s), bei Laserexposition (Dauerlaser) nicht unterdrückt werden und Brillen zu tragen sind.

An Linsen von laserbestrahlten Ratten ließ sich elektronenmikroskopisch nachweisen, daß das Zytoplasma der Zellen kontrastärmer wird und zwischen den Zellen Spalten entstehen, die sich zu größeren Vesikeln entwickeln können. Diese Veränderungen traten nach Dosen von 4—6 J bei Impulslängen von 1 ms auf (14). Ähnliche destruktive Effekte durch etwa gleiche Energien wurden bereits früher an pflanzlichen Zellen beobachtet. 2 bis 4 Pulse eines Rubin-Lasers (2,34 J/Impuls) verursachten eine Abnahme in der Granulastruktur und eine Vakuolenbildung in Chloroplastenmembranen, 8 bis 10 Pulse führten zur völligen Membranzerstörung. Das lichtabsorbierende Chlorophyll wurde selbst nicht verändert. Die thermisch bedingte Denaturation und Koagulation der Lipoproteine ist mit einer Gasbildung verbunden, die zur Entstehung der Vakuolen führt (8).
Hochintensive Laser bedeuten auch eine Gefahr für die Haut. Schäden treten erst bei wesentlich höheren Intensitäten als beim Auge auf.

Das drückt sich auch in den empfohlenen Grenzwerten aus (vgl. 8.5.3.). Im Bereich von 300—1000 nm werden fast 90% der auftreffenden Strahlung in den oberen 3—4 mm Gewebe absorbiert. Es entstehen Rötungen und bei sehr intensiver Exposition thermische Koagulationsnekrose, die auch durch jede andere optische Strahlung ausgelöst werden können. Diesen Effekt nutzt die mikrochirurgische Technik. Bei pulsierendem Laser mögen Sekundäreffekte, wie z. B. photochemische Wirkungen, beteiligt sein. An der Haut besteht durch das Vorhandensein von Pig-

Tab. 28: Minimale Energie- bzw. Expositions-Schwellen für Hautreaktionen des Menschen bei verschiedenen Lasertypen (7).

Lasertyp	Schwellenenergie	Expositionszeit
Rubin (Unpigmentierte Haut)	11—20 J/cm²	2,5 ms
(Pigmentierte Haut)	2,2—6,9 J/cm²	—
Rubin, Q-switched	0,25—0,34 J/cm²	75 ns
Argon	4,0—8,2 J/cm²	1 s
CO_2	2,8 J/cm²	1 s
Nd-Glas-Laser, Q-switched	2,5—5,7 J/cm²	75 ns
Nd-YAG-Laser	46—78 J/cm²	1 s

menten (Melanin) ein gewisser Schutz, und durch eine schnelle Abschuppung der oberen Hornschicht erfolgt eine Regeneration der geschädigten Stellen. In der Tab. 28 sind für einige Lasertypen die Schwellenwerte angegeben, bei denen eine gerade erkennbare Hautreaktion eintritt.

Die Laser-Mikrostrahltechnik erlaubt die gezielte Bestrahlung kleinster zellulärer Strukturen. Dabei lassen sich einerseits mit mikroskopischen und elektronenmikroskopischen Methoden die Veränderungen an den exponierten Zellstrukturen direkt nachweisen, andererseits werden die funktionellen Folgen nach Ausfall dieser Zellbestandteile beobachtet. Die Mehrzahl dieser Studien konzentrierte sich auf den Zellkern, nach dessen Bestrahlung Chromosomenstruktur und -organisation, Mitosemechanismen oder Gen-Lokalisationen untersucht wurden. Sie belegen, daß es möglich ist, mit Laser selektiv bestimmte Chromosomenabschnitte zu inaktivieren (1, 2). In Muskelzellen des Myokards neugeborener Ratten wurden ausgewählte Mitochondrien bzw. Myofibrillen bestrahlt. Werden dabei die Schrittmacherzellen getroffen, kann Fibrillation eintreten; in den anderen Myokardzellen wird zwar auch das Membranruhepotential beeinflußt, jedoch nicht die Frequenz der Depolarisation verändert.

Zum biophysikalischen Mechanismus der Laserwirkung werden neben den photochemischen und thermischen Wirkungen auch der akustische Schock, der dielektrische Zusammenbruch sowie ein Zwei-Photoneneffekt diskutiert (1). Nach Untersuchungen an Gewebekulturen von Rattenhirnzellen soll Laserlicht zu nichtlinearen Wechselwirkungen führen; dazu gehören: Zwei-Photonenabsorption, Erzeugung zweiter Harmonischer und andere kooperative Prozesse. Jedoch wird der wesentliche Effekt einer thermischen Schädigung der Mitochondrien zugeschrieben, als deren Folge elektrophysiologische Veränderungen auftreten. Verlust der Erregbarkeit nach Exposition mit Energie über 390 μJ wurde beobachtet. Blockiert man den mitochondrialen Elektronentransport, z. B. mit CO, so reagieren die Nervenzellen ebenfalls mit einer niedrigeren Rate der Spontanaktivität. Aufheizung der Mitochondrien im Laserstrahl ruft eine Schwellung und Weitung der äußeren Membran und der Cristae hervor. Dies könnte zu einem teilweisen oder völligen Verlust der Ca-Speicherfähigkeit, einem Anstieg im intrazellulären freien Ca und einer verminderten Erregbarkeit der Zellen beitragen (12). Über Temperaturanstiege in verschiedenen Gewebetiefen nach Bestrahlung mit Argon- oder Krypton-Laser wird berichtet (4). Die Umwandlung der Licht- in Wärmeenergie dürfte auch für die Antitumorwirkung verantwortlich sein, die sich nach hochenergetischer Laserbestrahlung einiger Tumoren ergab (10).

8.5.3. Expositionsgrenzen

Um die Personen, die mit Laserstrahlen Umgang haben, vor den schädlichen Wirkungen zu schützen, wurden Richtlinien zum Verhalten beim Betreiben von Lasern und Begrenzungen der Exposition erforder-

Tab. 29: Richtwerte für Expositionszeiten und Energien bei Einwirkung von Laserstrahlung auf Augen und Haut, nach (7).

Organ	Laser, λ (nm)	Expositionszeit (s)	Energie (J/cm²)
Augen	200–302	10^{-2}–$3 \cdot 10^{4}$	$3 \cdot 10^{-3}$
	305	10^{-2}–$3 \cdot 10^{4}$	$1 \cdot 10^{-2}$
	310	10^{-2}–$3 \cdot 10^{4}$	$1 \cdot 10^{-1}$
	315–400	10^{-2}–10^{3}	1
	400–700	10^{-9}–$1{,}8 \cdot 10^{-5}$	$5 \cdot 10^{-7}$
	700–1059	10^{-9}–$1{,}8 \cdot 10^{-5}$	$1{,}8 \cdot 10^{-3}$
	1060–1400	10^{-9}–$5 \cdot 10^{-5}$	$5 \cdot 10^{-6}$
	1400–10^{6}	10^{-9}–10^{-7}	10^{-2}
Haut	200–400	10^{-3}–$3 \cdot 10^{4}$	10^{-1}–10^{-3}
	400–1400	10^{-9}–10^{-7}	$2 \cdot 10^{-2}$
	1400–10^{6}	10^{-9}–$3 \cdot 10^{4}$	10^{-2}

lich. Ein internationaler Standard existiert nicht. Zur Orientierung dienen ein Fachbereichstandard (5) und Empfehlungen der WHO (7). Sie geben Richtwerte für die maximal zulässige Bestrahlungszeit und/oder Strahlungsflußdichte für Augen und Haut und sind auszugsweise in Tab. 29 wiedergegeben. Über den Aufbau eines solchen Standards wird in (3) näher berichtet.

Literatur

1. Beier, W.: Biophysik. Thieme, Leipzig 1975.

1a. Berns, M. W., M. Kitzes, J. B. Rattner, J. Burt, and S. Meredith: Laser microirradiation of cells. Acta biol. med. germ. **38** (1979) 1285–1293.

2. Berns, M. W., J. Aist, J. Edwards et al.: Laser, microsurgery in cell and developmental biology. Science **213** (1981) 505–513.

3. Donnerhacke, K.-H.: Arbeitsschutzgerechtes Verhalten beim Umgang mit Laser-Strahlung – Entwurf einer neuen TGL. Beilage zu „Informationen" der ZAG Techn. Arb.hygiene Nr. 1, (1981) 23–27.

4. Eichler, J., J. Knof, H. Lenz, J. Salk, and G. Schäfer: Temperature distribution in tissue during laser irradiation. Rad. environm. Biophys. **15** (1978) 277–287.

5. Fachbereichstandard, TGL 32602/02, Elektrische, magnetische und elektromagnetische Felder und Wellen, Laser, verbindl. ab **1. 9. 1977.**

6. Gabel, V. P. and R. Birngruber: Probleme des Laserstrahlenschutzes: In: Messerschmidt, O. u. F. Olbert (Hsg.): Nichtionisierende Strahlung: Anwendung, Wirkung, Schutzmaßnahmen. Thieme, Stuttgart 1980, 57–64.

7. Goldman, L., R. J. Rockwell, S. M. Michaelson, D. H. Sliney, B. M. Tengroth, and M. L. Wolbarsht: Optical radiation, with particular reference to laser. WHO, Report. ICP/CEP 803, Copenhagen 1977.

8. Keyhani, E., R. A. Floyd, and B. Change: Membrane structure and function. I. An electron microscope study of the alteration induced by laser irradiation on the chloroplast lamellar membranes. Arch. Biochem. Biophys. **146** (1971) 618–626.

9. Klatt, A. und J. Kupfer: Laserstrahlung – biologische Wirkung und Gefährdungskriterien. Beilage zu „Informationen" der ZAG Techn. Arb.-hygiene Nr. 1 (1981) 18–22.

10. Kozlov, A. P., A. A. Akimov, K. G. Moskalik, and O. L. Pertsov: Antitumor effect of laser radiation. Acta radiologica **12** (1973) 241–256.

11. La Rocca, A. V.: Laser Applications in manufacturing. Scientific Amer. **246** (1982) 94–103.

12. OLSON, J. E., W. SCHIMMERLING, G. C. GUNDY, and C. A. TOBIAS: Laser microirradiation of cerebellar neurons in culture. Cell Biophys. 3 (1981) 349—371.
13. RÖSS, D.: Laser-Grundlagen und Anwendungsmöglichkeiten. Arbeitsschutz Nr. 5 (1970) 102—108.
14. YEW, D. T. and Y. CHAN: Ultrastructural study of lens fiber damages after laser irradiation. Rad. environm. Biophys. 15 (1978) 297—302.

8.6. Magnetische Felder

8.6.1. Magnetfeld der Erde

Das Magnetfeld der Erde, dessen Entstehung STEENBECK (36) als Folge der Corioliskräfte in rotierenden kosmischen Objekten mit gerichteten Temperatur- und Dichtegradienten beschreibt, weist 1. eine Schrägstellung und 2. eine geographisch und zeitlich bedingte Intensitätsschwankung auf. Die Achse des magnetischen Dipols fällt nicht mit der Rotationsachse der Erde zusammen und geht nicht durch das Erdzentrum, sondern liegt 342 km davon entfernt. Diese Achsenabweichung beträgt zur Zeit 11,4° und führt zur Deklination der Richtung der örtlichen Horizontalkomponente des Feldes von geographisch Nord—Süd (vgl. Abb. 72). Die Intensität des Feldes hängt u. a. von der Sonnenaktivität ab, und die Schwankungen sind so groß, daß sie möglicherweise eine Reihe von biologischen Funktionen beeinflussen.
Aus Untersuchungen von Mikrofossilien und von Tiefsee-Sedimenten wird geschlossen, daß es während der Erdentwicklung zu Umkehrungen des Magnetfeldes mit drastischen Klimaänderungen kam (19, 24). Während der Abnahme der Feldintensität im Verlaufe von 10^4—10^6 Jahren fehlte die Wirkung des Magnetfeldes auf die Organismen, und es kam durch Abschwächung bzw. Wegfall der magnetfeldbedingten Strahlungsgürtel zu einem Anstieg der kosmischen Strahlung auf der Erdoberfläche. Die dadurch vermehrt ausgelösten Mutationen sollen eine Diskontinuität in der Evolution bewirkt haben.
Die Intensität H eines magnetischen Feldes wird durch die Dichte der Feldlinien pro Fläche repräsentiert; die Einheit ist $A \cdot m^{-1}$. Die Umrechnung von der nicht mehr gültigen Einheit Oerstedt zur SI-Einheit

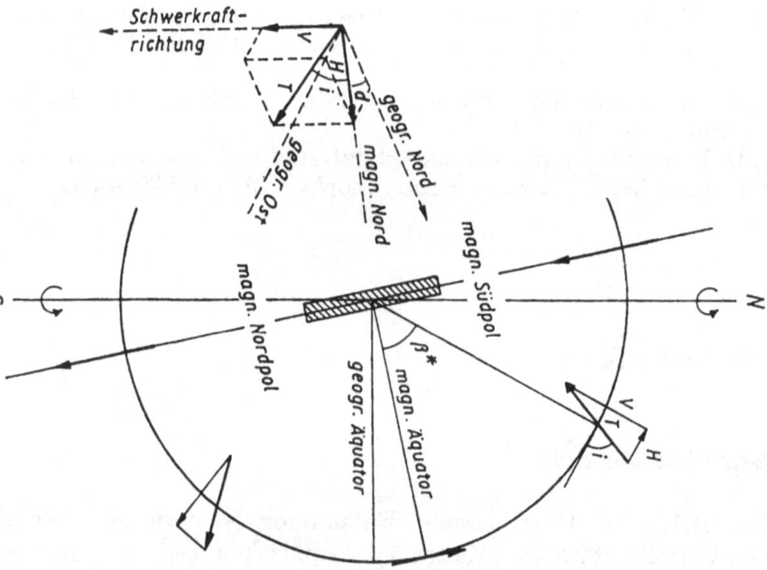

Abb. 72: Kennzeichen und Meßgrößen des geomagnetischen Feldes. d = Deklination, i = Inklination, T = Totalintensität, H = Horizontalkomponente, V = Vertikalkomponente, nach (20).

lautet: 1 Oe = 79,6 A · m^{-1} (≈ 0,8 A · cm^{-1}). Das Magnetfeld setzt sich aus einer horizontalen und einer vertikalen Komponente H_{vert} und H_{hor} zusammen. An der Erdoberfläche beträgt H_{hor} am Äquator 24—30 A · m^{-1}, es nimmt zu den Polen hin ab; H_{vert} ist an den Polen mit etwa 50 A · m^{-1} am höchsten und fällt zum Äquator hin auf fast Null ab. Die Feldstärke wird auch mit zunehmender Höhe geringer.

Die magnetische Feldstärke läßt sich entweder rechnerisch ermitteln oder mit einem Magnetometer (Gaußmeter), dem z. B. das Prinzip des Hall-Effekts zugrunde liegt, messen. Die Feldstärke um einen Dipol fällt mit der 3. Potenz der Entfernung. Im Gegensatz zum elektrischen Feld ist beim Magnetfeld keine Ladungstrennung möglich, N- und S-Pol sind als Paar oder Dipol zu betrachten (6, 29).

Die Wirkung des magnetischen Feldes in Materie hängt von der Feldstärke H und von dem betreffenden Stoff ab, der durch die magnetische Permitivität (Permeabilität) μ charakterisiert und gewöhnlich als Produkt $\mu = \mu_r \cdot \mu_0$ angegeben wird; μ_0 kennzeichnet die magnetische Feldkonstante (= 12,566 · 10^{-7} H · m^{-1} und μ_r die relative Permeabilität.

Die Größen H und μ bestimmen die magnetische Flußdichte B: $B = \mu \cdot H$. Die Einheit von B ist Tesla (oder $Vs \cdot m^{-2}$). Die Umrechnung zur nicht mehr gültigen Einheit Gauß erfolgt nach:

$$1\,G = 10^{-4}\,Tesla = 10^{-4}\,Vs \cdot m^{-2}$$

Im Vakuum und für alle praktischen Zwecke auch in Luft hat μ den Wert 1, folglich sind in Luft Feldstärke und Flußdichte identisch, aber mit unterschiedlichen Einheiten.
Über die biologische Wirkung natürlicher Magnetfelder existiert eine Fülle von Befunden, z. T. mit widersprüchlichem Charakter vgl. (47).

Am besten gesichert scheinen die Kenntnisse über das Orientierungsverhalten zu sein, dazu einige Beispiele von verschiedenen Entwicklungsstufen: Eisenenthaltende Bakterien schwimmen in einem schwachen künstlichen Magnetfeld von der Stärke des Erdfeldes (0,05 mT) in eine bevorzugte Richtung; sie verhalten sich wie kleine Ferromagneten (1). Läßt man die Bakterien in Kulturmedien ohne Fe-Zusatz wachsen, so fehlen in den Zellen die typischen Magnetkristalle, und das Ausrichten im stationären Magnetfeld bleibt aus. Um ein Magnetfeld von der Stärke des Erdfeldes zu erkennen, ist eine Länge der Kristallstäbchen von 1 µm erforderlich. Die biologische Bedeutung dieses Kompasses für Bakterien könnte mit der Nahrungsaufnahme aus dem Bodensediment der Gewässer zusammenhängen. Von anderen Autoren (39) wird auch ein Einfluß des Magnetfeldes auf die Teilungsgeschwindigkeit der Bakterien vermutet.
Beim Aufsuchen von neuem Holz reagiert die Holzbohrassel am stärksten auf ein Magnetfeld, dessen Intensität etwa dem natürlichen Feld entspricht (8). Auch die Fraßaktivität von Insekten schwankt mit der Intensität des Magnetfeldes (9). Fische nehmen das Magnetfeld der Erde wahr und orientieren sich noch danach, wenn seine Stärke auf die Hälfte herabgesetzt wird; bei weiterer Verminderung auf 8—9 $A \cdot m^{-1}$ geht diese Fähigkeit verloren (7). An Schlammschnecken (*Nassarius obsoletus*) wurden die Richtungsänderungen auf einen Wechsel des horizontalen magnetischen Vektors bei 8 verschiedenen Intensitäten von ein Viertel bis zum 50fachen des Erdfeldes registriert. Dabei zeigte sich ein Maximum der beobachteten Antwortreaktionen bei der Stärke, die dem örtlichen natürlichen Feld (0,02 mT) entsprach (vgl. Abb. 73). Daraus geht hervor, daß auch Schnecken das geomagnetische Feld zur Orientierung benutzen.
Unter den Insekten sind vor allem Bienen und Termiten intensiv untersucht worden. Termiten richten ihre Nester bis auf wenige Winkelgrade genau in der Magnetischen Nord—Süd-Richtung aus. Bienen verfügen außer über optische und Schwerkraftorientierung auch über Magnetorientierung. Bei diesen Tieren wurde kürzlich im Abdomen polarisiertes magnetisches Material gefunden, das sich als Magnetit identifizieren ließ (3). Viele Untersuchungen

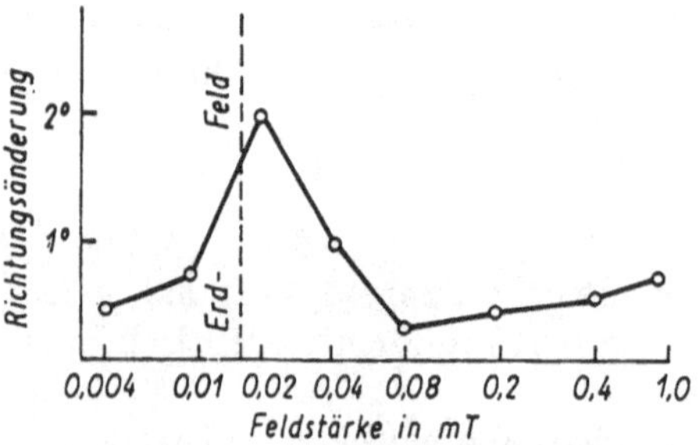

Abb. 73: Durchschnittliche Richtungsänderungen (Ordinate) des Weges von Schlammschnecken bei plötzlicher Umkehr des horizontalen magnetischen Feldes in Abhängigkeit von der Feldstärke (Abszisse, in m-Tesla); Mittelwerte aus 6 Versuchen über 30 Tage, nach (12).

liegen über die Flugorientierung der Vögel vor. Nachts ziehende Arten zeigen auch in Gefangenschaft oft während der ganzen Nacht eine Unruhe (27). Rotkehlchen können sich auch bei gewissen Intensitätsschwankungen (27—54 $A \cdot m^{-1}$) noch nach dem Magnetfeld richten; an noch geringere oder höhere Intensitäten (13 bzw. 65 $A \cdot m^{-1}$) jedoch nur, wenn sie die Möglichkeit haben, sich einige Tage daran zu adaptieren (35). Zugvögel, die unter künstlichem diffusem Licht aufgezogen wurden, entwickeln das Orientierungssystem ohne visuelle Informationen und richten sich nach dem Magnetfeld, auch wenn sie niemals Sterne und Sonne sehen konnten. Die Autoren (46) schließen daraus, daß der Magnetkompaß angeboren ist.

Da es keine zentrale nervöse Struktur und keinen spezifischen Rezeptor gibt, weiß man nicht, wo die magnetischen Felder im Organismus angreifen. Einige Autoren machen das Pinealorgan dafür verantwortlich, andere halten es für möglich, daß die penetrierende Magnetfeldenergie direkt in den elektrischen Code der Zelle einbezogen wird (41). Eine Hypothese zieht den Hall-Effekt (Ladungstrennung im Magnetfeld), eine andere den Josephson-Effekt (Supraleitfähigkeit) heran, und eine dritte Vorstellung geht davon aus, daß permanentmagnetische Einschlüsse — wie Magnetit bei den Bakterien — vorkommen, die im Erdfeld Drehkräften ausgesetzt sind, die wahrgenommen werden (20).

8.6.2. Elektrizität, Magnetismus und Biomagnetismus

Elektrizität und Magnetismus sind so eng miteinander verbunden, daß oft das eine Phänomen ein Hinweis auf das andere ist (30). Die magnetischen Eigenschaften von natürlichen oder künstlichen Magneten (Magneteisenstein

bzw. Legierungen aus Eisen, Kupfer, Nickel, Aluminium und Kobalt) basieren auf der Elektromagnetisierung. Wenn ein elektrischer Strom durch einen Draht fließt, umgibt den Draht ein magnetisches Feld, das senkrecht zum Stromfluß steht und der Stromstärke proportional ist. In einer Spule hängt das Magnetfeld außerdem von der Anzahl Windungen ab. Wird ein Eisenkern in eine stromdurchflossene Spule gebracht, werden die magnetischen Eigenschaften der Spule deutlich vergrößert, das Eisen wird selbst magnetisiert und verhält sich wie ein Permanentmagnet. Nach Abschalten des Stromes geht der Magnetismus verloren.
So wie der elektrische Strom ein magnetisches Feld erzeugt, so können auch Magnetfelder elektrische Ströme erzeugen. Wenn ein Leiter ein Magnetfeld senkrecht zu den Kraftlinien schneidet, so wird in dem Leiter ein elektrischer Strom entstehen, der von der Anzahl der geschnittenen Kraftlinien pro Zeiteinheit abhängt; d. h. je schneller der Leiter das Feld durchquert, desto größer ist der Stromfluß. Auf diesem Prinzip der Induktion beruht bekanntlich unsere Stromerzeugung (vgl. Dynamo). Verwendet man anstelle des konstanten Magnetfeldes ein alternierendes oder pulsierendes Feld, so erfährt auch der Leiter in diesem Feld entsprechende Veränderungen. Das alternierende Feld verschiebt seine Pole von Norden nach Süden, während das pulsierende Feld seine Polarität aufrechterhält, aber seine Intensität von maximalen zu minimalen Werten ändert. Summarisch lassen sich drei Grundkonzepte aus der Physik der Magnetfelder betrachten:

1. Elektrische Ströme erzeugen magnetische Felder;
2. Bewegung in einem Magnetfeld kann elektrischen Strom erzeugen;
3. Magnetische Felder wirken abhängig von ihrer Orientierung in positiver oder negativer Weise zusammen.

In der Technik wird Strom allgemein als Fluß von Elektronen verstanden; in biologischen Systemen können Ströme ebenfalls aus Elektronen, aber auch aus negativen (z. B. Cl^-) oder positiven Ionen (z. B. Na^+, K^+, Ca^{2+}) bestehen. Strom soll hier deshalb allgemein als Fluß von geladenen Teilchen verstanden werden, der bei Stoffwechselvorgängen, Bewegungen und neuronalen Prozessen auftritt. Naturgemäß ist damit auch das Entstehen magnetischer Felder verbunden, die dort am größten sind, wo die intensivsten elektrischen Vorgänge stattfinden, also am Nerven oder in der Umgebung des Herzens. Hier sind Feldstärken von 10^{-11}—10^{-12} Tesla gemessen worden, deren Fluktuationen simultan mit den elektrischen Vorgängen (EKG) verlaufen. Dieses Magnetokardiogramm (MKG) hat den gleichen Ursprung wie das EKG. Beide beruhen auf ventrikulären Depolarisationen und Repolarisationen der Herzmuskelzellen. Das Entstehen des Biomagnetismus ist also eine rein physikalische Konsequenz der bekannten bioelektrischen Er-

scheinungen. Auch die Umkehr dieses Prozesses läßt sich in lebenden Organismen nachweisen: die Reizung des Nerven oder Muskels mit einem alternierenden magnetischen Feld bewirkt eine starke tetanische Kontraktion, die durch Wirbelströme in den Nerven- oder Muskelzellen ausgelöst wird.
Das magnetische Feld an der Außenseite eines Axons läßt sich messen oder aus dem Transmembranpotential mit Hilfe der Laplace-Gleichung berechnen (38, 45). Dabei ließ sich zeigen, daß der Anteil des Stromes innerhalb der Membran am Magnetfeld stärker beteiligt ist als der äußere Strom, und es dürfte möglich sein, durch Messungen des Magnetfeldes außerhalb des Nerven ohne Punktion der Membran den inneren Strom zu bestimmen. Die Feldstärken liegen im pT-Bereich.
Magnetfeldmessungen am Herzen führten zum Nachweis eines stark fluktuierenden Feldes mit Spitzenwerten von über 0,1 μT; dagegen erzeugen Skelettmuskeln nur Felder von etwa 0,01 μT. Die stärksten Magnetfelder des Gehirns werden während des Schlafes gemessen; sie betragen etwa 0,003 μT, sind aber während epileptischer Anfälle wesentlich höher (14). Über weitere Einzelheiten von Magnetfeldmessungen am menschlichen Körper und ihre diagnostische Nutzung informieren die folgenden Publikationen: (14, 15, 31).
In Organismen können magnetische Felder aber auch durch magnetische Materialien entstehen, die man in diamagnetische, paramagnetische und ferromagnetische unterteilt. Zur näheren Kennzeichnung dieser Eigenschaften vgl. (37).

Alle Versuche, sog. extrasensorische Phänomene wie Psychokinesen, telepathische Kommunikation oder Wünschelruteneffekte auf magnetische oder elektromagnetische Felder — höhere örtliche Intensitäten oder außergewöhnliche Empfindlichkeit einzelner Personen — zurückzuführen, sind bisher gescheitert (5). Auf diesem Gebiet ist zwischen bewußten Fälschungen, pseudowissenschaftlichen Interpretationen und noch ungenügendem Erkenntnisstand zu unterscheiden. Zum letzten Punkt zählen vor allem die Mitteilungen über Zusammenhänge von Geomagnetismus und Morbidität oder die Verwendung von Magnetfeldern als Heilmittel. Bevor wir auf diese Frage näher eingehen, sollen noch einige Ergebnisse aus den zahlreichen Publikationen zur Wirkung künstlicher Magnetfelder (meist sehr hoher Intensität) angeführt werden.

8.6.3. Wirkungen künstlich erzeugter Magnetfelder

Von den technisch erzeugten Magnetfeldern gewannen die unter Starkstromleitungen auftretenden eine größere Aufmerksamkeit, da sie einen neuen, in seinen Wirkungen noch einzuschätzenden anthropogenen Umweltfaktor darstellen. Die Magnetfelder der drei Leiter eines Dreistromsystems überlagern sich und bilden auf der Erdoberfläche ein resultierendes Magnetfeld. Die Richtung des Feldes dreht sich mit der Netzfrequenz. Bei der üblichen Anordnung der Leiter ergibt sich für die magnetische Feldstärke ein Maximalwert von 10 µT je kA Strom im Leiter (33). Das Magnetfeld durchdringt jeden nicht ferromagnetischen Körper und induziert dadurch einen Körperstrom, der sich für den o. g. Wert von 10 µT auf ca. 50 µA pro m^2 schätzen läßt. Diese Stromdichte liegt weit unterhalb der Empfindungsschwelle, und die magnetische Feldstärke beträgt nur etwa ein Fünftel der Intensität des Erdfeldes. Deshalb ist mit einer Gefährdung durch das Magnetfeld unter Freileitungen nicht zu rechnen.
Alle technischen Geräte und Leitungen, die elektrischen Strom leiten und zeitlich sich ändernde elektrische Felder aufbauen, erzeugen auch magnetische Felder. Das gilt für Hochspannungsleitungen, Trafostationen, Fernsehsender und -empfänger, Funksprechgeräte u. a. Die Intensitäten sind in den meisten Fällen so gering, daß keinerlei Beeinträchtigungen zu erwarten sind. Verschiedene epidemiologische Langzeitstudien an Beschäftigten aus solchen Arbeitsbereichen und intensive Laborexperimente mit wesentlich höheren Intensitäten (s. unten) lassen eine Gefahr für die menschliche Gesundheit nicht erkennen.
In den Laboratoriumsversuchen werden sowohl statische als auch alternierende Magnetfelder eingesetzt. Wechselfelder haben den Nachteil, daß durch die ständige Umpolung eventuelle reversible Effekte wieder aufgehoben werden und daß zusätzliche elektrische Felder entstehen (32). An isolierten Enzymsystemen, an Mikroorganismen oder intakten Pflanzen werden sowohl fördernde als auch hemmende Einflüsse beschrieben. An Säuger-Zellkulturen wurden Populationsdichte, Mitoseindex u. a. zytogenetische Parameter durch starke konstante Magnetfelder von 100—300 mT nicht signifikant beeinflußt (40).

Junge Ratten wiesen unter 20—120 mT nur eine geringe unerwartete Wachstumssteigerung auf (28). In Suspensionen von Erythrozyten induzierte ein homogenes Magnetfeld von 1 T in wenigen min die Transformation von Echinozyten in Discozyten. Dieser Übergang wird als eine spezifische Magnetfeldwirkung auf energetisch günstige labile Zellformen angesehen (26). Isolierte Froschmuskeln reagieren auf eine Feldintensität von 5 T mit einer geringen Abnahme der Kontraktionsamplitude. Als Ursache wird eine Beeinflussung im Ionenflux während der Erregung oder eine Alteration der kontraktilen Elemente diskutiert (13). Die Amplitude des Summenaktionspotentials von submaximal gereizten Ischiasnerven stieg nur dann von 10 mV (Kontrolle) auf etwa 20 mV an, wenn das Magnetfeld von 0,6 T senkrecht auf die Nervenfaser wirkte. Diese Steigerung ist Ausdruck einer Zunahme aktivierter Fasern und beruht z. T. auf einer Verbesserung der Reizbedingungen, wahrscheinlich aber überwiegend auf einer Verminderung des Schwellenpotentials in den vorher inaktiven Fasern (16).

Isolierte Nervenbündel des Hummer-Axons veränderten unter Feldstärken von 1,2 T weder Leitungsgeschwindigkeit, noch Membranpotential- oder Transmembranströme (34). Dagegen wurden an Säugetieren 1964 und danach wiederholt von verschiedenen Autoren Modifikationen des EKG berichtet. Im Ratten-EKG bewirken nach neueren Untersuchungen Felder von 0,3—2,1 T innerhalb von Sekunden einen biphasischen Anstieg der T-Welle von 75 ± 12 μV auf 381 ± 40 μV (Abb. 74). Andere Komponenten des EKG weisen keine signifikanten Änderungen auf; auch Herz- und Atemfrequenz der Tiere blieben normal. Dieser spezifische Einfluß wird auf überlagerte elektrische Poten-

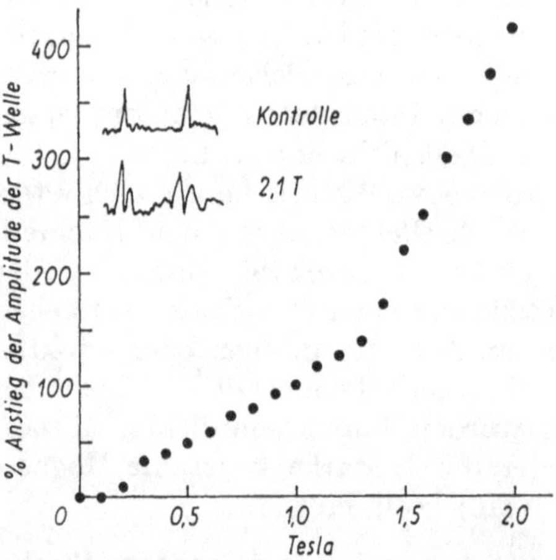

Abb. 74: Prozentualer Anstieg der T-Wellen-Amplitude (Ordinate) im Ratten-EKG als Funktion der magnetischen Feldstärke (Abszisse). Jeder Punkt repräsentiert den Mittelwert von 3 aufeinanderfolgenden T-Wellen des EKG (vgl. Inset, T = Tesla) adulter Ratten, verändert nach (17).

tiale zurückgeführt, die durch magnetisch induzierte Gefäßwandänderungen der Aorta entstehen (17).
Wenn ein magnetisches Wechselfeld (10—90 Hz, $\geqq$ 30 mT) in Augennähe einwirkt, erscheint an den Grenzen des Gesichtsfeldes ein Schimmern, gelegentlich auch eine hellblaue oder hellgraue Farbempfindung. Dieser sog. **Phosphen-Effekt** soll auf einer Wechselwirkung des Magnetfeldes mit der Retina beruhen (22).

Eine Reihe von Arbeiten befaßt sich mit der Wirkung von Magnetfeldern auf das EEG, auf Verhaltensparameter, Appetit oder auf Alterungsprozesse. Von biophysikalischem Interesse ist die Kombination von Magnetfeld und ionisierenden Strahlen. In einigen Arbeiten wurde eine Abschwächung der Strahlenwirkung durch magnetische Felder beschrieben, jedoch sind die Befunde nicht einheitlich (21.) Auch die Wirkung des Magnetfeldes auf Tumorzellen ist nicht geklärt. Frühere Berichte über eine Verlängerung der Lebenszeit tumortragender Mäuse durch eine Magnetfeldbehandlung (30 Tage, 0,3—0,4 T) vor der Implantation der Tumoren erschienen hoffnungsvoll, ließen sich jedoch mit anderen Species oder Tumoren nicht reproduzieren (11). Mindestens einige Tumoren scheinen aber auf Magnetfelder empfindlicher zu reagieren als normale Zellen; sie besitzen u. a. eine größere Dielektrizitätskonstante und weichen auch im para- bzw. diamagnetischen Verhalten von den gesunden Zellen ab (23). Tumorzellen enthalten z. T. andere Biomoleküle und weisen auch veränderte Membraneigenschaften auf, so daß dadurch andere Wechselwirkungen mit dem Magnetfeld denkbar sind. Man könnte sich vorstellen, daß Magnetfelder smektische Kristalle in nematische transformieren oder daß sie Dipole der Zelle und VAN-DER-WAALSsche Kräfte beeinflussen.
Im Zusammenhang mit der Wirkung auf Tumoren sind auch epidemiologische Betrachtungen über Krebshäufigkeit und Intensität der kosmischen Strahlung bzw. Schwankung des geomagnetischen Feldes von Bedeutung. Es wurde z. B. eine Korrelation zwischen Geomagnetismus und Witterungsfaktoren einerseits und Krebs bzw. neonatalen Todesfällen andererseits gefunden (4). Eine Beziehung von Myokardinfarkten und geomagnetischer Aktivität, die z. B. in Indien beobachtet wurde, ließ sich in England nicht bestätigen (25). Eine Übersicht über die Wirkung von Magnetfeldern auf einzelne Organe oder Funktionen (Gonaden, Embryogenese, Immunabwehr, Herz und Nervensystem) geben (6, 10, 22). Zu einem eigenständigen Gebiet entwickelt sich die Anwendung von Magnetfeldern als therapeutisches Mittel.

8.6.4. Magnetfeldtherapie und Wirkungsmechanismen

Unter **Magnetfeldtherapie** versteht man eine biophysikalische Methode zur Behandlung krankhafter Prozesse durch magnetische Felder. Die Anfänge gehen auf die Heilerfolge vieler Völker mit Magneteisenstein zurück, an die sich die Überlieferungen von PARACELSUS (1493–1541), HELMONT (1577–1644), MESMER (1734–1815), HUMBOLDT (1769 bis 1859) u. a. anschließen. MESMER induzierte mit Magnetbehandlung hypnoseähnliche Zustände und begründete damit u. a. den Heilmagnetismus (Mesmerismus), der teilweise als Charlatanerie angesehen wurde. Inzwischen gilt als nachgewiesen, daß im Magnetfeld die Wundheilung beschleunigt, die Kallusbildung bei Frakturen stimuliert, Arthrosen, Arthritis und Rheuma gebessert, Schmerzen gestillt oder Neurosen und Depressionen günstig beeinflußt werden (42). Die Magnetfeldtherapie soll auch den Heilungsprozeß bei Virushepatitis verkürzen und bei komatösen und präkomatösen Zuständen schon nach 8–10 Tagen Behandlung zu wesentlichen Besserungen führen (2). In verschiedenen Ländern wird versucht, analog zur Reizstromtherapie und der Anwendung elektrischer Felder die Magnetfeldtherapie aufzubauen. Man verwendet dazu meist Wechselfelder im ULF- und ELF-Bereich (vgl. Tab. 34) mit Flußdichten bis 10 mT.

Zum Nachweis einer Magnetfeldwirkung wird z. B. die Thermographie herangezogen. Ein magnetisches Wechselfeld von 3 mT erhöht in wenigen min die Temperatur lokaler Körperoberflächen. Die mit Infrarot-Kameras aufgenommenen Thermogramme lassen erkennen, daß die unter Magnetfeldexposition kontinuierlich stärker werdende Energieabstrahlung des Körpers von den arteriellen Blutgefäßen als „Heizquellen" ausgeht (44). Die auslösenden Mechanismen für die bessere Durchblutung sind noch nicht bekannt; aber die stärkere periphere Blutversorgung wirkt sich offenbar auch auf die inneren Organe günstig aus.

Als mögliche Mechanismen der Heileffekte werden induzierte Spannungen mit Auswirkungen auf Ionenfluxe sowie HALL-Effekt und LORENTZ-Kraft diskutiert, die sich aus der Wirkung des Magnetfeldes auf eine bewegte Flüssigkeit senkrecht zur Strömungsrichtung und senkrecht zum Magnetfeld ergeben können. Weitere mögliche Wirkungen sind Vibrationseffekte, durch die Biomoleküle in Schwingungen geraten, an die sich selektive Schwingungskopplungen anschließen sowie Ausrichtungen von Molekülen im magnetischen Feld entsprechend ihrer magnetischen Suszeptibilität und ihrer Dipolmomente (41). Wie sich z. B. eine Änderung der LORENTZ-Kraft auf die physiologischen Prozesse auswirkt, geht aus Abb. 75 hervor. Außerdem sind noch einige Mechanismen theoretisch denkbar, für die es aber z. Z. noch keine Indizien gibt, daß sie in lebenden Zellen tatsächlich vorkommen. Dazu gehört die Supraleitfähigkeit von Membranen auf der Basis des Jo-

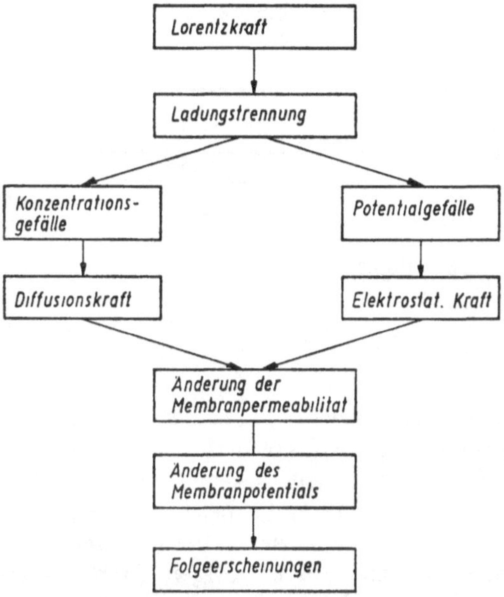

Abb. 75: Mögliche physikalische und physikochemische Mechanismen und die biologischen Konsequenzen bei Einwirkung starker Magnetfelder auf elektrolytische Systeme, nach (41).

SEPHSON-Effektes oder die Aktivierung VAN-DER-WAALSscher Kräfte und die Reaktion auf magnetisch präpariertes Wasser (41—44).

Zahlreiche Autoren postulieren eine direkte Beeinflussung der neuronalen Tätigkeit durch magnetische oder elektrische Felder. Auf diese Weise werden Veränderungen im EEG durch sehr schwache und sehr niederfrequente Felder erklärt. Ein Magnetfeld könnte als Trigger von zahlreichen unterschwelligen Einzelaktivitäten wirksam werden und dadurch die Biopotentiale beeinflussen. Schließlich lassen sich Magnetfelder auch als allgemeiner Streß ansehen, der die gesamte Homoeostase des Organismus stört. Für eine solche Annahme spricht die Beobachtung von Symptomen wie Übelkeit und Desorientierung bei Personen, die an Großgeräten (Zyklotron) Feldstärken von 2 Tesla ausgesetzt waren (41). Um solche Störungen, aber auch die noch umstrittenen Effekte durch geringere Feldstärken zu vermeiden, laufen in verschiedenen Ländern Bestrebungen, möglichst wissenschaftlich fundierte Grenzwerte festzulegen, für die z. T. noch Grundlagenforschung notwendig ist, vgl. (47).

8.6.5. Grenzwerte

Die Festlegung von maximal zulässigen Intensitäten und Expositionszeiten muß sich an den nachgewiesenen biologischen Effekten orientieren und einen entsprechenden Sicherheitsfaktor einbeziehen. Wäh-

Tab. 30: Empfohlene Expositionsgrenzwerte für den Menschen gegenüber statischen Magnetfeldern, nach (22).

Zeit	Körperfläche	Feldstärke (mT)
Exposition über Stunden	Ganzkörper, Kopf	20
	Arme, Hände	200
Exposition über min	Ganzkörper, Kopf	200
	Arme, Hände	2000

rend für den Menschen nur relativ wenig verwertbares Material vorliegt, aus dem hervorgeht, daß wahrnehmbare Effekte erst nach ca. 15 min Exposition bei 2 Tesla (20000 Gauß) auftreten, lassen sich in Tierversuchen durch wesentlich niedrigere Feldstärken, die im Bereich der natürlichen Intensität liegen, Reaktionen auslösen. Diese Problematik ist bei der Schaffung von Grenzwerten zu berücksichtigen. Beim gegenwärtigen Stand der Kenntnisse können daher die von der Industrie der USA vorgeschlagenen Richtwerte für die magnetische Flußdichte (Tab. 30) nur vorläufigen Charakter haben. In der Sowjetunion wurden für Arbeitsplätze unter Magnetfeldeinwirkung Grenzwerte festgelegt, die häufig angewandte Frequenzbereiche berücksichtigen (Tab. 31). Den Extremitäten wird jeweils eine größere Feldstärke zugemutet als dem Kopf oder dem Gesamtorganismus. Außerdem hängt die zulässige Feldstärke von der Dauer der Exposition ab. Wo Feldstärken über den vorgeschlagenen Richtwerten auftreten, sollte man Abschirmungen, z. B. durch Mu-Metall anbringen. Wenn aber die hohe Flußdichte technologisch notwendig ist, muß der Prozeß automatisiert werden.

Tab. 31: GOST-Standard für elektromagnetische Felder (magnetische Komponente), (18).

Frequenz	A/m
60 kHz – 1,5 MHz	5
30 MHz – 50 MHz	0,3

Literatur

1. Anonym: Magnetotaxis bei Bakterien. Naturwiss. **66** (1979) 571.
2. Anonym: Magnetfeldbehandlung begünstigt Heilungsprozeß. Ärztl. Praxis 31 (1979) Nr. **31**, 1345.
3. Anonym: Bienen orientieren sich am Magnetfeld. Naturwiss. Rdsch. **32** (1979) 416–417.
4. ARCHER, V. E.: Geomagnetism, cancer, weather and cosmic radiation. Health Phys. **34** (1978) 237–247.
5. BALANOVSKI, E. and J. G. TAYLOR: Can electromagnetism account for extra-sensory phenomena. Nature **275** (1978) 64–67.
6. BARNOTHY, M. F. (Ed.): Biological effect of magnetic fields. Plenum Press, New York, Vol. 1 1965, Vol. 2 1969.
7. BECKER, G.: Einfluß des Magnetfeldes auf das Richtungsverhalten von Goldfischen. Naturwiss. **61** (1974).
8. BECKER, G.: Reaktion der Holzbohrassel Limnoria tripunctata auf Magnetfeld-Intensitätsgradienten. Naturwiss. **67** (1980) 42–43.
9. BECKER, G. und W. GERISCH: Sonnenaktivitätsbedingte Geomagnetfeld-Einflüsse als Umweltfaktor von biologischer Bedeutung. Naturwiss. Rdsch. **33** (1980) 325–328.
10. BELOSSI, A.: Quelques effects des champs magnetiques in vivo. J. Biophys. Med. Nucl. **5** (1981) 117–123.
11. BELOSSI, A. and L. TOUJAS: The effect of a static uniform magnetic field on mice. Radiat. environm. Biophys. **20** (1982) 153–157.
12. BROWN, jr., F. A.: Some orientational influences of nonvisual, terrestrial electromagnetic fields. Annals New York Acad. Sci. 188 (1971) 224–241.
13. BUCKING, J., M. HERBST and, P. PIONTEK: The influence of a strong magnetic field on muscular contraction. Rad. environm. Biophys. 11 (1974) 79–85.
14. COHEN, D.: Magnetic fields of the human body. Physics Today, August 1975, 34–43.
15. COHEN, D., Y. PALTI, B. N. CUFFIN, and S. J. SCHMIDT: Magnetic fields produced by steady currents in the body. Proc. Natl. Acad. Sci. USA 77 (1980) 1447–1451.
16. EDELMAN, A., J. TEULON, and I. B. PUCHALSKA: Influence of the magnetic fields on frog sciatic nerve. Biochem. biophys. Res. Comm. **91** (1979) 118–122.
17. GAFFEY, C. T. and T. S. TENFORDE: Alterations in the rat electrocardiogram induced by stationary magnetic fields. Bioelectromagnetics **2** (1981) 357–370.
18. Gosudarstvenyi Standard Sojus SSR, GOST 12.1.006 – 76.

19. Harrison, C. G. A. and J. M. Prospero: Reversals of the earth's magnetic field and climatic changes. Nature **250** (1974) 563—565.
20. Hoppe, W., W. Lohmann, H. Markl, und H. Ziegler (Hsg.): Biophysik, 2. Aufl., Springer, Berlin 1982.
21. Kale, P. G. and J. W. Baum: Genetic effects of strong magnetic fields in *Drosophila melanogaster:* II. Environm. Mutagenesis **2** (1980) 179 to 186.
22. Ketchen, E. E., W. E. Porter, and N. E. Bolton: The biological effects of magnetic fields on man. Am. ind. Hyg. Assoc. J. **39** (1978) 1—11.
23. Kim, Y. S.: Some possible effects of static magnetic fields on cancer. T.-I.-T. J. Life Sci. **6** (1976) 11—28.
24. King, J. W.: Weather and the earth's magnetic field. Nature **247** (1974) 131—134.
25. Knox, E. G., E. Armstrong, R. Lancashire, M. Wall, and R. Haynes: Heart attacks and geomagnetic activity. Nature **281** (1979) 564—565.
26. Leitmannova, A., R. Stösser and R. Glaser: Changes in the shape of human erythrocyte under the influence of a static magnetic field. Studia biophys. **60** (1976) 73—82.
27. Merkel, F. W.: Orientation behavior of birds in Kramer cages under different physical cues. Annals New York Acad. Sci. **188** (1971) 283—294.
28. Nahas, G. G., H. Boccalon, P. Berryer, and B. Wagner: Effects in rodents of a 1-month exposure to magnetic fields (200—1200 Gauss). Aviat. Space environm. Med. **46** (1975) 1161—1163.
29. Presman, A. S.: Electromagnetic fields an life. Plenum Press, New York 1970.
30. Russo, F. and W. E. Caldwell: Biomagnetic phenomens: some implications for the behavioral and neurophysiological sciences. Genic Psychol. Monographs **84** (1971) 177—243.
31. Savard, P. and D. Cohen: Magnetic measurements of the dc of the human heart: coping with extraneous fields from other organs. XII. Internat. Conf. Med. Biol. Engineer. Jerusalem, Israel, August 19—24 (1979).
32. Schaarschmidt, B.: Wirkung von Magnetfeldern auf Hefezellen. Naturwiss. Rdsch. **30** (1977) 356—366.
33. Schneider, K.-H.: Elektrische und magnetische Felder. In: Nichtionisierende Strahlung: Anwendung, Wirkungen, Schutzmaßnahmen (Hsg. O. Messerschmidt, u. F. Olbert)., Thieme, Stuttgart 1980, 30—35.
34. Schwartz, J.-L.: Influence of a constant magnetic field on nervous tissues: I. Nerve conduction velocity studies; II. Voltage clamp studies. IEEE Trans. Biomed. Eng. Vol. BME-25 (1978) 467—473, Vol. BME-26 (1979) 238—243.
35. Southern, W. E.: Gull orientation by magnetic cues: A hypothesis revisted. Annals New York Acad. Sci. **188** (1971) 295—311.
36. Steenbeck, M.: Warum hat die Erde ein Magnetfeld. Wiss. u. Fortschr. **10** (1969) 435—440.

37. STÖSSER, R., H. WEISS und E.-J. GIESSMANN: Magnetische Untersuchungen an Saatgut und Pflanzen. Biol. Rdsch. **17** (1979) 100–111.
38. SWINNEY, K. R. and J. P. WIKSWO, jr.: A calculation of the magnetic field of a nerve action potential. Biophys. J. **32** (1980) 719–732.
39. THIEMANN, W. and E. WAGNER: Die Wirkung eines homogenen Magnetfeldes auf das Wachstum von *Micrococcus denitrificans*. Z. Naturforschg. **25** (1970) 1020–1023.
40. VNUKOVA, Z. E.: Response of mammalian cell cultures to a constant magnetic field of 1000 and 3000 Oersted (russ.) Kosm. Biol. Awiakosm. Med. **12** (1978) 47–52.
41. WARNKE, U.: Aspekte zur magnetischen Kraftwirkung auf biologische Systeme. Die Heilkunst **91** (1978) 1–12.
42. WARNKE, U.: Heilung mit Hilfe magnetischer Energie? Umschau **80** (1980) 283–284.
43. WARNKE, U.: Grundlagen zu magnetisch induzierten physiologischen Effekten. Therapiewoche **30** (1980) 4609–4616.
44. WARNKE, U. und G. ALTMANN: Die Infrarotstrahlung des Menschen als physiologischer Wirkungsindikator des niederfrequent gepulsten schwachen Magnetfeldes. Z. phys. Med. **8** (1979) 166–174.
45. WIKSWO, J. P. jr., J. P. BARACH, and J. A. FREEMAN: Magnetic field of a nerve impulse: first messurements. Science **208** (1980) 53–55.
46. WILTSCHKO, W. und E. GWINNER: Evidence for an innate magnetic compass in garden warblers. Naturwiss. **61** (1974) 406.
47. KÖNIG, H. L., A. P. KRUEGER, S. LANG, and W. SÖNNING: Biologic Effects of Environmental Electromagnetism. Springer, New York usw. 1981.

8.7. Statische elektrische Felder

8.7.1. Das elektrische Feld der Erde

Erdoberfläche und Ionosphäre lassen sich physikalisch als Elektroden eines Kugelkondensators betrachten. Die Erde besitzt eine negative Oberflächenladung von $Q_s = 1{,}2 \cdot 10^{-3}\,\mathrm{C} \cdot \mathrm{km}^{-2}$; die Gesamtladung der Erde $Q_e = 0{,}57 \cdot 10^6\,\mathrm{C}$ (7). Der Potentialgradient nimmt nach oben hin ab; er wird in einer Höhe von etwa 80 km Null. Der größte Potentialgradient herrscht an der Erdoberfläche; er beträgt unter Normalbedingungen etwa $130\,\mathrm{V} \cdot \mathrm{m}^{-1}$ und kann bis $1\,000\,\mathrm{V} \cdot \mathrm{m}^{-1}$ ansteigen. Der Gradient führt zu vertikalen elektrischen Strömen der Stärke von 1 500–1 800 A in der Atmosphäre. Bei Gewitter werden die Ströme unterbrochen. In den Schichten oberhalb 80 km herrschen freie Elektronen vor, in den unteren dichten Schichten beruht das statische Feld auf der Existenz von Ionen (vgl. 8.8.).

Die Intensität des luftelektrischen Feldes schwankt auch mit der Tages- und Jahreszeit und hängt von der geographischen Breite ab; sie ist in den mittleren Breiten größer als am Äquator und an den Polen (21, 23). Das elektrische Gleichfeld wird noch von nieder- und hochfrequenten Wechselfeldern überlagert. Besondere Ereignisse stellen die Gewitterentladungen dar, deren Gesamtzahl auf der Erde schwer zu bestimmen ist; die Angaben reichen von 2200 bis 16 Millionen pro Jahr. Die meisten Gewitter treten in einer Höhe von 5—6 km auf. Damit Blitze entstehen, ist ein Potentialunterschied von $4 \cdot 10^9$ V nötig, was einem Potentialgradienten von $0{,}6—0{,}8 \cdot 10^6\ \mathrm{V} \cdot \mathrm{m}^{-1}$ vor einem Blitz entspricht. Die mittlere Ladung eines Blitzes beträgt 16 C, seine Energie $2 \cdot 10^{10}$ J. Leider kann die Energie des elektrischen Erdfeldes bisher noch nicht technisch genutzt werden.
An Raketen und Flugzeugen treten durch Reibung beträchtliche Oberflächenladungen auf. An Flugzeugen wurden elektrostatische Potentiale von 10^6 V gemessen, das Vorzeichen kann verschieden sein; Wasserdampfwolken sind negativ, Eiswolken positiv geladen. Die dadurch auftretenden Koronaentladungen stören den Funkverkehr.

Verschiedene Autoren vertreten die Meinung, daß das natürliche elektrische Gleichfeld — zusammen mit dem Wechselfeld, das bes. durch Blitzentladungen hervorgerufen wird und Bestandteil der „Atmospherics“ (oder Sferics) ist — einen wichtigen Umweltfaktor darstellt, dem eine Bedeutung als „Regler“ biologischer Funktionen zukommt, auch wenn den Organismen dafür ein direkter Rezeptor fehlt.

8.7.2. Biologische Effekte

Versuche mit Mikroorganismen, pflanzlichen Zellen und Zellkulturen von Wirbeltieren führen zu der Schlußfolgerung, daß elektrische Gleichfelder Wachstums- und Differenzierungsprozesse beeinflussen können, vermutlich über Wirkungen auf Membranen. Erniedrigung von Membranpotential und Ionenverschiebungen wurden gefunden (1—5, 13, 19, 27). Das Zellwachstum pflanzlicher Sprosse orientiert sich nach einem exogen angelegten elektrischen Feld, wobei die Orientierungswahrscheinlichkeit mit ansteigender Feldstärke von Null auf einige $\mathrm{V} \cdot \mathrm{cm}^{-1}$ zunimmt. Zygoten von *Fucus serratus* oder Sporen von *Equisetum* wachsen im Gleichfeld in Richtung Katode, während sie sich ohne Feld völlig irregulär und im Wechselfeld bipolar ausrichten (Abb. 76).

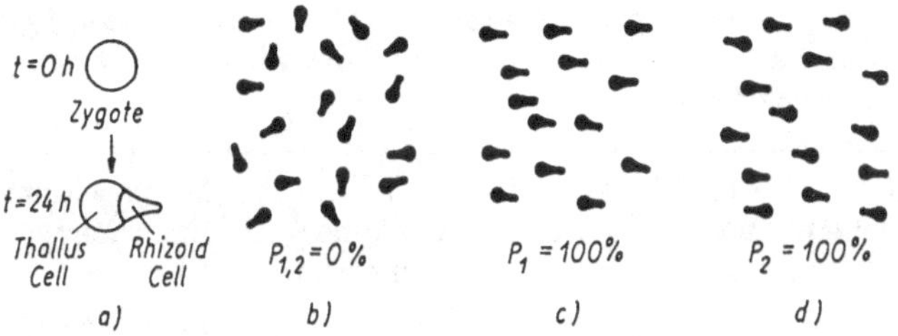

Abb. 76: Orientierung von Fucus-Zygoten (a) während der Keimung ohne Feld (b), im Gleichfeld (c) und im Wechselfeld (d), schematisch, aus (19).

In Tierexperimenten wurden durch künstlich angelegte Gleichfelder eine Reihe von Effekten erzielt: Intensitäten von 238 V $\cdot$ cm^{-1} setzen die Ansprechbarkeit glatter Muskeln von Ratten auf Pharmaka herab (15), Laufaktivität, Futter- und Trinkwasseraufnahme von weißen Mäusen nehmen um 55%, 19% bzw. 14% ab (16, 18). Der Sauerstoffverbrauch der Leber von feldexponierten Tieren steigt, während der von Tieren in Faradaykäfigen, der das natürliche Feld abschirmt, gegenüber den Kontrolltieren sinkt (17). Ratten, die 30 Tage vertikalen (6—197 V $\cdot$ cm^{-1}) oder horizontalen (3—98 V $\times$ cm^{-1}) elektrostatischen Feldern ausgesetzt waren, zeigten keine Abweichungen im Verhalten, im Körpergewicht oder im histologischen Bild innerer Organe; es traten aber — jedoch nur bei vertikaler Feldeinwirkung — mehrere Fälle von Glaukom auf, die mit einem parallel gehenden veränderten Muster der Serumproteine in Verbindung stehen könnten. Die Glaukombildung war unabhängig von der Feldstärke (11, 12). Anlagen zur Messung von Reaktionen des Menschen auf Gleich- oder Wechselfelder unter möglichst natürlichen Bedingungen sind beschrieben (30).

In Ehrlich-Ascites-Tumorzellen fand man nach zweiwöchiger Exposition bei 80—160 V $\cdot$ cm^{-1} (Feld horizontal) einen etwa dreifachen Anstieg im Auftreten von Chromosomenaberrationen (Tab. 32). Dehnt man die Feldbehandlung über längere Zeit aus, so verschwinden nach 4—15 Wochen Exposition die aberranten Zellen, vermutlich, weil sie nicht replikationsfähig waren und untergingen.

Die Diskussion über den Einsatz elektrostatischer Felder zur Klimatisierung von Arbeitsräumen und zur Kompensation des angeblich abgeschirmten natürlichen Feldes in Betonbauten, Pkw u. a. ist zwar noch nicht abgeschlossen, aber es zeichnet sich eine zunehmend kritische Haltung zu dieser Fragestellung ab. Die berichteten biopositiven Effekte konnten nicht in jeder Hinsicht bestätigt werden, und es gibt zur Zeit keine Anhaltspunkte, wie die relativ schwachen Felder wirksam

Tab. 32: Wirkung eines elektrostatischen Feldes (80—160 V/cm) auf die Häufigkeit von Chromosomenaberrationen in Ehrlich-Ascites-Tumor-Zellen; $a = p < 0,005$, nach (14).

Kontrolle bzw. Feldexposition	Zeit (Wochen)	Anzahl Mäuse	Anzahl gezählter Zellen	% Zellen mit abnormen Chromosomen	Durchschnitt abnormer Chromosomen/Zelle
Kontrolle	—	10	500	8,8 ± 7,1	1,1 ± 0,5
Feld horizontal	2	8	400	[a]22,5 ± 6,6	[a]2,1 ± 0,6
Feld horizontal	4—15	11	490	13 ± 9,1	1,3 ± 0,6
Feld vertikal	2	8	370	5,8 ± 5,8	1,5 ± 1,5
Feld vertikal	6—15	12	600	9,2 ± 7,6	1,0 ± 0,4

werden sollten; denn die Haut mit ihrem relativ niedrigen Widerstand (zwischen 10^2 und $10^{-2}\,\Omega m^{-2}$) verhält sich analog einem Faradaykäfig. Man hat für ein Feld von $100\,V \cdot m^{-1}$, das auf eine Maus einwirkt, eine obere Grenze der verfügbaren Energie von 10^{-23} W errechnet (25). Es ist schwer vorstellbar, daß diese Energie irgendeine Reizwirkung auf das Tier haben kann. Im Vergleich dazu beträgt der minimale Energiefluß zur Auslösung einer Lichtempfindung beim menschlichen Auge 10^{-14} W. Andererseits ist bekannt, daß Fische noch lokale elektrische Felder von $150\,\mu V \cdot m^{-1}$ zur Orientierung nutzen (20). Luftionen erfahren im elektrostatischen Feld eine Ausrichtung, die zu Änderungen der physiologischen Funktionen führen könnten.

Außer den nur bei sehr hohen Feldstärken wahrnehmbaren thermischen Prozessen spielt sich an der Hautoberfläche noch ein elektrischer Prozeß ab. Durch Berührung und Reibung von Kleidung und Körper und zwischen den einzelnen Kleidungsschichten entsteht eine Ladungstrennung, die zu erheblichen Potentialunterschieden führt, besonders beim Tragen von Kunstfasern. Feldstärken von $100\,V \cdot cm^{-1}$ bis $1500\,V \cdot cm^{-1}$ werden in sehr trockener Luft erreicht. Die beim Ausziehen im Dunkeln gelegentlich zu beobachtenden Funken lassen auf hohe lokale Feldstärken schließen (28). Zu dieser Quer- oder Radialpolarisation kommt noch die Longitudinalpolarisation in Kopf-Fuß-Richtung, die sehr von der Isolierwirkung des Schuhwerkes abhängt. Bei plötzlichem Potentialausgleich durch Berühren leitender Gegenstände (Türgriffe, Meßgeräte, andere Personen) sind durch die Schmerz- und Schreckwirkung Unfälle möglich; andere nachteilige Folgen (direkte Wirkungen) sind nicht bekannt. In empfindlichen elektronischen Meßsystemen können durch ähnliche elektrostatische Aufladungen beträchtliche Störungen auftreten.

8.8. Luftionen

8.8.1. Physik der Luftionen

Luftionen entstehen in der freien Atmosphäre oder in geschlossenen Räumen durch ultraviolette und radioaktive Strahlung, durch kosmische Strahlung, sowie durch offene Flammen, Gasentladungen und Reibungselektrizität (Blitze). Künstlich lassen sich Luftionen durch Koronaentladungen oder durch radioaktive Partikelstrahlung geringer Energie erzeugen. Bei der Hochspannungsentladung entsteht das toxisch wirkende Ozon als Nebenprodukt. Zur Erzeugung von 10^6 bis 10^7 Ionen $\cdot$ cm^{-3} Luft ist eine Radioaktivität von $1{,}85 \cdot 10^9$ Bq erforderlich. Dabei wird entweder ein neutrales Molekül von einem energiereichen Partikel getroffen und in einen positiven und einen negativen Teil gespalten, oder es lagert sich an ein neutrales Molekül ein Elektron oder ein geladenes Teilchen an (29).

Zum Nachweis der Ionenarten in der Luft dient das Massenspektrometer. Kurz nach der Ionisation findet man folgende Ionen: O^-, O_2^{--}, NO_2^-, NO_3^-, OH^-, O^+, O_2^+, O_3^+, N^+, N_2^+, N_3^+, N_4^+, NO^+, N_2O^+, H_2O^+, Ar^+; später rekombinieren viele Ionen wieder, bilden Molekültrauben oder gehen auch chemische Bindungen ein. Deshalb ist es zweckmäßig, die Ionenkonzentration direkt am Einwirkungsort zu messen. Dazu dient ein Ionometer (Abb. 77). Die zu untersuchende Luft wird mit einem Ventilator durch den zylindrischen Kondensator gesaugt; mit Hilfe der an die Metallelektroden angelegten Spannung werden aus der Luft die Ionen der entsprechenden Polarität angezogen, und es entsteht ein elektrischer Strom, der an einem hochohmigen Widerstand als Potential abgeleitet, verstärkt und registriert wird. Dieses Potential ist der Ionendichte proportional, aber liefert keine Aussage über die Art der Ionen.

Die **Ionendichte** in der Luft schwankt von einigen 100 bis zu einigen 10000 Ionen $\cdot$ cm^{-3} und hängt vor allem von der Witterung, aber auch vom Ort (Höhe, geographische Lage), der Jahres- und Tageszeit ab. Über dem Ozean enthält die Luft etwa 600—700 positive und 500—600 negative Ionen $\cdot$ cm^{-3}; in den Alpenländern werden etwa 2000 positive und negative Ionen gemessen. Bei Nebel, Regen und Gewitter steigt die Ionenkonzentration auf über $10000 \cdot cm^{-3}$ (8, 10). Während eines Gewitters werden die Ionen durch den Aufwind in große Höhen getragen, wo sie auf kleine Wassertropfen oder Eisteilchen stoßen, die

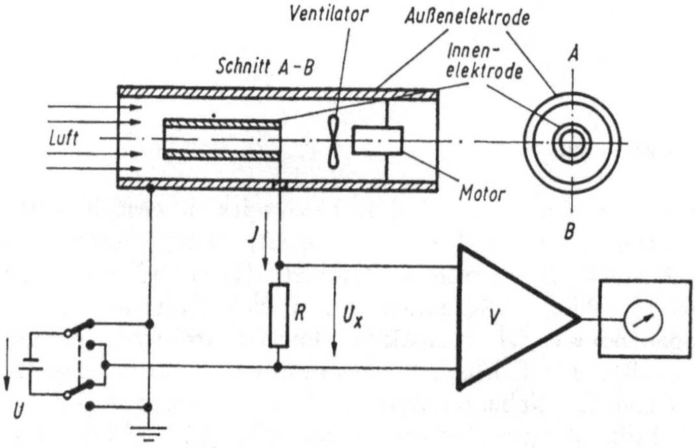

Abb. 77: Längs- und Querschnitt durch ein Ionometer mit zylindrischem Kondensator als Meßkopf und Prinzipschaltbild, aus (29).

ihre Ladungen aufnehmen. Diese Bindung der Ladungsträger führt zur Verarmung der Zwischenräume an Ionen, und die elektrische Festigkeit der Luft steigt an. Wird die Durchbruchsfeldstärke erreicht, kommt es zur Blitzentladung, die zwischen benachbarten Wolken oder zwischen Wolke und Erde erfolgen kann. Luftionen lassen sich nach ihren physikalischen Eigenschaften in 3 Gruppen einteilen: **Klein-, Mittel- und Groß-Ionen,** deren wichtigsten Merkmale in Tab. 33 aufgeführt sind. Innenräume weisen häufig andere Ionenkonzentrationen und -verteilungen auf als die Außenluft. Im Freien wurden z. B. 780 positive und 310 negative Ionen $\cdot$ cm^{-3} gemessen, während ein Büroraum zur gleichen Zeit am gleichen Ort 410 positive und 690 negative Ionen $\cdot$ cm^{-3}

Tab. 33: Charakterisierung von Luftionen, aus (29).

Eigenschaft	Klein-Ionen	Mittel-Ionen	Groß-Ionen
Radius r (cm)	$6 \cdot 10^{-8}$	$(1-5) \cdot 10^{-7}$	$10^{-6}-10^{-5}$
Elementarladung q	± 1	0 oder ± 1	0 bis ± 10
Beweglichkeit k (cm^2/Vs)	1,5	$10^{-1}-10^{-2}$	$10^{-2}-10^{-4}$
Lebensdauer t	30–300 s	min–Std.	Tage bis Wochen
Konzentration/cm^3	100–1000	$(1-10) \cdot 10^3$	$(1-100) \cdot 10^3$

enthielt (29). Ob den unterschiedlichen Konzentrationen an Luftionen eine Bedeutung als Klima- und Umweltfaktor zukommt, wird im folgenden Abschnitt näher untersucht.

8.8.2. Biologische Wirkungen der Luftionen

Aus einer Reihe von Experimenten ergibt sich der Hinweis, daß eine verstärkte Zufuhr von Ionen die Stoffwechselprozesse anregt, während eine Verarmung der Luft an Ionen entgegengesetzte Wirkungen hat. An verschiedenen Pflanzen verursachte die Steigerung der Ionenkonzentration bis $10\,000 \cdot cm^{-3}$ eine Zunahme des Wachstums bis zu 50% bei gleichbleibender Balance der Kohlenhydrat-, Eiweiß- und Chlorophyllanteile. Der Effekt trat aber nur auf, wenn nur positive oder nur negative Ionen angereichert wurden. Verarmung der die Pflanzen umgebenden Atmosphäre an Ionen führte zur Verminderung der Wachstumsrate und zur Abnahme des Turgors. Nach biochemischen Untersuchungen sollen Ionen in den Eisen- und ATP-Stoffwechsel eingreifen (6, 9, 10).

An Ratten und Mäusen wurde durch eine erhöhte Konzentration negativer Ionen u. a. die Nebennierenaktivität angeregt, positive Ionen führten zu gegenteiligen Reaktionen. Negative Ionen verstärken die Lernfähigkeit von Ratten und vermindern die Ängstlichkeit; positive Ionen steigern bei Kaninchen die Aggressivität und setzen bei Mäusen die Widerstandsfähigkeit gegen Infektionen herab. Honigbienen reagieren auf positive und noch stärker auf negative Ionen sofort mit einer Vergrößerung der Flügelschlagamplitude und der Laufaktivität (2). Untersuchungen am Menschen ergaben, daß von den eingeatmeten mittelgroßen Ionen 25% wieder den Atemtrakt verlassen, 45% im Mund-, Rachen- und Kehlkopfbereich und 30% in der Lunge zurückgehalten werden, Lit. in (29). Luftionen werden seit langem in der Therapie eingesetzt, besonders bei Atemwegserkrankungen. Aber auch bei dieser therapeutischen Anwendung eines physikalischen Umweltfaktors sind nicht alle beschriebenen Effekte reproduzierbar. Günstige Wirkungen mit negativen Ionen oder negativen Aerosolen wurden bei Asthma, Bronchitis, Herz- und Kreislaufstörungen, Migräne, rheumatischen Erkrankungen, Hypertonien und psychischen Erkrankungen erzielt (29).
Nichtraucher reagierten bei Beatmung mit $3 \cdot 10^5$ Ionen $\cdot\, cm^{-3}$ mit einem Anstieg des Sauerstoffgehaltes des Blutes, der bei Rauchern ausblieb, vermutlich weil Tabakrauch ohnehin eine höhere Konzentration von Ionen enthält ($5{,}6 \cdot 10^2$—$3 \cdot 10^3 \cdot cm^{-3}$) und die Schleimhäute der Atemwege dadurch unempfindlicher waren. Durch Einatmen von Luftionen sank beim

Menschen die Herzfrequenz geringfügig ab, unabhängig ob die Luft positive oder negative Ionen enthielt (Abb. 78). Man erklärt diesen Befund damit, daß durch die verbesserte O_2-Versorgung des Blutes in den Geweben weniger Blut erforderlich ist; es zeigte sich, daß Vermehrung des O_2-Gehaltes und Abnahme der Pulsfrequenz korrelierten. Weniger deutlich war der Einfluß der Luftionen auf die Reaktionszeit bei optischer Reizung und auf den Blutdruck (29). Möglicherweise hängt auch die bei vielen Menschen vorhandene Wetterempfindlichkeit mit der Konzentration der Luftionen zusammen. Es wurde nachgewiesen, daß sich die Ionisierung der Luft bereits lange vor der Luftfeuchte oder der Temperatur ändert, wobei sich auch das Verhältnis positiver und negativer Ionen verschiebt (26).

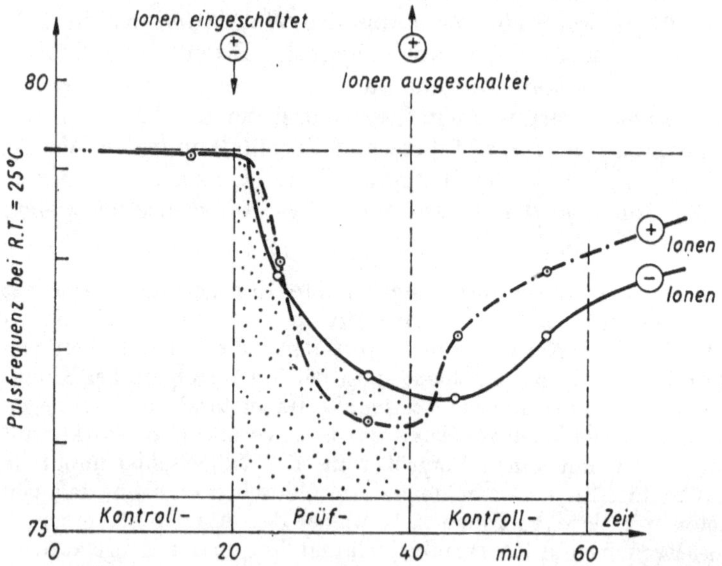

Abb. 78: Pulsfrequenzschwankungen des Menschen unter Einwirkung von $3 \cdot 10^5$ Luftionen/cm^3; Durchschnittswerte von 177 Messungen bei Raumtemperatur (R.T.) an 24 Personen, aus (29).

Weil der Mechanismus der Wirkung der Luftionen noch nicht geklärt ist, sollte von einer breiten Verwendung von Luftionisatoren abgesehen werden, auch wenn verschiedene Krankenhäuser der Welt erhöhte Ionenkonzentrationen zur Therapie einsetzen. An diesen Orten kann eine bessere Kontrolle eventuell auftretender Nebenwirkungen erfolgen. Nach einer Fülle fast euphorisch anmutender Berichte zur Wirkung von Luftionen, ebenso wie zur Wirkung von Gleich- und niederfrequenten Wechselfeldern, wurde in den letzten Jahren eine kritischere Bewertung der Daten gefordert (22, 24). Neben genauen Messungen der atmosphärischen Größen sind die Laborexperimente unter noch strengeren Gesichtspunkten für den Ausschluß aller anderen Faktoren durchzuführen. Versuche zum Wirkungsmechanismus auf der zellulären Ebene stehen noch aus.

Literatur

1. ALTMANN, G.: Weitere Untersuchungen der physiologischen Wirkung elektrischer Felder auf Tiere. Verh. Dtsch. Zool. Ges. in Innsbruck 1968, 417—430.
2. ALTMANN, G. und U. WARNKE: Einfluß unipolar geladener Luftionen auf die motorische Aktivität der Honigbienen. Apidologie 2 (1971) 309—317.
3. ALTMANN, G., G. ANDRES und M. LEHMAIR: Einfluß des luftelektrischen Feldes auf das Haut-Potential von Rana esculenta. Experientia 28 (1972) 422—424.
4. BENTRUP, F. W.: Zur Morphogenese pflanzlicher Zellen im elektrischen Feld. Naturwiss. 54 (1967) 620—621.
5. BOZOKY, L., G. KISZELY, T. A. HOFFMANN, and J. DADIK: Effects of electrostatic fields on cell mitosis. Nature (Lond.) 199 (1963) 1306.
6. BREUER, G.: Luftionen und Gesundheit. Naturwiss. Rdsch. 27 (1974) 194—195.
7. BURDAKOW, W. P. und F. J. SIGEL: Raumfahrt und Weltraumforschung. Akademie-Verl., Berlin 1979.
8. KAROBATH, H., A. BALOGH, H. HEINDL, H. HOFSCHNEIDER und W. UNDT: Untersuchungen über Eigenschaften des Blitzschlages und seine Wirkungen auf die Herztätigkeit der Ratte. Arch. Kreislaufforsch. 65 (1971) 1—13.
9. KRUEGER, A. P.: Are negative air ions good for you? New Scientist 58 (1973) 668—670.
10. KRUEGER, A. P.: The effects of air ions on plants. Paper presented on the Congr. Int., Le Soleil au Service de L'Homme, Paris, July 1973.
11. MARINO, A. A., T. J. BERGER, R. O. BECKER and F. X. HART: Electrostatic field induced changes in mouse serum proteins. Experientia 30 (1974) 1274—1275.

12. Marino, A. A., T. J. Berger, J. T. Mitchell, B. A. Duhacek, and R. O. Becker: Electric field effects in selected biologic systems. Annals New York Acad. Sci. **283** (1974) 436–444.
13. May, L., A. B. Kamble, and I. P. Acosta: The effect of electric fields on brain cephalin and lecithin films. J. Membr. Biol. **2** (1970) 192–200.
14. Mitchell, J. T., A. A. Marino, T. J. Berger, and R. O. Becker: Effect of electrostatic fields on the chromosomes of Ehrlich ascites tumor cells exposed in vivo. Physiol. Chem. Phys. **10** (1978) 79–85.
15. Möse, J. R., G. Fischer und M. Fischer: Einfluß des elektrischen Gleichfeldes auf die Wirkung einiger die glatte Muskulatur stimulierender Pharmaka. Z. Biol. (1969) 354–363.
16. Möse, J. R. und G. Fischer: Zur Wirkung elektrostatischer Gleichfelder, weitere tierexperimentelle Ergebnisse. Arch. Hyg. Bakteriol. **154** (1970) 378–386.
17. Möse, J. R., G. Fischer und J. Porta: Die Wirkung des elektrostatischen Gleichfeldes auf den Sauerstoffverbrauch der Mäuseleber. Arch. Hyg. Bakteriol. **154** (1971) 549–552.
18. Möse, J. R., S. Schuy und G. Fischer: Versuchsanlage zum Studium der Wirkungen von elektrostatischen Gleichfeldern an kleinen Laboratoriumstieren und die damit erzielten Ergebnisse. Biomed. Technik **17** (1972) 65–70.
19. Novak, B. and F. W. Bentrup: Orientation of Fucus egg polarity by electric a. c. and d. c. fields. Biophys. **9** (1973) 253–260.
20. Pals, N. and A. A. C. Schoenhage: Marine electric fields and fish orientation. J. Physiol. (Paris) **75** (1979) 349–353.
21. Presman, A. S.: Elektromagnitnye polja i zivaja priroda (russ.) Verl. Nauka, Moskau 1968.
22. Ranscht-Froemsdorff, W.: Sinn und Unsinn des Elektroklimas. Sanitär-Heiztechn. **42** (1977), 62.
23. Reiter, R.: Meteorobiologie und Elektrizität der Atmosphäre. Geest u. Portig, Leipzig 1960.
24. Reiter, R.: Gibt es biologische Wirkungen luftelektrischer Größen? Promet 3, 1977, 20–24.
25. Roberts, A. M.: Effect on electric fields on mice. Nature **223** (1969) 639.
26. Soyka, F. and A. Edmonds: The Ion Effect: How air electricity rules your life and health. E. P. Dutton, New York 1977, 181 S.
27. Varga, A.: Mikroorganismen unter elektrischem Gleichstrom. Umschau **66** (1966) 746.
28. Varga, A.: Über elektrokinetische Erscheinungen an biologischen Grenzflächen unter besonderer Berücksichtigung der roten Blutzellen. Wetter–Boden–Mensch **4** (1971) 1–18.
29. Varga, A.: Forschungsbericht über die physiologische Wirkung von Luftionen und deren Bedeutung als Umweltfaktoren. Heidelberg 1972, 28 S.

30. WIESSPEINER, G. und R. WAIBEL: Hochspannungsanlage zur Untersuchung des Einflusses eines Gleichfeldes mit überlagertem Wechselfeld auf den Menschen. Zbl. Bakt. Hyg., I. Abt. Orig. B 691 (1979) 337–341.

8.9. Elektromagnetische Wechselfelder

Elektromagnetische Wechselfelder gewinnen an Aufmerksamkeit, weil sie einerseits einen natürlichen Umweltfaktor darstellen und andererseits auch Begleiterscheinungen der modernen Technik sind. Natürliche Felder treffen wir z. B. bei den Atmospherics, technische Felder in der Umgebung von Hochspannungsleitungen, oder Radiostationen, aber auch an verschiedenen Arbeitsplätzen, an denen diese Felder industriell genutzt werden. Diese Entwicklung macht es notwendig, daß sich die Grundlagenforschung mit dem Wirkungsmechanismus beschäftigt, um dadurch die schädigenden Intensitäten und wirksamsten Frequenzen kennenzulernen. Die Tab. 34 enthält die Einteilung des Frequenzbereiches mit Angaben der Wellenlängen und der gebräuchlichen Bezeichnungen.

Tab. 34: Frequenzbereiche elektromagnetischer Wellen.

Internationale Bezeichnung	ν	λ	Bemerkungen
Ultra low frequencies (ULF)	0–3 Hz	–	quasistatische Felder
Extremely low frequencies (ELF)	0–100 Hz	–	quasistatische Felder
Very low frequencies (VLF)	3–30 kHz	100–10 km	Längstwellen
Low frequencies (LF)	30–300 kHz	10–1 km	Langwellen
Middle frequencies (MF)	300–3000 kHz	1–0,1 km	Mittelwellen
High frequencies (HF)	3–30 MHz	100–10 m	Kurzwellen
Very high frequencies (VHF)	30–300 MHz	10–1 m	Ultrakurzwellen
Ultra high frequencies (UHF)	300–3000 MHz	1–0,1 m	Mikrowellen
Super high frequencies (SHF)	3–30 GHz	10–1 cm	Mikrowellen
Extremely high frequencies (EHF)	30–300 GHz	10–1 mm	Mikrowellen

8.9.1. Niederfrequente elektrische Felder

Den **natürlichen niederfrequenten Feldern** wird eine biologische Bedeutung zugeschrieben, die mit dem Vorliegen ähnlicher Frequenzen für physiologische Vorgänge zusammenhängt. Die menschliche Atemfrequenz liegt bei 0,2—0,3 Hz, die Herzfrequenz bei 1—2 Hz, die α- und β-Wellen des EEG weisen 9 bzw. 2—6 Hz auf. Mikrovibrationen des Körpers (0,5—2 Hz) scheinen mit entsprechenden Schwingungen der Erdrinde zusammenzuhängen, und Regen bei tief hängenden Wolken erzeugt ebenfalls niederfrequente Schwingungen, die bestimmten Wellen im EEG entsprechen.

Es scheinen vor allem die chronobiologischen Prozesse von Tieren und Menschen durch luftelektrische Felder gesteuert zu werden; denn eine Abschirmung vor diesen Feldern zieht eine Reihe von Veränderungen im Aktivitätsrhythmus nach sich (14, 16, 17).

Nach 14 Tagen Aufenthalt von Mäusen in einem Faradaykäfig sinkt der Hämatokritwert von 43,95 auf 32,21; gleichzeitig steigt der Na-Gehalt im Vollblut von 59,9 auf 67,7 mM, während der K-Gehalt von 46,4 auf 34,6 mM abnimmt (13). Durch ein künstlich geschaffenes 10 Hz-Feld im Käfig werden diese Effekte aufgehoben. Dabei sind schon Intensitäten von 10 mV $\cdot$ m^{-1} wirksam. Versuche am Menschen in abgeschirmten Bunkern unter Ausschluß aller Zeitgeber führten zu einer Desynchronisation der Biorhythmik mit Verlängerung der Periodendauer. Auch dieser Effekt ließ sich durch Einschalten eines künstlichen 10 Hz-Feldes zumindest teilweise kompensieren (28—30). Aus diesem Befund wurde geschlossen, daß die niederfrequenten elektrischen Felder eine beschleunigende Wirkung auf den Stoffwechsel haben müßten. Auf jeden Fall wurde mit diesen Experimenten nachgewiesen, daß der physikalische Umweltfaktor, das elektrische Feld, das nicht von den Sinnesorganen erfaßt wird, in irgendeiner Weise auf den Organismus wirkt.

Von praktischem Interesse ist das Studium elektrischer Felder im Bereich der Netzfrequenzen (50 Hz in Europa, 60 Hz in USA). Hierzu liegen eine Reihe von Beobachtungen an verschiedenen Organismen vor: Amoeben ändern ihre Form und Orientierung, wenn einige min 10 V $\times$ cm^{-1} (1—100 Hz) auf sie einwirkten. Es ist nicht klar, ob diese Reaktionen durch physikalische Kräfte direkt oder über zelluläre Aktivitäten zustande kommen (18). Fische waren in der Lage, noch auf weniger als 0,07 V $\cdot$ m^{-1} (60—75 Hz) zu reagieren, jedoch nur, wenn das Feld senkrecht zur Körperachse wirkte.

Wurzelspitzen von *Pisum sativum* wurden in einem wäßrigen Medium

(Leitfähigkeit 0,07 S · m^{-1}) 60-Hz-Feldern von 70—490 V · m^{-1} ausgesetzt. Die Stromdichte betrug 0,5—3,5 mA · cm^{-2}. Bei Variation der Leitfähigkeit des Mediums stand die Wachstumsrate in direkter Beziehung zum angelegten Feld und nicht zur Stromdichte. Bei 430 V × m^{-1} waren Wachstumsrate (Abb. 79) und Mitoseindex auf fast die Hälfte der Kontrollwerte reduziert. Die Hemmung trat schon nach 4 h auf und hielt über mehrere Tage an. Wenn das Feld nach 2 Tagen abgeschaltet wurde, nahm die Wachstumsrate wieder zu und erreichte nach 5 Tagen fast den Kontrollwert. Bei 490 V · m^{-1} war das Wurzelwachstum fast völlig gehemmt und damit waren auch morphologische (Verfärbungen) und elektrophysiologische (Membranpotential) Veränderungen verbunden. Kleine Verschiebungen des Membranruhepotentials könnten bereits entscheidenden Einfluß auf die Ionenbewegungen haben (19, 21, 22).

Bei Versuchen mit Ratten, die über Monate in 60-Hz-Feldern im Bereich von kV · m^{-1} exponiert waren, zeigte nur ein Teil der Individuen ein niedrigeres Körpergewicht als die Kontrollen; es ließen sich auch keine Abweichungen in der Herzfrequenz, im EKG, in Haut- und Kerntemperatur, am Blutdruck und an der Gefäßreaktion nachweisen (2, 3). Die chronische Exposition von

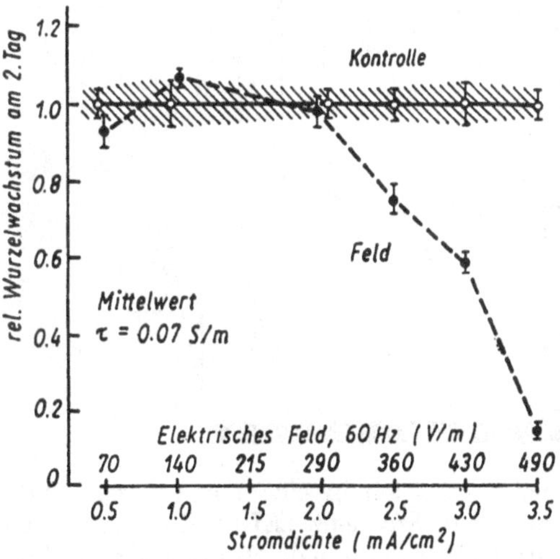

Abb. 79: Wachstumsrate von Erbsenwurzeln in wäßrigen Medien am zweiten Tag nach Exposition in einem 60-Hz-Feld von 70—490 V/m und Stromdichten von 0,5—3,5 mA/cm^2. Mittelwerte und Standardabweichung aus 20 Einzelmessungen, aus (22).

Ratten in Feldern von 15—100 kV · m^{-1} verursachte ebenfalls keinerlei biologische Effekte (9). Auch Mäuse ließen bei ähnlicher Exposition keine Unterschiede in Körper- und Organgewichten oder im O_2-Verbrauch erkennen. Diese negativen Befunde werden damit erklärt, daß es in diesen Versuchen gelang, die sekundären Faktoren — Koronaentladungen, Ozonbildung, Geräusche, Vibrationen, Entladungsstress bei unterschiedlichen Potentialen von Tier und Käfig u. a. — ganz auszuschalten oder auf ein Minimum zu reduzieren. Es ist daher zu vermuten, daß früher berichtete Feldwirkungen mindestens teilweise auf Nebenwirkungen beruhten.

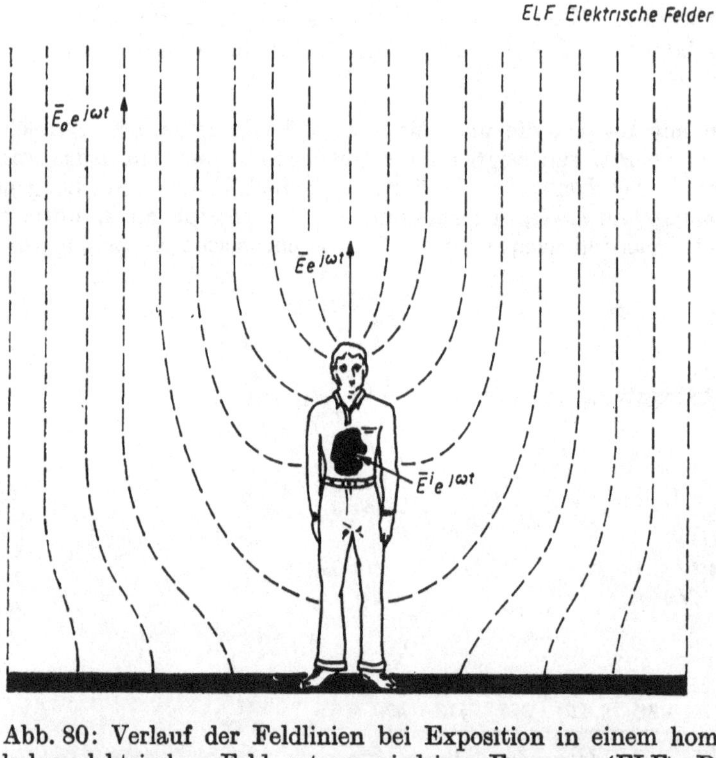

Abb. 80: Verlauf der Feldlinien bei Exposition in einem homogenen vertikalen elektrischen Feld extrem niedriger Frequenz (ELF). Das ungestörte elektrische Feld ist $E_0e^{j\omega t}$, das gestörte Feld außerhalb des Körpers ist $Ee^{j\omega t}$ und das induzierte elektrische Feld im Körperinnern ist $E^ie^{j\omega t}$. E_0 ist eine zeitabhängige Vektorfunktion der Position, e Basis des natürlichen Logarithmus, $j = \sqrt{-1}$, ω = Winkelfrequenz, t = Zeit, Index „0" ungestörtes Feld, aus (11).

Es gibt aber andererseits auch Mitteilungen, in denen trotz Berücksichtigung all dieser sekundären Einflüsse Feldwirkungen auftraten, die auf eine Perzeption über Haut oder Haare schließen lassen (4, 10). Wie man sich den Verlauf der Feldlinien innerhalb und außerhalb des Körpers bei einem niederfrequenten elektrischen Feld vorstellt, geht aus Abb. 80 hervor.

Unter den zahlreich beschriebenen Studien am Menschen mit Intensitäten bis 1000 V · m^{-1} finden sich unterschiedliche Ergebnisse. In einigen Fällen wird z. B. ein Einfluß auf die Leistung gefunden, wobei 3 Hz eine Abnahme und 10—25 Hz einen Anstieg verursachten. Die mittlere Reaktionszeit blieb bei 0,003—0,03 V · m^{-1} (3—10 Hz) unverändert, jedoch spiegelten sich geschlechts-, intensitäts- und frequenzabhängige Wechselwirkungen in der Variabilität der Reaktionszeit wider (18). Untersuchungen mit Feldstärken, wie sie unter einer 380 kV-Leitung in Kopfhöhe auftreten (5—10 kV · m^{-1}), ergaben, daß Herzfrequenz, EEG, Reaktionszeit, Blutgas- und Blutdruckwerte unverändert blieben (9, 24).
Die Feldstärke in 1,5 m über dem Boden beträgt unter einer 220-kV-Freileitung 3—6 kV · m^{-1}, bei einer 765-kV-Leitung wegen des größeren Leiter-Boden-Abstandes (12 m) 10—14 kV · m^{-1} (24). In der Sowjetunion werden die maximal zulässigen Grenzwerte so bemessen, daß sie die Aufenthaltsdauer unter elektrischen Feldern in Abhängigkeit von der Feldstärke regeln (vgl. Abb. 81). Aus den vorliegenden Publikationen und langjährigen Reihenuntersuchungen kann man den Schluß ziehen, daß kurzzeitige Aufenthalte unter 220 und unter 380-kV-Leitungen keine gesundheitlichen Schäden oder signifikant abweichende Reaktionen herbeiführen (7).
Beobachtungen von freilebenden Tieren zeigen, daß die Tiere die Flächen unter den Hochspannungsleitungen weder bevorzugen noch auffallend meiden. In einigen Fällen ließ sich aus dem Verhalten der Tiere auf eine Perzeption des Feldes schließen.

Laborversuche mit Ratten, die über 30 Tage einem 60-Hz-Feld von 100 kV × m^{-1} ausgesetzt waren, ließen mit Ausnahme einer etwas schnelleren Erholung nach Ermüdung bestimmter Muskeln keinerlei Abweichungen neuromuskulärer Funktionen erkennen (8).

8.9.2. Wirkungen des elektrischen Stromes

Die **bakterizide** oder **bakteriostatische Wirkung** von elektrischen Strömen ist seit fast 100 Jahren bekannt. Die Ursache sind chemische Produkte, die durch Elektrolyse entstehen, sowie thermische Effekte. Diese indirekten

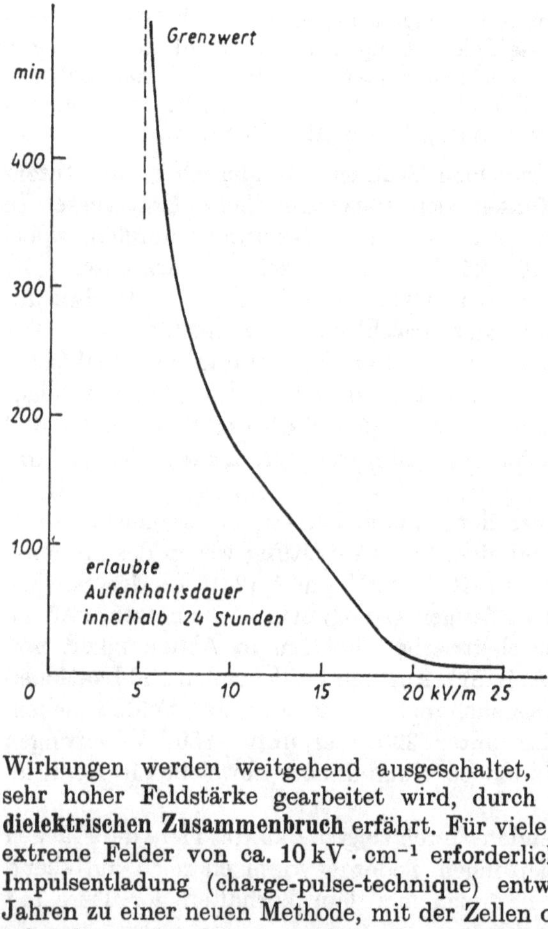

Abb. 81: Vorgeschlagene Aufenthaltsdauer (Ordinate, min) innerhalb 24 h in Abhängigkeit von der Feldstärke (Abszisse, kV/m), aus (24).

Wirkungen werden weitgehend ausgeschaltet, wenn mit kurzen Impulsen sehr hoher Feldstärke gearbeitet wird, durch die die Zellmembran einen **dielektrischen Zusammenbruch** erfährt. Für viele zelluläre Systeme sind dafür extreme Felder von ca. $10\,kV \cdot cm^{-1}$ erforderlich (5, 6). Diese Technik der Impulsentladung (charge-pulse-technique) entwickelte sich in den letzten Jahren zu einer neuen Methode, mit der Zellen oder Protoplasten zur Fusion gebracht werden können. Zellen des eukaryontischen Schleimpilzes *Dictyostelium discoideum* verschmelzen z. B. nach mehreren Impulsen von 40 μs und Feldstärken von 4 — $6\,kV \cdot cm^{-1}$ zu vielkernigen beweglichen Zellen mit mehr als 40 Kernen (20). Diese Methode ist den herkömmlichen chemischen Mitteln zur Fusion von Zellen, z. B. für genetische Untersuchungen, weit überlegen. Die hohe Feldstärke verursacht auch bei pflanzlichen Protoplasten oder Säugerzellen reversible lokale Membranschäden, durch die eine somatische Hybridisierung möglich wird (20, 32). Der feldinduzierte Fusionsprozeß kann in zwei Stufen unterteilt werden. In der ersten wird durch Dielektrophorese, d. h. durch Bewegung der Objekte in einem alternierenden inhomogenen Feld ein enger Membrankontakt zwischen den Zellen oder Vesikeln hergestellt, ähnlich der Perlkettenbildung (vgl. 8.9.2.3.). In der zweiten Stufe erfolgt dann durch den reversiblen elektrischen Durchbruch an den Membran-Kontaktflächen zwischen zwei benachbarten Zellen die eigentliche Fusion (23). Die Methode ist auch geeignet, z. B. aus den chromaffinen Zellen des Nebennierenmarks Katecholamine oder ATP zu entleeren (15), und sie könnte in Zukunft dazu dienen, in bestimmte Zellen gezielt Trägersysteme mit spezifischen zellulären Wirkstoffen einzuschleusen. Die Wirkung des elektrischen Feldes auf Membranen läßt sich auch an Bilayers nachweisen, deren Dicke mit zunehmendem Potential (0—150 mV) über der Membran stark abnimmt (31).

Es sei noch kurz darauf hingewiesen, daß im Bereich der Netzfrequenz häufig Unfälle durch elektrischen Strom auftreten, die zu Herzkammerflimmern führen können und deshalb oft einen tödlichen Ausgang haben. Über die Verhütung solcher Unfälle wird in der einschlägigen Literatur ausführlich berichtet (vgl. (1, 12, 26) und Literatur dort). Auch auf die Fragen der Elektrotherapie im Niederfrequenzbereich kann hier nicht näher eingegangen werden, vgl. (25, 27).

Literatur

1. Antoni H.: Physiologische Grundlagen der Elektrostimulation und der Elektrokonversion des Herzens. Intensivmedizin 9 (1972) 166—176.
2. Hilton, D., I. and R. D. Phillips: Cardiovascular response of rats exposed to 60-Hz electric fields. Bioelectromagnetics 1 (1980) 55—64.
3. Hilton, D. I. and R. D. Phillips: Growth and metabolism of rodents exposed to 60-Hz electric fields. Bioelectromagnetics 2 (1981) 381—389.
4. Hjeresen, D. L., W. T. Kaune, J. R. Decker, and R. D. Phillips: Effects of 60-Hz electric field on avoidance behaviour and activity of rats. Bioelectromagnetics 1 (1980) 229—312.
5. Hülsheger, H. and E.-G. Niemann: Lethal effects of high voltage pulses on *E. coli* K 12. Rad. environm. Biophys. 18 (1980) 281—288.
6. Hülsheger, H., J. Potel, and E.-G. Niemann: Killing of bacteria with electric pulses of high field strength. Rad. environm. Biophys. 20 (1981) 53—65.
7. Issel, I. und F. Kössler: Biologische Wirkung, Wirkungsmechanismen und arbeitshygienische Bewertung elektromagnetischer Felder des Nieder-, Hoch- und Höchstfrequenzbereiches. Beilage zu „Information" der ZAG Techn. Arb.hyg. Nr. 1, 1981, 4—10.
8. Jaffe, R. A., B. L. Laszewski, and D. B. Carr: Chronic exposure to a 60-Hz electric field: effects on neuromuscular function in the rat. Bioelectromagnetics 2 (1981) 227—239.

9. Kaufmann, G. E. and M. W. Miller: Lack of effect of electric field exposure on rats: a data re-evalution. Rad. environm. Biophys. **17** (1980) 151—158.
10. Kaune, W. T. and R. D. Phillips: Comparison of the coupling of grounded humans, swine and rats to vertical 60-Hz electric field. Bioelectromagnetic **1** (1980) 117—129.
11. Kaune, W. T. and M. F. Gillis: General properties of the interaction between animals and ELF electric fields. Bioelectromagnetics **2** (1981) 1—11.
12. Kupfer, J. und R. Stieglitz: Unfälle durch elektrischen Strom. Tribüne, Berlin 1973.
13. Lang, S.: Faradayscher Käfig verändert Ionenmilieu des Blutes. Umschau 72 (1972) 390.
14. Lang, S.: Natürliche und künstliche partielle Faraday-Bedingungen bezüglich luftelektrischer Parameter in Wohnsiedlungen. Verh. Ges. Ökol., Saarbrücken, 1973, 371—377.
15. Lindner, P., E. Neumann, and K. Rosenheck: Kinetics of permeability changes induced by electric impulses in chromaffin granules. J. Membr. Biol. **32** (1977) 231—254.
16. Ludwig, W.: Grundlagen der Elektroklimatologie. Diss. Nat.-math. Fak. Univ. Freiburg/Br., 1967.
17. Ludwig, H. W.: Der Einfluß von elektromagnetischen Tiefstfrequenz-Wechselfeldern auf höhere Organismen. Biomed. Techn. **16** (1971) 67—72.
18. Marino, A. A. and R. O. Becker: Biological effects of extremely low frequency electric an magnetic fields: a review: Physiol. Chem. Physics **9** (1977) 131—147.
19. Miller, M. W., E. L. Carstensen, D. Robertson and S. Z. Child: 60 Hz electric field parameters associated with the perturbation of a eucaryotic cell system. Rad. environm. Biophys. **18** (1980) 289—300.
20. Neumann, E., G. Gerisch, and K. Opatz: Cell fusion induced by high electric impulses applied to dictyostelium. Naturwiss. **67** (1980) 414 to 415.
21. Robertson, D., M. W. Miller, and E. L. Carstensen: Relationship of 60-Hz electric field parameters to the inhibition of growth of Pisum sativum roots. Rad. environm. Biophys. **19** (1981) 227—233.
22. Robertson, D., M. W. Miller, C. Cox, and H. T. Davis: Inhibition and recovery of growth processes in roots of Pisum sativum L. exposed to 60-Hz electric fields. Bioelectromagnetics **2** (1981) 329—340.
23. Salhani, N., H. Schnabl, G. Küppers, and U. Zimmermann: The hydraulic conductivity as a criterion for the membrane integrity of protoplasts fused by an electric field pulse. Planta **155** (1982) 140—145.
24. Schuy, S. und R. Waibel: Einfluß von elektrischen 50 Hz-Feldern auf den Menschen. Zbl. Bakt. Hyg., I. Abt. Orig. B **169** (1979) 366—372.

25. SENN, E. und O. A. M. WYSS: Auf dem Weg zu einem neuen Verfahren in der Elektrotherapie. Z. Physiotherapie **29** (1977) 81–94.
26. STEGLICH, W.: Die elektrische Sicherheit bei medizintechnischen Geräten. Med.technik **11** (1971) 9–13.
27. STEGLICH, W.: Einige physikalische Grundlagen der Niederfrequenz-, Hochfrequenz- und Ultraschalltherapie. Med. u. Sport **14** (1974) 266–271.
28. WEVER, R.: Über die Beeinflussung der circadianen Periodik des Menschen durch schwache elektromagnetische Felder. Z. vergl. Physiol. **56** (1967) 111–128.
29. WEVER, R.: Einfluß schwacher elektromagnetischer Felder auf die circadiane Periodik des Menschen. Naturwiss. **55** (1968) 29–32.
30. WEVER, R.: Untersuchungen zur circadianen Periodik des Menschen mit besonderer Berücksichtigung des Einflusses schwacher elektrischer Wechselfelder. Forsch.ber. Bundesmin. wiss. Forsch., W. 69–31., München 1969.
31. WHITE, S. H.: How electric fields modify alcane solubility in lipid bilayers. Science **207** (1980) 1075–1077.
32. ZIMMERMANN, U. and G. PILWAT: Electric-field-stimulated fusion. Naturwiss. **68** (1981) 577–578.

8.9.3. Hoch- und höchstfrequente Felder (HF und Mikrowellen)

8.9.3.1. Elektrische Eigenschaften biologischer Materie

Die zeitlich und räumlich periodischen elektromagnetischen Felder treffen in den Zellen und Geweben der Organismen auf Ladungsträger, wodurch Kraftwirkungen auf molekularer Ebene entstehen. Ionen werden in skalare und polare Moleküle in Rotationsbewegung versetzt; durch Reibungsverluste entsteht dabei Joulesche Wärme. Diese Prozesse sind frequenzabhängig: Eindringtiefe und Wärmebildung werden von der Frequenz des Feldes und von der Art des biologischen Materials bestimmt. Die Eigenschaften der Gewebe werden durch die Permeabilitätszahl μ_r, die elektrische Leitfähigkeit $\varkappa$ und die Dielektrizitätskonstante ε_r bestimmt (36, 37). Die Permeabilitätszahl (permittivity) von biologischen Geweben stimmt praktisch mit der des Vakuums überein und kann deshalb vernachlässigt werden. Wie sich die beiden anderen Größen, ε und $\varkappa$, in reinem Wasser bei 25 °C in Abhängigkeit von der Frequenz verhalten, geht aus der Abb. 82 hervor.
Das Phänomen der Veränderung der Dielektrizitätskonstanten und der Leitfähigkeit von einem konstanten Niveau zu einem anderen bei Änderung der Frequenz nennt man Dispersion. Für Frequenzen unter

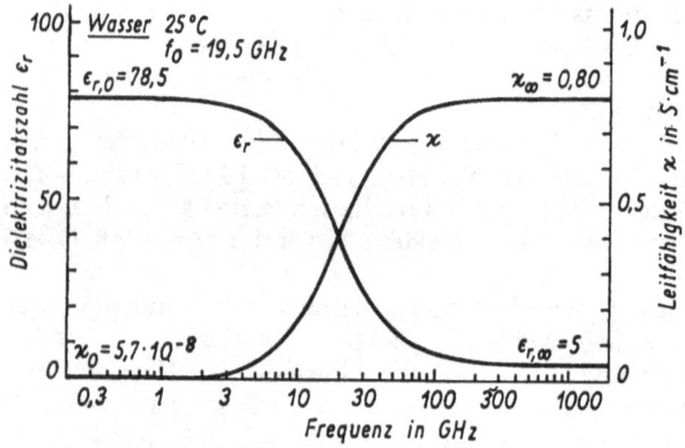

Abb. 82: Frequenzabhängigkeit der Dielektrizitätszahl ε_r (linke Ordinate) und der spezifischen Leitfähigkeit $\varkappa$ (rechte Ordinate) von Wasser bei 25 °C, f_0 = Relaxationsfrequenz, nach (36).

1 GHz ist ε_r nahezu konstant ($\varepsilon_{r,0} = 78{,}5$); mit zunehmender Frequenz sinkt der Wert auf $\varepsilon_{r,\infty} = 5$ ab. Die elektrische Leitfähigkeit $\varkappa$ zeigt ein reziprokes Verhalten; sie steigt mit der Frequenz von anfangs $5{,}7 \cdot 10^{-8}$ auf $0{,}8\ \mathrm{S \cdot cm^{-1}}$ an. Dieses sog. Relaxationsverhalten von ε und $\varkappa$, dem unterschiedliche Zeitkonstanten für die Reaktion auf einen Reiz zugrunde liegen, läßt sich mit der Kraftwirkung des elektromagnetischen Feldes auf polare Wassermoleküle erklären. Bei Frequenzen < 1 GHz orientieren sich die Wassermoleküle entsprechend der Richtung und Größe des Feldes. Die Größe der Feldstärke bestimmt, wie weit die Dipolrotation der Frequenz folgt. Bei höheren Frequenzen wird der Grad der Orientierung der Dipole immer unvollständiger, und bei extrem hohen Frequenzen (> 300 GHz) können die Dipole dem Feld nicht mehr folgen (36, 37).
Dieses Relaxationsverhalten läßt sich mathematisch mit den folgenden DEBYE-Gleichungen beschreiben (47):

$$\varepsilon = \varepsilon_\infty + \frac{\varepsilon_0 - \varepsilon_\infty}{1 + (f/f_0)^2}, \qquad \varkappa = \varkappa_0 + \frac{(\varkappa_\infty - \varkappa_0)\,(f/f_0)^2}{1 + (f/f_0)^2}$$

f_0 = Relaxationsfrequenz; für reines Wasser ist $f_0 = 19{,}5$ GHz. In Elektrolytlösungen kommt zur Kraftwirkung auf die Dipole des Wassers noch eine Kraftwirkung auf die freien Ionen hinzu, und ein Teil des hochfrequenten elektrischen Stromes wird von den Elektrolytionen getragen. In der Umgebung von Makromolekülen ist die Beweglichkeit des Wassers eingeschränkt, die Relaxationsfrequenz liegt zwischen 0,1 und 1,0 GHz. In den Muskelfasern von *Balanus nubilus* ist die Relaxationsfrequenz ähnlich wie in Wasser und schwankt mit der Temperatur; sie beträgt 9 GHz bei 1°C und 25 GHz bei 37°C (18). Da bei diesen Rotationsbewegungen die Moleküle unverändert bleiben, erscheint die absorbierte Energie als Wärme.

Tab. 35: Haupt-Dispersionsbereiche und Dielektrizitätskonstanten für Muskelgewebe (7, 46).

Zelluläre Komponenten	Dispersionsgebiete			
	α	β	δ	γ
	1 Hz–10 kHz	0,1–10 MHz	0,2–2 GHz	20 GHz
Wasser und Elektrolyte	–	–	–	+
Proteine u. a. Makromoleküle	–	+	+	+
Subzelluläre Partikel (Mitochondrien, Zellkern)	?	+	(+)	+
Zellsuspensionen (Einzeller, Gewebe)	+	+	( )	+
Dielektrizitätskonstante	10^6–10^7	10^4–10^5	–	10–10^2

Betrachtet man die elektrischen Eigenschaften von Zellen und Geweben über den gesamten Frequenzbereich, so findet man charakteristische Dispersionsgebiete (α, β, δ und γ), für die verschiedene zelluläre Strukturen verantwortlich sind. Sie werden durch die Angaben in Tab. 35 näher beschrieben. Über die **α-Dispersion** im unteren Frequenzbereich weiß man am wenigsten; sie wird auf das Relaxationsverhalten von Zellmembranen zurückgeführt und soll ihre Ursache in Ladungsverschiebungen in und an der Membran haben, wobei besonders intrazelluläre Strukturen wie das T-System der Muskelzellen in Betracht kommen. Aber auch die Relaxation von Gegenionen an der geladenen Zelloberfläche wird diskutiert. Die **β-Dispersion** wird durch inhomogene Strukturen mit Ladungsverschiebungen an Grenzflächen, wie Zellmembranen und subzelluläre Organellen, verursacht. Diese sog. MAXWELL-WAGNER-Relaxation läßt sich erklären, wenn man die Zellen eines Gewebes als

Serienschaltung von vielen kleinen Kondensatoren betrachtet, aus der sich eine Dielektrizitätszahl ε_r von 10^4 ergibt, die der im Bereich der β-Dispersion entspricht. Bei der **δ-Dispersion** handelt es sich um ein kleines Gebiet zwischen β- und γ-Dispersion bei 0,2—2 GHz, das z. T. durch Rotation von Aminosäuren, partieller Rotation geladener Seitengruppen der Proteine und durch Relaxation von proteingebundenem Wasser hervorgerufen wird.

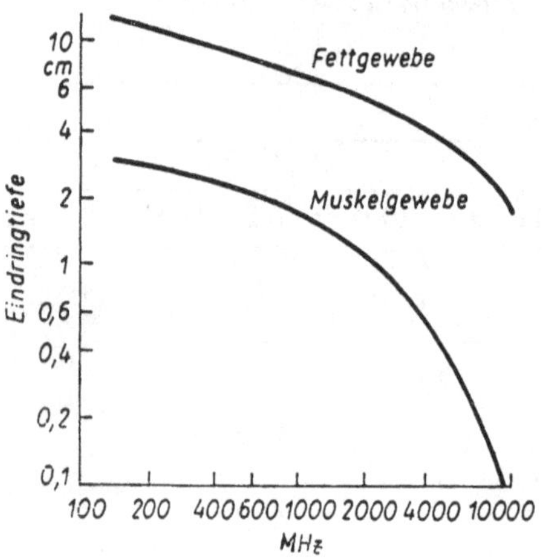

Abb. 83: Eindringtiefe elektromagnetischer Strahlung in verschiedene Gewebe als Funktion der Frequenz, nach (46).

Die **γ-Dispersion** beruht auf dem Dispersionsverhalten von permanenten Dipolen, wie sie besonders Wasser- und Proteinmoleküle darstellen, die bei sehr hohen Frequenzen zur Rotation und damit Energieabgabe angeregt werden. Die Relaxationszeit liegt hier bei 10^{-12} s. Elektrolyte zeigen nur die γ-Dispersionscharakteristik des Wassers. Die Energieabsorption in biologischen Systemen erfolgt überwiegend über den Mechanismus der Rotationsrelaxation der Wassermoleküle. Auf diese Weise kann die Einwirkung elektromagnetischer Felder bei entsprechenden Feldstärken ($> 1500\ \mathrm{V} \cdot \mathrm{m}^{-1}$) oder Leistungsdichten ($> 10\ \mathrm{mW} \times \mathrm{cm}^{-2}$) zur Erwärmung oder gar Aufheizung der Organismen führen. Zur Untersuchung dieser Prozesse wurden von SCHWAN und Mitarbeitern Messungen an Phantom- und reellen Geweben durchgeführt. Die Ergebnisse zeigen die Eindringtiefen (Abb. 83) bzw. Wärmeverteilungen in verschiedenen Geweben in Abhängigkeit von der Frequenz. In fettreichen Geweben ist die Eindringtiefe etwa 5mal höher als in Geweben mit hohem Wassergehalt (Muskel). Mit ansteigender Frequenz nimmt die Eindringtiefe, besonders oberhalb 3 GHz, schnell ab. Bei 10 GHz wird praktisch die gesamte Energie von der Haut absorbiert, die ähnliche dielektrische Eigenschaften wie der Muskel besitzt (46).

8.9.3.2. Biologische Wirkungen und Wirkungsmechanismen

Unter den biologischen Wirkungen der HF-Felder ist der thermische Effekt hinreichend bekannt. Der Mechanismus, der zur Wärmewirkung führt, ist physikalisch erklärbar. Beim Auftreffen der elektromagnetischen Wellen auf Grenzflächen (Körperoberfläche) wird ein Teil der Energie reflektiert, ein Teil absorbiert und ein Teil durchdringt das Objekt. Die jeweiligen Energieanteile hängen u. a. von der Oberfläche sowie von der inneren und äußeren Struktur des Objektes ab; die absorbierte Energie kann zwischen 20 und 100% betragen. Die Quantenenergie für HF-Felder und MW von 10^{-3} eV reicht weder zur Ionisation noch zur Lösung chemischer Bindungen. Zum Verständnis der Energieabsorption stellt man sich die o. g. Wechselwirkungen vor, wodurch die Moleküle zu Schwingungen angeregt werden. Durch Reibungsprozesse wird die Schwingungsenergie in Wärme umgewandelt. Je schneller und je häufiger die Moleküle in der Zeiteinheit ihre Orientierung ändern, desto größer ist die Erwärmung; ihr Ausmaß hängt aber noch von weiteren Faktoren ab, von denen folgende genannt werden sollen (30):

1. Frequenz. Die Energieabsorption nimmt mit der Frequenz zu, aber gleichzeitig nimmt die Eindringtiefe ab, so daß hochfrequente MW-Strahlung mit Wellenlängen von 3 cm fast völlig von der Haut absorbiert wird, während Wellen von 1—10 m tiefer in die Gewebe eindringen und z. B. auch tiefer gelegene Muskelschichten stärker erwärmen, als durch die Wärmerezeptoren der darüberliegenden Haut wahrgenommen wird. In der Schädelkalotte, an Knochen oder auch an Metallimplantaten kann die Erwärmung durch Ausbildung stehender Wellen noch verstärkt werden.

2. Feldstärke, Leistungsdichte und **Einwirkungsdauer.** Diese Größen sind für die Gesamtdosis verantwortlich. Um thermisch bedingte Änderungen beim Menschen zu induzieren, müssen Feldstärken von mehr als $1000\ \mathrm{V \cdot m^{-1}}$ oder Leistungsdichten von mindestens $10\ \mathrm{mW \cdot cm^{-2}}$ einwirken. Die Abhängigkeit der Erwärmung von der Leistungsdichte und von der Einwirkungszeit wurde in Tierversuchen durch Messung der Kerntemperatur während der MW-Bestrahlung mit 2,45 GHz ermittelt (Abb. 84). Ratten reagieren auf das Einsetzen in die Versuchskäfige auch ohne MW-Strahlung mit einer

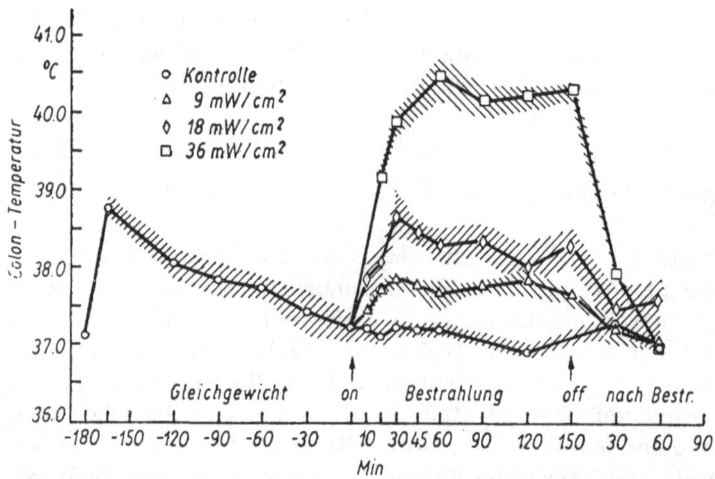

Abb. 84: Rektaltemperatur von Ratten in Abhängigkeit von der Zeit der Mikrowellenexposition mit 3 verschiedenen Leistungsdichten und „scheinbestrahlten" Kontrollen, nach (34).

vorübergehenden Temperatursteigerung, die abgewartet werden muß, bevor der eigentliche Versuch beginnt (34). Die hier verwendeten Intensitäten rufen eine reversible Temperatursteigerung hervor. Höhere Intensitäten oder längere Einwirkungszeiten würden die Thermoregulation des Organismus überfordern und nach einiger Zeit zum Hitzekollaps führen. Ein weiterer Temperaturanstieg bewirkt auch Proteindenaturierung, Stoffwechselentgleisungen durch Überschreiten der Temperaturoptima der Enzyme und Störungen der Diffusionsprozesse.

3. Dielektrizitätskonstante und **Leitfähigkeit.** Sie wurden bereits in Abb. 82 dargestellt.

4. Durchblutung. Die Blutversorgung der Gewebe hat einen wesentlichen Einfluß auf die Erwärmung, weil mit dem Blutstrom eine rasche Wärmeabfuhr erfolgen kann. Deshalb sind Organe mit geringer oder fehlender Blutversorgung besonders gefährdet. Im Auge verfügen weder Hornhaut noch Kammerwasser, Linse oder Glaskörper über eine konvektive Wärmeabfuhr mit dem Blutstrom. Deshalb verursacht MW-Exposition der Augen eine Temperatursteigerung mit Stoffwechselstörungen, thermoelastischen Spannungen und Schwingungen der Linse. Als Folge davon entwickeln sich Trübungen und Vakuolen bis zum reifen grauen Star der Linse (29).
Neben der Augenlinse haben sich die Hoden als sehr empfindlich gegenüber Erwärmung durch elektromagnetische Strahlung erwiesen. Experimentelle

Untersuchungen an Ratten zeigen bei Erwärmen der Testes auf 41 °C eine Hodenatrophie, aber schon bei niedrigeren Temperaturen werden histologische Veränderungen sichtbar.
Eine Überwärmung des Bauchraumes muß vor allem bei Schwangeren vermieden werden, da Fruchtschädigungen und Aborte möglich sind. Wird der Kopf exponiert, können Erwärmungen mit erheblichen Temperaturdifferenzen in tieferen Hirnstrukturen auftreten, die neurologische Konsequenzen haben, ohne daß eine signifikante Steigerung der Körperkerntemperatur nachweisbar ist.

Während ein Großteil der beobachteten Effekte durch HF-Felder und MW-Strahlung eindeutig auf solche thermischen Prozesse zurückzuführen ist, sind auch eine Reihe von Phänomenen beschrieben worden, bei denen keine meßbare Temperaturerhöhung nachweisbar ist. Zur Erklärung dieser athermischen Effekte werden verschiedene Mechanismen auf molekularer Ebene herangezogen. Die Grenze für athermische Wirkungen ist nicht genau zu definieren. Die Schwelle für eine Wärmeempfindung beim Menschen liegt nach (11) für eine 10 GHz-Strahlung bei Intensitäten von etwa 10 mW · cm^{-2}, dürfte aber in vielen Fällen niedriger sein. Bei einem HF-Feld sind dafür Feldstärken über 2 V · cm^{-1} notwendig (49). Da aber tiefere Gewebeschichten stärker erwärmt werden können als die Haut mit den Thermorezeptoren, sagt eine ausbleibende Wärmeempfindung oder das Fehlen einer meßbaren Temperaturerhöhung nichts darüber aus, welche mikrothermischen Prozesse im zellulären Bereich bei geringen Leistungsdichten ablaufen.
Eine bekannte Erscheinung, bei der die Temperaturanstiege nur sehr gering sind, ist der MW-Höreffekt. Die Applikation eines einzigen Impulses von $\leqq$ 50 µs (2,45 GHz, 0,5—5 W · cm^{-2}) kann als Klicken empfunden werden. Der dadurch induzierte Temperaturanstieg im Gewebe beträgt weniger als 10^{-5} °C (17); die geschätzte Schwellendosis für den Menschen liegt bei 16 mJ · kg^{-1} (49). Der Mechanismus beruht auf einem schnellen Temperaturanstieg, der eine thermische Ausdehnung im Schädelinnern bewirkt, durch die dann eine akustische Druckwelle entsteht, die von der Cochlea aufgenommen wird. Eine andere Hypothese nimmt ponderomotorische Kräfte[1]) auf die Mittelohrstrukturen an.
Zu den Phänomenen an der Grenze zwischen thermischen und athermi-

[1]) Ponderomotorische Kräfte, mechanische Kräfte, die sich aus der Wechselwirkung zwischen elektrischem Feld und freien oder gebundenen elektrischen Ladungen ergeben.

schen Wirkungen gehört die **„Perlkettenbildung“**. In Lösungen suspendierte, geladene Teilchen — Erythrozyten oder Mikroorganismen — ordnen sich aufgrund der Dipol-Dipol-Wechselwirkung perlschnurartig aneinander und bilden lange Ketten (46, 48, 53). Nicht kugelförmige Objekte zeigen eine Ausrichtung parallel oder senkrecht zum Feld (Abb. 85). Die Orientierung erfolgt stets so, daß die elektrische potentielle Energie des Teilchens oder der Zelle im Feld ein Minimum wird. Die Felder werden erst wirksam, wenn die elektrische potentielle

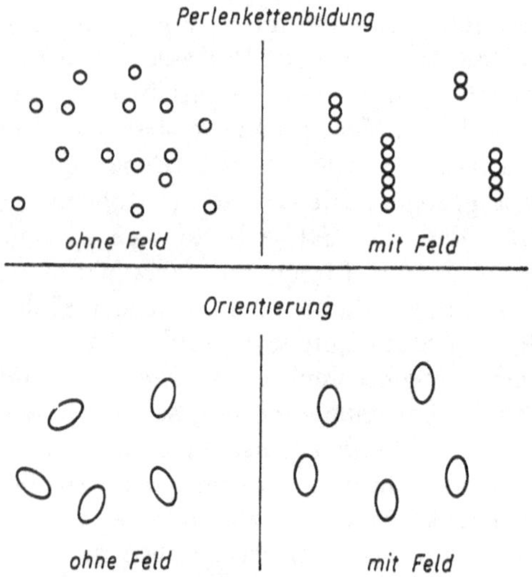

Abb. 85: Perlkettenbildung (oben) und Orientierung (unten) geladener Teilchen oder Zellen unter feldfreien (links) und unter Feldbedingungen (rechts), aus (46).

Energie eines Teilchens oder deren feldbedingte Änderung größer ist als die thermische Energie kT, die bei etwa 1/30 eV liegt. Daraus ergibt sich die Existenz einer Schwellenfeldstärke (E_s), die vom Radius des Teilchens abhängt und um so größer ist, je kleiner die Teilchen sind. Sie beträgt z. B. für Gewebe mit 10 μm-Teilchen ca. $10\ \mathrm{V \cdot cm^{-1}}$, für Makromoleküle von 100 Å Durchmesser aber $10\ \mathrm{kV \cdot cm^{-1}}$ (36). $E_s \sim 1/r$, sie hängt auch von der Frequenz ab. Die Zeitkonstante für Perlkettenbildung ist $T \sim 1/E^2$ (26).

Neben den Kraftwirkungen lassen sich auch frequenzabhängige Potentialdifferenzen nachweisen, die besonders für erregbare Zellen (Nerv, Muskel) von Bedeutung sind, weil dadurch bedingte Änderungen des Membranpotentials (V_M) die Erregungsvorgänge beeinflussen könnten. V_M bleibt zunächst bis zu Frequenzen von 10 kHz konstant

$$V_M = \frac{1}{2} \cdot l \cdot E$$

und fällt dann mit $1/f$ ab ($V_M \sim V_M^0 \cdot 1/f$). Für eine langgestreckte biologische Zelle ($l = 2$ mm) ergibt sich für $E = 1\ \mathrm{V \cdot cm^{-1}}$ längs der Zelle im unteren Frequenzbereich eine Depolarisation um 100 mV, bei 1 MHz aber nur noch um 1 mV; d. h., im Mikrowellenbereich spielen feldinduzierte Potentialdifferenzen keine Rolle. Sie könnten nur dann merkliche Werte erreichen, wenn außerordentlich hohe Gewebefeldstärken vorliegen. In diesen Fällen würde aber wiederum die Wärmewirkung überwiegen (36). Nur unter ganz spezifischen Bedingungen kann bei hinreichend niedrigen Frequenzen und hohen Feldstärkewerten die feldinduzierte Potentialdifferenz zum dielektrischen Durchbruch von Zellmembranen führen (vgl. 8.9.1.).

Dipol-Wechselwirkungen im HF-Feld sind nicht nur Ursache der Perlkettenbildung, sondern auch der **Rotation** von Protoplasten, Erythrozyten u. a. Zellen. Die Rotation wird auf die Erzeugung von Dipolen durch Ladungstrennung an Membrangrenzflächen und/oder Orientierung von permanenten Dipolen in der Membran zurückgeführt. Diese Hypothese wird dadurch gestützt, daß es gelang, auch mit künstlichen Lipid-Vesikeln in einem Wechselfeld eine Rotation zu induzieren (25). Die Rotationsgeschwindigkeit steigt bei niedrigen Feldstärken mit dem Quadrat der Feldstärke, bei höheren Feldstärken linear (Abb. 86).

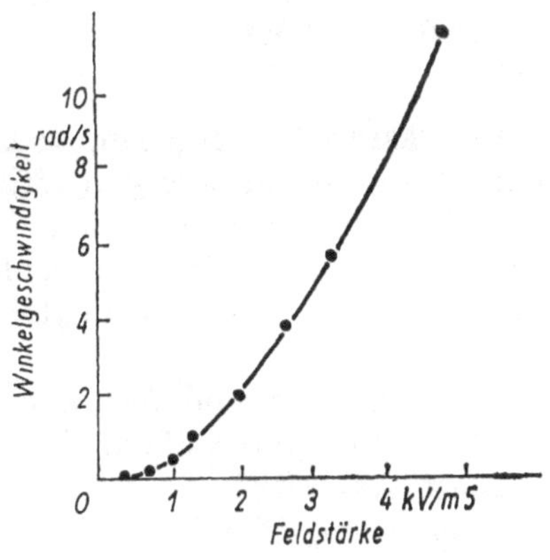

Abb. 86: Beziehung zwischen Stärke des rotierenden Feldes (Abszisse) und Winkelgeschwindigkeit der Chloroplastenbewegung (Ordinate), aus (2).

Die Frequenzbereiche, in denen suspendierte Zellen im Feld rotieren, sind artspezifisch und/oder membranspezifisch: sie liegen für Mesophyll-Protoplasten von *Avena sativa* bei 20—40 kHz, für Erythrozyten bei 100—200 kHz und für Hefezellen bei 140—180 kHz (27). Die Rotation (etwa eine Drehung pro s) erfolgt nur, wenn sich mindestens zwei Zellen in enger Nachbarschaft befinden, damit die induzierten Dipole in Wechselwirkung treten können. Es wird vermutet, daß elektrische Felder am Zustandekommen der Rotationsströmungen in Pflanzenzellen und Schleimpilzen beteiligt sind.
Auf **Membraneffekte** werden eine Reihe weiterer feldinduzierter, nicht thermisch bedingter, Erscheinungen, insbesondere neurologische Veränderungen zurückgeführt. Folgende Möglichkeiten werden dabei diskutiert: 1. die Fähigkeit der Zelle, elektrisch erregt zu werden, ist verändert; 2. die Reaktion der Zelle auf endogene chemische Reize ist verändert; 3. das Ruhemembranpotential der Zelle ist verändert. Man vermutet auch, daß Mikrowellen in den Membranen den Anteil gerade aktiver Kanäle beeinflussen. Dies könnte durch eine Verschiebung sog. gating-Partikel in den Kanälen erfolgen, wodurch sich Leitfähigkeit und andere Membraneigenschaften ändern (39).

An Internodienzellen von *Chara* oder *Nitella*, die auf elektrische Reize reagieren, läßt sich ein Gleichrichter-Effekt beobachten, wenn Impulsfelder bis 10 MHz angelegt werden. Mit zunehmender Frequenz nimmt die Gleichrichtung progressiv ab, weil die Transit-Zeiten der Ladungsträger durch die Membran in der Größenordnung von 5 ns oder darüber liegen. Bei den hohen Frequenzen wechselt das elektrische Feld so schnell die Richtung, daß es auf die Bewegung der Carriermoleküle durch die Membran kaum noch einen Nettoeffekt hat (40). Der Ausbau dieser Methode liefert eine Möglichkeit zur Unterscheidung von thermischen und vermuteten athermischen Prozessen. Thermische Prozesse sind im Bereich von 0,1—50 MHz nicht frequenzabhängig und haben längere Zeitkonstanten.

Elektrophysiologische Untersuchungen an **Chara**zellen ergaben, daß MW-Bestrahlung bei konstant gehaltener Temperatur ($22 \pm 0{,}1\,°C$) weder das Membranruhepotential, noch das Aktionspotential oder die Leitungsgeschwindigkeit beeinflussen (4, 32, 40). Dieses Ergebnis spricht gegen das Vorkommen von spezifischen, nicht thermisch bedingten Effekten.
Beobachtungen von EEG-Ableitungen an Säugetieren und Menschen ließen bei chronischer Exposition mit niedrigen Intensitäten Veränderungen erkennen, nicht aber bei akuter Exposition (8, 51). Im neuroendokrinen System lösen MW Reaktionen aus, die als unspezi-

fische Stress-Reaktionen angesehen werden (33). Die Ansichten verschiedener Autoren über die Wirkungen von HF und MW auf Blutbestandteile (3, 9, 42, 54), auf das Herz-Kreislaufsystem (20, 21, 24, 38), auf die Spermiogenese, auf die Embryonalentwicklung (5, 6, 23, 44) und weitere Funktionen (7, 11, 19, 40, 49, 55) sind unterschiedlich, und die Ergebnisse hängen oft von den gegebenen Versuchsbedingungen ab.

8.9.3.3. Anwendungen hochfrequenter elektromagnetischer Felder

Elektromagnetische Wellen unterschiedlicher Frequenzbereiche werden in der Industrie in zunehmendem Maße eingesetzt. Eine Aufschlüsselung der in der DDR verwendeten Frequenzbereiche findet man in (31). Die Hauptanwendungsgebiete sind: Hochfrequenz-Wärme- und -Härteanlagen, Anlagen zum Trocknen von Holz, zum Folienschweißen, für Klebeprozesse oder zur Oberflächenbehandlung von Metallen, ferner Rundfunk- und Fernsehstationen, die erhebliche Leistungen — auch in bewohnte Gebiete — abstrahlen. Der Bereich der Mikrowellen (MW) wird vorwiegend für Richtfunk, Radaranlagen sowie in MW-Öfen zur Zubereitung von Speisen genutzt. Ein eigenes Anwendungsgebiet stellt die Forschung dar mit den Schwerpunkten Radioastronomie und Astrophysik. Der Einsatz der verschiedenen Geräte erfolgt entweder im kontinuierlichen (CW) oder im Impulsbetrieb.
In der Medizin nutzt man die Wärmewirkung von Hoch- und Höchstfrequenzfeldern für therapeutische Zwecke, aber auch zur schnellen Wiedererwärmung unterkühlter Gewebe oder ganzer Organismen. Dabei werden Temperaturgradienten von $+ 0{,}65\,°C \cdot s^{-1}$ erreicht (22). Zur Übertragung der HF-Energie auf den Körper dienen verschiedene Verfahren (28):

1. **Klassische Diathermie.** Der Körper liegt als Widerstand mit galvanischem Kontakt zu den Elektroden im Stromkreis; bei dieser Methode werden 300 kHz bis 1 MHz angewandt, sie ist heute weitgehend überholt.

2. **Kondensatorfeld** (Meterwellen, Diathermie). Der Körper bildet das verlustbehaftete Dielektrikum eines Kondensators zwischen zwei isolierten, verstellbaren Metallelektroden.

3. **Spulenfeld** (Meterwellen, Diathermie). Bei diesem Verfahren wird die HF-Energie durch elektromagnetische Induktion übertragen; im Körper werden durch das von einer Induktionsspule erzeugte Magnetfeld Wirbelströme induziert.

4. **Strahlenfeld** (Mikrowellen-Diathermie). Bei dieser Methode wird die HF-Energie vom Generator über Koaxialkabel einem Dipol als Sender zugeleitet. Der Patient befindet sich nicht mehr in einem elektrischen Feldkreis, sondern im Nahfeld eines Richtstrahlers. Die Erwärmung erfolgt durch Absorption der Strahlungsenergie. Da sich die Strahlung aus dem Bereich von 300–3000 MHz gut fokussieren läßt, ist eine Exposition engumschriebener Bezirke möglich. Aus diesem Grunde werden HF- und MW-Felder zunehmend auf ihre Eignung zur Erzeugung von Hyperthermie zur Behandlung lokaler Tumoren geprüft (1, 14, 43, 52).

Die Durchflutung des Körpers mit hochfrequenten Strömen hat gegenüber den niederfrequenten Methoden wesentliche Wirkungsunterschiede. Da der Grenzwert der Stromflußzeit für neuromuskuläre Reizung bei 0,01 ms liegt, tritt im HF-Feld keine Erregung auf, und es kommt auch nicht zu elektrochemischen oder elektrolytischen Erscheinungen. Wegen des fehlenden Reizeffektes können hohe Stromstärken angewandt werden, die zu der erwünschten Erwärmung führen.

8.9.3.4. Begrenzung der Exposition

Für die industrielle Anwendung von HF- und MW-Geräten liegen **Sicherheitsbestimmungen** vor, die eine Gesundheitsgefährdung ausschließen. Für Schrittmacherpatienten ist eine besondere Vorsicht geboten, da beim Umgang mit Kurzwellengeräten, Fernseh- und Rasierapparaten, MW-Herden u. a. Haushaltsgeräten Störungen auftreten können. Technische Verbesserungen an den Schrittmachern (z. B. Metallkapselung) haben diese Störmöglichkeiten zwar reduziert (10, 41, 45) aber nicht völlig beseitigt. Wie aus einer kanadischen Studie (50) hervorgeht, ist es auch zweckmäßig, die Intensitäten von elektrischen und magnetischen Feldern in der Umgebung von Diathermie-Geräten regelmäßig zu messen, um die Exposition von Patienten und Bedienungspersonal bewerten zu können.
Schwangere sind von der Behandlung mit Kurzwellen- und Mikrowellen-Therapiegeräten auszuschließen; während der Arbeitszeit gelten für sie gesonderte Grenzwerte.

Zur Messung der elektrischen Felder und Wellen ist die Meßtechnik dem entsprechenden Frequenzbereich anzupassen. Im HF-Bereich (60 kHz bis 300 MHz) dient ein in der DDR entwickeltes Nahfeldstärkemeßgerät (NFM-1), dessen Meßprinzip auf einer kapazitiven Ankopplung der Feldsonde an das hochfrequente Feld beruht. Im Kopf der Sonde entsteht eine der Feldstärke proportionale Gleichspannung, die direkt in $V \cdot m^{-1}$ angezeigt wird. Die Bestimmung der mittleren Leistungsdichte von MW-Strahlern erfolgt z. B. mit Thermistoren oder Thermistorketten. Aus der einfallenden Wellenfront wird mit einer angepaßten Antenne ein Teil der Leistung empfangen und über die Umsetzung in Wärme eine Meßgröße gewonnen, die als MW-Leistung angezeigt wird. Aus dem Verhältnis von gemessener Leistung zu wirksamer Antennenfläche ($F_{\text{Meß}}/A_W$) ergibt sich die Leistungsdichte in mW · cm^{-2} (15, 16).

Die erhöhte Gefährdung der Augen erfordert für dieses Organ einen besonderen Schutz vor Exposition. MW-Katarakte wurden schon nach etwa 100 mW · cm^{-2} nachgewiesen, und bei langzeitiger Exposition reichen infolge kumulativer Effekte wahrscheinlich noch niedrigere Intensitäten aus (35). In Einzelfällen wurden an Beschäftigten von MW-Anlagen Linsentrübungen beobachtet, die meist auf viele Jahre zurückliegenden Expositionen beruhten, als noch keine oder nur ungenügende Sicherheitsbestimmungen vorlagen (29). Die heute gültigen Standards in der DDR und den meisten anderen sozialistischen Ländern berücksichtigen nicht nur die thermischen Wirkungen, sondern auch die eventuellen athermischen Effekte. Die im DDR-Standard (13) festgelegten maximal zulässigen Grenzwerte an Arbeitsplätzen sind nach Frequenzbereichen, täglichen Expositionszeiten und Art der Strahlenquellen gegliedert (vgl. Tab. 36).

Tab. 36: Maximal zulässige Werte (Grenzwerte) für den Hochfrequenz- und Mikrowellenbereich an Arbeitsplätzen, aus (13).

Hochfrequenzbereich (MHz)	Feldstärke (V/m)
$0{,}06 \leqq f < 3$	50
$3 \leqq f < 30$	20
$30 \leqq f < 50$	10
$50 \leqq f < 300$	5
Mikrowellenbereich (unbewegliche Quelle) Tägliche Expositionszeit	**Mittlere Leistungsdichte (µW/cm²)**
bis zu 8 Stunden	10
bis zu 2 Stunden	100
bis zu 20 min	1000
Mikrowellenbereich (bewegliche Radarantennen)	
bis zu 8 Stunden	100
bis zu 2 Stunden	1000

Für kurzfristige Aufenthalte beträgt die maximal zulässige Feldstärke 50 V · m^{-1} und die Leistungsdichte 1 mW · cm^{-2}; für den vollen Arbeitstag sind z. B. im MW-Bereich nur Leistungsdichten von 0,01 bzw. 0,1 mW · cm^{-2} zugelassen. Zum Vergleich dazu liegen die Grenzwerte in den USA (Occupational Safety and Health Administration Standard) bei 200 V · m^{-1} bzw. 10 mW · cm^{-2}, aber auch diese Werte werden an Arbeitsplätzen noch häufig überschritten (12).

Einige westliche Länder versuchen, ihre Standards den niedrigeren der sozialistischen Länder anzupassen. Grundsätzlich sind alle Grenzwerte für die volle Arbeitszeit auf den 8-Std.-Tag bezogen. Zur Gewinnung von mehr Freizeit und Rationalisierung von Transportwegen gehen in manchen Ländern viele Arbeitnehmer zu einem 12-Std.-Tag über. Enthalten die Grenzwerte keinen beträchtlichen Sicherheitsfaktor, sollte die Verlängerung der täglichen Expositionszeit gerade in den Ländern mit höher liegenden Grenzwerten berücksichtigt werden.

Die Mehrzahl aller bisherigen epidemiologischen Untersuchungen läßt erkennen, daß bei Einhaltung der Sicherheitsbestimmungen, die in den RGW-Ländern gelten, für den Menschen keine Gefährdung durch elektromagnetische Felder besteht. Das schließt nicht aus, die Forschungen auf diesem biophysikalisch interessanten Gebiet fortzuführen, um z. B. die Frequenzabhängigkeit bestimmter Effekte, die Frage der kumulativen Wirkung kleinster Intensitäten oder die Energieabsorption in verschiedenen biologischen Strukturen aufzuklären.

Literatur

1. Ardenne von, M., G. Böhme und E. Kell: Die Optimierung der Lokalhyperthermie von Tumoren auf der Basis eines neuen Hochfrequenzverfahrens. Mitt. Forsch.inst. M. von Ardenne, Dresden, Nr. 198 (1978).
2. Arnold, W. M. and U. Zimmermann: Rotation of an isolated cell in a rotating electric field. Naturwiss. 69 (1982) 297.
3. Baranski, S.: Effect of chronic Microwave irradiation on the blood forming system of guinea pigs and rabbits. Aerospace Med. 42 (1971) 1196 to 1199.
4. Barsoum, Y. H. and W. F. Pickard: Effects of electromagnetic radiation in the range 20—300 MHz on the vacuolar potential of characean cells. Bioelectromagnetics 3 (1982) 193—201.
5. Berman, E., J. B. Kinn, and H. B. Carter: Observations of mouse

fetuses after irradiation with 2,45 GHz microwaves. Health Phys. **35** (1978) 791—801.
6. Berman, E., H. B. Carter, and D. House: Reduced weight in mice offspring after in utero exposure to 2450-MHz (CW) microwaves. Bioelectromagnetics **3** (1982) 285—291.
7. Biologic Effects and Health Hazards of Microwave Radiation. Proceed. Int. Symp., Polish. Med. Publ., Warsaw 1974.
8. Bise, W.: Low power radiofrequency and microwave effects on human electroencephalogram and behaviour. Physiol. Chem. Phys. **10** (1978) 387—398.
9. Boggs, R. F., A. P. Sheppard, and A. J. Clark: Effects of 2450 MHz microwave radiation on human blood coagulation process. Health Phys. **22** (1972) 217—224.
10. Bonney, C. H., P. L. Rustan, jr., and G. E. Ford: Evaluation of effects of the microwave oven (915—2450 MHz) and Radar (2810 and 3050 MHz) electromagnetic radiation on noncompetitive cardiac pacemakers. IEEE Transact. BME-**20** (1973) 357—364.
11. Cleary, S. F.: Uncertainties in the evaluation of the biological effects of microwave and radiofrequency radiation. Health Physics **25** (1973) 387—404.
12. Cox, C., W. E. Murray, jr., and E. P. Foley, jr.: Occupational exposure to radiofrequency radiation (18—31 MHz) from RF dielectric heat sealers. Am. Ind. Hyg. Ass. **43** (1982) 149—153.
13. DDR-Standard: Elektrische, magnetische und elektromagnetische Felder und Wellen. TGL 32602/01, Nov. 1975.
14. Dietzel, F., D. Ringleb, U. Schneider, and H. Wricke: Microwaves in radiotherapie of tumors — alternative to heavy particles? Strahlentherapie **149** (1975) 438—441.
15. Eggert, S., S. Goltz, and J. Kupfer: Near-zone field-strength meter for measurement of RF electric fields. Radio Science **14** (1979) 9—14.
16. Eggert, S. und S. Goltz: Zum Stand der Messung elektrischer, magnetischer und elektromagnetischer Felder. Beilage zu „Informationen" der ZAG Techn. Arb.hyg. Nr. 1/1981, 11—17.
17. Foster, K. R. and E. D. Finch: Microwave hearing: Evidence for thermoacoustic auditory stimulation by pulsed microwaves. Nature **185** (1974) 256—258.
18. Foster, K. R., J. R. Schepps, and H. P. Schwan: Microwave dielectric relaxation in muscle. A second look. Biophys. J. **29** (1980) 271—282.
19. Frey, A. H.: Differential biologic effects of pulsed and continuous electromagnetic fields and mechanisms of effect. Ann. N. Y. Acad. Sci. **238** (1974) 273—279.
20. Galvin, M. J. and D. I. Mc Ree: Influence of acute microwave radiation on cardiac function in normal and myocardial ischemic cats. J. Appl. Physiol. **50** (1981) 931—935.

21. GALVIN, M. J., M. S. DUTTON, and D. I. MC REE: Influence of 2,45-GHz CW microwave radiation on spontaneously beating rat atria. Bioelectromagnetics **3** (1982) 219—226.
22. GORDON, C. J.: Rewarming mice from hypothermia by exposure to 2450-MHz microwave radiation. Cryobiology **19** (1982) 428—434.
23. HALL, C. A., M. J. GALVIN, J. P. THAXTON, and D. I. MC REE: Interaction of microwave radiation with Turkey sperm. Rad. environm. Biophys. **20** (1982) 145—152.
24. HAMRICK, P. E. and D. I. MC REE: The effect of 2450 MHz microwave irradiation on the heart rate of embryonic quail. Health Phys. **38** (1980) 261—268.
25. HOLZAPFEL, C., J. VIENKEN, and U. ZIMMERMANN: Rotation of cells in an alternating electric field: Theory and experimental proof. J. Membr. Biol. **67** (1982) 13—26.
26. HU, C. J. and F. S. BARNES: A simplified theory of pearl chain effects. Rad. environm. Biophys. **12** (1975) 71—76.
27. HUB, H.-H., H. RINGSDORF, and U. ZIMMERMANN: Rotation of polymerized vesicles in an alternating electric field. Angew. Chem. **21** (1982) 134—135.
28. HÜBNER, R.: Die biologischen Wirkungen von Mikrowellen. Elektromedizin **6** (1961) 194—209.
29. ISSEL, I. und P. EMMERLICH: Linsentrübung infolge Mikrowelleneinwirkung. Dtsch. Ges.wes. **36** (1981) 798—800.
30. ISSEL, I. und F. KÖSSLER: Biologische Wirkung, Wirkungsmechanismen und arbeitshygienische Bewertung elektromagnetischer Felder des Nieder- und Höchstfrequenzbereiches. Beilage zu „Informationen" der ZAG Techn. Arb.hyg. Nr. 1/1981.
31. KÖSSLER, F. und J. KUPFER: Zur biologischen Wirkung und arbeitshygienischen Bedeutung elektromagnetischer Felder aus industriellen Generatoren. In: Umweltbiophysik (Hsg. R. GLASER, K. UNGER, H. KOCH), Akad. Verl. Berlin 1976, 235—240.
32. LIUL, Li-M., F. GARBER, and S. F. CLEARY: Investigation of the effects of continuous-wave, pulse- and amplitude-modulated microwaves on single excitable cells of *Chara corallina*. Bioelectromagnetics **3** (1982) 203—212.
33. LU, S.-T., W. G. LOTZ, and S. M. MICHAELSON: Advances in microwave induced neuroendocrine effects: the concept of stress. Proceed. IEEE **68** (1980) 73—77.
34. MICHAELSON, S. M.: Thermal effects of single and repeated exposures to microwave — a review. In: Biol. Effects and Health Hazard of Microwave Rad. Polish. Med. Publ., Warsaw 1974, p. 1—14.
35. MILROY, W. C. and S. M. MICHAELSON: Microwave cataractogenesis: A critical review of the literature. Aerospac. Med. **43** (1972) 67—75.
36. PAULY, H. und J. BERNHARDT: Nichtionisierende Strahlen. In: MESSERSCHMIDT, O. u. H. OLBERT (Hsg.): Nichtionisierende Strahlen. G. Thieme, Stuttgart 1980.

37. PAULY, H. und J. H. BERNHARDT: Nichtionisierende Strahlen — Grundlagen ihrer biologischen Wirkung. Arb.med., Soz.med. Präv.med. **16** (1981) 29—33.
38. PHILLIPS, R. D., E. L. HUNT, R. D. CASTRO, and N. W. KING: Thermoregulatory, metabolic, and cardiovascular response of rats to microwave. J. Appl. Physiol. **38** (1975) 630—635.
39. PICKARD, W. F. and F. J. ROSENBAUM: Biological effects of microwaves at the membrane level: two possible athermal electrophysiological mechanisms and a proposed experimental test. Mathemat. Biosciences **39** (1978) 235—253.
40. PICKARD, W. F. and Y. H. BARSOUM: Radio-Frequency bioeffects at the membrane level: separation of thermal and athermal contributions in the characeae. J. Membr. Biol. **61** (1981) 39—54.
41. RÖHL, D., H. M. LAUN, M. E. T. HAUBER, H. VOIGT und M. Stauch: Der Einfluß von Radarstrahlung auf Herzschrittmacher. Biomed. Techn. **18** (1973) 209—216, **19** (1974) 27—30; Z. Kardiol. **63** (1974) 444—460.
42. ROTKOVSKÁ, D. and A. VACEK: Effect of high-frequency electromagnetic field upon haemopoietic stem cells in mice. Folia biologica **18** (1972) 292—297.
43. SAPARETO, S. A., G. C. LI, K. A. WHITE, G. M. HAHN, V. A. VAQUINE, R. H. GIEBELER, jr., and E. TANABE: Microwave cytotoxicity: Lack of in vitro evidence for nonthermal effects at high power levels, Rad. Res. **89** (1982) 124—133.
44. SAUNDERS, R. D. and C. I. KOWALCZUK: Effects of 2.45 GHz Microwave radiation and heat on mouse spermatogenic epithelium. Int. J. Radiat. Biol. **40** (1981) 623—632.
45. SCHULTEN, H. K., O. BALDUS, F. R. RÖHRIG, B. v. SMEKAL, D. BEHRENBECK und H. H. HILGER: Störbeeinflussung von implantierten Herzschrittmachern durch Elektrogeräte und durch Muskelimpulse. Z. Kardiol. **62** (1973) 889—900.
46. SCHWAN, H. P.: Effects of microwave radiation on tissue — a survey of basis mechanisms. Non-Ionizing Radiat. **1** (1969) 23—31.
47. SCHWAN, H. P. and K. R. FOSTER: Microwave dielectric properties of tissue. Biophys. J. **17** (1977) 193—197.
48. SHER, L. D., E. KRESCH, and H. P. SCHWAN: On the possibility of nonthermal biological effects of pulsed electromagnetic radiation. Biophys. J. **10** (1970) 970—979.
49. STUCHLY, M. A.: Interaction of radiofrequency and microwave radiation with living systems. Rad. environm. Biophys. **16** (1979) 1—14.
50. STUCHLY, M. A., M. H. REPACHOLI, D. W. LECUYER, and R. D. MANN: Exposure to the operator and patient during short wave diathermy treatments. Health Phys. **42** (1982) 341—366.
51. TAKASHIMA, S., B. ONARAL, and H. P. SCHWAN: Effects of modulated RF energy on the EEG of mammalian brains. Rad. environm. Biophys. **16** (1979) 15—27.

52. TANAKA, H., H. KATO, T. NISHIDA, E. KANO, T. SUGAHARA, and T. ISHIDA: Physical basis of RF hyperthermia for cancer therapy (2). J. Rad. Res. 22 (1981) 101–108.
53. TEIXEIRA-PINTO, A. A., N. I. NEJELSKI, jr., J. L. CUTLER, and J. H. HELLER: The behaviour of unicellular organisms in an electromagnetic field Exptl. Cell Res. 20 (1960) 548–564.
54. WANGEMANN, R. T. and S. F. CLEARY: The in vivo effects of 2.45 GHz microwave radiation on rabbit serum components and sleeping times. Rad. environm. Biophys. 13 (1976) 89–103.
55. KÖNIG, H. L., A. P. KRUEGER, S. LAUG, and W. SÖNNING: Biologic Effects of Environmental Electromagnetism. Springer-Verl., New York usw. 1981.

9. Zeit als Umweltfaktor

9.1. Der physikalische Zeitbegriff

Der Begriff Zeit ist zwangsläufig mit der Geschichte der Zeitrechnung verbunden, und diese hat ihre Basis in der Jahrtausende alten Beobachtung der Gestirne. Die astronomische Zeitbeobachtung liegt der kalendarischen Zeiteinteilung zugrunde. Mit der Entwicklung der Uhren als „Zeitbewahrer“ (13) verlief parallel die Verbesserung der Methodik zur Zeitbestimmung mit astronomischen Mitteln. Man benutzte dazu sog. Fundamentalsterne, deren Koordinaten und Bewegungen mit hoher Genauigkeit zu bestimmen sind. Mit Fortschreiten der Technik erfolgte ein Übergang zu extragalaktischen Nebeln als Koordinatensystem, und alle Bewegungen des Sonnensystems einschließlich des Erdplaneten werden darauf bezogen.

Als Uhr ist prinzipiell jeder periodische Vorgang natürlicher oder künstlicher Genesis geeignet. Die Wiederkehr der Periode und ihre Unterteilung in kleinere Einheiten dient der Zeitmessung. Alle periodischen Prozesse sind nicht streng genau, und mit den künstlich erzeugten Uhren ließ sich z. B. die Unvollkommenheit der wesentlichsten natürlichen Uhr, der Erde, nachweisen. Aber auch die besten von Menschen geschaffenen Uhren, wie Quarzuhren, unterliegen einem Alterungsprozeß, der den schwingenden Kristall im Laufe der Zeit langsamer werden läßt. Eine noch größere Genauigkeit und Konstanz besitzen die auf den Schwingungen von Atomen (Caesium) beruhenden Atomuhren (13). Bei der Atomuhr ist die Einheit etwa 10^{16} s, bei der Planetenuhr etwa 10^8 s; die kleinste Elementareinheit der Zeit, die sich aus verschiedenen Naturkonstanten ermitteln läßt, liegt bei 10^{-24} s (26).

Rotationsbewegungen der Planeten oder Schwingungen von Atomen und andere reversible Prozesse sind *t*-invariant, d. h., es ist gleichgültig, ob die Zeit in der einen Richtung oder in der entgegengesetzten abläuft. Nur wenn man den zweiten Hauptsatz der Thermodynamik heranzieht, wird deutlich, daß alle Prozesse zueinander gerichtet verlaufen, wobei die Richtung durch die Zunahme der Entropie gekennzeichnet wird. Die Richtung der Zeit als Entropiezunahme gilt jedoch nur für geschlossene Systeme. Wir haben in 4.1.1. gezeigt, daß sich Ökosysteme als offene Systeme anders verhalten. Es ergibt sich daraus die Notwendigkeit, von einer biologischen Zeit zu sprechen und für die zeitliche Zuordnung biologische Bezugspunkte festzulegen.

9.2. Zeitmessung in der Biologie

Für Organismen gilt eine biologische Zeit, die durch den biologischen Rhythmus bedingt ist. Hierbei handelt es sich um eine eigene zeitliche Organisation mit verschiedenen Zeitdimensionen, die durch die Relaxationszeiten der Systeme bedingt sind (26). Unter Relaxationszeit versteht man die Zeit, die das System braucht, um nach einer geringen Störung wieder zu einem Gleichgewichtszustand zu kommen. Bei Enzymreaktionen und Diffusionsprozessen beträgt die Relaxationszeit etwa 10^{-3} bis 10^2 s, bei Makromolekülsynthesen etwa 10^2 bis 10^4 s und bei Individualentwicklung und Evolution 10^4 s. Ein Beispiel ist die Vermehrung der Mikroorganismen, die nach der Beziehung $N = f(t) = N_0 \cdot 2^n = N_0 \cdot 2^{t/a}$ verläuft (18). N = Anzahl Mikroorganismen zur Zeit t, N_0 zur Zeit 0, a = Zyklusdauer, n = Anzahl der Zyklen. Daraus ergibt sich

$$t = a \cdot \log_2 (N/N_0) \quad \text{und}$$

$$t = a \cdot \log_2 f(c) \quad (c = \text{Zyklus}).$$

Im Gegensatz zur physikalischen Zeit, die nur Maßstab für Bewegung, Geschwindigkeit und Beschleunigung ist, können biologische Rhythmen, wie die Teilungsfolge von Mikroorganismen oder die Entladungsfolgen von Neuronen als Maßstäbe von Zeitstrecken fungieren. Tages- und Jahresrhythmen im biologischen Bereich sind mit kosmologischen Zeiteinheiten etwa identisch, so daß sich für alle Organismen ein einheitliches Bezugssystem ergibt. Diese zeitliche Koordination ist für biologische Systeme wichtig, z. B. für die Gleichzeitigkeit von Substratangebot und Enzymaktivität auf zellulärer Ebene oder die simultane Aktivierung der Geschlechtspartner in der Balz- bzw. Brunstzeit.

9.3. Biorhythmen

Die Biorhythmen lassen sich einerseits in **endogene und exogene Rhythmen**, andererseits nach der Rhythmusdauer unterteilen. Bekannte Beispiele für exogene Rhythmen sind Jahresringe von Bäumen oder an Korallen, sie sind eindeutig durch die Jahresperiodizität bedingt. Beispiele für endogene Rhythmen sind Oszillationen von Enzymaktivitäten in Zellen, in der Nukleinsäuresynthese oder rhythmische Entladungen von Neuronen (EEG-Muster) oder von Herz-Muskelzellen (EKG). Die Unterscheidung endogen und exogen ist nicht sehr glücklich, weil angenommen werden muß, daß prinzipiell alle rhythmischen Vorgänge auf für das betrachtete System äußere Zeitgeber zurückzuführen sind; nur die Beziehung ist nicht überall so deutlich wie beim Licht-Dunkel-Wechsel oder von Temperaturschwankungen als Zeitgeber. Man spricht auch von endogener Rhythmik, wenn die Schwingungen bei Fortfall der äußeren Zeitgeber weiter bestehen. Die Art der Zeitgeber bestimmt die Rhythmusdauer; am bekanntesten sind die zirkadianen (etwa 1 Tag) und die zirkannualen Rhythmen (etwa 1 Jahr); außerdem existieren Gezeiten- und Mondrhythmen oder mehrjährige Periodizitäten, die mit der Sonnenaktivität zusammenhängen.

Der molekulare Mechanismus der Zeitgeber-Funktion beim **zirkadianen Rhythmus** wird als Ergebnis des Zusammenspiels verschiedener Komponenten angesehen (34):

1. der Synthese von essentiellen Proteinen,
2. ihrer Integration in die Membranen,
3. die daraus resultierenden Veränderungen in den Membraneigenschaften und
4. die damit verbundene Steuerung der Syntheserate essentieller Proteine über einen feed-back-Mechanismus.

Dieses gekoppelte Translations-Membran-Modell eröffnet die Möglichkeit der experimentellen Nachprüfung und z. B. die Suche nach den essentiellen Proteinen, dem 1. Schritt des Modells. Hemmt man die Proteinsynthese an den 80 s Ribosomen von synchron leuchtenden Kulturen des photosynthetischen Dinoflagellaten *Gonyaulax polyedra* durch kurze Expositionen in antibiotikahaltigen Lösungen (z. B. 0,1 bis 10 μM Anisomycin, 1 Std. bzw. 3—5 min), so wird der zirkadiane Rhythmus der Lichtemission um mehrere Stunden phasenverschoben (35, 36). Es ist bisher noch nicht zu verstehen, wie eine so kurze Unterbrechung der Proteinsynthese eine so große Phasenverschiebung auslösen kann. Man hofft, daß eine zeitliche Kartierung der Ribosomenfunktion und der Proteinsynthese weiterhelfen wird.

Neben der Rolle der Proteinsynthese scheint auch eine direkte Beteiligung zellulärer Membranen am Mechanismus der zirkadianen Schwingen beteiligt zu sein (27). An dem einzelligen Dinoflagellaten *Gonyaulax*, der durch seine periodisch schwankende Biolumineszenz gut bekannt ist, wurden tagesrhythmische Schwankungen der Lipidzusammensetzung und der Fluidität der Membranen gefunden.
Die zirkadiane Organisation fehlt noch bei Bakterien und Blaualgen, läßt sich aber bei allen näher untersuchten eukaryontischen Ein- und Vielzellern nachweisen (5). Es wird vermutet, daß die Ausbildung der zirkadianen Rhythmik in der Evolution der Organismen einen Selektionsvorteil bot, der mit den durch den Licht-Dunkel-Wechsel verbundenen Schwankungen an photochemischen Oxydationsprodukten zusammenhängt. Die Ausbildung rhythmischer Aktivitäten könnte einen Schutzmechanismus gegenüber den vom Lichtregime abhängigen photochemischen Substanzen geboten haben (19).

Abschließend soll noch kurz auf die Bedeutung der Chronobiologie für die Toxikologie und Pharmakologie hingewiesen werden. Der zirkadiane Rhythmus hat Einfluß auf toxikologische bzw. pharmakologische Effekte. Bereits 1959 wurde an Mäusen eine deutliche tageszeitliche Abhängigkeit der Toxizität von Alkohol beobachtet; ähnliche Befunde wurden in der darauffolgenden

Zeit für eine Reihe von Wirkstoffen mitgeteilt (8, 17, 21, 23). Die Wirkung von Lokalanaesthetika an der menschlichen Haut war, wenn die Injektion um 15 Uhr erfolgte, gegenüber einer gleichen Dosis 8 Std. früher oder später mindestens verdoppelt (25).

Zirkadiane Unterschiede werden nicht nur in zahlreichen akuten Toxizitätsuntersuchungen manifest, sondern auch bei chronischen Toxizitätstests; Literatur darüber in (17). Die Ergebnisse aus Tierversuchen gelten auch für die Anwendung vieler Pharmaka beim Menschen, für den ein zeitgerechtes Regime der Medikamenteneinnahme gefordert wird. Damit ließe sich eine bessere Arzneimitteloptimierung erreichen und die Anzahl unerwünschter Nebeneffekte reduzieren (24).

Zur Problematik Schichtarbeit und biologische Rhythmik sowie über die tageszeitlichen Schwankungen der ergotropen und trophotropen Reaktionslage des Menschen muß auf die einschlägige Literatur verwiesen werden (1, 29, 30, 37), und zum Einfluß von Transmeridianflügen auf physiologische Parameter liegt eine aktuelle Übersicht mit umfangreichem Literaturverzeichnis vor (16).

9.4. Biophysikalische Aspekte des Alterns

9.4.1. Theorien des Alterns

Obwohl das Altern in erster Linie als biologischer Prozeß aufzufassen ist, sind daran auch Vorgänge beteiligt, die das Interesse des Biophysikers wecken. Das betrifft einerseits die allgemeinen biophysikalischen und molekularbiologischen Aspekte des Stoffwechsels von Zellen und multizellulären Systemen in Abhängigkeit von der Zeit, also während des Alterns, und andererseits die Fragen der Modellierung des Alternsprozesses unter Berücksichtigung der verschiedenen Umweltfaktoren, die simultan oder sukzessiv auf den Organismus einwirken. Da beim Menschen nicht immer kalendarisches Alter und biologisches Alter übereinstimmen, muß man nach einem brauchbaren Maß für das biologische Alter suchen. Dafür lassen sich z. B. bestimmte Leistungen und Einzelfunktionen der Organismen in Abhängigkeit vom kalendarischen Alter erfassen (2). Zu dieser Frage gibt es in der Literatur zahlreiche Studien, die in den meisten Fällen eine Verminderung der Leistungen während des Alterns belegen (vgl. 9 und Literatur dort). Von großem

praktischem Interesse ist die altersabhängige Arzneimittelwirkung mit ihrer Dynamik in Absorption, Verteilung, Stoffwechsel in einzelnen Organen und Ausscheidung (33).
Mehr Schwierigkeiten bereitet die Erforschung der Mechanismen, die zu den altersbedingten Veränderungen in den Einzelleistungen führen. Die verschiedenen Theorien des Alterns konzentrieren sich auf molekularbiologische und genetische Prozesse, wobei Änderungen der Basenpaare und DNS-Codierung, Störungen der RNS-Synthese, der Histonfunktion und Proteinzusammensetzung diskutiert werden, die zur Anhäufung von Fehlern (Error-Theorie nach Orgel), mangelnder Reparaturkapazität, Expression vorher reprimierter Gene durch Fehlinformationen aktiver Gene (Medvedev) führen (12, 22, 28). Zum Teil werden auch strukturelle Veränderungen in somatischen Zellen, wie die Einlagerung von Lipofuszingranula in die Herzmuskulatur, für den Alterungsprozeß verantwortlich gemacht. Im Mittelpunkt einer anderen Theorie stehen die freien Radikale, deren Reaktionen zu ernsthaften zellulären Schädigungen führen (11). Spezifische Diät sowie Antioxidantien, die die Radikalreaktionen unterdrücken, verlängerten die Lebenszeit von Mäusen, hemmten die Entwicklung von Tumoren oder verlangsamten die Entwicklung von Störungen im Autoimmunsystem. Diese Theorie wird auch durch die mit dem Alter abnehmende Aktivität der Superoxid-Dismutase in Homogenaten von Rattenorganen gestützt (15).
Eine Reihe von Befunden weist auf die Beteiligung von Membranprozessen hin. An Bakterienkulturen vollzieht sich beim Übergang von der exponentiellen zur stationären Wachstumsphase, also beim Beginn der Alterung, eine drastische Umstrukturierung der Membranlipide mit einer starken Abnahme der Phospholipide (von etwa 40 auf 13%) und einem entsprechenden Anstieg der Glykolipide (von 16 auf über 40%); die Neutrallipide bleiben in der Zeit von 300—480 min der Kultivierung etwa konstant (6).

Auch in *Drosophila melanogaster* treten während der Entwicklung Verschiebungen im Fettsäuremuster auf, mit einem Anstieg der gesättigten Fettsäuren im frühen Puppenstadium und einer Zunahme der monoungesättigten Fettsäuren danach (10). An Synaptosomen von 2 und 30 Monaten alten Ratten ergaben sich quantitative Unterschiede im Na-abhängigen Transport von Transmittersubstanzen mit entsprechenden Änderungen in der Carrieraffinität und den Translokationskonstanten (vgl. 38).

9.4.2. Biophysikalische Ansätze

Zu den phänomenologischen Modellen des Alterns multizellulärer Systeme gehört das von BEIER und Mitarb. (2, 3) eingeführte Vitalitätsmodell. Darin versteht man unter Vitalität $V(t)$ biologische Entwicklung ($E(t)$ vermindert um den zur Zeit t (im kalendarischen Alter t) im Organismus angereicherten Anteil biologischer Fehlentwicklung $F(t)$:

$$V(t) = E(t) - F(t)$$

Charakteristische Merkmale biologischer Entwicklung sind Zelldifferenzierung — die einer Messung schwer zugänglich ist — und Massenwachstum. Für dessen quantitative Erfassung setzen wir $E(t) \sim m(t)$. Die Fehlerhypothese des Grundmodells lautet:

$$\mathrm{d}F = \mu \cdot E(t) \cdot \mathrm{d}t$$

Der Faktor $\mu > 0$ hat die Bedeutung einer spezifischen Fehlerrate (Systemkonstante), und die Vitalität kann als Funktion der Fehlerentwicklung betrachtet werden:

$$V(t) = \mu^{-1} \cdot \dot{F}(t) - F(t) \qquad \left(\dot{F}(t) = \frac{\mathrm{d}F}{\mathrm{d}t}\right)$$

Danach entspricht das Altern des Organismus der zeitlichen Abnahme der Vitalität:

$$A(t) = -\dot{V}(t) \qquad \left(\dot{V}(t) = \frac{\mathrm{d}V}{\mathrm{d}t}\right)$$

Es ist möglich, daß die Fehlerrate μ nicht über die gesamte Zeit (t) konstant bleibt und die notwendige Bedingung ist dann $\mu = \mu(t)$. Betrachten wir die Entwicklungsfunktion, für die der biologische Wirkungsgrad $w(t) = \frac{V(t)}{E(t)}$ konstant bleibt, so erhält man im Fall $\mu = \mu_0$ (konstant) für die Fehlerfunktion $F(t)$ und die Entwicklungsfunktion $E(t)$ Exponentialfunktionen. Im Fall $\mu = \mu_0 e^{\beta t}$ erhält man für $F(t)$ eine Gompertzfunktion (vgl. 2). Die aus dem Modell resultierenden Folgerungen zeigen weitgehende Übereinstimmung mit biologischen und klinischen Erfahrungen, nach denen sich bestimmte Leistungen in Abhängigkeit von t verhalten. So zeigt z. B. die Vitalkapazität des Menschen ein Maximum zwischen dem 20. und 30. Lebensjahr; ähnlich verhält sich die Altersabhängigkeit der Handkraft $H(t)$, die nach dem 30. Lebensjahr absinkt.

Für eine annehmbare Alternstheorie wurden eine Reihe von Tatbeständen genannt, die zu berücksichtigen sind (2):

1. Die Wahrscheinlichkeit des Todes steigt mit dem Alter logarithmisch an, während die physiologischen Funktionen einen linearen Abfall zeigen.
2. Die Lebensdauer weist Beziehungen zu genetischen Parametern auf.
3. In den meisten Arten findet sich für das männliche Geschlecht eine kürzere Lebensdauer als für das weibliche. Dies beruht wahrscheinlich auch auf genetischen Programmen.
4. Die Lebensdauer kann durch das Ernährungsregime beeinflußt werden.
5. Bei wechselwarmen Tieren wird die Lebensdauer durch ansteigende Temperaturen verkürzt, durch absinkende verlängert.
6. Subletale Dosen radioaktiver Strahlung wirken lebensverkürzend.
7. In den einzelnen Organen verlaufen die Alterungsprozesse unterschiedlich.
8. Die Widerstands- und Anpassungsfähigkeit gegenüber Stress wird mit zunehmendem Alter geringer.

Diese und weitere Faktoren, z. B. die zunehmende chemische Umweltverschmutzung, Lärmbelästigung, Resistenzbildungen von pathogenen Keimen und vieles andere müßte in einem komplexen Alternsmodell zusammen mit den Wirkungsorten berücksichtigt werden. Ein solches Modell hat nahezu alle Parameter eines komplexen Ökosystems mit aufzunehmen und wird daher schwer überschaubar. Für Teillösungen dieser Probleme scheint das o. g. Vitalitätsmodell geeignet.

Andere Modelle (14) konzentrieren sich auf die zelluläre Seneszenz in vitro unter der Annahme des Verlustes oder der Inaktivierung einer bestimmten Anzahl von Teilchen oder bestimmter Komponenten der Teilchen in jeder Zellgeneration. Daraus kann auf Teilungsparameter, Produktion, Zerstörung oder Inaktivierung, Wechselbeziehungen von beteiligten Partikeln usw. geschlossen werden. Eine Problematik besteht darin, das Altern der Einzelzellen als Primäreffekt mit den Folgen der wachsenden Insuffizienz der Organfunktionen und damit dem Altern des Gesamtorganismus in Einklang zu bringen (20). Die gesamte Alternsbiologie befindet sich noch in der Phase des Sammelns von Einzelerkenntnissen; hierbei und besonders bei der schwierigen „Integration" der Teilergebnisse können biophysikalische Methoden weiterhelfen. Umwelt-relevante Einflüsse auf den alternden Menschen werden in (7a) beschrieben.

Literatur

1. ANDLAUER, P., A. REINBERG, F. FOURRÉ, W. BATTLE, and G. DUVERNEUIL: Amplitude of the oral temperature circardian rhythm and the tolerance of shift-work. J. Physiol. (Paris) 75 (1979) 507–512.
2. BEIER, W., K.-H. BREHME und D. WIEGEL: Biophysikalische Aspekte des Alterns multizellulärer Systeme. Fortschr. der experimentellen u. theoret. Biophysik Bd. 16, Leipzig 1973.
3. BEIER, W., K.-H. BREHME und D. WIEGEL: Biophysikalische Aspekte des Alterns. Z. Alternsforsch. 30 (1975) 3–10.
4. BÜNNING, E.: Die physiologische Uhr. 3. Aufl., Verlag Springer, Berlin 1977.
5. BÜNNING, E.: Evolution der zirkadianen Organisation. Arzneim.-Forsch./Drug Res. 28 (1978) 1811–1813.
6. CHIU, T.-H. and S.-A. HUNG: Effect of age on the membrane lipid composition of *Streptococcus sanguis*. Biochim. biophys. Acta 558 (1979) 267–272.
7. DAAN, S. and J. ASCHOFF: Circardian rhythms of locomotor activity in captive birds and mammals: Their variations with season and latitude. Oecologia (Berl.) 18 (1975) 269–316.
7a. EITNER, S., W. RÜHLAND, H. SIGGELKOW: Praktische Gerohygiene. Steinkopff, Dresden 1975.
8. FROHBERG, H.: Introduction to the Symposium "What is the Importance of Chronobiology in Toxicology and Pharmacology?" Arch. Toxicol. 36 (1976) 181–184.
9. FROLKIS, V. V., O. A. MARTYNENKO, and V. P. ZAMOSTYAN: Aging of the neuromuscular apparatus. Gerontology 22 (1976) 244–279.
10. GREEN, P. R. and B. W. GEER: Changes in the fatty acid composition of *Drosophila melanogaster* during development and ageing. Arch. Internat. Physiol. Biochim. 87 (1979) 485–491.
11. HARMAN, D.: Free radical theory of aging: orign of life, evolution and aging. Age 3 (1980) 100–102.
12. HYFLICK, L.: The cell biology of human aging. Scientific Am. 242 (1980) 58–65.
13. HECKMANN, O.: Zeitmessung und Zeitbegriff in der Astronomie. Nova Acta Leopoldina, N. F. 21 (1959) 31–45.
14. JONES, R. B., C. K. LUMPKIN, and J. R. SMITH: A stochastic model for cellular senescence. Part. I. Theoretical considerations. J. theor. Biol. 86 (1980) 581–592.
15. KLEFENS, H. F. and B. M. ZUCKERMAN: Review: a comparative analysis of studies of enzyme changes with age, with comments on possible sources of error. Age 1 (1978) 60–67.

16. MANNCHEN, K.: Durch Transmeridianflüge bedingte Änderungen physiologischer Parameter (Übersichtsreferat). Verkehrsmed. 28 (1981) 103 bis 121.
17. MAYERSBACH, H. v.: Time — a key in experimental and practical medicine. Arch. Toxicol. **36** (1976) 185—216.
18. NIEDERMÜLLER, H.: Zeit und Rhythmus in Biologie und Medizin. Naturwiss. Rdsch. **33** (1980) 458—464.
19. PAIETTA, J.: Photooxidation and the evolution of circadian rhythmicity. J. theor. Biol. **97** (1982) 77—82.
20. PFEIFFER, A.: Grundsätzliches zum Problem des Alterns. Z. Alternsforsch. **33** (1978) 299—302.
21. PHILIPPENS, K. M. H.: The manipulation of circadian rhythms. Arch. Toxical. **36** (1976) 277—303.
22. PLATT, D.: Biologische Aspekte des Alterns. Internist **19** (1978) 393 bis 398.
23. REINBERG, A.: Advances in human chronopharmacology. Chronobiologia **3** (1976) 151—166.
24. REINBERG, A.: Clinical chronopharmacology, an experimental basis for chronotherapy. Arzneim.-Forsch./Drug Res. **28** (1978) 1861—1866.
25. REINBERG, A. and M.-A. REINBERG: Circadian changes of the duration of action of local anaesthetic agents. Naunyn-Schmiedeberg's Arch. Pharmacol. **297** (1977) 149—152.
26. RENSING, L.: Biologische Rhythmen und Regulation. VEB G. Fischer, Jena 1973.
27. RENSING, L. und G. CORNELIUS: Biologische Membranen als Komponenten schwingungsfähiger Systeme. Biol. Rdsch. **18** (1980) 197—209.
28. ROSE, H.: Biologische Grundlagen des Alterns. Z. Alternsforsch. **32** (1977) 11—17.
29. RUTENFRANZ, J.: Schichtarbeit und biologische Rhythmik. Arzneim.-Forsch./Drug Res. 28 (1978) 1867—1872.
30. RUTENFRANZ, J., W. P. COLQUHOUN, P. KNAUTH, and J. N. GHATA: Biomedical and psychosocial aspects of shift work. Scand. J. Work Environm. & Health **3** (1977) 165—182.
31. SAMES, K.: Möglichkeiten und Schwächen der modernen Alternsbiologie. Naturw. Rdsch. **32** (1979) 475—480.
32. SCHEVING, L. E., F. HALBERG, and J. E. PAULY (Eds.): Chronobiology. G. Thieme, Stuttgart 1974.
33. SCHMUCKER, D. L.: Age-related changes in drug disposition. Pharmacol. Rev. **30** (1979) 445—456.
34. SCHWEIGER, H. G.: Zirkadiane Rhythmen in Einzellern. Arzneim.-Forsch./ Drug Res. 28 (1978) 1814—1818.
35. TAYLOR, W. and J. W. HASTINGS: Minute-long pulses of anisomycine phase-shift the biological clock in Gonyaulax by hours. Naturwiss. **69** (1982) 94—96.

36. Taylor, W., J. C. Dunlap, and J. W. Hastings: Inhibitors of protein synthesis on 80 s ribosomes phase shift the Gonyaulax clock. J. Exp. Biol. 97 (1982) 121—136.
37. Theorell, T. and T. Akerstedt: Day and night work: changes in cholesterol, uric acid, glucose and potassium in serum and in circadian patterns of urinary catecholamine excretion. Acta med. scand. 200 (1976) 47—53.
38. Wheeler, D. D.: Aging of membrane transport mechanisms in the central nervous system. GABA transport in rat cortical synaptosomes. Expl. Geront. 17 (1982) 71—85.

10. Register

Abkürzungen

Umweltbiophysik

BSB	Biochemischer Sauerstoffbedarf
CW	Continuous Waves
EEG	Elektroenzephalogramm
EKG	Elektrokardiogramm
EMG	Elektromyogramm
EWG	Einwohnergleichwert
IR	Infrarot
IS	Infraschall
LD_{50}	Letale Dosis für 50% der Population
MAK	Maximale Arbeitsplatzkonzentration
MIK	Maximale Immissionskonzentration
MKG	Magnetokardiogramm
MW	Mikrowellen
PTS	Permanent Threshold Shift
ULF, ELF usw.	s. Tab. 34
US	Ultraschall
UV	Ultraviolett
TGL	Technische Normen, Gütevorschriften und Lieferbedingungen (Standards)
TTS	Temporary Threshold Shift

FSC
www.fsc.org
MIX
Papier | Fördert gute Waldnutzung
FSC® C083411

Zeitfracht Medien GmbH
Ferdinand-Jühlke-Straße 7
99095 Erfurt, Deutschland
produktsicherheit@kolibri360.de